"十二五"普通高等教育本科国家级规划教材

理论力学教程

（第五版）

周衍柏　编

U0333180

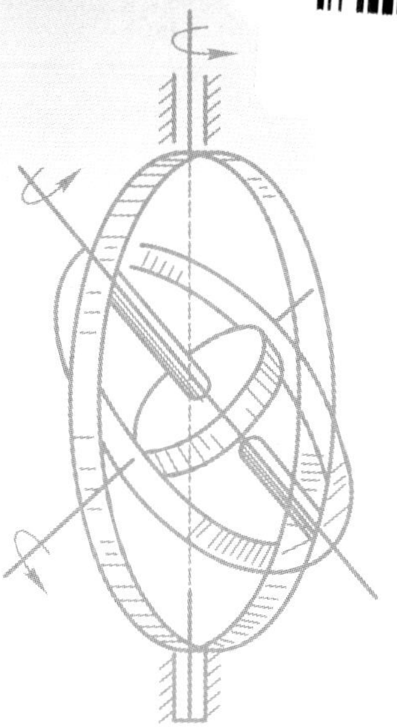

中国教育出版传媒集团
高等教育出版社·北京

内容简介

本书是在“十二五”普通高等教育本科国家级规划教材《理论力学教程》(第四版)的基础上修订而成的,是国内高等学校物理学类专业理论力学课程的首选教材。本书逻辑清晰、行文简明,经历四十余年教学实践的检验,主要内容包括质点力学、质点系力学、刚体力学、转动参考系及分析力学等,每章附有小结、补充例题、思考题及习题。

本书可作为普通高等学校物理学类专业理论力学课程的教材,也可供其他相关专业师生或社会读者参考。

图书在版编目(CIP)数据

理论力学教程/周衍柏编. --5版. --北京:高等教育出版社,2023.4(2024.5重印)

ISBN 978-7-04-059740-0

Ⅰ.①理… Ⅱ.①周… Ⅲ.①理论力学-高等学校-教材 Ⅳ.①O31

中国国家版本馆CIP数据核字(2023)第008684号

LILUN LIXUE JIAOCHENG

策划编辑 陶 铮　责任编辑 陶 铮　封面设计 李小璐　版式设计 徐艳妮
责任绘图 于 博　责任校对 王 雨　责任印制 赵 振

出版发行	高等教育出版社	网　　址	http://www.hep.edu.cn
社　　址	北京市西城区德外大街4号		http://www.hep.com.cn
邮政编码	100120	网上订购	http://www.hepmall.com.cn
印　　刷	唐山嘉德印刷有限公司		http://www.hepmall.com
开　　本	787mm×1092mm 1/16		http://www.hepmall.cn
印　　张	18.75	版　　次	1979年4月第1版
字　　数	370千字		2023年4月第5版
购书热线	010-58581118	印　　次	2024年5月第3次印刷
咨询电话	400-810-0598	定　　价	39.60元

本书如有缺页、倒页、脱页等质量问题,请到所购图书销售部门联系调换

版权所有　侵权必究

物 料 号　59740-00

出版者的话

理论力学是物理学类专业的一门专业基础课，它研究的是物体机械运动的基本规律，是力学的一个分支。理论力学通常分为三个部分：运动学、静力学与动力学。运动学只从几何角度研究物体机械运动的特性而不涉及物体的受力，静力学研究作用于物体上的各种力的简化理论及平衡条件，动力学则研究物体受力与机械运动的关系。其中，动力学是理论力学的核心内容。在理论力学课上，学生将第一次尝试用高等数学的知识认识和处理机械运动问题。

南京大学周衍柏教授曾于1961年编写了一本《理论力学》。1979年，周衍柏教授对该书进行了增删，改书名为《理论力学教程》再度付梓。交稿前，该书由中山大学担任主审，11所大学的代表对《理论力学教程》进行了认真的审稿，对这本书给予了高度评价，选定它作为高等学校物理学类专业理论力学课程的规划教材。此后的四十余年里，这本《理论力学教程》一直是国内最受信赖和推崇的理论力学教材，影响最大、使用范围最广，还被众多高校指定为物理学类专业研究生入学考试的参考书。

周衍柏教授已经仙逝多年，而这本书的需求量和影响力依然不衰，为了赓续这本书的学术及教学价值，我们出版了《理论力学教程》(第五版)。在这个过程中，我们听取了使用学校的意见，修改了书中的一些瑕疵和笔误，将物理学名词、物理量符号等按照最新的国家标准和规范作了更新，并根据当前的最新进展，改写了原书中一些过时的内容，重新设计了版式，采用双色印刷，以期给读者提供更好的阅读体验。

在本书付梓之际，高等教育出版社理科出版事业部与南京大学物理学院签订了战略合作协议，今后将更加紧密合作，开发出版更多更好的包括教材在内的多种形式教学资源。在推出《理论力学教程》(第五版)的同时，我们还推出它的配套电子教案和教学辅导书，并为使用本书的教师提供书中全部插图的PPT格式电子文件，以更好地为广大高校师生服务。

第二版序

本书自 1979 年出版以来，瞬已六载. 第二版在下列几个方面作了进一步的修订:

(1) 改正了原书中少数叙述不够明确或不够恰当的地方;

(2) 勘正了原书印刷上的错误;

(3) 增删了某些习题;

(4) 加强了分析力学的内容，使学生学习理论物理其他部分时，可以有较强的基础。

修订时，一方面根据编者的教学实践，另一方面又参照了几年来广大读者在使用过程中所提出的许多宝贵意见。

本书所增补的章节，有些已超出了 1980 年教育部颁发的综合大学物理专业《理论力学教学大纲》的范围。仍根据第一版的原则，加上 * 号并排小号字，以资识别。

本版修订过程中，编者得到许多教师和读者的关心和帮助。特别是四川大学郭士堃教授、华东师范大学苏云荪、北京师范大学胡静等同志仔细审阅了修订稿并提出许多宝贵意见，在此一并致以衷心的谢意。

周衍柏

1985 年 9 月于南京大学

第一版序

理论力学是物理系学生的一门基础理论课，也是学生第一次用高等数学方法处理物理问题的一门理论物理课程。因此，通过学习，学生不但应该对宏观机械运动的基本概念和基本规律有比较系统的理解，而且应能掌握处理力学问题的一般方法，进而注意培养解决一般物理问题所必需的抽象思维能力。

编者在 60 年代，曾两度写过《理论力学》教材，本书就是在此基础上考虑当前教学上的需要重新编写的。在这次编写中，对物理概念的阐述，尽量注意充实和加强，对于基本理论的阐述和分析问题的方法，也作为书中的重点，给予特别的注意。因此，对分析和解算问题的方法，除示范例题外，每章后面还附有几道补充例题，供读者解题时参考和借鉴。对于与力学理论有关的物理学上的新成就也作了一些力所能及的介绍。

就现行课程体系而言，理论力学可以说是普通物理学力学部分的延续与提高，两者应既有联系又有分工。所以，除了重要的概念和定律外，凡普通物理学中已经讲过的内容，本书不再赘述，使读者能集中精力，钻研理论力学的主要内容。

本书中的单位，全部采用国际单位制(SI)。名词和符号，也尽量符合国家颁布的规定。

本书的内容和编排次序，基本上参照 1977 年 10 月在苏州召开的物理教材会议所拟订的大纲，只有少数几处，作了更动。加有 * 号的内容，都有较大的独立性，可以选讲或不讲，并不影响学生学习其他章节。除有 * 号的内容外，估计可以在规定时间内(约 54 学时或稍多)，讲完本书的基本章节。为了加强对学生解题能力的训练和培养，教师还可根据具体情况，安排大约 18 学时的习题课。至于连续介质力学部分，编者准备以“续编”形式另行出版，以适应目前各校的不同情况。

本书初稿完成后，曾由我系范北宸、钱济成两同志先期加以审阅。1978 年 10 月，在南京召开了审稿会议，参加会议的有中山大学(主审)、南京大学、武汉大学、南开大学、四川大学、兰州大学、山东大学、云南大学、吉林大学、上海师范大学、吉林师范大学等兄弟单位的代表，与会同志认真阅读了原稿，提出了不少改进的意见。对此，编者除表示由衷的感谢外，并根据审稿同志和读者所提出的宝贵意见，作了全面的修改。但限于编者水平，本书中一定还存在着许多缺点和错误，希望广大读者批评指正。

周衍柏

1979 年 1 月于南京大学物理系

目　录

绪　论

理论力学是研究物体机械运动普遍遵循的基本规律的一门学科. 所谓机械运动,就是物体在空间的相对位置随时间而改变的物理现象. 它是物质运动最简单、最基本的运动形态. 各种复杂的、高级的运动形态,都包含这种最基本的运动形态,所以要研究各种复杂的、高级的运动形态,当然应该从最简单的运动形态开始. 因此,理论力学是学习其他理论物理课程的入门向导,也是近代工程技术的理论基础.

理论力学所研究的宏观机械运动的基本规律,可以用来解决多自由度力学体系的运动问题. 但本教程所研究的对象,主要还是有限自由度的力学体系,例如质点和刚体. 而研究无限自由度的力学体系问题,则已发展成为另一学科,叫做连续介质力学. 它又分为弹性力学与流体力学两大分支.

理论力学的主要任务,就是归纳机械运动所遵循的基本规律,用以确定物体的运动情况或作用在它上面的某些力的性质. 方法则是借助于严密的数学工具,进行由表及里、由现象到本质等一系列推理过程. 因此,我们在理论力学的研究中,加强辩证唯物主义的指导作用是非常重要的. 从研究次序来看,我们首先研究描述机械运动现象的运动学,然后再进一步研究机械运动应当遵循哪些规律的动力学. 至于研究平衡问题的静力学,对理科来讲,可以作为动力学的一部分来处理,但在工程技术上,静力学却是十分重要的,因此,常把它和动力学分开,自成一个系统.

力学是较早发展起来的学科之一. 很久以前,由于农业上的需要,人们就开始制造和使用一些简单的生产工具. 因此人们对于机械运动,早就有了一些认识和了解. 随着生产的发展,人们对于机械运动的认识逐步加深. 到了16世纪末期,西欧的资本主义开始形成和发展,人们对力学的认识也产生了飞跃. 牛顿(1643—1727)在前人研究工作的基础上,发表了著名的运动三定律,奠定了经典力学的基础. 此后,许多科学家进一步对力学进行了深入的研究,不断开辟新的领域,揭示新的规律. 特别是微积分等数学工具广泛应用,为力学的发展提供了有力的武器,推动了力学的发展. 到了18世纪,拉格朗日写了一本大型著作《分析力学》,使力学问题可以完全用严格的分析方法来处理. 由于哈密顿、雅可比等人的进一步的研究和贡献,经典力学逐渐发展成为一门理论严谨、体系完整的学科.

然而,19世纪末至20世纪初,随着物理学其他分支的迅速发展,出现了许多以牛顿运动定律为基础的经典力学无法解释的矛盾. 进一步的研究表明,经典力学只能应用于这一类的物体:它们的尺度比较大而运动速度比较低. 对于速度很高(接近光速)的物体的运动问题,必须用相对论力学;而对于坐标 x 及相应的动量 p_x 不能同时准确测定(叫不确定原理)的微观粒子(如原子、分子等)的运动问题,则要用量子力学①. 因此,以牛顿运动定律为基础的理论力学是在一定的条件下才能成立的,它有一定的适用范围. 不过,在通常宏观、低速的情况下,牛顿运动定律还是十分准确的,足以解决工程技术中的大量问题.

理论力学和其他科学技术的关系是十分密切的,例如理论力学的发展就为物理学其他分支提供了许多必备的知识和处理问题的方法. 它与数学、天文学、气象学的关系也非常密切. 力学上的某些问题的解决,常常推动了数学本身的发展,这在科学史上,例证是很多的.

自 20 世纪 50 年代末期以来,由于人造地球卫星、火箭和宇宙航行等先进科学技术的迅速发展,给力学提出了许多新的课题,推动了现代力学的发展. 所以理论力学虽然是较老的学科,但它具有很强的生命力. 尽管它一般说来具有一定的近似性和局限性,但在生产实践和科学实验中,对于我国工业、农业、国防和科学技术的现代化,仍然有着极其重要的作用.

---

① 对任何粒子或物体,不确定原理总是存在的. 不过,对尺度比较大的质点或物体来讲,这种效应至微,可以不必考虑.

第一章　质点力学

§1.1 运动的描述方法

(1) 参考系与坐标系

为了研究宏观物体的机械运动，首先应确定该物体在空间的位置. 但因物体的位置只能相对地确定，因此又应该首先找出另外一个物体作为参考，这种作为参考的物体叫做参考系. 参考系确定以后，我们就可以在它上面适当地选取坐标系，来确定物体在空间的相对位置.

在很多实际问题中，物体的形状和大小与所研究的问题无关或者所起的作用很小，我们就可以在尺度上把它看做一个几何点，而不必考虑它的形状和大小，它的质量(参看 §1.4)可以认为就集中在这个点上，这种抽象化的模型，叫做质点. 例如，研究行星运动时，虽然行星本身很大，但是它的半径比起它绕太阳运动时的轨道半径却小得多，因此我们在这一类问题中，就可以把行星当做质点. 但在研究它们(例如地球)的自转时，就不能把它们当做质点了.

在所有的情况下，一切物体都可以看做质点的集合，所以，研究力学一般都从质点开始. 本章就是研究质点力学的问题.

可以在空间自由运动的质点称为自由质点，确定一个自由质点在空间的位置，要用三个独立变量，和数学里确定一点在空间的位置相同. 这些变量一般都是时间 t 的函数. 如果用的是直角坐标系，则质点在各个时刻的位置可以用

$$\left.\begin{aligned} x &= f_1(t) \\ y &= f_2(t) \\ z &= f_3(t) \end{aligned}\right\} \tag{1.1.1}$$

三个函数来表示. 如果三个函数都是常量，那么质点在该坐标系中的位置将不发生变化，我们就说该质点是静止的；反之，质点在该坐标系空间的位置就要变化.

某一质点 P 的位置，也可用一个引自原点 O 到质点 P 的矢量 $\boldsymbol{r}$ 来表示，$\boldsymbol{r}$ 叫做 P 点相对于原点 O 的位矢(图 1.1.1). 如果 $\boldsymbol{i}$、$\boldsymbol{j}$、$\boldsymbol{k}$ 是沿 x、y、z 三直角坐标轴上的单位矢量，则

$$\boldsymbol{r} = x\boldsymbol{i} + y\boldsymbol{j} + z\boldsymbol{k} \tag{1.1.2}$$

如果质点恒在一平面上运动,则只要该平面两个坐标就可确定它的位置了. 如果是直角坐标系,且假定质点恒在 xy 平面上运动,即 $z \equiv 0$,则质点在各个时刻的位置可用

$$\left.\begin{aligned} x &= f_1(t) \\ y &= f_2(t) \end{aligned}\right\} \tag{1.1.3}$$

两个方程来表示. 其矢量形式则为

$$\boldsymbol{r} = x\boldsymbol{i} + y\boldsymbol{j} \tag{1.1.4}$$

直角坐标系虽然是常用的坐标系,但在某些问题中,采用直角坐标系将使计算显得比较繁杂,如果采用其他适当坐标系,就可能方便得多. 常用的另一些坐标系有柱面坐标系、球面坐标系和自然坐标系. 在平面问题中,则用平面极坐标系和自然坐标系. 在平面极坐标系中,质点的位置将用两个变量 (r,θ) 来表示,它们当然也是时间 t 的函数,即

$$\left.\begin{aligned} r &= r(t) \\ \theta &= \theta(t) \end{aligned}\right\} \tag{1.1.5}$$

式中 r 是 P 点的径矢大小,即 P 点的位矢 $\boldsymbol{r}$ 的量值,而 θ 则是 P 点的极角,即极轴与 P 点位矢间的夹角,如图 1.1.2 所示.

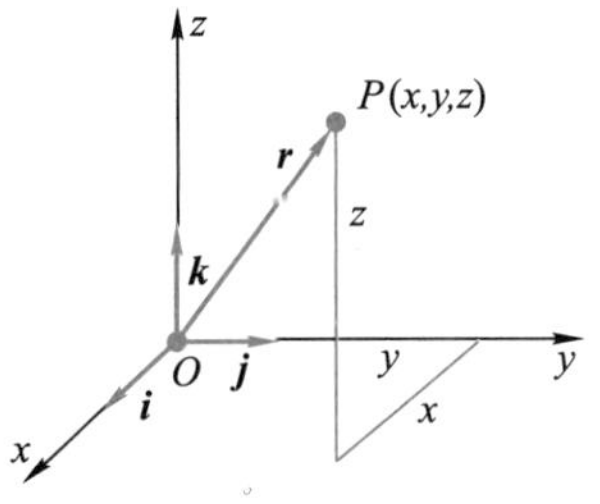

图 1.1.1

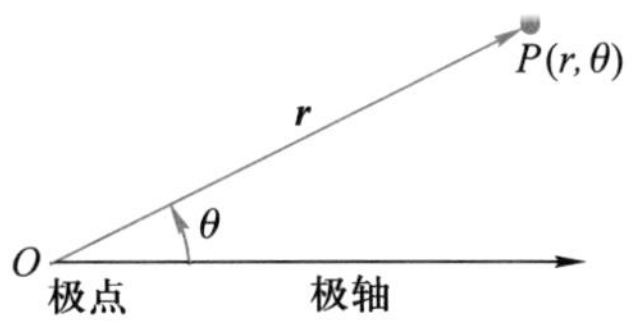

图 1.1.2

关于柱面坐标系与自然坐标系,我们将在 § 1.2 中介绍. 至于球面坐标系,则因计算较烦琐,我们将在第五章中再作介绍.

(2) 运动学方程与轨道

本节(1)中式(1.1.1)、式(1.1.3)和式(1.1.5)诸式,给出了质点在空间或平面上任一时刻 t 所占据的位置,所以它们表出了质点的运动规律,通常把它们叫做质点的运动学方程. 一个具有一定几何形状的宏观物体在机械运动中的物质性表现在下列两个方面:① 不能有两个或两个以上的物体同时占据同一空间;② 它也不能从空间某一位置突然改变到另一位置. 这些性质,也是质点所具有的. 所以式(1.1.1)、式(1.1.3)和式(1.1.5)诸式都应当是时间 t 的单值的、连续的函数. 另一方面,这些方程式也是质点的轨道参变方程,其中时间 t 是参量.

所谓轨道，就是运动质点在空间（或平面上）一连串所占据的点形成的一条轨迹．如果质点运动的轨道是一条直线，则这种运动叫直线运动，如果轨道是一条曲线，则叫曲线运动．

如果从式（1.1.1）、式（1.1.3）和式（1.1.5）中把参量 t 消去，则得诸变量之间的关系式，即轨道方程式．

前文曾提到，按照轨道性质的不同，质点的运动可以是直线的，也可以是曲线的，这从轨道方程式也可以看出．当然，这里所谓轨道的性质，依赖于参考系的选择．相对于某一参考系为直线运动，相对于另一参考系则可以是曲线运动，反之亦然．例如，从作匀速直线运动的火车上自由落下的物体，若以火车为参考系，则轨道是直线；如以地球为参考系，其轨道却是抛物线．

（3）位移、速度和加速度

质点相对于某参考系运动时，位置连续变化．在给定时间内，连接质点的初位置 A 和末位置 B 的线段，并从 A 指向 B 加上箭头，叫做质点在此给定时间内相对于该参考系的位移，常以符号 $\Delta\boldsymbol{r}$ 表示（图 1.1.3）．它是一个既有数值又有方向的量，运算时服从平行四边形法则，所以是一个矢量．在图 1.1.3 中，A 点的位矢是 $\boldsymbol{r}$，B 点的位矢是 $\boldsymbol{r}+\Delta\boldsymbol{r}$，都是相对于 O 点（现在选做原点）而言的．

在曲线运动中，位移的量值和质点所走过的路程并不相同，甚至可以相差很大．例如在图 1.1.3 中，当质点沿曲线 ACB 自 A 运动到 B 时，路程 s（即曲线 ACB 的长度）和位移的量值 $|\Delta\boldsymbol{r}|$ 相差很大．在特殊情况下，当质点沿一封闭曲线从 A 又回到 A 时，位移等于零，但路程却并不等于零．这是因为位移只取决于运动质点的初、末位置．

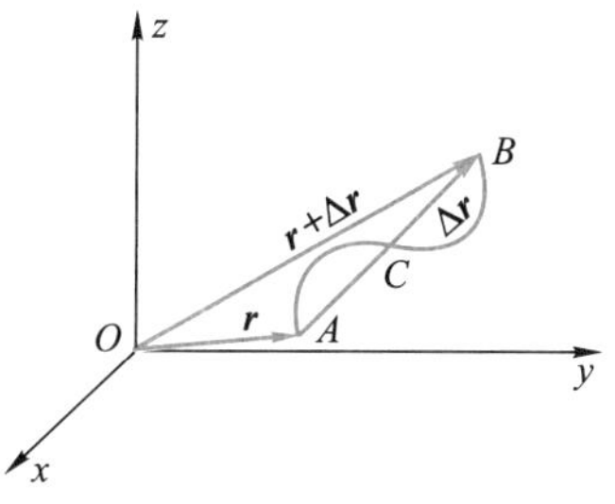

图 1.1.3

设某时刻质点通过轨道上的 P 点，经 Δt 时间间隔后，质点通过 Q 点，在 Δt 这段时间间隔内，质点的位移为 $\overrightarrow{PQ}=\Delta\boldsymbol{r}$（图 1.1.4），而位矢的时间变化率则叫做质点在时刻 t 的瞬时速度，常以 $\boldsymbol{v}$ 表示，即

$$\boldsymbol{v}(t)=\lim_{\Delta t\to 0}\frac{\Delta\boldsymbol{r}}{\Delta t}=\frac{\mathrm{d}\boldsymbol{r}(t)}{\mathrm{d}t}=\dot{\boldsymbol{r}}(t)=\boldsymbol{v}_t=\boldsymbol{v} \tag{1.1.6}$$

因为位矢是矢量，所以瞬时速度也是一个矢量，如果不计方向，则叫速率．由于瞬时速度能细致地反映运动情况，故今后所谓的速度，皆指瞬时速度，并以 $\boldsymbol{v}$ 表示，见式（1.1.6）．

在图 1.1.4 中，设质点在时刻 t 通过轨道上的 P 点前进，P 离某指定点（例如图 1.1.4 上的 A 点）的曲线距离为 s，而质点通过轨道上的 Q 点时，Q 离该指定

点的曲线距离为 $s+\Delta s$，则 $\Delta s=\overset{\frown}{PQ}$，是质点在 Δt 时间内沿轨道所走过的路程，而位移 $\Delta \boldsymbol{r}$ 则等于弦 $\overrightarrow{PQ}$. 在极限情况下，$\mathrm{d}s=|\mathrm{d}\boldsymbol{r}|$，故瞬时速度的量值（即速率）为 $\dot{s}$. 至于瞬时速度的方向，则和轨道上 P 点的切线方向一致，参看图 1.1.4.

如果质点在一直线上运动，且速度的量值也保持不变，则该运动叫匀速直线运动，其是一种很特殊的运动状态. 在一般情况下，速度是时间的矢量函数，故它的量值和方向都是随着时间改变的.

速度的时间变化率（因速度是时间的函数）叫做加速度，也是一个矢量. 根据前面的计算，由于各时刻 t 的速度不同，故在 Δt 时间内速度的变化量（图 1.1.5）为

$$\Delta \boldsymbol{v}=\boldsymbol{v}(t+\Delta t)-\boldsymbol{v}(t)$$

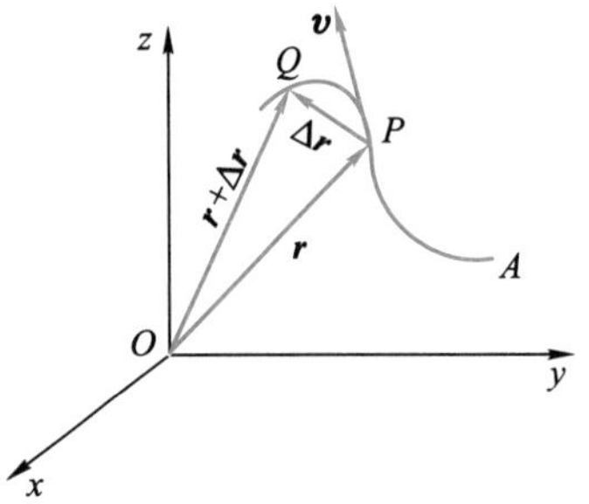

图 1.1.4

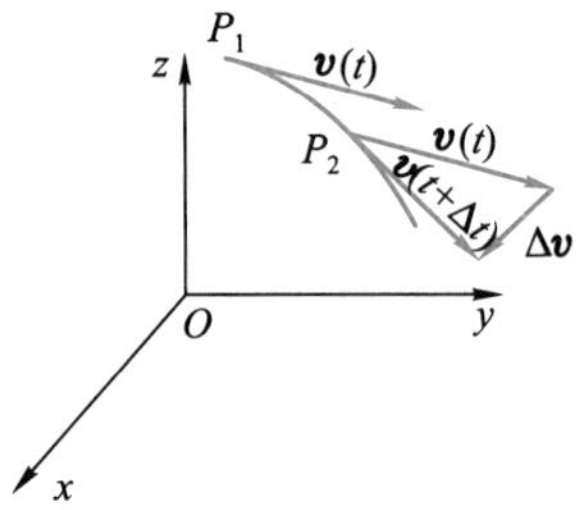

图 1.1.5

而速度的时间变化率则是质点在时刻 t 的瞬时加速度，简称加速度，可用 $\boldsymbol{a}(t)$ 或 $\boldsymbol{a}$ 表示（在曲线运动情况中，它一般不沿轨道的切线方向，参看 §1.2），即

$$\boldsymbol{a}=\lim_{\Delta t\to 0}\frac{\Delta \boldsymbol{v}}{\Delta t}=\frac{\mathrm{d}\boldsymbol{v}}{\mathrm{d}t}=\dot{\boldsymbol{v}}=\ddot{\boldsymbol{r}} \tag{1.1.7}$$

加速度保持不变的直线运动叫做匀加速直线运动，但这也只是一种特殊情况. 在一般情况下，加速度也是时间的矢量函数，因而不能把它当做常矢量看待. 在理论力学中，通常所遇到的力学问题，都是变加速度问题，这一点我们要特别注意.

§1.2 速度、加速度的分量表示式

（1）直角坐标系

在某一坐标系中，设质点沿一空间曲线 C 运动，在某一时刻 t，质点占有某一位置，并具有一定的速度 $\boldsymbol{v}$ 和一定的加速度 $\boldsymbol{a}$. 因 $\boldsymbol{v}$ 与 $\boldsymbol{a}$ 都是矢量，故可投影

到任意坐标轴上. 如果 C 上某一点 P 的位矢 $\overrightarrow{OP}=\boldsymbol{r}$,它在某直角坐标系中的直角坐标为$(x,y,z)$,则由图 1.1.1 及式(1.1.2)和式(1.1.6),知

$$\boldsymbol{r}=x\boldsymbol{i}+y\boldsymbol{j}+z\boldsymbol{k}$$

$$\boldsymbol{v}=\frac{\mathrm{d}\boldsymbol{r}}{\mathrm{d}t}=\dot{x}\boldsymbol{i}+\dot{y}\boldsymbol{j}+\dot{z}\boldsymbol{k}$$

$$=v_x\boldsymbol{i}+v_y\boldsymbol{j}+v_z\boldsymbol{k} \tag{1.2.1}$$

式中 $\boldsymbol{i}$、$\boldsymbol{j}$、$\boldsymbol{k}$ 分别是该坐标系坐标轴 x、y、z 上的单位矢量,它们都是恒定的(即恒矢量). 而 $\dot{x}$、$\dot{y}$、$\dot{z}$ 则是速度 $\boldsymbol{v}$ 在 x、y、z 轴上的分量,即 v_x、v_y、v_z. 由此可得速率

$$v=\sqrt{\dot{x}^2+\dot{y}^2+\dot{z}^2}=\sqrt{v_x^2+v_y^2+v_z^2} \tag{1.2.2}$$

又由加速度 $\boldsymbol{a}$ 的定义式(1.1.7),知

$$\boldsymbol{a}=\frac{\mathrm{d}\boldsymbol{v}}{\mathrm{d}t}=\ddot{x}\boldsymbol{i}+\ddot{y}\boldsymbol{j}+\ddot{z}\boldsymbol{k}=a_x\boldsymbol{i}+a_y\boldsymbol{j}+a_z\boldsymbol{k} \tag{1.2.3}$$

$\ddot{x}$、$\ddot{y}$、$\ddot{z}$ 为加速度 $\boldsymbol{a}$ 在 x、y、z 轴上的分量,即 a_x、a_y、a_z,而

$$a=\sqrt{\ddot{x}^2+\ddot{y}^2+\ddot{z}^2}=\sqrt{a_x^2+a_y^2+a_z^2} \tag{1.2.4}$$

位矢 $\boldsymbol{r}$、速度 $\boldsymbol{v}$ 和加速度 $\boldsymbol{a}$ 都是时间的函数,它们的分量当然也是时间的函数. 由式(1.2.1)及式(1.2.3)两式可以看出:这三个函数中,只要知道一个,就可以求出其余的两个. 例如,欲求质点的速度及加速度,可先选取适当的坐标系,定出质点的位置坐标,再求其对时间的微商. 而如要从速度求位矢,则一般要用积分方法(并利用初始条件定出积分常量)求出位矢的分量(即位置坐标),再从分量求 $\boldsymbol{r}$. 上述关系,对物体中的某一点来讲也是适用的.

[例 1]　设椭圆规尺 AB 的端点 A 与 B 沿直线导槽 Ox 及 Oy 滑动(图 1.2.1),而 B 以匀速度 c 运动. 求椭圆规尺上 M 点的轨道方程、速度及加速度. 设 $MA=a$,$MB=b$,$\angle OBA=\theta$.

[解]　由图 1.2.1 知 M 点的坐标为

$$x=b\sin\theta,\quad y=a\cos\theta \tag{1}$$

消去 θ,得轨道方程为

$$\frac{x^2}{b^2}+\frac{y^2}{a^2}=1\text{(椭圆)} \tag{2}$$

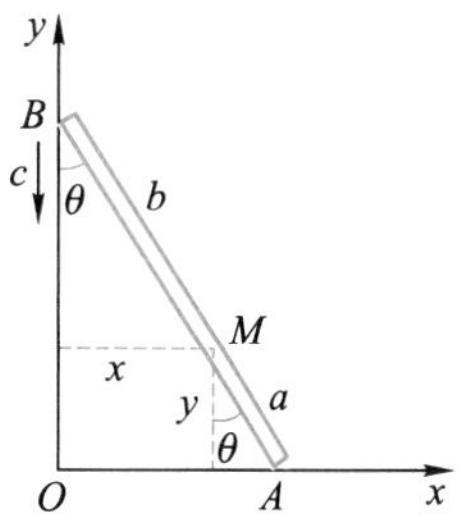

图 1.2.1

速度分量为

$$\dot{x}=b\dot{\theta}\cos\theta,\quad \dot{y}=-a\dot{\theta}\sin\theta \tag{3}$$

式中 $\dot{\theta}$ 是角量 θ 的时间变化率.

因 B 点坐标为

$$x_1=0,\quad y_1=(a+b)\cos\theta$$

而依题意

$$v_B=\dot{y}_1=-(a+b)\dot{\theta}\sin\theta=-c$$

得
$$\dot{\theta}=\frac{c}{a+b}\frac{1}{\sin\theta} \tag{4}$$

故速度分量又可写为

$$\dot{x}=\frac{bc}{a+b}\cot\theta,\quad \dot{y}=-\frac{ac}{a+b} \tag{5}$$

所以
$$v_M=\frac{c}{a+b}\sqrt{a^2+b^2\cot^2\theta} \tag{6}$$

加速度分量为

$$\ddot{x}=-\frac{bc}{a+b}\dot{\theta}\csc^2\theta=-\frac{bc^2}{(a+b)^2}\csc^3\theta=-\frac{b^4c^2}{(a+b)^2}\frac{1}{x^3} \tag{7}$$

$$\ddot{y}=0$$

所以
$$a_M=\sqrt{\ddot{x}^2+\ddot{y}^2}=\frac{b^4c^2}{(a+b)^2}\frac{1}{x^3} \tag{8}$$

（2）极坐标系

在解算力学问题时，直角坐标系虽然用得最多，但为了计算方便起见，有时也要采用另外一些坐标系，这在 § 1.1 中曾经讲过.

解算平面曲线运动问题时，有时要采用极坐标系，以使计算简化. 例如，解算质点受有心力作用而运动的问题时（ § 1.9），用平面极坐标系就比用直角坐标系要方便得多.

我们知道：在平面极坐标系中，质点 P 的位置，可用极坐标(r,θ)来表示，如图 1.2.2 所示. 当质点 P 沿着曲线运动时，它的速度 $\boldsymbol{v}$ 沿着轨道的切线. 如为平面曲线，在直角坐标系中，我们把速度 $\boldsymbol{v}$ 分解为沿 x 轴的 $v_x\boldsymbol{i}$ 及沿 y 轴的$v_y\boldsymbol{j}$. 但在平面极坐标系中，我们就必须把它分解为沿位矢 $\boldsymbol{r}$ 及垂直位矢 $\boldsymbol{r}$（θ 增加的方向）的两个分量 $v_r\boldsymbol{i}$ 及 $v_\theta\boldsymbol{j}$，式中 $\boldsymbol{i}$ 为沿位矢 $\boldsymbol{r}$ 的单位矢量，$\boldsymbol{j}$ 为垂直位矢 $\boldsymbol{r}$ 的单位矢量，由图 1.2.2，显然有

$$\boldsymbol{r}=r\boldsymbol{i} \tag{1.2.5}$$

因
$$\boldsymbol{v}=\frac{\mathrm{d}\boldsymbol{r}}{\mathrm{d}t}$$

所以
$$\boldsymbol{v}=\frac{\mathrm{d}\boldsymbol{r}}{\mathrm{d}t}=\frac{\mathrm{d}}{\mathrm{d}t}(r\boldsymbol{i}) \tag{1.2.6}$$

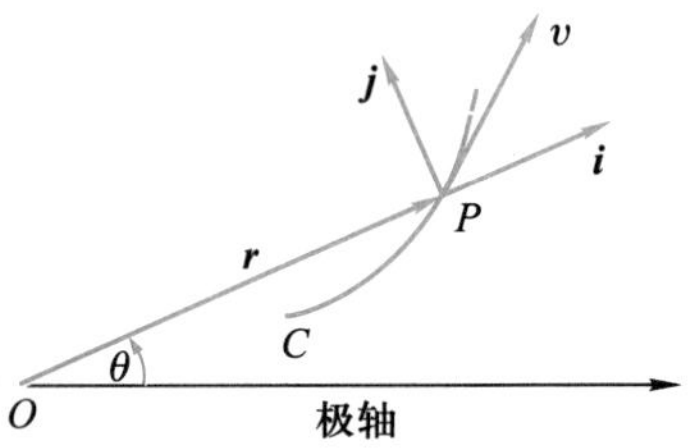

图 1.2.2

值得注意的是：这里单位矢量 $\boldsymbol{i}$、$\boldsymbol{j}$ 的量值虽然都等于 1，但是当质点 P 沿着曲线 C 运动时，位矢的方向随时变化，因而沿位矢的 $\boldsymbol{i}$ 和

垂直位矢的 $\boldsymbol{j}$ 的方向也随着时间变化，即 $\boldsymbol{i}$、$\boldsymbol{j}$ 也都是时间的函数. 这一点和直角坐标系中的情形不同，在直角坐标系中，$\boldsymbol{i}$ 和 $\boldsymbol{j}$ 都是常矢量. 因此

$$\boldsymbol{v}=\frac{\mathrm{d}}{\mathrm{d}t}(r\boldsymbol{i})=\dot{r}\boldsymbol{i}+r\dot{\boldsymbol{i}} \tag{1.2.7}$$

式中 $\dot{r}=\frac{\mathrm{d}r}{\mathrm{d}t}$，而 $\dot{\boldsymbol{i}}=\frac{\mathrm{d}\boldsymbol{i}}{\mathrm{d}t}$.

从式(1.2.7)可以看出：速度 $\boldsymbol{v}$ 是由两项叠加而成的. 其中第一项 $\dot{r}\boldsymbol{i}$ 的方向和位矢 $\boldsymbol{r}$ 的方向一致，看来它表示位矢 $\boldsymbol{r}$ 量值的变化. 至于式(1.2.7)中的第二项，必须先求出 $\dot{\boldsymbol{i}}$ 才能知道其物理意义. 因此，问题归结为如何求出 $\dot{\boldsymbol{i}}$，即如何求出单位矢量对时间 t 的微商.

参看图 1.2.3，当质点沿曲线 C 由 P 点运动到 Q 点时，位矢由 $\boldsymbol{r}_1$ 变为 $\boldsymbol{r}_2$，而单位矢量 $\boldsymbol{i}$ 也由 $\boldsymbol{i}$ 变为 $\boldsymbol{i}'$，$\boldsymbol{i}$ 和 $\boldsymbol{i}'$ 的量值都等于 1，但方向不同. 由图 1.2.3 可见，$\boldsymbol{i}$、$\boldsymbol{i}'$ 和 $\mathrm{d}\boldsymbol{i}$ 组成一个等腰三角形. 在极限情况下，$\mathrm{d}\theta\to 0$，等腰三角形的两个底角均接近于直角. 故在极限情形下，$\mathrm{d}\boldsymbol{i}\perp\boldsymbol{i}$，与 $\boldsymbol{j}$ 的方向一致. 至于 $|\mathrm{d}\boldsymbol{i}|$ 的量值则为 $|\mathrm{d}\boldsymbol{i}|=1\times\mathrm{d}\theta=\mathrm{d}\theta$. 同理，在极限情况下，$\mathrm{d}\boldsymbol{j}\perp\boldsymbol{j}$，$|\mathrm{d}\boldsymbol{j}|=1\times\mathrm{d}\theta=\mathrm{d}\theta$，由图可见，这时 $\mathrm{d}\boldsymbol{j}$ 的指向和 $\boldsymbol{i}$ 的指向相反，即沿 $\boldsymbol{i}$ 的负方向. 因此，我们有

$$\left.\begin{aligned}\frac{\mathrm{d}\boldsymbol{i}}{\mathrm{d}t}&=\frac{\mathrm{d}\boldsymbol{i}}{\mathrm{d}\theta}\frac{\mathrm{d}\theta}{\mathrm{d}t}=\dot{\theta}\boldsymbol{j}\\ \frac{\mathrm{d}\boldsymbol{j}}{\mathrm{d}t}&=\frac{\mathrm{d}\boldsymbol{j}}{\mathrm{d}\theta}\frac{\mathrm{d}\theta}{\mathrm{d}t}=-\dot{\theta}\boldsymbol{i}\end{aligned}\right\} \tag{1.2.8}$$

这个关系，我们必须掌握.

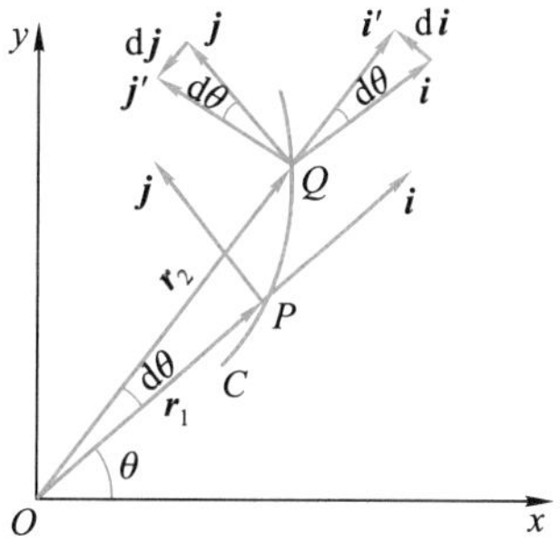

图 1.2.3

把式(1.2.8)代入式(1.2.7)，我们就得到

$$\boldsymbol{v}=\dot{r}\boldsymbol{i}+r\dot{\theta}\boldsymbol{j} \tag{1.2.9}$$

式(1.2.9)的第二项 $r\dot{\theta}\boldsymbol{j}$ 确实是垂直于位矢的分速度. 这样，我们就把 $\boldsymbol{v}$ 分解为沿位矢及垂直于位矢的两个分速度了. 我们通常称 $\dot{r}\boldsymbol{i}$ 为径向速度，以 $v_r\boldsymbol{i}$ 表示，是由位矢 $\boldsymbol{r}$ 的量值改变所引起的. 至于 $r\dot{\theta}\boldsymbol{j}$ 则叫横向速度，以 $v_\theta\boldsymbol{j}$ 表示，是由位矢方向的改变所引起的. 所以，在平面极坐标系中，速度的两个分量为

$$\begin{aligned}v_r&=\dot{r}\\ v_\theta&=r\dot{\theta}\end{aligned} \tag{1.2.10}$$

加速度 $\boldsymbol{a}$ 是速度 $\boldsymbol{v}$ 对时间 t 的微商，即

$$\boldsymbol{a}=\frac{\mathrm{d}\boldsymbol{v}}{\mathrm{d}t}$$

既然在平面极坐标系中，可以把速度 $\boldsymbol{v}$ 分解为沿位矢及垂直于位矢的两个

分矢量，那么，根据同样道理，我们也可以把加速度 $\boldsymbol{a}$ 分解为沿位矢及垂直于位矢的两个分矢量. 现在我们来求类似于式(1.2.10)的分量表达式，即加速度在平面极坐标系中的分量表达式.

由式(1.2.9)及式(1.2.10)知

$$\boldsymbol{a}=\frac{\mathrm{d}\boldsymbol{v}}{\mathrm{d}t}=\frac{\mathrm{d}}{\mathrm{d}t}(\dot{r}\boldsymbol{i})+\frac{\mathrm{d}}{\mathrm{d}t}(r\dot{\theta}\boldsymbol{j}) \tag{1.2.11}$$

其中第一项代表径向速度的时间变化率，而第二项则代表横向速度的时间变化率. 利用式(1.2.8)的关系，不难推出：

$$\frac{\mathrm{d}}{\mathrm{d}t}(\dot{r}\boldsymbol{i})=\frac{\mathrm{d}\dot{r}}{\mathrm{d}t}\boldsymbol{i}+\dot{r}\frac{\mathrm{d}\boldsymbol{i}}{\mathrm{d}t}=\ddot{r}\boldsymbol{i}+\dot{r}\dot{\theta}\boldsymbol{j}$$

式中的第一项是由径向速度的量值改变引起的，而第二项则是由于径向速度的方向改变引起的. 这跟直角坐标系中的情形不同，在直角坐标系中，分速度的方向是不变的，只有量值可以变化.

同理

$$\begin{aligned}\frac{\mathrm{d}}{\mathrm{d}t}(r\dot{\theta}\boldsymbol{j})&=\frac{\mathrm{d}r}{\mathrm{d}t}\dot{\theta}\boldsymbol{j}+r\frac{\mathrm{d}\dot{\theta}}{\mathrm{d}t}\boldsymbol{j}+r\dot{\theta}\frac{\mathrm{d}\boldsymbol{j}}{\mathrm{d}t}\\&=\dot{r}\dot{\theta}\boldsymbol{j}+r\ddot{\theta}\boldsymbol{j}-r\dot{\theta}^2\boldsymbol{i}\end{aligned}$$

式中头两项是由横向速度的量值改变所引起的，而第三项则是由横向速度的方向改变引起的.

把所求得的 $\frac{\mathrm{d}}{\mathrm{d}t}(\dot{r}\boldsymbol{i})$ 及 $\frac{\mathrm{d}}{\mathrm{d}t}(r\dot{\theta}\boldsymbol{j})$ 的表达式代入式(1.2.11)，并整理得

$$\boldsymbol{a}=(\ddot{r}-r\dot{\theta}^2)\boldsymbol{i}+(r\ddot{\theta}+2\dot{r}\dot{\theta})\boldsymbol{j}=(\ddot{r}-r\dot{\theta}^2)\boldsymbol{i}+\frac{1}{r}\frac{\mathrm{d}}{\mathrm{d}t}(r^2\dot{\theta})\boldsymbol{j} \tag{1.2.12}$$

式中 $(\ddot{r}-r\dot{\theta}^2)\boldsymbol{i}$ 是加速度 $\boldsymbol{a}$ 沿位矢方向的分量，记做 $a_r\boldsymbol{i}$，通常叫做径向加速度，而 $(r\ddot{\theta}+2\dot{r}\dot{\theta})\boldsymbol{j}$ 是加速度 $\boldsymbol{a}$ 垂直于位矢方向的分量，记做 $a_\theta\boldsymbol{j}$，通常叫做横向加速度. 所以，在极坐标系中，加速度的两个分量为

$$\left.\begin{aligned}a_r&=\ddot{r}-r\dot{\theta}^2\\a_\theta&=r\ddot{\theta}+2\dot{r}\dot{\theta}=\frac{1}{r}\frac{\mathrm{d}}{\mathrm{d}t}(r^2\dot{\theta})\end{aligned}\right\} \tag{1.2.13}$$

因为在极坐标系中，径向速度和横向速度的方向一般都随时间而变，所以虽然径向速度 v_r 等于径矢大小 r 的时间变化率 $\dot{r}$，但径向加速度却一般并不等于径向速度的时间变化率 $\ddot{r}$，还有由于横向速度的方向改变所引起的另一项 $(-r\dot{\theta}^2)$，它也是径向的. a_θ 的情况也类似，读者可自行解释.

顺便指出：在极坐标系中，加速度分量的表达式比较复杂，不像在直角坐标系中那样简单，但这并不等于解算力学中所有问题都要用直角坐标系才显得方便. 参看 § 1.9.

另外，平面极坐标系只能用来解决平面曲线运动问题，直角坐标系却能解决空间曲线运动问题. 对于空间曲线运动问题，除采用直角坐标系外，有时还要采用另外一些坐标系，其中跟平面极坐标系有关的，是平面极坐标系加上垂直的 z 坐标而形成的柱面坐标系. 实用中，一般使直角坐标系的 z 轴与柱面坐标系的 z 轴重合. 这时，直角坐标与柱面坐标的关系如图 1.2.4 所示，P 为空间曲线上的任一点，M 为 P 在 Oxy 平面上的垂足，它的平面极坐标是 (r,θ)，而 P 点的柱坐标则为 (r,θ,z). 要注意这里 $\boldsymbol{r}$ 已不是 P 点的位矢（P 点的位矢是 $\boldsymbol{R}$），而是 P 点在 Oxy 平面上的垂足 M 点的位矢. 速度、加速度的表示式和平面极坐标系不同之处，只是多了一个 z 方向的分量 $\dot{z}$ 及 $\ddot{z}$.

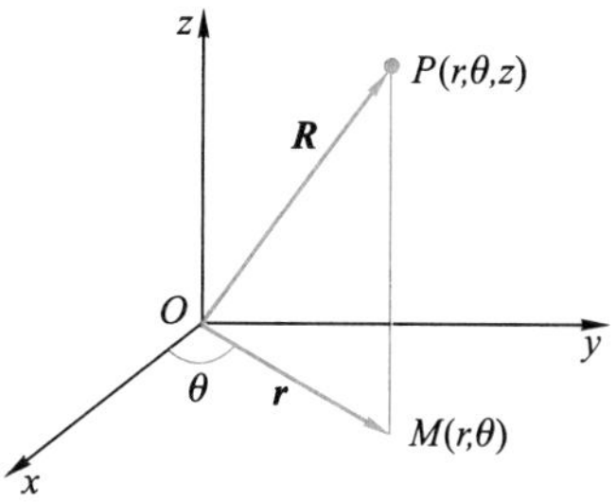

图 1.2.4

对于空间曲线运动问题，有时还要采用球面坐标系（见第五章）.

［例 2］ 某点运动方程为

$$r=\mathrm{e}^{ct},\quad \theta=bt$$

式中 b 和 c 都是常量，试求其速度与加速度.

［解］ 因为 $r=\mathrm{e}^{ct}$，$\theta=bt$，故 (1)

$$v_r=\dot{r}=c\mathrm{e}^{ct}=cr$$

$$v_\theta=r\dot{\theta}=b\mathrm{e}^{ct}=br$$

而

$$v=\sqrt{\dot{r}^2+r^2\dot{\theta}^2}=\sqrt{b^2+c^2}\,r \tag{2}$$

又

$$a_r=\ddot{r}-r\dot{\theta}^2=c^2\mathrm{e}^{ct}-b^2\mathrm{e}^{ct}=(c^2-b^2)r$$

$$a_\theta=r\ddot{\theta}+2\dot{r}\dot{\theta}=2bcr$$

所以

$$\begin{aligned}a&=\sqrt{(\ddot{r}-r\dot{\theta}^2)^2+(r\ddot{\theta}+2\dot{r}\dot{\theta})^2}\\&=\sqrt{(c^2-b^2)^2+(2bc)^2}\,r\\&=(b^2+c^2)r\end{aligned} \tag{3}$$

由此可以看出：在本问题中，速度和加速度都和径矢大小 r 成正比.

（3）切向加速度与法向加速度

质点沿曲线运动时，速度矢量 $\boldsymbol{v}$ 沿轨道的切线方向，但加速度 $\boldsymbol{a}$ 却并不沿着轨道的切线方向. 如果质点沿着平面曲线 C 运动，那么我们还可以把加速度矢量 $\boldsymbol{a}$ 分解为沿着轨道的切线方向及法线方向两个分量. 为方便计，这里我们

设 $\boldsymbol{i}$ 为沿轨道切线并指向轨道弧长 s 增加的方向上的单位矢量，$\boldsymbol{j}$ 为沿轨道法线并指向曲线凹侧的单位矢量，θ 为轨道前进的切线方向和 x 轴间的夹角(图 1.2.5). 当质点沿 C 运动时，$\boldsymbol{i}$、$\boldsymbol{j}$ 均随着 θ 改变，它们之间的关系，同样可以利用式(1.2.8)得出，即

$$\left.\begin{aligned}\frac{\mathrm{d}\boldsymbol{i}}{\mathrm{d}\theta}&=\boldsymbol{j}\\\frac{\mathrm{d}\boldsymbol{j}}{\mathrm{d}\theta}&=-\boldsymbol{i}\end{aligned}\right\}\qquad(1.2.14)$$

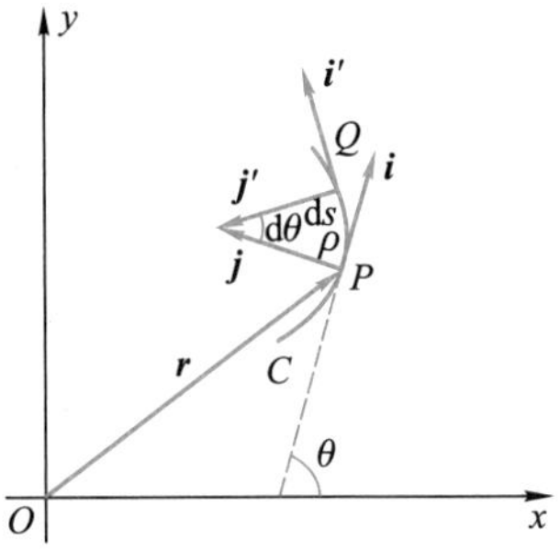

图 1.2.5

这里单位矢量 $\boldsymbol{i}$ 虽变为沿轨道切线方向，但是 θ 仍是 $\boldsymbol{i}$ 与 x 轴间的夹角，所以图 1.2.3 的推理仍是成立的.

又速度 $\boldsymbol{v}$ 是沿着轨道的切线方向的，故

$$\boldsymbol{v}=v\boldsymbol{i}=\frac{\mathrm{d}s}{\mathrm{d}t}\boldsymbol{i}\qquad(1.2.15)$$

式中 $\mathrm{d}s$ 是当 θ 改变 $\mathrm{d}\theta$ 时，质点沿曲线 C 所移动的路程，在极限情况下，$\mathrm{d}s=|\mathrm{d}\boldsymbol{r}|$，故 $v=\frac{|\mathrm{d}\boldsymbol{r}|}{\mathrm{d}t}=\frac{\mathrm{d}s}{\mathrm{d}t}$，且弧长增加，$\mathrm{d}s>0$；弧长减小，$\mathrm{d}s<0$. 于是

$$\boldsymbol{a}=\frac{\mathrm{d}\boldsymbol{v}}{\mathrm{d}t}=\frac{\mathrm{d}^2s}{\mathrm{d}t^2}\boldsymbol{i}+\frac{\mathrm{d}s}{\mathrm{d}t}\frac{\mathrm{d}\boldsymbol{i}}{\mathrm{d}t}=\frac{\mathrm{d}^2s}{\mathrm{d}t^2}\boldsymbol{i}+\frac{\mathrm{d}\boldsymbol{i}}{\mathrm{d}\theta}\frac{\mathrm{d}\theta}{\mathrm{d}s}\left(\frac{\mathrm{d}s}{\mathrm{d}t}\right)^2$$

因为 $\frac{\mathrm{d}s}{\mathrm{d}t}=v$，$\frac{\mathrm{d}\boldsymbol{i}}{\mathrm{d}\theta}=\boldsymbol{j}$，而此处 $\frac{\mathrm{d}s}{\mathrm{d}\theta}$ 则等于曲线 C 的曲率半径 ρ，因 $\rho>0$，故

$$\boldsymbol{a}=\frac{\mathrm{d}v}{\mathrm{d}t}\boldsymbol{i}+\frac{v^2}{\rho}\boldsymbol{j}\qquad(1.2.16)$$

即动点的加速度 $\boldsymbol{a}$ 的切向分矢量为 $\frac{\mathrm{d}v}{\mathrm{d}t}\boldsymbol{i}$，有时也把它写为 $v\frac{\mathrm{d}v}{\mathrm{d}s}\boldsymbol{i}$，通常用 $a_{\mathrm{t}}\boldsymbol{i}$ 表示，叫做切向加速度. 法向分矢量为 $\frac{v^2}{\rho}\boldsymbol{j}$，通常用 $a_{\mathrm{n}}\boldsymbol{j}$ 表示，指向曲线凹侧为正，叫做法向加速度. 因此，我们有

$$\begin{aligned}a_{\mathrm{t}}&=\frac{\mathrm{d}v}{\mathrm{d}t}\\a_{\mathrm{n}}&=\frac{v^2}{\rho}\end{aligned}\qquad(1.2.17)$$

这种分解方法的好处是完全取决于轨道本身的形状，而与所选用的坐标系无关，故称为内禀方程(或禀性方程、本性方程). 如果把轨道的切线和法线也作为坐标系来看，则叫自然坐标系.

由上面的计算可以看出：a_{t} 是由于速度的量值改变所引起的. 如速度的量值保持不变，则 $a_{\mathrm{t}}=0$. a_{n} 则是由于速度的方向改变所引起的. 当质点沿曲线运

动时，由于速度的方向随时改变，故 a_n 一般不等于零.

对于空间曲线来讲，式(1.2.16)仍然适用. 从微分几何学我们知道：$\boldsymbol{a}$ 恒位于轨道的密切平面内(参看 §1.5 中的图 1.5.1). 所谓轨道的密切平面是轨道的切线和曲线上无限接近于切点的一个点所确定的极限平面，亦即轨道上无限接近的两点的两条切线所确定的极限平面. 故对空间曲线上的某点而言，$\frac{\mathrm{d}v}{\mathrm{d}t}\boldsymbol{i}$ 仍为切向加速度(在 $\boldsymbol{e}_t$ 方向)，$\frac{v^2}{\rho}\boldsymbol{j}$ 为在密切平面内并和切线垂直的加速度分矢量，叫做加速度在主法线方向($\boldsymbol{e}_n$)上的分矢量. 至于沿垂直于密切平面的另一条法线，即所谓副法线方向($\boldsymbol{e}_b$)上加速度的分矢量则为零.

[例 3] 一质点沿圆滚线 $s=4a\sin\theta$ 的弧线运动. 如 $\dot{\theta}$ 为一常量，则其加速度亦为一常量，试证明之. 式中 θ 为圆滚线某点 P 上的切线与水平线(x 轴)所成的角度，s 为 P 点与曲线最低点之间的曲线弧长.

[解] 因
$$s=4a\sin\theta \tag{1}$$
故
$$v=\frac{\mathrm{d}s}{\mathrm{d}t}=4a\dot{\theta}\cos\theta=4a\omega\cos\theta \tag{2}$$
式中
$$\dot{\theta}=\omega=\text{常量(题设)}$$
又
$$a_t=\frac{\mathrm{d}v}{\mathrm{d}t}=\frac{\mathrm{d}^2s}{\mathrm{d}t^2}=-4a\omega^2\sin\theta \tag{3}$$
$$a_n=\frac{v^2}{\rho} \tag{4}$$
但
$$\rho=\frac{\mathrm{d}s}{\mathrm{d}\theta}=4a\cos\theta$$
所以
$$a_n=\frac{16a^2\omega^2\cos^2\theta}{4a\cos\theta}=4a\omega^2\cos\theta \tag{5}$$
而
$$\begin{aligned}a&=\sqrt{a_t^2+a_n^2}=4a\omega^2\sqrt{\sin^2\theta+\cos^2\theta}\\&=4a\omega^2=\text{常量}\end{aligned} \tag{6}$$

[例 4] 设质点 P 沿螺旋线
$$x=2\sin 4t,\quad y=2\cos 4t,\quad z=4t$$
运动，试求速度、加速度及轨道的曲率半径.

[解] 因
$$\left.\begin{aligned}x&=2\sin 4t\\y&=2\cos 4t\\z&=4t\end{aligned}\right\} \tag{1}$$
故
$$\left.\begin{aligned}\dot{x}&=8\cos 4t=4y\\\dot{y}&=-8\sin 4t=-4x\\\dot{z}&=4\end{aligned}\right\} \tag{2}$$

所以 $$v=\sqrt{\dot{x}^2+\dot{y}^2+\dot{z}^2}=4\sqrt{x^2+y^2+1}=4\sqrt{5} \tag{3}$$

又 $$\left.\begin{aligned}\ddot{x}&=4\dot{y}=-16x\\ \ddot{y}&=-4\dot{x}=-16y\\ \ddot{z}&=0\end{aligned}\right\} \tag{4}$$

所以 $$a=\sqrt{\ddot{x}^2+\ddot{y}^2+\ddot{z}^2}=16\sqrt{x^2+y^2}=32 \tag{5}$$

又 $$a_t=\frac{\mathrm{d}v}{\mathrm{d}t}=4\times\frac{1}{2}\frac{2x\dot{x}+2y\dot{y}}{\sqrt{x^2+y^2+1}}=4\times\frac{4xy-4xy}{\sqrt{x^2+y^2+1}}=0 \tag{6}$$

所以 $$a_n=a=16\sqrt{x^2+y^2}=32 \tag{7}$$

而 $$\rho=\frac{v^2}{a_n}=\frac{x^2+y^2+1}{\sqrt{x^2+y^2}}=2.5 \tag{8}$$

§1.3 平动参考系

（1）绝对速度、相对速度与牵连速度

在有些情况下，参考系本身也在运动. 本节只讨论最简单的情况，即参考系作平动. 设有两个参考系 S 及 S′，前者是静止不动的，后者相对于前者作匀速直线运动. 如果有两个观察者 A 和 B，分别处于 S 及 S′系中观察同一物体（质点）的运动，那么他们所得到的结果，彼此间有何不同和联系呢？

要观察物体的运动，总得要进行测量，即测量空间距离和时间间隔. 现在又产生了一个问题，就是这两个观察者所观测到的空间距离和时间间隔，会不会因他们之间有这种相对运动而发生差异？根据伽利略和牛顿的假定，这两个观察者用事先校准好了的仪器（尺和钟）进行空间距离和时间间隔的测量所得到的结果，并不因它们间有这种相对运动而有任何差异. 但严格说来，这只有在低速情形下才是正确的. 当物体速度高到和光速相近时，上述假定就不能成立. 但在通常情况下，物体运动的速度远比光速小，故伽利略、牛顿的假定可以成立. 我们在本书中，就是采用了这种假定，也就是采用了经典力学的假定. 关于高速运动的物体，则要采用爱因斯坦的相对论.

现在让我们先研究相对于"静止"参考系 S 作匀速直线运动的参考系 S′的运动问题，也就是相对运动中最简单的一种情况.

如 (x_0, y_0, z_0) 为上述 S′系的原点 O' 在某一瞬时相对于 S 系原点 O 的坐标，则

$$\frac{\mathrm{d}x_0}{\mathrm{d}t}=u_0,\quad \frac{\mathrm{d}y_0}{\mathrm{d}t}=v_0,\quad \frac{\mathrm{d}z_0}{\mathrm{d}t}=w_0$$

u_0、v_0、w_0 为 S′系对 S 系的相对分速度，均为定值．如 P 代表运动质点在同一瞬时的位置，对 S 系而言，其坐标为(x,y,z)，对 S′系而言，其坐标为(x',y',z')，则由图 1.3.1，知

$$x=x_0+x',\quad y=y_0+y',\quad z=z_0+z'$$

求上三式对 t 的微商，得

$$\dot{x}=\dot{x}_0+\dot{x}'=u_0+\dot{x}',\quad \dot{y}=\dot{y}_0+\dot{y}'=v_0+\dot{y}',\quad \dot{z}=\dot{z}_0+\dot{z}'=w_0+\dot{z}'$$

写成矢量形式，则为

$$\boldsymbol{v}=\boldsymbol{v}_0+\boldsymbol{v}' \tag{1.3.1}$$

我们通常把物体相对于“静止”参考系 S 的运动叫做“绝对”运动，所以物体相对于 S 系的运动速度 $\boldsymbol{v}$，就叫做“绝对”速度．把物体相对于运动参考系 S′的运动叫做相对运动，所以物体相对于运动参考系 S′的运动速度 $\boldsymbol{v}'$ 就叫做相对速度．至于物体随 S′系一道运动而具有的相对于 S 系的运动，则叫做牵连运动，所以物体被 S′系“牵带”着一同运动的速度，亦即 S′系相对于 S 系的速度 $\boldsymbol{v}_0$ 就叫做牵连速度．即“绝对”速度等于牵连速度与相对速度的矢量和（图 1.3.2）．这个关系，当对于运动参考系作加速直线运动或一般平动时仍正确．

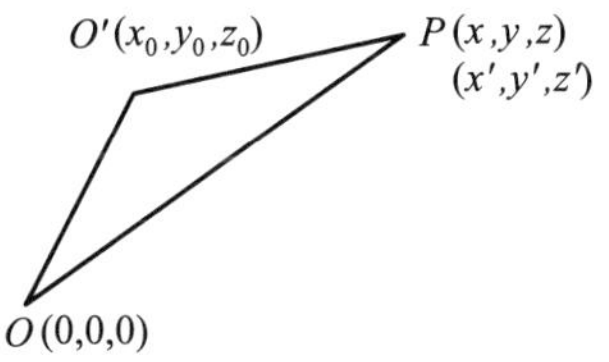

图 1.3.1

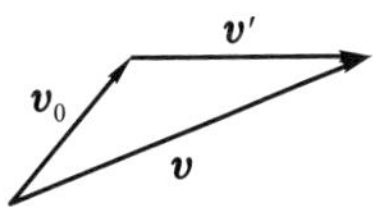

图 1.3.2

［例 1］　某人以 4 km/h 的速率向东方前进时，感觉风从正北吹来；如将速率增加一倍，则感觉风从东北方向吹来．试求风速及风向．

［解］　取坐标系 S 固着在地面上，S′系则固着在人身上，并令 x 轴指向东方，y 轴指向北方，如图 1.3.3 所示．在图 1.3.3(a)中，人前进的速度 $4\boldsymbol{i}$ 是牵连速度；而 $\boldsymbol{v}'$ 则是人以 4 km/h 的速率向东方前进时感觉到的风的速度，应为相对速度；至于 $\boldsymbol{v}$，则为风相对于地面的速度，即绝对速度．由式（1.3.1），知 $\boldsymbol{v}=4\boldsymbol{i}+\boldsymbol{v}'$，写成分量形式则为

$$\left.\begin{aligned}v_x&=v\cos\theta=4\\ v_y&=-v\sin\theta=-v'\end{aligned}\right\} \tag{1}$$

在图 1.3.3(b)中，牵连速度（人前进速度）是 $8\boldsymbol{i}$，$\boldsymbol{v}''$ 则是相对速度，即人以 8 km/h的速率向东方前进时所感觉到的风的速度；至于 $\boldsymbol{v}$ 则仍为绝对速度．因绝对速度等于相对速度与牵连速度的矢量和，而在此情形下

$$\boldsymbol{v}=8\boldsymbol{i}+\boldsymbol{v}'' \tag{2}$$

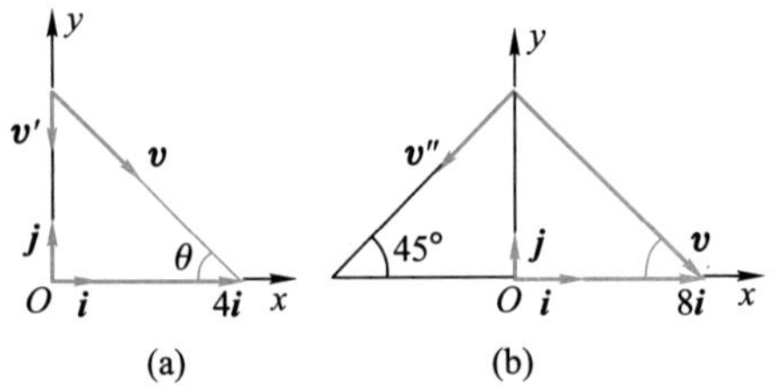

图 1.3.3

写成分量形式则为

$$\left.\begin{aligned} v_x &= v\cos\theta = 8 - v''\cos 45^\circ \\ v_y &= -v\sin\theta = -v''\sin 45^\circ \end{aligned}\right\} \tag{3}$$

由(1)式及(3)式,得

$$\left.\begin{aligned} v\cos\theta &= 4 \\ v\sin\theta &= v' \end{aligned}\right\} \tag{4}$$

$$\left.\begin{aligned} v\cos\theta &= 8 - v''\cos 45^\circ \\ v\sin\theta &= v''\sin 45^\circ \end{aligned}\right\} \tag{5}$$

解上面的两方程组,得

$$v = 4\sqrt{2}\ \text{km/h}$$

$$\theta = 45^\circ$$

故知风的绝对速率为 $4\sqrt{2}$ km/h,它和 x 轴的夹角 θ 为 45°,即风是从西北方向吹来的.

[**例 2**] 小船 M 被水流冲走后,用一绳将它拉回岸边 A 点. 假定水流速度大小 v_1 沿河宽不变,而拉绳子的速度大小则为 v_2. 如小船可以看成一个质点,求小船的轨迹(图 1.3.4).

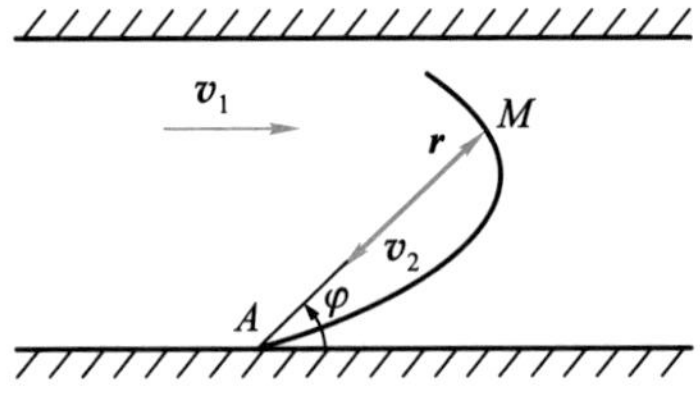

图 1.3.4

[**解**] 因船沿径向的绝对速度的大小为 v_2,其方向与位矢 $\boldsymbol{r}$ 的方向相反,而水的牵连速度沿垂直于 $\boldsymbol{r}$ 方向(φ 增加的方向)的分量为$-v_1\sin\varphi$,故得

$$\frac{\mathrm{d}r}{\mathrm{d}t}(\text{径向绝对速度}) = -v_2 \tag{1}$$

$$r\frac{\mathrm{d}\varphi}{\mathrm{d}t}(\text{横向绝对速度}) = -v_1\sin\varphi \tag{2}$$

两式相除，得
$$\frac{\mathrm{d}r}{r}=\frac{v_2}{v_1}\csc\varphi\mathrm{d}\varphi \tag{3}$$
积分，得
$$\ln r=\frac{v_2}{v_1}\ln\left(\tan\frac{\varphi}{2}\right)+C \tag{4}$$
即
$$\ln r=\ln(\tan^k\alpha)+C \tag{5}$$
式中
$$\frac{v_2}{v_1}=k,\quad \alpha=\frac{\varphi}{2} \tag{6}$$
设初始条件为
$$r=r_0,\quad \alpha=\alpha_0$$
代入(5)式，得
$$C=\ln r_0-\ln(\tan^k\alpha_0) \tag{7}$$
把(7)式代入(5)式，得
$$\ln\frac{r}{r_0}=\ln(\tan^k\alpha\cot^k\alpha_0)$$
所以
$$r=r_0\cot^k\alpha_0\tan^k\alpha \tag{8}$$
这就是所求船的轨迹方程.

(2) 绝对加速度、相对加速度与牵连加速度

对相对于 S 系作匀速直线运动的参考系 S′而言，$\boldsymbol{v}_0$ 是常矢量. 故求式(1.3.1)对时间的微商，得
$$\dot{\boldsymbol{v}}=\dot{\boldsymbol{v}}_0+\dot{\boldsymbol{v}}'$$
因 $\dot{\boldsymbol{v}}_0=0$，即
$$\boldsymbol{a}=\boldsymbol{a}' \tag{1.3.2}$$
这是可以理解的，因为参考系 S′是作匀速直线运动的，它没有加速度，所以在 S′系中所观察到的物体的加速度 $\boldsymbol{a}'$和在 S 系中所观察到的物体的加速度 $\boldsymbol{a}$ 应该相同.

如果参考系 S′相对于 S 系作加速直线运动，情况就不同了. 因对速度来讲，式(1.3.1)还是成立的. 故求式(1.3.1)对时间的微商，并注意 $\boldsymbol{v}_0$ 不是常矢量，则得
$$\dot{\boldsymbol{v}}=\dot{\boldsymbol{v}}_0+\dot{\boldsymbol{v}}'$$
即
$$\boldsymbol{a}=\boldsymbol{a}_0+\boldsymbol{a}' \tag{1.3.3}$$
跟速度一样，$\boldsymbol{a}$ 叫绝对加速度，是质点(物体)相对于 S 系的加速度；$\boldsymbol{a}'$叫相对加速度，是质点相对于 S′系的加速度；至于 $\boldsymbol{a}_0$ 则是 S′系相对于 S 系的加速度，亦即质点被 S′系“带着”一起运动时获得的加速度，称为牵连加速度. 所以，在相对于 S 系作加速直线运动的参考系 S′中观察质点的运动时，质点的加速度 $\boldsymbol{a}'$和

在 S 系中所观察到的 $\boldsymbol{a}$ 不同，它们之间的关系，由式(1.3.3)给出，即绝对加速度等于牵连加速度与相对加速度的矢量和，跟绝对速度、相对速度、牵连速度之间的关系一样.

§1.4 质点运动定律

(1) 牛顿运动定律

前面所讲的都是质点运动学的内容，它只描述质点如何运动，不深入运动的本质，不揭示运动的内在规律，不能阐明在什么条件下将发生什么样的运动. 动力学则是在运动学的基础上，进一步研究引起质点运动状态发生变化的原因. 现在，我们就来研究质点动力学.

牛顿运动定律是经典动力学的基础. 它是牛顿根据劳动人民在长期生产斗争中对机械运动规律的认识和以前许多科学家的研究成果，再加上他自己的长期观察、实验和研究所作出的科学总结. 宏观低速物体的机械运动，都可根据牛顿运动定律进行解算，所以牛顿运动定律在经典力学中占有非常重要的地位.

现在让我们扼要表述一下牛顿运动定律的内容：

牛顿第一定律：任何物体(质点)如果没有受到其他物体的作用，都将保持静止或匀速直线运动状态. 也就是说：物体如果不受其他物体的作用，它的速度将保持不变.

物体在不受其他物体作用时保持运动状态不变的这种性质，叫做惯性，是物质的一种固有属性，所以牛顿第一定律又叫惯性定律.

牛顿第二定律：当一物体(质点)受到外力作用时，该物体所获得的加速度和外力成正比，和物体本身的质量成反比，加速度的方向和外力的方向一致.

物体间的相互作用叫做力，力可使物体得到加速度与形变. 物体的质量则是物体惯性大小的量度. 如果令 $\boldsymbol{F}$ 代表作用在质点上的合外力，m 代表质点的质量，$\boldsymbol{a}$ 代表质点的加速度，则在适当选择单位后，牛顿第二定律的数学表达式可写为

$$\boldsymbol{F}=m\boldsymbol{a} \tag{1.4.1}$$

在国际单位制(SI)中，m 的单位为 kg(千克)，$\boldsymbol{a}$ 的单位为 m/s^2(米每二次方秒)，而 $\boldsymbol{F}$ 的单位则为 N(牛顿).

牛顿第三定律：当一物体 A 对另一物体 B 有一个作用力 $\boldsymbol{F}_1$ 的同时，另一个物体 B 也对该物体 A 有一个反作用力 $\boldsymbol{F}_2$，作用力与反作用力的量值相等，方向相反，并且在同一直线上，即

$$\boldsymbol{F}_2=-\boldsymbol{F}_1 \tag{1.4.2}$$

作用力与反作用力施加在两个不同的物体上，它们互以对方的存在为自己存在的前提. 它们同时产生，同时消失，相互依存，形成对立的局面，它们是力学中普遍存在的一种矛盾.

(2) 相对性原理

我们知道：研究物体的运动时，先要选定参考系. 在运动学中，参考系可以任意选择，视研究的方便而定. 但在动力学中，应用牛顿运动定律时，参考系就不能任意选择，因为牛顿运动定律不是对任何参考系都成立的.

牛顿运动定律能成立的参考系叫做惯性参考系. 要判断一个参考系是不是惯性参考系，只能依靠观察和实验. 根据天体运动的研究，人们发现：如果我们选择这样一个参考系，即以太阳中心为原点，以指向任一恒星的直线为坐标轴，那么所观测到的许多天文现象，都和根据牛顿运动定律和万有引力定律推出的结论较好地符合，所以这个参考系是精确程度很高的惯性参考系. 实验又表明：地球上的物体相对于地球的运动并不完全遵守牛顿运动定律，所以地球不是惯性参考系. 不过，这种偏差一般是比较微小的. 因此，我们常常可以把地球看做近似程度相当好的惯性参考系. 但在要求精确程度很高的问题中，我们就不能把地球当做惯性参考系了.

牛顿运动定律不能成立的参考系，叫做非惯性参考系. 非惯性参考系的动力学问题，我们将在 §1.6 及第四章中讨论.

除了我们上面所讲的以外，还有没有其他的惯性参考系呢？让我们来考察一下，大家都可能有这样的经验：坐在平稳地作匀速直线运动的车厢里，如果不看窗外，就无法断定车厢是在运动还是在静止. 伽利略在观察一个封闭船舱内所发生的现象时，曾做过一些实验. 他说：“只要船是作匀速直线运动的，那么在这里所发生的一切现象，你都观察不出有丝毫的改变，你也不能根据任何现象来判断船究竟是在运动还是在停止着.” 这里，我们把地球作为惯性参考系，根据上面的讨论，这还是可以的. 总之，对于一个相对于惯性参考系作匀速直线运动的参考系来说，它的内部所发生的一切力学过程，都不受参考系本身匀速直线运动的影响. 或者说：不能借助任何力学实验来判断这样的参考系是静止还是作匀速直线运动. 这一原理叫力学相对性原理，又叫伽利略相对性原理.

按照前述对惯性参考系的了解，可知在惯性参考系中所发生的力学过程，都遵守牛顿运动定律. 而根据力学相对性原理，我们又知道，在所有相对于惯性参考系作匀速直线运动的参考系中的力学过程所遵从的规律，都与相对于静止参考系时完全一样. 这也就是说：在这些参考系中的力学过程都遵从牛顿运动定律. 因此得出结论：相对于惯性参考系作匀速直线运动的一切参考系都是惯性参考系.

伽利略相对性原理在爱因斯坦相对论中得到了推广，并称为爱因斯坦相对性原理，即一切惯性参考系对所有的物理过程（包括电磁的、光学的）都是等价的. 关于爱因斯坦相对性原理，我们不准备进行深入的讨论.

§1.5 质点运动微分方程

（1）运动微分方程的建立

根据牛顿第二定律，质点的加速度和受到的作用力成正比. 而作用力一般说来可表为位矢 $\boldsymbol{r}$、速度 $\dot{\boldsymbol{r}}$ 及时间 t 的函数.

牛顿第二定律式（1.4.1）通常可用运动微分方程写出. 这种运动方程也叫动力学方程. 质点运动的微分方程可写为

$$m\ddot{\boldsymbol{r}} = \boldsymbol{F}(\boldsymbol{r},\dot{\boldsymbol{r}},t) \tag{1.5.1}$$

质点如果不受任何约束而运动，则叫自由质点. 这时它的位置需用三个独立的变量表出. 如用直角坐标系，则式（1.5.1）可写成三个标量微分方程如下：

$$\begin{aligned} m\ddot{x} &= F_x(x,y,z;\dot{x},\dot{y},\dot{z};t) \\ m\ddot{y} &= F_y(x,y,z;\dot{x},\dot{y},\dot{z};t) \\ m\ddot{z} &= F_z(x,y,z;\dot{x},\dot{y},\dot{z};t) \end{aligned} \tag{1.5.2}$$

式中 F_x、F_y、F_z 是作用在质点上的合外力 $\boldsymbol{F}$ 在三坐标轴上的投影，当然也是坐标、速度和时间的函数. 式（1.5.2）中的每一个方程，都是二阶常微分方程，这个微分方程组的解中将有六个积分常量出现. 此六个积分常量可由质点的初始条件决定，即由 $t=0$ 时，质点的初位置 $x=x_0, y=y_0, z=z_0$ 和初速度 $\dot{x}=u_0, \dot{y}=v_0, \dot{z}=w_0$ 所决定.

质点如作直线运动，则可取该直线为 x 轴，于是运动微分方程只有式（1.5.2）中的第一式存在①. 同理，如质点作平面曲线运动，则可取运动平面为 Oxy 平面，因而式（1.5.2）中只有前两式存在②. 解算平面曲线运动问题，有时用直角坐标系较方便，但有时则用其他坐标系例如平面极坐标系较方便（例如行星运动问题）. 如用平面极坐标系，则由式（1.2.13），知质点运动微分方程可写为

$$\begin{aligned} m(\ddot{r}-r\dot{\theta}^2) &= F_r(r,\theta;\dot{r},\dot{\theta};t) \\ m(r\ddot{\theta}+2\dot{r}\dot{\theta}) &= F_\theta(r,\theta;\dot{r},\dot{\theta};t) \end{aligned} \tag{1.5.3}$$

---

① 这时 F_x 只是 x、$\dot{x}$、t 的函数.

② 这时 F_x、F_y 都只是 x、y、$\dot{x}$、$\dot{y}$ 和 t 的函数.

式中 F_r 及 F_θ 为合外力 $\boldsymbol{F}$ 的径向分量和横向分量.

如果质点受到某种约束,例如被限制在某曲线或曲面上运动,不能脱离该线或该面而作任意的运动并占据空间任意的位置,则叫做非自由质点. 此时该线或该面叫约束,而该线或该面的方程则叫做约束方程.

解非自由质点的运动(或称约束运动)问题,一般都是将约束去掉,而代之以约束反作用力,从而把它当成自由质点. 约束反作用力,一般都是未知的;跟普通的力不同,它不完全取决于约束本身,而与作用在质点上的其他力及质点本身运动状态等有关;而且,单靠约束反作用力本身,并不能引起质点的任何运动. 所以约束反作用力常称为被动力或约束力,不是约束力的那些力称为主动力.

约束反作用力通常作用在质点和曲线或曲面的接触点上. 在无摩擦的情况下,它沿着曲线或曲面的法线,而在有摩擦的情况下,则和法线成一定角度的倾斜. 如令 $\boldsymbol{F}$ 代表主动力,$\boldsymbol{R}$ 代表约束反作用力,则质点的运动微分方程为

$$m\ddot{\boldsymbol{r}}=\boldsymbol{F}(\boldsymbol{r},\dot{\boldsymbol{r}},t)+\boldsymbol{R} \tag{1.5.4}$$

既然 $\boldsymbol{R}$ 也是未知的,对任何坐标系而言,上述方程的标量方程式的数目,均少于未知量的数目,所以还要另外加入约束方程才能求解.

解线约束问题,通常用内禀方程比较方便. 设质点在已知主动力 $\boldsymbol{F}$ 的作用下,沿光滑的空间曲线 AB 运动(图 1.5.1),则把式(1.5.4)投影到切线方向 $\boldsymbol{e}_t$、主法线方向 $\boldsymbol{e}_n$(指向曲线凹方为正)及副法线 $\boldsymbol{e}_b$ 方向上(副法线的正向 $\boldsymbol{e}_b$ 与 $\boldsymbol{e}_t$、$\boldsymbol{e}_n$,形成一个右手坐标系),就得到

$$\begin{aligned}m\frac{\mathrm{d}v}{\mathrm{d}t}&=F_t\\ m\frac{v^2}{\rho}&=F_n+R_n\\ 0&=F_b+R_b\end{aligned} \tag{1.5.5}$$

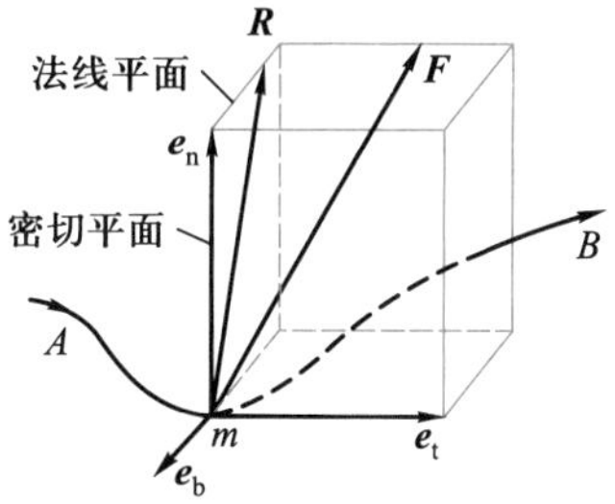

图 1.5.1

这些方程中的第一个方程给出运动规律,而第二和第三个方程则决定约束反作用力. 由此可见,用内禀方程解光滑线约束问题时,运动规律和约束反作用力可以分开解算,这显然是一个很大的优点. 当然,解算约束反作用力时,要利用约束方程来求轨道的曲率半径 ρ,所以约束方程还是要知道才行. 如光滑平面线约束的约束方程(即曲线方程)为 $y=f(x)$,则 $\dfrac{1}{\rho}=\dfrac{|y''|}{(1+y'^2)^{3/2}}$,式中 $y'=\dfrac{\mathrm{d}y}{\mathrm{d}x}$,$y''=\dfrac{\mathrm{d}^2y}{\mathrm{d}x^2}$.

如为不光滑的线约束,则式(1.5.5)中第一式的右方,应加上摩擦力 F_f,它的方向和质点运动方向相反,量值等于 μR,式中 μ 为摩擦因数,$R=\sqrt{R_n^2+R_b^2}$.

(2) 运动微分方程的解

力学中的运动定律反映了物体机械运动的普遍规律. 但是,各种不同问题又带有不同的特殊性,因此对于具体问题必须进行具体的分析,即必须弄清它的特殊性. 对于力学问题来讲,就必须首先弄清它的受力情况,明确哪些力是已知的(包括量值和方向),需要求解的是哪些物理量,并作出草图.

质点不受任何约束而作自由运动,这种情况并不普遍,大量质点动力学问题都是研究受有约束的非自由质点的运动问题. 若干质点受约束而连在一起的运动问题,本是质点组的动力学问题,但这时如能对每一质点作出单独草图,常能把它化为质点动力学问题. 所以对这类问题在作出总的草图以后,还要再就每一质点作出单独的草图,即用所谓隔离物体法,分别对每一质点进行受力情况和运动情况的分析. 即使是单个质点,作出它和周围物体(例如地球)分开的隔离体图也是十分有用的.

由于牛顿运动定律的数学表达式是矢量式[见方程(1.5.1)],在解算具体问题时,它不便给出具体的结果. 因此,在具体分析后,还要根据问题的性质,选取适当的坐标系,规定每一质点的坐标,然后写出每一质点的分量形式的动力学方程.

在理论力学中我们遇到的问题,一般是受变力而运动的问题,运动方程一般是二阶常微分方程组. 因此,理论力学的主要任务,就将是根据具体问题进行具体分析后,建立运动微分方程组,然后求解这些方程组. 也就是说,在具体分析以后,我们将把力学问题化为数学问题;再根据题给的起始条件来解出这些方程组;最后,还要对所得的结果加以分析,阐明它们的物理含义. 在某些情况下,所得到的某些结果,可能不符合物理情况,则应将其弃去. 总之,解决力学问题不应只满足于解出数学方程的结果,还要讨论它的物理实质,这样才是对于一个物理问题的完满解答.

上面我们曾经讲过,作用在质点上的力,一般是位置、速度和时间的函数,这种微分方程组的求解,可能相当困难. 但在有些具体问题中,力常常只是其中某一个变量的函数. 这样,求解问题就变得简单得多. 下面我们举几个实际问题,作为示范.

Ⅰ. 自由电子在沿 x 轴的振荡电场中的运动——力只是时间 t 的函数

设电子速度甚小于光速. 在本问题中,沿 x 轴的电场强度为

$$E_x = E_0\cos(\omega t + \theta) \tag{1.5.6}$$

而电子所受的力则为

$$F = -eE_x = -eE_0\cos(\omega t + \theta) \tag{1.5.7}$$

式中 $-e$ 为电子所带的电荷,E_0 为电场强度的最大值,ω 为角频率,θ 为初相. e、E_0、ω 和 θ 都是常量.

根据牛顿运动定律，电子运动的微分方程为

$$m\frac{\mathrm{d}^2x}{\mathrm{d}t^2}=m\frac{\mathrm{d}v}{\mathrm{d}t}=-eE_0\cos(\omega t+\theta) \tag{1.5.8}$$

式中 m 为电子的质量，v 为电子在任一瞬时的速度. 显然，$v=\frac{\mathrm{d}x}{\mathrm{d}t}$，故$\frac{\mathrm{d}^2x}{\mathrm{d}t^2}=\frac{\mathrm{d}v}{\mathrm{d}t}$.

把式(1.5.8)乘以 $\mathrm{d}t$，并积分，得

$$v=-\frac{eE_0}{m\omega}\sin(\omega t+\theta)+C_1$$

设起始条件为 $t=0$，$v=v_0$，代入上式，则得

$$C_1=v_0+\frac{eE_0}{m\omega}\sin\theta$$

所以

$$v=v_0+\frac{eE_0}{m\omega}\sin\theta-\frac{eE_0}{m\omega}\sin(\omega t+\theta)$$

再积分，并设起始条件为 $t=0$，$x=x_0$，得

$$x=x_0-\frac{eE_0\cos\theta}{m\omega^2}+\left(v_0+\frac{eE_0}{m\omega}\sin\theta\right)t+\frac{eE_0}{m\omega^2}\cos(\omega t+\theta) \tag{1.5.9}$$

如电子起始时，在 $x_0=0$ 处是静止的，则

$$x=-\frac{eE_0\cos\theta}{m\omega^2}+\left(\frac{eE_0}{m\omega}\sin\theta\right)t+\frac{eE_0}{m\omega^2}\cos(\omega t+\theta) \tag{1.5.10}$$

在实际问题中，当无线电波在含有高密度自由电子的电离层中传播时，就跟上面所讨论的情况极其相似. 与角频率为 ω 的无线电波相缔合的是由上面的式(1.5.6)所表出的电场. 在式(1.5.9)中的振荡项具有与式(1.5.6)相同的角频率 ω，且与起始条件无关. 至于式(1.5.9)中的非振荡项，则与起始条件有关，故当波抵达时，它们影响着每一自由电子的细致运动. 这些项对波的传播特性无贡献，只能影响波到达的前沿位置. 因电子带负电，故电极化强度与电场强度的相位相反. 由于这个缘故，电离层的介电常量小于 1. 这与在低频下正常的介电常量不同，那时它总是大于 1 的.

Ⅱ. 在具有阻力的介质中运动的抛射体——力只是速度的函数

抛射体通常都是在空气中运动的，在运动中总要受到空气阻力的作用. 下面，我们将研究抛射体在具有阻力的介质中的运动问题. 我们知道：在实际问题中，我们常常要研究子弹或炮弹在离开枪管或炮筒后的运动问题. 但子弹或炮弹在离开枪管或炮筒后，都是以一定的初速度在空气阻力及重力作用下运动的抛射体. 由于空气阻力非常复杂，抛射体本身又具有一定的大小，并不能简单地把它当做质点看待，因此，研究空气中抛射体的运动问题，也就非常复杂.

详细研究空气中抛射体的运动问题，属于一项专门的学科，叫做腔外弹道学. 我们在这里只简单地介绍一下处理这类问题的大概情形.

把抛射体看做一个质点，它在空气中所受到的阻力可认为只与速度及空气的密度有关. 如果空气的密度改变不大，则空气的阻力将简化为只与抛射体的速度大小有关，因此空气的阻力 $\boldsymbol{F}_r$ 可写为 $\boldsymbol{F}_r(v)$.

抛射体在介质中的运动是一个平面问题，即沿着一平面曲线行进. 至于阻力 $\boldsymbol{F}_r$ 的方向，则总是沿着轨道的切线，并与运动的速度 $\boldsymbol{v}$ 反向（图 1.5.2）. 今 $\boldsymbol{F}_r$ 的量值既然认为只是 v 的函数，则解此类问题，一般用内禀方程较为方便. 由式（1.5.5），我们得抛射体的运动微分方程为

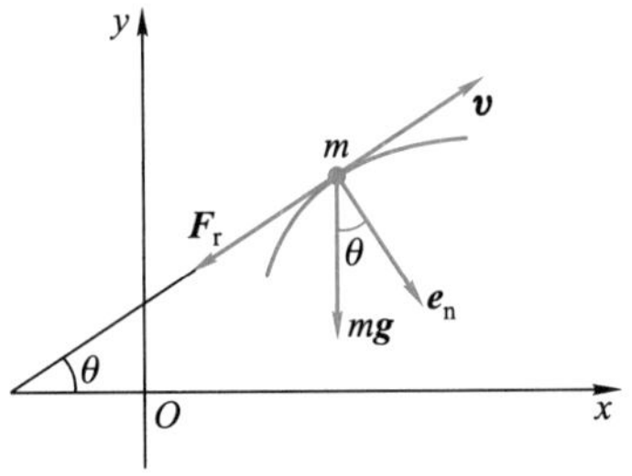

图 1.5.2

$$\left.\begin{aligned} m\dot{v} &= -F_r(v) - mg\sin\theta \\ \frac{mv^2}{\rho} &= mg\cos\theta \end{aligned}\right\} \quad (1.5.11)$$

式中 ρ 为轨道的曲率半径，θ 为轨道切线（即 $\boldsymbol{v}$ 的方向）和 x 轴间的夹角. 因 $\rho>0$ 而 $\dfrac{ds}{d\theta}<0$，故

$$\rho = -\frac{ds}{d\theta},$$

而

$$\dot{v} = v\frac{dv}{ds}$$

故由（1.5.11）中两式消去 ds，即可得到

$$\frac{1}{v}\frac{dv}{d\theta} = \frac{F_r(v) + mg\sin\theta}{mg\cos\theta} \quad (1.5.12)$$

如果式（1.5.12）的解为

$$v = f(\theta) \quad (1.5.13)$$

则

$$\left.\begin{aligned} \frac{dx}{d\theta} &= \frac{dx}{ds}\frac{ds}{d\theta} = -\rho\cos\theta = -\frac{v^2}{g} = -\frac{[f(\theta)]^2}{g} \\ \frac{dy}{d\theta} &= \frac{dy}{ds}\frac{ds}{d\theta} = -\rho\sin\theta = -\frac{v^2\tan\theta}{g} = -\frac{[f(\theta)]^2}{g}\tan\theta \\ \frac{dt}{d\theta} &= \frac{dt}{ds}\frac{ds}{d\theta} = -\frac{\rho}{v} = -\frac{v\sec\theta}{g} = -\frac{f(\theta)\sec\theta}{g} \end{aligned}\right\} \quad (1.5.14)$$

在式(1.5.14)的诸式中，x、y 及 t 都是 θ 的函数，故只要 $f(\theta)$ 为已知，我们就可以求出运动规律，并确定轨道.

如果速度较小，则可近似地认为阻力 $\boldsymbol{F}_{\mathrm{r}}$ 只与速度 $\boldsymbol{v}$ 成正比，即

$$\boldsymbol{F}_{\mathrm{r}}=-b\boldsymbol{v} \tag{1.5.15}$$

于是问题可改用直角坐标系来进行解算. 设抛射体在 Oxy 平面内运动，则其运动微分方程为

$$\left.\begin{aligned} m\frac{\mathrm{d}v_x}{\mathrm{d}t}&=-bv_x\\ m\frac{\mathrm{d}v_y}{\mathrm{d}t}&=-mg-bv_y \end{aligned}\right\} \tag{1.5.16}$$

式中比例系数 b 叫做阻力系数，它由介质的性质和物体的形状决定.

设当 $t=0$，$v_x=v_{x0}$，$v_y=v_{y0}$，则对式(1.5.16)进行一次积分后，即得

$$\left.\begin{aligned} \dot{x}&=v_x=v_{x0}\mathrm{e}^{-\frac{bt}{m}}\\ \dot{y}&=v_y=\left(\frac{mg}{b}+v_{y0}\right)\mathrm{e}^{-\frac{bt}{m}}-\frac{mg}{b} \end{aligned}\right\} \tag{1.5.17}$$

把式(1.5.17)中的两式再积分一次，并设 $t=0$，$y=0$，$x=0$，则得

$$\left.\begin{aligned} x&=\frac{mv_{x0}}{b}\left(1-\mathrm{e}^{-\frac{bt}{m}}\right)\\ y&=\left(\frac{m^2g}{b^2}+\frac{mv_{y0}}{b}\right)\left(1-\mathrm{e}^{-\frac{bt}{m}}\right)-\frac{mg}{b}t \end{aligned}\right\} \tag{1.5.18}$$

消去 t，即得轨道方程为

$$y=\left(\frac{mg}{bv_{x0}}+\frac{v_{y0}}{v_{x0}}\right)x-\frac{m^2g}{b^2}\ln\left(\frac{mv_{x0}}{mv_{x0}-bx}\right) \tag{1.5.19}$$

如果阻力很小或距离很短，即

$$\frac{bx}{mv_{x0}}\ll 1$$

则把式(1.5.19)展为级数后，可得

$$y=\frac{v_{y0}}{v_{x0}}x-\frac{1}{2}\frac{g}{v_{x0}^2}x^2-\frac{1}{3}\frac{bg}{mv_{x0}^3}x^3-\cdots \tag{1.5.20}$$

故轨道开始时虽近似于抛物线，但当 x 值逐渐增大时(取 v_{x0} 为正)，轨道的形状也就逐渐与抛物线的形状越差越大了. 由式(1.5.19)还可看出，当 x 趋向于 $\frac{mv_{x0}}{b}$ 时，y 趋向于负无穷大，即轨道在 $x=\frac{mv_{x0}}{b}$ 处变成竖直直线.

当抛物体的速度接近枪弹的速度时，$\boldsymbol{F}_{\mathrm{r}}$ 与 v 的正比关系已经不再适用. 如为低速炮弹，可以认为 $\boldsymbol{F}_{\mathrm{r}}$ 与 v^2 成正比；当速度接近声速时，$\boldsymbol{F}_{\mathrm{r}}$ 与 v^2 正比的关系

又不再适用. 一般来讲,$\boldsymbol{F}_r$ 与 v 的关系,不能用简单的函数关系表示,所以确定轨道也就非常困难,只能用图解法或近似法求之.

Ⅲ. 三维谐振动——力只是坐标的函数

这类问题,可以用原子在晶体点阵中的运动作为代表. 在简单情况下,力只是坐标 x、y、z 的函数,且可互相分开,故其运动微分方程可写为

$$\left.\begin{aligned} m\ddot{x} &= F_x = -k_x x \\ m\ddot{y} &= F_y = -k_y y \\ m\ddot{z} &= F_z = -k_z z \end{aligned}\right\} \tag{1.5.21}$$

式中 m 是原子的质量,k_x、k_y、k_z 是比例系数,常称为**劲度系数**. 本问题从物理上讲,是三维谐振动问题. 但据式(1.5.21),显然数学上可分为三个独立方程来解. 由于式(1.5.21)的右方特别简单,故由此微分方程,可立即用正弦函数和余弦函数表示它们的解. 在力学中,力只是坐标的函数这类问题是比较常见的,所以我们这里较详细地用通常的两次积分法来求解.

式(1.5.21)中的第一式可改写为

$$\ddot{x} = -\frac{k_x}{m}x = -\omega_x^2 x \tag{1.5.22}$$

式中 $\omega_x = \sqrt{\dfrac{k_x}{m}}$ 是角频率. 用 $2\dot{x}$ 分别乘式(1.5.22)的两端,得

$$2\dot{x}\ddot{x} = -2\omega_x^2 \dot{x}x$$

积分后得

$$\dot{x}^2 = -\omega_x^2 x^2 + C_1 = \omega_x^2(A_x^2 - x^2) \tag{1.5.23}$$

式中 A_x 和 C_1 都是常量,且 $C_1 = \omega_x^2 A_x^2$,可由起始条件决定.

把式(1.5.23)两端开方后,分离变量,得

$$\pm\frac{\mathrm{d}x}{(A_x^2 - x^2)^{1/2}} = \omega_x \mathrm{d}t$$

积分后得

$$\arcsin\frac{x}{A_x} = \omega_x t + C_2$$

$$x = A_x \sin(\omega_x t + C_2)$$

或

$$x = A_x \cos(\omega_x t + \theta_x) \tag{1.5.24}$$

式中 θ_x 是另一积分常量,仍由起始条件决定. 式(1.5.24)代表谐振动方程. 由于余弦函数的值正负交替,故 x 及 $\dot{x}$ 的值亦正负交替,所以开方后的正负号都有意义.

式(1.5.21)中其他两式,可按同样方法求出. 故式(1.5.21)的全部解答为

$$\left.\begin{aligned} x &= A_x\cos(\omega_x t+\theta_x),\omega_x=\sqrt{\frac{k_x}{m}} \\ y &= A_y\cos(\omega_y t+\theta_y),\omega_y=\sqrt{\frac{k_y}{m}} \\ z &= A_z\cos(\omega_z t+\theta_z),\omega_z=\sqrt{\frac{k_z}{m}} \end{aligned}\right\} \tag{1.5.25}$$

式中六个积分常量 A_x、A_y、A_z、θ_x、θ_y、θ_z 均可由起始条件 x_0、y_0、z_0、$\dot{x}_0$、$\dot{y}_0$、$\dot{z}_0$决定. A_x、A_y 和 A_z 代表振动的振幅,即 x、y、z 的最大值,而 θ_x、θ_y、θ_z 则为初相.

如角频率 ω_x、ω_y、ω_z 是可通约的,即对某一组整数(n_x,n_y,n_z)来讲,

$$\frac{\omega_x}{n_x}=\frac{\omega_y}{n_y}=\frac{\omega_z}{n_z} \tag{1.5.26}$$

则质点在空间的路径将是闭合的,而运动则是周期性的. 如这一组(n_x,n_y,n_z)之间并无公共因子,则运动周期为

$$\tau=\frac{2\pi n_x}{\omega_x}=\frac{2\pi n_y}{\omega_y}=\frac{2\pi n_z}{\omega_z} \tag{1.5.27}$$

在一周期中,坐标 x 作 n_x 次振荡,坐标 y 作 n_y 次振荡,而坐标 z 则作 n_z 次振荡. 在一周期完了时,质点回复到起始的位置和速度.

在二维问题中,如对角频率 ω_x 及 ω_y 的不同组合和不同的初相 θ_x 及 θ_y,把振荡质点的运行路径描绘出来,则可得到许多美丽而有趣的图样,叫做李萨如图形(图 1.5.3). 此项图样,可用一个下端附有针尖(或装有细沙的小漏斗)的 Y 形摆,在沙盘(或白纸)上绘出,这是一种机械方法. 同样的图样,用适宜的振荡电压,在阴极射线示波器上进行水平和垂直扫描,亦能得出. 如为一维问题,那就是通常的线性谐振子.

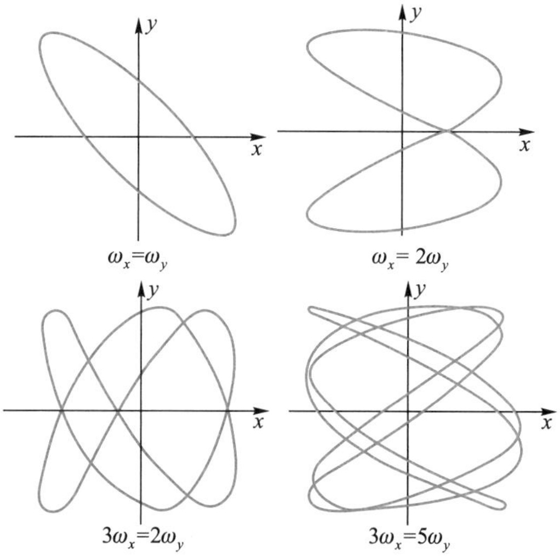

图 1.5.3

以上所讲的三种情况，是比较简单的（但也是最常见的）运动微分方程．在力学中，还有一些比较一般的情况，就是力是两个甚至三个变量的函数，例如受迫振动问题．在不考虑介质阻力的情况下，力是两个变量（坐标和时间）的函数；如果考虑阻力，力就是三个变量（坐标、速度和时间）的函数了．对于这类问题中简单的一维运动，它的运动微分方程常具有如下的形式：

$$m\ddot{x} = -b\dot{x} - kx + F(t) \tag{1.5.28}$$

式中的 m 是质点的质量，$-b\dot{x}$ 为介质阻力，$-kx$ 为弹性力，而 $F(t)$ 则是驱动力．在电磁学中，对于一个含有电感 L、电阻 R 和电容 C 的串联电路，如果电路中还含有外加的电动势 $E(t)$（图 1.5.4），则电路中的电荷 q（或电流 i）所满足的微分方程与式（1.5.28）具有相同的形式，即

$$L\frac{\mathrm{d}^2q}{\mathrm{d}t^2} + R\frac{\mathrm{d}q}{\mathrm{d}t} + \frac{q}{C} = E(t) \tag{1.5.29}$$

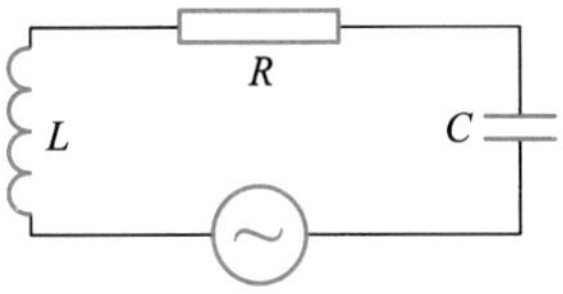

图 1.5.4

当 $F(t)$ 或 $E(t)$ 等于零时，方程（1.5.28）或（1.5.29）叫做二阶常系数线性齐次方程；如果 $F(t)$ 或 $E(t)$ 不等于零，则叫二阶常系数线性非齐次方程．这类方程，我们在普通物理中曾遇到过，并且用试探法求出它们的分析解．在微分方程理论里，对它们的解法有更一般的讨论，这里我们就不详细介绍了．

在力学和物理学中，有时还会遇到这样一些微分方程，它们无法求出分析解，只能用数值计算方法求出它们的近似解（例如腔外弹道问题）．数值计算方法对三维问题来讲，比一维问题繁难得多，甚至要使用计算机才行．

［例 1］　质量为 m 的质点，在有阻力的空气中无初速地自离地面为 h 的地方竖直下落．如阻力与速度成正比，试研究其运动．

［解］　为了示范起见，我们在解这个问题时，同时列出解题步骤．对于初学者来讲，注意解题步骤和思路，可能会少走一些弯路．

解力学问题一般可按下述六个步骤进行：

① **理解题意**　已知空气阻力和速度的一次方成正比，为了简化演算，可把空气阻力写为 mkv，式中 k 为常量，可由实验方法确定．阻力与运动方向相反，故竖直向上．此外，质点还要受到重力 mg 的作用，方向竖直向下，现在要求的，是质点的运动情况，即质点在任一时刻下落的速度和它离开地面的距离．

② **作草图**　结合以上分析作出草图，如图 1.5.5 所示．

③ **适当选取坐标系并规定质点的坐标**　本题是直线运动问题，故只需一根坐标轴及一个坐标．今取质点落至地面时的那点 O 为原点，x 轴竖直向上，A 为质点的起始位置，A 离 O 的竖直距离为 h．在任一时刻，质点 P 的位置坐标为 x，阻力为 $-mk\dot{x}$（因与 $\dot{x}$ 的方向相反）．

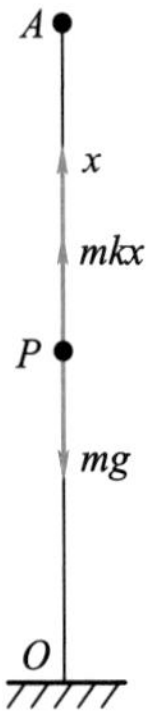

图 1.5.5

④ **标出已知和未知的力,以及已知与未知的加速度** 本题已知力:重力 $-mg$(竖直向下);未知力:阻力 $-mk\dot{x}$(与 $\dot{x}$ 异号);未知加速度:$\ddot{x}$.

⑤ **写出质点的运动微分方程** 由以上的分析,我们根据牛顿第二定律写出质点的运动微分方程为

$$m\ddot{x}=-mk\dot{x}-mg$$

即

$$\ddot{x}=-k\dot{x}-g \tag{1}$$

⑥ **解方程** 现在来解微分方程(1). 令 $\dot{x}=\xi-g/k$,则(1)式变为

$$\dot{\xi}+k\xi=0 \tag{2}$$

积分,得

$$\xi=C_1\mathrm{e}^{-kt} \tag{3}$$

而

$$\dot{x}=C_1\mathrm{e}^{-kt}-g/k \tag{4}$$

因为当 $t=0$ 时,$\dot{x}=0$(起始条件),故

$$C_1=\frac{g}{k} \tag{5}$$

于是(4)式变为

$$\dot{x}=\frac{g}{k}\mathrm{e}^{-kt}-\frac{g}{k}=-\frac{g}{k}(1-\mathrm{e}^{-kt}) \tag{6}$$

再积分,并利用起始条件 $t=0$,$x=h$,得

$$x=h+\frac{g}{k^2}(1-\mathrm{e}^{-kt})-\frac{g}{k}t \tag{7}$$

这就是所求的关系.

[讨论] 当时间逐渐增加时,速度逐渐接近于定值极限速度 $-\dfrac{g}{k}$,而运动几乎是匀速直线运动. 这是因为时间增加时,和重力方向相反的阻力也随之增加(因速度随着时间逐渐加大),等它增加到和重力 mg 相等时,物体等于没有受到外力作用,因而作匀速直线运动.

[**例 2**] 在例 1 中,如阻力与速度平方成正比,试研究该质点的运动.

[**解**] 本问题和例 1 类似,只是阻力应写为 $mk^2g\dot{x}^2$(因物体下落时,阻力向上,故为正),式中 k^2 为常量,可由实验方法确定(把比例常量写为 mk^2g 是为了简化演算). 此时运动微分方程为(步骤与例 1 相仿,故从略)

$$m\ddot{x}=mk^2g\dot{x}^2-mg \tag{1}$$

即

$$\ddot{x}=-g+k^2g\dot{x}^2 \tag{2}$$

令

$$\xi=\dot{x} \tag{3}$$

式(2)变为

$$\frac{k\dot{\xi}}{1-k^2\xi^2}=-kg \tag{4}$$

积分,得反双曲函数

$$\operatorname{artanh} k\xi=-kgt+C_1 \tag{5}$$

因为当 $t=0,\dot{x}=0$,即 $\xi=0$,故 $C_1=0$. 于是(5)式变为

$$\operatorname{artanh} k\xi=-kgt$$

$$k\xi=-\tanh(kgt)$$

即

$$\dot{x}=-\frac{1}{k}\tanh(kgt) \tag{6}$$

再积分,并利用起始条件 $t=0,x=h$,得

$$x=h-\frac{1}{k^2g}\ln[\cosh(kgt)] \tag{7}$$

这就是我们所要求的关系. 因为当 $t\to\infty$ 时,$\tanh(kgt)\to 1$,故物体的速度由零逐渐增大,但以定值$\frac{1}{k}$为其极限. 极限速度与运动物体在运动垂直方向的最大截面积有关. 例如跳伞者自飞机跳下,如张开降落伞,则极限速度约为5 m/s,而不张开降落伞,则极限速度约为 50 m/s,相差 10 倍左右.

[**例 3**] 小环的质量为 m,套在一条光滑的钢索上,钢索的方程式为 $x^2=4ay$. 试求小环自 $x=2a$ 处自由滑至抛物线顶点时的速度及小环在此时所受到的约束反作用力.

[**解**] 小环受竖直向下的重力 $m\boldsymbol{g}$ 及约束反作用力 $\boldsymbol{F}_r$,$\boldsymbol{F}_r$ 的方向应沿着抛物线的法线,如图 1.5.6 所示.

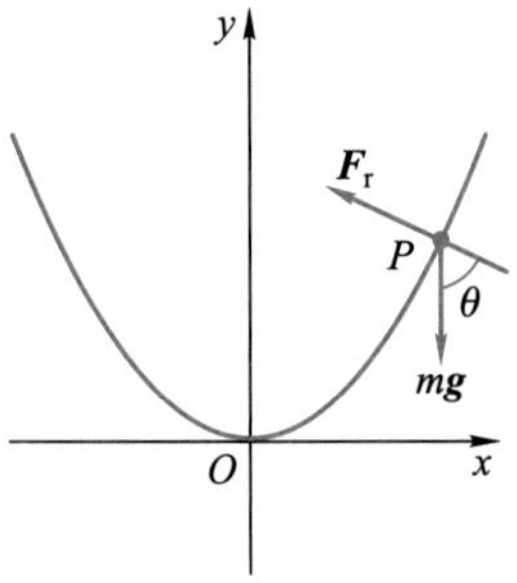

图 1.5.6

由式(1.5.5),可写出小环在任意位置 P 处的运动微分方程:

$$m\frac{\mathrm{d}v}{\mathrm{d}t}=mg\sin\theta \tag{1}$$

$$m\frac{v^2}{\rho}=F_r-mg\cos\theta \tag{2}$$

因 $$\frac{\mathrm{d}v}{\mathrm{d}t}=\frac{\mathrm{d}v}{\mathrm{d}s}\frac{\mathrm{d}s}{\mathrm{d}t}=v\frac{\mathrm{d}v}{\mathrm{d}s}$$

而 $$\sin\theta=-\frac{\mathrm{d}y}{\mathrm{d}s}$$

故(1)式可改写为 $$mv\frac{\mathrm{d}v}{\mathrm{d}s}=-mg\frac{\mathrm{d}y}{\mathrm{d}s}$$

即 $$v\mathrm{d}v=-g\mathrm{d}y \tag{3}$$

积分 $\int_0^v v\mathrm{d}v = -\int_a^0 g\mathrm{d}y$ （因为 $x=2a, y=a$）

由此得
$$v=\sqrt{2ag} \tag{4}$$
这就是小环由 $x=2a$ 处自由滑至抛物线顶点时的速度.

又
$$x^2=4ay$$
故
$$y'=\frac{\mathrm{d}y}{\mathrm{d}x}=\frac{x}{2a},\qquad y''=\frac{\mathrm{d}^2y}{\mathrm{d}x^2}=\frac{1}{2a}$$
在抛物线顶点处 $x=0,\quad y=0,\quad y'=0,\quad y''=\frac{1}{2a}$

而 $\frac{1}{\rho}=\frac{|y''|}{(1+y'^2)^{3/2}}$ （参看高等数学教材）

即此处
$$\frac{1}{\rho}=\frac{1}{2a} \tag{5}$$
又由(2)式得
$$F_r=\frac{mv^2}{\rho}+mg\cos\theta=m\frac{2ag}{2a}+mg=2mg \tag{6}$$
即小环滑到抛物线顶点时,所受到的约束反作用力大小为 $2mg$.

§1.6 非惯性系动力学(一)

(1) 在加速平动参考系中的运动

在§1.3中,我们讲述了绝对速度与牵连速度、相对速度之间的关系,也讲述过动参考系 S′相对于惯性参考系作加速直线运动(平动)时,绝对加速度 $\boldsymbol{a}$、牵连加速度 $\boldsymbol{a}_0$ 和相对加速度 $\boldsymbol{a}'$ 的关系为
$$\boldsymbol{a}=\boldsymbol{a}_0+\boldsymbol{a}' \tag{1.6.1}$$
我们在§1.4中还讲过:牛顿运动定律在惯性参考系中是成立的,即
$$\boldsymbol{F}=m\boldsymbol{a} \tag{1.6.2}$$
式中 $\boldsymbol{F}$ 是作用在质点上的合外力,m 是质点的质量,而 $\boldsymbol{a}$ 则为在惯性参考系中所观察到的质点的加速度,亦即§1.3中所讲的绝对加速度. 现在,我们来看看相对于惯性参考系 S 作加速直线运动的参考系 S′是不是惯性参考系? 为此,可用 m 乘式(1.6.1)的两端,再将式(1.6.2)的关系代入,得
$$\boldsymbol{F}=m\boldsymbol{a}_0+m\boldsymbol{a}' \tag{1.6.3}$$
故相对于 S 系作加速直线运动的参考系,牛顿运动定律不再成立,因 $\boldsymbol{F}\neq m\boldsymbol{a}'$,而是 $\boldsymbol{F}=m\boldsymbol{a}_0+m\boldsymbol{a}'$. 所以相对于惯性参考系 S 作加速直线运动的参考系不是惯性参考系,而是非惯性参考系.

当然，如参考系 S′相对于 S 系作匀速直线运动，则依据式(1.3.2)，有 $\boldsymbol{a}=\boldsymbol{a}'$，即在这种参考系中，$\boldsymbol{a}_0=0$，所以 $\boldsymbol{F}=m\boldsymbol{a}'$，由此推知，相对于惯性参考系作匀速直线运动的参考系也是惯性参考系，这正是我们在 § 1.4 中所讲过的"伽利略相对性原理".

我们通常把式(1.6.3)改写成下面的形式：

$$\boldsymbol{F}+(-m\boldsymbol{a}_0)=m\boldsymbol{a}' \tag{1.6.4}$$

所以，如果我们把$(-m\boldsymbol{a}_0)$也看做质点所受到的一种力，即令 $\boldsymbol{F}+(-m\boldsymbol{a}_0)=\boldsymbol{F}'$，则式(1.6.4)在形式上仍然是牛顿运动定律(因$\boldsymbol{F}'=m\boldsymbol{a}'$).这样，我们就将力的概念加以推广，即在非惯性参考系中，如果我们认为除了以前所说过的物体间相互作用的力之外，还有一种非相互作用力，这种力是由于参考系本身相对于惯性参考系作加速度运动所引起的，这种力就是$(-m\boldsymbol{a}_0)$，它的大小等于质点的质量 m 和牵连加速度 $\boldsymbol{a}_0$ 的乘积，方向和 $\boldsymbol{a}_0$ 的方向相反. 我们通常把这种力叫做惯性力. 引入惯性力以后，则对非惯性参考系来讲，牛顿运动定律，在形式上就"仍然"可以成立. 顺便指出：惯性力的具体表达式，跟参考系运动的方式有关. 这个问题，我们在第四章里还要详细讨论.

(2) 惯性力

我们在前面曾经讲过：在运动学中，参考系可以任意选择，视研究问题的方便而定. 但在动力学中，似乎非选用惯性参考系不可，因为牛顿运动定律只对惯性参考系才能成立. 但是，在许多实际问题中，我们常常要选用非惯性参考系作为研究问题的参考，例如在许多实际问题中往往要以地球这个非惯性系作为参考系. 现在我们引入了惯性力，把力的概念加以扩大，使我们在非惯性参考系中，"仍然"能够用牛顿运动定律来解决动力学问题，这将是比较方便的.

不过，惯性力和以前所讲的外力有很大的区别，这一点我们应当清晰地了解. 第一，当我们以前提到力时，都必须明确指明是哪一个物体作用于哪一个物体的力，因为力是物体间相互作用所产生的. 至于说到质点所受到的惯性力，却无从指出是哪一个物体作用于这个质点的，它没有施力者，只不过反映该参考系并非惯性参考系而已. 质点之所以具有牵连加速度 $\boldsymbol{a}_0$，也只不过表示质点是被该参考系"牵连"着运动这一事实. 第二，物体作用都是相互的，每一个力都有它的反作用力，惯性力并不是物体之间的相互作用，它没有施力者，因而也就不存在惯性力的反作用力.

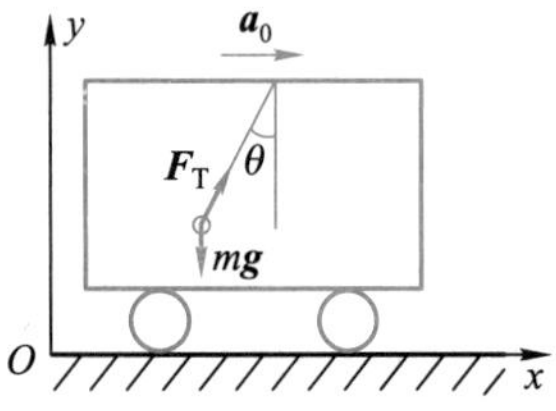

图 1.6.1

［例］ 火车在平直轨道上以匀加速 $\boldsymbol{a}_0$ 向前行驶，在车中用线悬挂着一小球，悬线与竖直线成 θ 角而静止(图 1.6.1)，求 θ.

［解］ 让我们用两种不同坐标系来解这个问题：

① 对固着在地面上的惯性坐标系来讲，小球受两个力作用：地球重力 $m\boldsymbol{g}$ 竖直向下，绳中张力 $\boldsymbol{F}_T$ 沿绳，并且小球与火车的加速度相同，即 $\boldsymbol{a}_0$，方向水平向右. 取 x 轴水平向右，y 轴竖直向上，则由牛顿运动第二定律，得

$$\left.\begin{aligned} F_T\sin\theta = ma_0 \\ F_T\cos\theta = mg \end{aligned}\right\} \tag{1}$$

解之，得

$$\tan\theta = \frac{a_0}{g} \tag{2}$$

② 对固着在火车上的坐标系来讲，因火车现在相对于地面作匀加速直线运动，是一个非惯性坐标系，$\boldsymbol{F}_T$ 和 $m\boldsymbol{g}$ 没有变化，但小球相对于火车的加速度 $\boldsymbol{a}'$ 为零，故加上水平向左的惯性力 $m\boldsymbol{a}_0$ 后，就成为三力平衡问题，所以这三个力必定形成一个闭合三角形（图 1.6.2）. 由此，得

$$\tan\theta = \frac{a_0}{g}$$

与(2)式完全一样. 这就是说，客观事实并没有因观察者采用的参考系不同而有差异. 此时，火车里的观察者由于自身以同一加速度向前运动，故以为小球除受 $m\boldsymbol{g}$ 和 $\boldsymbol{F}_T$ 的作用外，还受一向后的力 $m\boldsymbol{a}_0$（即惯性力）的作用. 否则将不能解释小球何故向后倾斜.

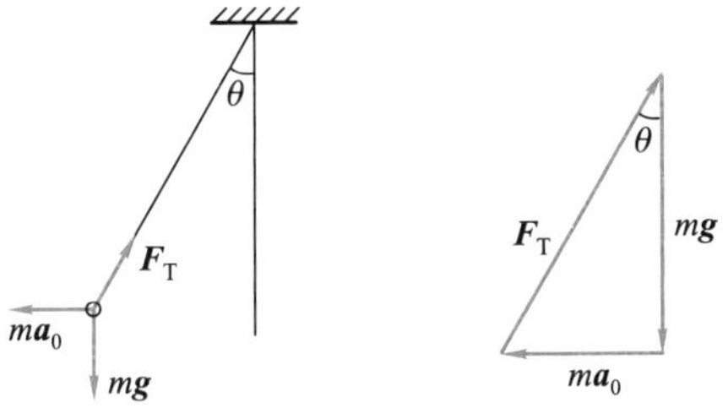

图 1.6.2

这个例子说明，在非惯性参考系中，只要加上适当的惯性力（在这里是 $-m\boldsymbol{a}_0$），就“仍然”能用牛顿运动定律来解决动力学问题.

§ 1.7 功与能

(1) 功和功率

功是我们很熟悉的一个物理量. 在力学中，凡是作用在质点上的力，使质点沿力的方向产生一段位移，我们就说力对质点作了**功**. 一般来讲，功等于力乘以

质点在力的方向所产生的位移.

质点受恒力作用而作直线运动时,如果令 $\boldsymbol{F}$ 代表力,$\Delta\boldsymbol{r}$ 代表位移,$\boldsymbol{F}$ 和 $\boldsymbol{r}$ 间所夹的角为 θ,则该力沿位移 $\Delta\boldsymbol{r}$ 所作的功 W 为

$$W=\boldsymbol{F}\cdot\Delta\boldsymbol{r}=F\left|\Delta\boldsymbol{r}\right|\cos\theta \tag{1.7.1}$$

$\boldsymbol{F}\cdot\Delta\boldsymbol{r}$ 叫做标积,虽然 $\boldsymbol{F}$ 和 $\Delta\boldsymbol{r}$ 都是矢量,但它们的标积 W 却不是矢量,它的正负之分,可由 $\cos\theta$ 的符号来决定.

如果质点沿曲线运动,或作用在它上面的力是一个变量,那么,我们只能先算出力 $\boldsymbol{F}$ 在一微小位移 $\mathrm{d}\boldsymbol{r}$ 中所作的元功. 因为在这微小位移中,曲线段与直线段没有什么区别;而在微小位移中,力 $\boldsymbol{F}$ 也可认为是常量. 因此,当质点在变力 $\boldsymbol{F}$ 作用下沿曲线自点 A 运动到点 B 时,变力 $\boldsymbol{F}$ 所作的总功则为

$$W=\int_A^B\boldsymbol{F}\cdot\mathrm{d}\boldsymbol{r}=\int_A^B F\mathrm{d}s\cos\theta \tag{1.7.2}$$

式中 $\mathrm{d}s=\left|\mathrm{d}\boldsymbol{r}\right|$,$\theta$ 为 $\boldsymbol{F}$ 和 $\mathrm{d}\boldsymbol{r}$ 间所夹的角,当然也是变量.

如果把力 $\boldsymbol{F}$ 和位移 $\mathrm{d}\boldsymbol{r}$ 都用直角坐标的分量表示出,则

$$W=\int_A^B F_x\,\mathrm{d}x+F_y\,\mathrm{d}y+F_z\,\mathrm{d}z \tag{1.7.3}$$

如果质点受好几个力 $\boldsymbol{F}_1,\boldsymbol{F}_2,\cdots,\boldsymbol{F}_n$ 的作用,我们一般不先求合力,再求合力所作的功,而是先求每一分力所作的功,然后累加起来,得出合力所作的功. 这样我们就可利用标积的分配律,因为求算术和比求矢量和要简便得多. 用数学的形式写出,则为

$$\begin{aligned}W&=\int\boldsymbol{F}\cdot\mathrm{d}\boldsymbol{r}=\int(\boldsymbol{F}_1+\boldsymbol{F}_2+\cdots+\boldsymbol{F}_n)\cdot\mathrm{d}\boldsymbol{r}\\&=\int\boldsymbol{F}_1\cdot\mathrm{d}\boldsymbol{r}+\int\boldsymbol{F}_2\cdot\mathrm{d}\boldsymbol{r}+\cdots+\int\boldsymbol{F}_n\cdot\mathrm{d}\boldsymbol{r}\end{aligned} \tag{1.7.4}$$

在国际单位制(SI)中,功的单位是 J(焦耳),即 1 N 的力作用于物体上,使物体沿力的方向移动 1 m 的距离所作的功.

表征作功快慢程度的物理量是功率,它是单位时间内所作的功. 如令 P 代表功率,则由式(1.7.2),知

$$P=\frac{\mathrm{d}W}{\mathrm{d}t}=\boldsymbol{F}\cdot\boldsymbol{v} \tag{1.7.5}$$

由上式可以看出,对于具有一定功率的机械(例如汽车),v 大则 F 小,v 小则 F 大. 故汽车爬坡时,常用换挡方法,减小速度,以加大牵引力.

在国际单位制中,功率的单位是 W(瓦特),1 W=1 J/s.

(2) 能

能和功一样,也是人们很熟悉的一个物理量. 在宇宙中,存在着各式各样的能量. 能源问题是现代人们最为关心的问题之一.

如果一个物体具有作功的能力或本领，我们就说它具有一定的能量或**能**．例如，从高处落下的流水，可以冲动水轮机而作功；飞行着的子弹，遇到障碍物时，也可以改变自己的运动状态（速度改变）而作出一定数量的功．

在理论力学中，我们所研究的能量限于机械能．它分为两大类：一类是由于物体有一定的速度而具有的能量，通常叫做动能，并用符号 E_k 表示．另一类则是由于物体间相对位置发生变化所具有的能量，通常叫做势能，并用符号 E_p 表示．例如压缩着的弹簧和拉长了的橡皮绳，当它们回复到原来的状态时，都可以对外作功．反之，若外力对物体作了一定数量的功，物体的能量就要发生相应的变化．总之，每当能量发生变化时，总有一定数量的功表现出来，因此我们就说功是能量变化的量度，因而两者所用的单位也相同．

（3）保守力、非保守力与耗散力

在§1.5中，我们曾经讲过：在我们所讨论的问题中，作用在物体上的力 $\boldsymbol{F}$，一般是该物体的位矢 $\boldsymbol{r}$、速度 $\dot{\boldsymbol{r}}$ 和时间 t 的函数，所以求式（1.7.2）或式（1.7.3）的积分，一般是比较困难的．但如果力 $\boldsymbol{F}$ 只是位矢 $\boldsymbol{r}$ 亦即坐标的函数，问题就要简单得多，我们现在就只考虑这种情况．

假如力仅为坐标 x、y、z 的单值的、有限的和可微的函数，则在空间区域每一点上，都将有一定的力作用着，此力只和该点的坐标有关，我们把这空间区域叫做力场[①]．式（1.7.3）在数学上叫做线积分，它和物体运动的路径有关．必须知道质点运动的路径，我们才可算出这个积分．在一般情况下，沿两不同路径的线积分，虽然端点相同，也将得出不同的结果，所以在不知道质点运动的实际路径以前，我们应不能计算这个积分，但在某些特殊情况下，线积分式（1.7.3）的值将只和路径（轨道）的两个端点有关，而与中间的实际路径无关．根据矢量分析，在此情形下，必定存在一个单值、有限和可微的函数 $E_p(x、y、z)$，且

$$\boldsymbol{F}=-\nabla E_p=-\left(\frac{\partial E_p}{\partial x}\boldsymbol{i}+\frac{\partial E_p}{\partial y}\boldsymbol{j}+\frac{\partial E_p}{\partial z}\boldsymbol{k}\right)$$

或 (1.7.6)

$$F_x=-\frac{\partial E_p}{\partial x},\quad F_y=-\frac{\partial E_p}{\partial y},\quad F_z=-\frac{\partial E_p}{\partial z}$$

则

$$\mathrm{d}W=-\left(\frac{\partial E_p}{\partial x}\mathrm{d}x+\frac{\partial E_p}{\partial y}\mathrm{d}y+\frac{\partial E_p}{\partial z}\mathrm{d}z\right)$$

为一恰当微分，此时式（1.7.3）的值，将只由两端点的位置决定．

既然力所作的功只取决于两端点的位置，而与中间所经过的路径无关，那么当质点沿闭合路径运行一周时，力所作的功必定为零．在图1.7.1中，ACB 和 ADB 是通过相同端点 A 和 B 的两条不同路径．如果 $W_{\widehat{ACB}}=W_{\widehat{ADB}}$，那么

① 在力不是时间 t 的显函数的情况下，这场称为稳定场，反之，则场称为不稳定场．

$$W_{\widehat{ACBDA}} = W_{\widehat{ACB}} + W_{\widehat{BDA}} = W_{\widehat{ACB}} - W_{\widehat{ADB}} = 0$$

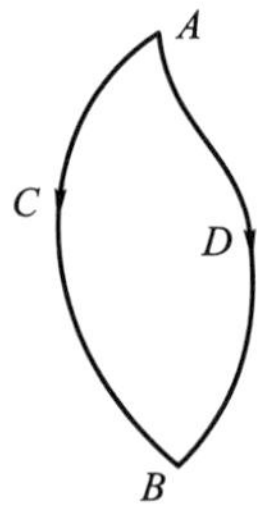

图 1.7.1

但如 $W_{\widehat{ACB}} \neq W_{\widehat{ADB}}$，则 $W_{\widehat{ACBDA}}$ 也将不等于零.

如果力所作的功与中间路径无关，或者沿任何闭合路径运行一周时，力所作的功为零，这种力就叫做保守力. 反之，如果力所作的功与中间路径有关，或沿任何闭合路径运行一周，力所作的功不为零，那么这种力就叫做非保守力，也叫涡旋力. 至于摩擦力所作的功，虽然也与路径有关，但它总是作负功而消耗能量，所以又叫耗散力. 在物理学中，万有引力、弹性力和静电力都是保守力，电磁学中涡旋电场的涡旋电磁力是非保守力，而流体的黏性力则是耗散力.

(4) 势能

我们知道：在重力场中，把质点从高度为 z_1 沿任意路径举到高度为 z_2 时，重力 $m\boldsymbol{g}$ 对质点所作的功为 $-mg(z_2-z_1)$，即等于标量函数 mgz 的减少值. 这一性质，对所有的保守力来讲，都是这样. 即保守力对质点所作的功，一定等于质点位置的某个标量函数 $E_{\mathrm{p}}(x,y,z)$ 的减少值. 换句话说，在保守力场中，作用力和某标量函数 $E_{\mathrm{p}}(x,y,z)$ 之间，必须存在着式(1.7.6)那样的关系，即力所作的元功应该是一个恰当微分. 同时力自 A 至 B 所作的总功，将只由 A、B 两点的位置所决定，亦即等于标量函数 $E_{\mathrm{p}}(x,y,z)$ 所减少的值. 用数学符号来表示，则总功为

$$W = -(E_{\mathrm{p}B} - E_{\mathrm{p}A}) \tag{1.7.7}$$

标量函数 $E_{\mathrm{p}}(x,y,z)$ 叫做质点在点 (x,y,z) 处的势能(势能的值只准确到常量项). 质点从点 A 到点 B 时所减少的势能，等于保守力对该质点所作的功. 所以，在保守力场中，当力作正功时，质点的势能减少；而当力作负功时，质点的势能增加.

从(1.7.7)式可以看出：保守力所作的功，取决于质点势能的改变. 之所以说质点在某点上的势能，只准确到常量项，是因为如果各点上的势能都加上(或减去)同一个常量，并不影响两点间势能差的数值. 为了计算方便起见，我们常指定某点上的势能为零(或其他数值). 例如，对重力势能来讲，常令海平面处的势能为零；对引力势能来讲，取无穷远处的势能为零；对弹性势能来讲，则取它在没有发生任何形变时的势能为零.

现在我们要问：怎样知道力所作的功与路径无关？或者，如何判断力是保守的还是非保守的？换句话说，势能 $E_{\mathrm{p}}(x,y,z)$ 存在的充要条件是什么？对这个问题，矢量分析里作了回答，即如 F_x、F_y、F_z 是坐标 x、y、z 的单值、有限和可微的函数，则势能 $E_{\mathrm{p}}(x,y,z)$ 存在的必要条件是

$$\frac{\partial F_z}{\partial y}-\frac{\partial F_y}{\partial z}=0,\frac{\partial F_x}{\partial z}-\frac{\partial F_z}{\partial x}=0,$$

$$\frac{\partial F_x}{\partial y}-\frac{\partial F_y}{\partial x}=0,\text{即}\nabla\times\boldsymbol{F}=0 \tag{1.7.8}$$

反之,如果$\nabla\times\boldsymbol{F}=0$,那么这个力就一定是保守力,而它所作的功就一定和路径无关,因而,也就一定存在着某一标量函数$E_p(x,y,z)$,它就是质点的势能.

如$\nabla\times\boldsymbol{F}\neq0$,则该力就是前面所讲的非保守力(涡旋力),这时它所作的功就将与路径有关,因而谈不上什么势能.对于耗散力的情况当然也是如此.

[例 1] 设作用在质点上的力是

$$F_x=x+2y+z+5,\quad F_y=2x+y+z,\quad F_z=x+y+z-6$$

求此质点沿螺旋线

$$x=\cos\theta,\quad y=\sin\theta,\quad z=7\theta$$

运行自 $\theta=0$ 至 $\theta=2\pi$ 时,力对质点所作的功.

[解] 我们先来检验一下,作用力是不是保守力?

$$\left.\begin{aligned}\frac{\partial F_z}{\partial y}-\frac{\partial F_y}{\partial z}=1-1=0\\ \frac{\partial F_x}{\partial z}-\frac{\partial F_z}{\partial x}=1-1=0\\ \frac{\partial F_x}{\partial y}-\frac{\partial F_y}{\partial x}=2-2=0\end{aligned}\right\} \tag{1}$$

所以作用力是保守力.因此力所作的功,与路径无关,只和两端点的位置有关.现在,我们根据题给条件,求两端点的坐标.

$$\left.\begin{aligned}&\text{当 }\theta=0\text{ 时},x=1,y=0,z=0\\&\text{当 }\theta=2\pi\text{ 时},x=1,y=0,z=14\pi\end{aligned}\right\}$$

所以

$$\begin{aligned}W&=\int_{1,0,0}^{1,0,14\pi}(F_x\mathrm{d}x+F_y\mathrm{d}y+F_z\mathrm{d}z)\\&=\int_{1,0,0}^{1,0,14\pi}[2(y\mathrm{d}x+x\mathrm{d}y)+(x\mathrm{d}z+z\mathrm{d}x)+\\&\quad(z\mathrm{d}y+y\mathrm{d}z)+(x+5)\mathrm{d}x+y\mathrm{d}y+(z-6)\mathrm{d}z]\\&=\int_{1,0,0}^{1,0,14\pi}\mathrm{d}\left[2(xy)+zx+yz+\frac{1}{2}x^2+\frac{1}{2}y^2+\frac{1}{2}z^2+5x-6z\right]\\&=2xy+zx+yz+\frac{1}{2}(x^2+y^2+z^2)+5x-6z\Big|_{1,0,0}^{1,0,14\pi}\\&=98\pi^2-70\pi\end{aligned}$$

在本问题中,势能 E_p 是多少?

［例 2］ 在上题中，如

$$F_x = 2x - 3y + 4z - 5,\quad F_y = z - x + 8,\quad F_z = x + y + z + 12$$

则结果如何？

［解］ 本问题$\nabla\times\boldsymbol{F}\neq 0$（读者可自行证明），故力所作的功将与路径有关.

把 $$x=\cos\theta,\quad y=\sin\theta,\quad z=7\theta$$

及 $$\mathrm{d}x=-\sin\theta\mathrm{d}\theta,\quad \mathrm{d}y=\cos\theta\mathrm{d}\theta,\quad \mathrm{d}z=7\mathrm{d}\theta$$

代入

$$W=\int F_x\,\mathrm{d}x + F_y\,\mathrm{d}y + F_z\,\mathrm{d}z$$

中，然后从 0 到 2π 对 θ 积分，可得

$$W = 98\pi^2 + 226\pi$$

详细计算从略，读者可自行验证.

在本问题中，势能 E_p 又是多少？

§1.8 质点动力学的基本定理与基本守恒定律

（1）动量定理与动量守恒定律

设质点的质量是 m，它运动的速度是 $\boldsymbol{v}$，那么 m 和 $\boldsymbol{v}$ 的乘积，叫做质点的动量. 动量是一个矢量，它的指向和 $\boldsymbol{v}$ 相同，今后用 $\boldsymbol{p}$ 表示，即 $\boldsymbol{p}=m\boldsymbol{v}$.

在经典力学中，质量 m 通常是常量，所以利用动量这一物理量，牛顿运动第二定律可以写为

$$\boldsymbol{F}=\frac{\mathrm{d}}{\mathrm{d}t}(m\boldsymbol{v})=\frac{\mathrm{d}\boldsymbol{p}}{\mathrm{d}t} \tag{1.8.1}$$

这个关系，通常叫做动量定理. 在机械运动的范围内，质点间运动的传递总是通过动量的交换来实现的.

实际上，式（1.8.1）比式（1.4.1）更为普遍，适用的范围更广①. 在相对论中，质量 m 随 v 的增大而增大，所以式（1.4.1）也不再正确. 但如令

$$m=\frac{m_0}{\sqrt{1-v^2/c^2}} \tag{1.8.2}$$

那么运动定律仍可具有式（1.8.1）的形式，式中 m_0 是物体相对于给定参考系静止时的质量，而 m 则是物体相对于给定参考系以速度 v 运动时的质量.

式（1.8.1）也可写成下面的形式：

① 牛顿本人也是用式（1.8.1）来表述第二运动定律的.

$$\mathrm{d}\boldsymbol{p}=\mathrm{d}(m\boldsymbol{v})=\boldsymbol{F}\mathrm{d}t \tag{1.8.3}$$

如果把式(1.8.3)的两边对 t 积分,则得

$$\boldsymbol{p}_2-\boldsymbol{p}_1=m\boldsymbol{v}_2-m\boldsymbol{v}_1=\int_{t_1}^{t_2}\boldsymbol{F}\mathrm{d}t \tag{1.8.4}$$

力和力的作用时间的乘积(当力为常量时)或力对时间 t 的积分(当力为变量时)叫做力的冲量,常以 $\boldsymbol{I}$ 表之,也是一个矢量. 由式(1.8.4)可以看出:质点动量的变化等于外力在这段时间内给予该质点的冲量,这就是动量定理的积分形式,而式(1.8.1)或式(1.8.3)则是动量定理的微分形式. 当研究冲击问题时,常常要用到式(1.8.4).

当上式中 $\boldsymbol{F}=0$ 时,则得到一个重要的结果:

$$\boldsymbol{p}=m\boldsymbol{v}=\boldsymbol{C} \tag{1.8.5}$$

即自由质点不受外力作用时,它的动量 $\boldsymbol{p}$ 保持不变,亦即将作惯性运动,这个关系叫做动量守恒定律.

动量是矢量,如果它保持不变,那么它在任何坐标轴上的三个分量,就应当是常量. 如为直角坐标系,则当 $\boldsymbol{F}=0$ 时,

$$p_x=m\dot{x}=C_1,\quad p_y=m\dot{y}=C_2,\quad p_z=m\dot{z}=C_3 \tag{1.8.6}$$

式中 C_1、C_2、C_3 是积分常量,由起始条件决定之.

有时 $\boldsymbol{F}\neq 0$,但 $\boldsymbol{F}$ 在某一坐标轴上的投影为零,那么动量 $\boldsymbol{p}$ 虽不守恒,但它在该坐标轴上的投影却为一常量,譬如质点只在重力作用下运动,如取 z 轴竖直向上,则

$$F_x=0,\quad F_y=0,\quad F_z=-mg$$

这时动量(或速度)在 x 及 y 两轴上的投影为常量,但质点作直线运动还是作抛物线运动,则由速度的起始值(初速度)决定. 如当 $t=0$,$\dot{x}=\dot{y}=0$,则作直线运动;如当 $t=0$,$\dot{y}=0$,但 $\dot{x}\neq 0$,则作抛物线运动.

(2) 力矩与角动量

我们知道:凡是矢量,它对于空间某一点或某一轴线就具有矢量矩. 力和动量既然都是矢量,我们就可以求出它们对空间某点或某轴线的矩.

在图 1.8.1 中,$\boldsymbol{F}$ 为作用在 B 点的力,A 为空间任意一点,取 $\boldsymbol{F}$ 与 A 点构成的平面如图,则力 $\boldsymbol{F}$ 对 A 点的矩定义为

$$\boldsymbol{M}=\boldsymbol{r}\times\boldsymbol{F} \tag{1.8.7}$$

式中 $\boldsymbol{r}=\overrightarrow{AB}$ 为 B 对 A 的位矢,而 $\boldsymbol{r}$ 和 $\boldsymbol{F}$ 的矢积 $\boldsymbol{M}$ 称为力 $\boldsymbol{F}$ 对 A 点的力矩. 力矩 $\boldsymbol{M}$ 也是一个矢量,它垂直于 $\boldsymbol{r}$ 与力 $\boldsymbol{F}$ 所确定的平面,其量值则为

$$M=rF\sin\theta=aF \tag{1.8.8}$$

式中 θ 为 $\boldsymbol{r}$ 和 $\boldsymbol{F}$ 之间的夹角,a 为自 A 至力 $\boldsymbol{F}$ 的作用线的垂直距离. 至于力矩

的指向，则由右手螺旋法则来决定，如图 1.8.1 所示.

现在来求 $\boldsymbol{F}$ 对空间某一轴线 L 的矩. 取一坐标系 $Oxyz$，使原点 O 与 A 重合，Oz 沿 L 的正方向（图 1.8.2），则对此坐标系而言，$\boldsymbol{F}$ 的分量为 (F_x, F_y, F_z)，而作用点 B 的坐标为 (x, y, z)，故 $\boldsymbol{F}$ 对点 A（即 O）的力矩 $\boldsymbol{M}$ 为

$$\boldsymbol{M} = \boldsymbol{r} \times \boldsymbol{F} = \begin{vmatrix} \boldsymbol{i} & \boldsymbol{j} & \boldsymbol{k} \\ x & y & z \\ F_x & F_y & F_z \end{vmatrix}$$

$$= (yF_z - zF_y)\boldsymbol{i} + (zF_x - xF_z)\boldsymbol{j} + (xF_y - yF_x)\boldsymbol{k}$$

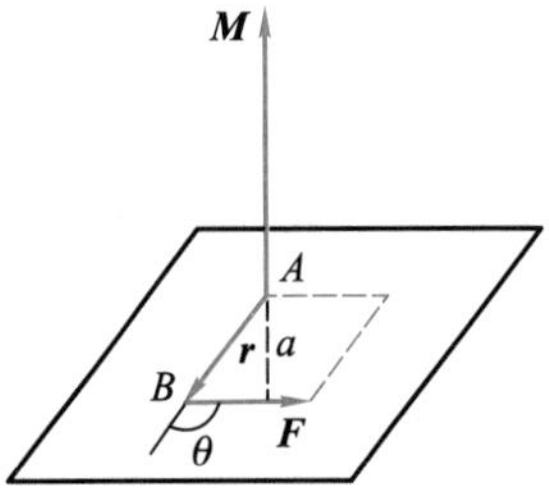

图 1.8.1

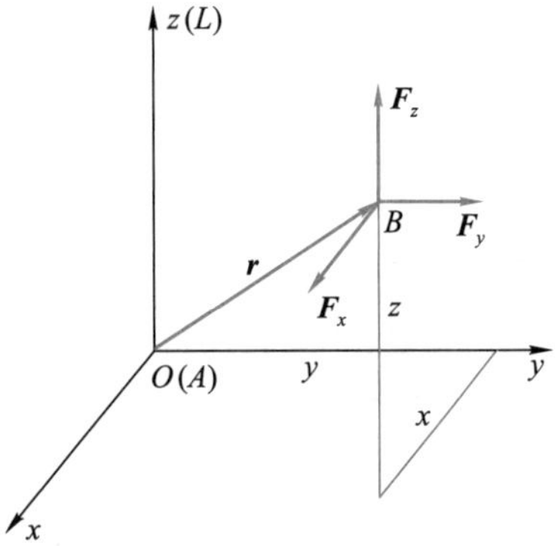

图 1.8.2

式中 $(yF_z - zF_y)$、$(zF_x - xF_z)$、$(xF_y - yF_x)$ 是力矩 $\boldsymbol{M}$ 在三坐标轴的分量，也就是力 $\boldsymbol{F}$ 分别对三个坐标轴 x、y、z 的力矩. 因 F_x 对 x 轴的力矩为零（两者平行），而 F_y 及 F_z 对 x 轴的力矩分别为 $-zF_y$ 及 yF_z（取逆时针方向为正），即

$$\begin{aligned} M_x &= yF_z - zF_y \\ M_y &= zF_x - xF_z \\ M_z &= xF_y - yF_x \end{aligned} \tag{1.8.9}$$

由此可见：欲求力 $\boldsymbol{F}$ 对某一轴线（设为 L，即 Oz）的力矩 M_z，可先求 $\boldsymbol{F}$ 对该轴线上某一点（譬如 O）的力矩 $\boldsymbol{M}$，再投影至该直线上即可，即

$$M_z = \boldsymbol{k} \cdot \boldsymbol{M} = xF_y - yF_x$$

动量对空间某点或某轴线的矩，叫做**角动量**. 它的求法跟力矩完全一样，只要把力 $\boldsymbol{F}$ 换成动量 $\boldsymbol{p}$ 即可，故 B 点上的动量 $\boldsymbol{p}$ 对原点 O 的动量矩 $\boldsymbol{J}$ 为

$$\boldsymbol{J} = \boldsymbol{r} \times \boldsymbol{p} \tag{1.8.10}$$

式中 $\boldsymbol{r} = \overrightarrow{OB}$. 而 $\boldsymbol{p}$ 对 x 轴、y 轴、z 轴的动量矩则为

$$\begin{aligned} J_x &= m(y\dot{z} - z\dot{y}) \\ J_y &= m(z\dot{x} - x\dot{z}) \\ J_z &= m(x\dot{y} - y\dot{x}) \end{aligned} \tag{1.8.11}$$

我们知道：力矩和力都能使物体的运动状态发生变化. 当质点受力作用时，它的速度就要发生变化，亦即它的动量就要发生变化. 那么，当质点受到力矩作用时，什么物理量将发生变化呢？下面我们就来研究这个问题.

(3) 角动量定理与角动量守恒定律

现在让我们来回答上面所提出的问题. 在没有导出定量关系以前，我们可能就有这样的猜想：既然力能使质点的动量发生变化，那么力矩就应当能使质点的动量矩发生变化，因为它们是一一对应的. 让我们来验证一下，这样的猜想是否正确？

力矩 $\boldsymbol{M}$ 等于 $\boldsymbol{r}$ 和 $\boldsymbol{F}$ 的矢积. 为了求出力矩 $\boldsymbol{M}$ 所产生的效果，我们可用位矢 $\boldsymbol{r}$ 矢乘运动方程

$$m\frac{\mathrm{d}^2\boldsymbol{r}}{\mathrm{d}t^2}=\boldsymbol{F}$$

的两侧，就得到

$$m\left(\boldsymbol{r}\times\frac{\mathrm{d}^2\boldsymbol{r}}{\mathrm{d}t^2}\right)=\boldsymbol{r}\times\boldsymbol{F}$$

但

$$\boldsymbol{r}\times\frac{\mathrm{d}^2\boldsymbol{r}}{\mathrm{d}t^2}=\frac{\mathrm{d}}{\mathrm{d}t}\left(\boldsymbol{r}\times\frac{\mathrm{d}\boldsymbol{r}}{\mathrm{d}t}\right)-\frac{\mathrm{d}\boldsymbol{r}}{\mathrm{d}t}\times\frac{\mathrm{d}\boldsymbol{r}}{\mathrm{d}t}=\frac{\mathrm{d}}{\mathrm{d}t}(\boldsymbol{r}\times\boldsymbol{v})$$

因此

$$\frac{\mathrm{d}}{\mathrm{d}t}(\boldsymbol{r}\times m\boldsymbol{v})=\boldsymbol{r}\times\boldsymbol{F}\tag{1.8.12}$$

如果把式(1.8.12)写成分量形式，则得

$$\begin{aligned}&\frac{\mathrm{d}}{\mathrm{d}t}[m(y\dot{z}-z\dot{y})]=yF_z-zF_y\\&\frac{\mathrm{d}}{\mathrm{d}t}[m(z\dot{x}-x\dot{z})]=zF_x-xF_z\\&\frac{\mathrm{d}}{\mathrm{d}t}[m(x\dot{y}-y\dot{x})]=xF_y-yF_x\end{aligned}\tag{1.8.13}$$

所以，力矩确实能使动量矩发生变化. 这种关系叫做角动量定理. 即质点对惯性系中固定点或某固定轴线的动量矩对时间的微商，等于作用在该质点上的力对此同点或同轴的力矩.

如果令 $\boldsymbol{J}$ 代表动量矩，$\boldsymbol{M}$ 代表力矩，则式(1.8.12)还可写成更简洁的形式：

$$\frac{\mathrm{d}\boldsymbol{J}}{\mathrm{d}t}=\boldsymbol{M}\tag{1.8.14}$$

式(1.8.14)或式(1.8.12)是动量矩定理的微分形式. 如果两边乘以 $\mathrm{d}t$,然后对 t 积分,则得

$$\boldsymbol{J}_2-\boldsymbol{J}_1=\int_{t_1}^{t_2}\boldsymbol{M}\mathrm{d}t \tag{1.8.15}$$

这是动量矩定理的积分形式,式中 $\int_{t_1}^{t_2}\boldsymbol{M}\mathrm{d}t$ 叫冲量矩. 故质点动量矩的变化,等于外力在该时间内给予该质点的冲量矩.

如果质点不受外力作用,或虽受外力作用,但诸外力对某点的合力矩恒为零,则对该点来讲,质点的动量矩 $\boldsymbol{J}$ 为一常矢量,这个关系,叫做角动量守恒定律.

即 $\boldsymbol{r}\times\boldsymbol{F}=0$,则 $\boldsymbol{J}=\boldsymbol{r}\times m\boldsymbol{v}=\boldsymbol{r}\times\boldsymbol{p}=\boldsymbol{C}'=$常矢量. 写得简洁些,则为

$$当\ \boldsymbol{M}=0,\quad \boldsymbol{J}=\boldsymbol{C}'=常矢量 \tag{1.8.16}$$

或

$$当\ \boldsymbol{M}=0,\quad \boldsymbol{J}_2=\boldsymbol{J}_1 \tag{1.8.17}$$

角动量守恒定律的分量形式是

当 $\boldsymbol{M}=0$,则

$$\left.\begin{aligned}J_x&=m(y\dot{z}-z\dot{y})=C_4\\J_y&=m(z\dot{x}-x\dot{z})=C_5\\J_z&=m(x\dot{y}-y\dot{x})=C_6\end{aligned}\right\} \tag{1.8.18}$$

式中 C_4、C_5 和 C_6 是积分常量,由起始条件决定. 角动量守恒定律,在有心力问题中要经常用到,参看下节.

跟动量守恒定律一样,有时力矩 $\boldsymbol{M}$ 只有一个分量等于零,其他两个分量并不等于零,这时整个角动量虽不守恒,但对该轴来讲,角动量的值保持为常量. 例如,当质点只受重力作用而运动时,如取 z 轴竖直向上,则 $F_x=0$,$F_y=0$,$F_z=-mg$,所以 $M_z=0$,因而 J_z 就是一个常量.

当 $\boldsymbol{M}=0$,$\boldsymbol{J}$ 为一常矢量时,$\boldsymbol{J}$ 的方向也就不会改变,而和它相垂直的质点的位矢 $\boldsymbol{r}$ 就必定只能在同一平面内(垂直于 $\boldsymbol{J}$ 的平面内)运动. 有心力问题就具有这样的性质.

[例 1] 质点所受的力,如恒通过某一个定点,则质点必在一平面上运动,试证明之.

[解] 力所通过的那个定点叫做力心(参看下节). 如取这个定点为坐标系的原点,则质点的位矢 $\boldsymbol{r}$ 与 $\boldsymbol{F}$ 共线,因而 $\boldsymbol{r}\times\boldsymbol{F}=0$,故 $\boldsymbol{J}$ 为常矢量. 而由式(1.8.18)知

$$m(y\dot{z}-z\dot{y})=C_4 \tag{1}$$

$$m(z\dot{x}-x\dot{z})=C_5 \tag{2}$$

$$m(x\dot{y}-y\dot{x})=C_6 \tag{3}$$

用 x 乘(1)式,y 乘(2)式,z 乘(3)式,并相加得

$$C_4 x + C_5 y + C_6 z = 0 \tag{4}$$

由解析几何,知(4)式代表一个平面方程,故质点只能在这个平面上运动.

(4)动能定理与机械能守恒定律

根据牛顿运动定律,质点受到外力作用时,它的速度就要发生变化. 因此,如果外力对质点作了功,那么和质点速度有关的能量,就应当发生变化. 现在,让我们来求它们之间的关系.

我们还是从动力学方程出发. 把

$$m\frac{\mathrm{d}^2\boldsymbol{r}}{\mathrm{d}t^2} = \boldsymbol{F}$$

的两边,标乘矢量$\frac{\mathrm{d}\boldsymbol{r}}{\mathrm{d}t}$,得

$$m\frac{\mathrm{d}^2\boldsymbol{r}}{\mathrm{d}t^2}\cdot\frac{\mathrm{d}\boldsymbol{r}}{\mathrm{d}t} = \boldsymbol{F}\cdot\frac{\mathrm{d}\boldsymbol{r}}{\mathrm{d}t}$$

即

$$m\frac{\mathrm{d}\boldsymbol{v}}{\mathrm{d}t}\cdot\boldsymbol{v} = \boldsymbol{F}\cdot\frac{\mathrm{d}\boldsymbol{r}}{\mathrm{d}t} \tag{1.8.19}$$

方程两边乘上 $\mathrm{d}t$,并因 $\boldsymbol{v}\cdot\mathrm{d}\boldsymbol{v} = v\boldsymbol{i}\mathrm{d}(v\boldsymbol{i}) = v\boldsymbol{i}\cdot\mathrm{d}v\boldsymbol{i} + v\boldsymbol{i}\cdot v\mathrm{d}\boldsymbol{i} = v\mathrm{d}v = \mathrm{d}\left(\frac{1}{2}v^2\right)$,所以式(1.8.19)简化为

$$\mathrm{d}\left(\frac{1}{2}mv^2\right) = \boldsymbol{F}\cdot\mathrm{d}\boldsymbol{r} \tag{1.8.20}$$

$\boldsymbol{F}\cdot\mathrm{d}\boldsymbol{r}$ 是力 $\boldsymbol{F}$ 对质点所作的元功(参看 § 1.7),而$\frac{1}{2}mv^2$ 则是与质点速度有关的能量,叫做动能,是读者早就熟悉的一个物理量. 它和质点速度的平方成正比,是一个标量. 当质点的速度为 $\boldsymbol{v}$ 时,它具有动能 $E_{\mathrm{k}} = \frac{1}{2}mv^2$.

由式(1.8.20),知质点动能的微分等于作用在该点上的力 $\boldsymbol{F}$ 所作的元功,这个关系,叫做质点的动能定理. 如果把式(1.8.20)进行积分,则得

$$\frac{1}{2}mv^2 - \frac{1}{2}mv_0^2 = \int_{r_0}^{r}\boldsymbol{F}\cdot\mathrm{d}\boldsymbol{r} = \int_{x_0,y_0,z_0}^{x,y,z}F_x\mathrm{d}x + F_y\mathrm{d}y + F_z\mathrm{d}z \tag{1.8.21}$$

式中 v_0 是质点在 $\boldsymbol{r}_0(x_0,y_0,z_0)$处的速度,而 v 是质点在 $\boldsymbol{r}(x,y,z)$处的速度. 由式(1.8.21)可以看出:如果从 $\boldsymbol{r}_0$ 到 $\boldsymbol{r}$ 的阶段内,$\mathrm{d}\boldsymbol{r}$ 与 $\boldsymbol{F}$ 的夹角 $\theta<90°$,则力作正功,$v^2>v_0^2$,质点的动能增加;反之,如 $\mathrm{d}\boldsymbol{r}$ 与 $\boldsymbol{F}$ 的夹角 $\theta>90°$,力作负功,$v^2<v_0^2$,质点的动能减小. 当质点的速度为零时,动能 E_{k} 也为零,但动能不能为负值.

如 $\boldsymbol{F}$ 为保守力,则由 §1.7 中的讨论可知,必然存在势能 $E_p(x,y,z)$,且

$$\boldsymbol{F} = -\nabla E_p$$

而式(1.8.21)变为

$$\frac{1}{2}mv^2 - \frac{1}{2}mv_0^2 = E_p(x_0,y_0,z_0) - E_p(x,y,z)$$

即

$$\frac{1}{2}mv^2 + E_p(x,y,z) = \frac{1}{2}mv_0^2 + E_p(x_0,y_0,z_0) \tag{1.8.22}$$

这就是说,质点在保守力 $\boldsymbol{F}(x,y,z)$ 的作用下,不论在哪一瞬间或哪一位置,它的动能与势能之和是一个不变的常量. 质点的势能与动能之和叫做质点的机械能,有时也叫总机械能或总能,常以 E 表示,故式(1.8.22)又可写为

$$\frac{1}{2}mv^2 + E_p(x,y,z) = E$$

或

$$E_k + E_p = E \tag{1.8.23}$$

可见,当质点所受的力都是保守力时,质点的动能与势能虽可互相消长,但总机械能的数值恒保持不变,这就是著名的机械能守恒定律,如果作用在质点上的力都是非保守力或者耗散力,或者其中有一些力是这种力,则式(1.8.23)不能成立. 对于耗散力来讲,一部分的机械能将转化为热而散逸. 但热也是能的另一种形式,所以推广起来,宇宙间能的总和总是不变的,它只能由一种形式转化为另一种形式,这就是能量转化和守恒原理,是物理学中最基本的原理之一,也是宇宙间最基本的定律之一.

我们知道:运动方程是二阶微分方程,它含有坐标对时间的二阶导数,如式(1.5.2)所示. 但本节中的三个守恒定律,都是一阶微分方程,一般的形式是

$$\varphi(t;x,y,z;\dot{x},\dot{y},\dot{z}) = C \tag{1.8.24}$$

式中 C 是积分常量(可能不止一个). 所以诸守恒定律都是运动方程经过一次积分以消去坐标对时间的二阶导数后所得到的结果,故常称为运动方程的第一积分或初积分. 例如,式(1.8.23)所代表的机械能守恒定律,就是一阶微分方程,它就是质点在保守力场中的运动方程的第一积分,并称为能量积分,总能 E 就是积分常量,可由起始条件决定. 力学问题常可以从能量方面较简便地解决. 当约束力恒与位移正交时,这部分力不作功,这时动能定理所具有的形式,与自由质点相同.

[例 2]　将一重锤用一轻杆悬住,并固定其上端,这时锤将被约束在一竖直圆周上运动,若不计空气阻力作用,则叫单摆. 如单摆从幅角 θ_0(θ_0 不一定很小)的地方自由落下,试用两种不同方法(机械能守恒定律与运动定律)求摆锤通过最低点时的速度.

[解]　因振幅不一定很小,所以一般不是谐振动,它的详尽解答,要用到椭

圆积分和椭圆函数. 不过,现在只要求速度,问题就要简单得多. 对于单摆来讲,空气阻力是忽略不计的,它只受到重力和杆中张力的作用. 重力是保守力,杆中张力不作功(为什么?),所以可用机械能守恒定律(即能量积分)来求解.

设杆长为 l,摆锤的质量为 m(图 1.8.3). 如取悬点 O 处的势能为零,则当摆锤在初始位置时,动能 E_k 为零,势能 $E_p=-mgl\cos\theta_0$,而当它达到最低位置时,动能 E_k 为$\frac{1}{2}mv^2$,势能 E_p 则为$-mgl$. 由机械能守恒定律,得

$$\frac{1}{2}mv^2-mgl=0-mgl\cos\theta_0 \tag{1}$$

由此即得

$$v^2=2gl(1-\cos\theta_0) \tag{2}$$

这就是摆锤通过最低点时速度的平方,而速度

$$v=\sqrt{2gl(1-\cos\theta_0)} \tag{3}$$

方向水平向左,如图 1.8.3 所示.

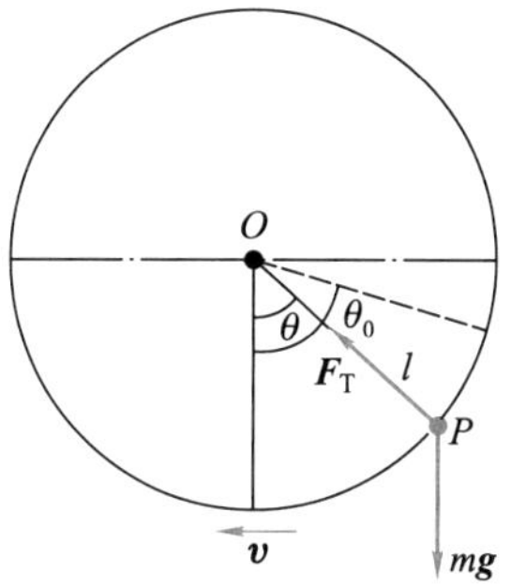

图 1.8.3

现改用运动定律来解. 因 $v=l\dot{\theta}$,故由式(1.5.5)中的第一式,得切向运动微分方程为

$$m\dot{v}=-mg\sin\theta \tag{4}$$

$$\dot{v}=l\ddot{\theta}=-g\sin\theta \tag{5}$$

用 $2\dot{\theta}$ 乘式(5)的两侧,并积分,得

$$l\dot{\theta}^2=2g\cos\theta+C \tag{6}$$

因当 $\theta=\theta_0$,$\dot{\theta}=0$,故 $C=-2g\cos\theta_0$. 把 C 的值代入(6)式,即得摆锤通过最低点($\theta=0$)时的速度为

$$v^2=2gl(1-\cos\theta_0)$$

这与(2)式完全相同,但比较迂回.

顺便指出:如由式(1.5.5)中的第二式,我们还可求出杆中的张力,但用机械能守恒定律则不能.

(5) 势能曲线

设质点受某些任意一维守恒力的作用,而质点的势能则是它的位置坐标 x 的函数. 以 x 为横坐标、势能 $E_p(x)$ 为纵坐标绘图,如图 1.8.4 所示,叫做势能曲线. 如 E 代表该质点的总能,则在图 1.8.4 中 E 线上面的部分叫势垒,而下面的凹陷部分叫势阱.

对于一维保守力来讲,能量守恒定律为

$$\frac{1}{2}m\dot{x}^2+E_p(x)=E$$

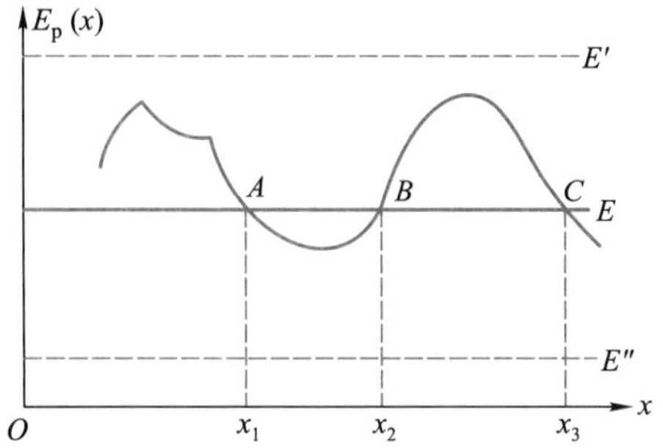

图 1.8.4

由此得到

$$\dot{x} = \pm\sqrt{\frac{2}{m}[E - E_p(x)]} \tag{1.8.25}$$

式中 E 为总能，如图 1.8.4 中的水平实线所示. 这时质点的运动有下列几种可能的情况：

(a) $x<x_1$. 在此区间内，势能 E_p 超过总能 E. 根据式(1.8.25)，速度 $\dot{x}$ 为虚值，故质点不可能在此区间内运动.

(b) $x_1<x<x_2$. 在此区间内，总能 E 超过势能 E_p，故质点能在此区间内运动，其端点为 $x=x_1$ 及 $x=x_2$. 在此两端点上，$E=E_p$，速度 $\dot{x}=0$. 这两点叫运动的**转折点**，因质点达到此两点中的任一点时，都将碰到曲线上的势垒而掉转方向运动. 这时质点将在势能曲线的势阱中来回振动.

(c) $x_2<x<x_3$. 质点依然不能在此区间内运动，因 $E<E_p$.

(d) $x>x_3$. 如此后 $E_p(x)$之值始终小于在 x_3 处的值，则自 $x=x_3$ 到 $x\to\infty$ 的整个区间，运动都将是可能的. 如质点自较大 x 处向 x_3 趋近，则当其达到 x_3 时，将遇到势能曲线上的势垒，而质点将被反射回去，并无限制地趋向无穷远.

从以上的讨论可以看出：质点可能运动的方式，由势能曲线[亦即势能 $E_p(x)$的具体表达式]及总能 E 的值所决定. 如 $E=E'$(图 1.8.4)，则质点在势能曲线上的运动将不受限制；如 $E=E''$(图 1.8.4)，则所有的运动方式都将是不可能的.

质点不能透过势垒，并在它达到势垒的边缘时被反射回去，是经典力学的观点. 即在经典力学中，对给定的势能曲线，不同的 E 值有不同的运动. 只有 $E>E_p$ 的质点(例如 $E=E'$)，才能越过势垒而运动. 但在量子力学中，情况就不是这样. $E>E_p$ 的粒子，有可能越过势垒，但也有可能被反射回去；而 $E<E_p$ 的粒子，有可能被势垒反射回来，但也有可能贯穿势垒，运动到势垒另一侧的区域中去. 这一现象，叫做**隧道效应**，是因为微观粒子具有波动性的缘故. 经典力学对此现象无法解释，所以我们在绪论中就曾提到经典力学有它的局限性.

§ 1.9 有心力

(1) 有心力的基本性质

我们知道:各大行星都是绕太阳作椭圆运动的. 为什么会这样? 因为它们之间存在着万有引力的作用. 对任一行星(例如地球)而言,它所受到的力主要是太阳对它的引力,而这引力的作用线则始终通过太阳中心. 人造地球卫星也是这样,它所受到的力几乎仅仅是地球对它的引力,这引力的作用线,也是始终通过地心的.

一般来讲,如果运动质点所受的力的作用线始终通过某一个定点,我们就说这个质点所受的力是**有心力**,而这个定点则叫做**力心**. 有心力在量值上,一般是矢径(即质点和力心间的距离)r 的函数,而力的方向则始终沿着质点和力心的连线. 凡力趋向定点的是**引力**,离开定点的是**斥力**.

在有心力的作用下,质点始终在一平面内运动. 因为 $\boldsymbol{F}$ 与位矢 $\boldsymbol{r}$ 共线,$\boldsymbol{r}\times\boldsymbol{F}=0$,$\boldsymbol{J}=$常矢量. 根据上节的论断,质点只能在垂直于动量矩 $\boldsymbol{J}$ 的平面内运动. 因此,这是一个平面问题,我们今后将只要用两个坐标(x,y)或(r,θ)来研究它的运动.

上面曾经提到,有心力 $\boldsymbol{F}$ 的量值,一般是径矢 r 的函数,即

$$F=F(r)$$

或

$$\boldsymbol{F}=F(r)\frac{\boldsymbol{r}}{r} \tag{1.9.1}$$

在直角坐标系中,如以力心为原点,质点的运动平面为 Oxy 平面,则质点的运动微分方程为

$$\left.\begin{aligned} m\ddot{x}&=F(r)\frac{x}{r}\\ m\ddot{y}&=F(r)\frac{y}{r}\end{aligned}\right\} \tag{1.9.2}$$

式中 $r=\sqrt{x^2+y^2}$,m 是质点的质量. 显然,用直角坐标系来解有心力的问题,是很不方便的. 事实上,既然 $F=F(r)$,而 $\boldsymbol{F}$ 的方向又与 $\boldsymbol{r}$ 共线,自然采用平面极坐标系要方便得多. 取力心为极坐标的极点,则由式(1.5.3),得质点的运动微分方程为

$$\left.\begin{aligned} m(\ddot{r}-r\dot{\theta}^2)&=F_r=F(r)\\ m(r\ddot{\theta}+2\dot{r}\dot{\theta})&=F_\theta=0\end{aligned}\right\} \tag{1.9.3}$$

采用极坐标系的优点在于，不仅$\sqrt{x^2+y^2}$这样的表达式不再出现，而且我们还很容易求式(1.9.3)中第二式的第一积分. 因根据式(1.2.13)，式(1.9.3)中第二式可以改写为

$$m\frac{1}{r}\frac{\mathrm{d}}{\mathrm{d}t}(r^2\dot{\theta})=0$$

因质点的质量 m 是常量，故上式积分，得

$$r^2\dot{\theta}=h \tag{1.9.4}$$

又可写为

$$mr^2\dot{\theta}=mh \tag{1.9.5}$$

式中 h 是常量.

现在来看式(1.9.5)的物理意义. 我们知道：在极坐标系中，如图 1.9.1，速度 $\boldsymbol{v}$ 的横向分矢量的量值 v_θ 是 $r\dot{\theta}$，所以 $mr\dot{\theta}$ 是动量横向分矢量的量值. 从动量矩来看，因动量的径向分矢量 $mv_r\boldsymbol{i}$ 通过 O 点，即对 O 点的动量矩为零(图1.9.1)，而 $r(mr\dot{\theta})$，即 $mr^2\dot{\theta}$ 则是动量的横向分量对 O 点动量矩的量值，也就是整个质点 P 对 O 点的动量矩的量值. 所以式(1.9.5)也就是在极坐标系中有心力动量矩守恒定律的数学表达式. 事实上，因对有心力来讲，外力矩 $\boldsymbol{r}\times\boldsymbol{F}=0$，动量矩 $\boldsymbol{J}$ 是一常矢量，它的分量当然是常量.

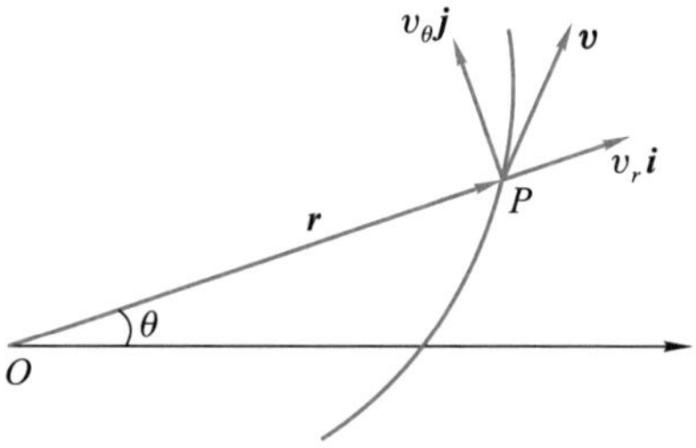

图 1.9.1

因为式(1.9.4)比式(1.9.3)中第二式简单，所以在研究有心力问题时，常用下列两个方程作为基本方程，以代替式(1.9.3)：

$$\begin{aligned}&m(\ddot{r}-r\dot{\theta}^2)=F(r)\\&r^2\dot{\theta}=h\end{aligned} \tag{1.9.6}$$

有心力的量值，一般只是径矢 r 的函数. 可以证明有心力是保守力，它所作的功与路径无关，现推证如下.

质点受变力作用而沿曲线运动时，由式(1.7.2)知

$$W=\int_A^B\boldsymbol{F}\cdot\mathrm{d}\boldsymbol{r}$$

对极坐标系来讲，可以把 $\boldsymbol{F}$ 分解为径向分矢量 $F_r\boldsymbol{i}$ 和横向分矢量 $F_\theta\boldsymbol{j}$；同理，元

位移 $d\boldsymbol{r}$ 也可分解为径向分位移 $dr\boldsymbol{i}$ 及横向分位移 $(rd\theta)\boldsymbol{j}$. 因此,在极坐标系中,力所作的功为

$$W=\int_A^B F_r\,dr+F_\theta r d\theta \tag{1.9.7}$$

对有心力来讲,力的方向恒沿径矢方向,而其量值一般又只是径矢 r 的函数,故问题可以更简单. 因为 $F_\theta=0$, $F_r=F(r)$,所以式(1.9.7)可以简化为

$$W=\int_A^B F(r)\,dr \tag{1.9.8}$$

如 A 点的 $r=r_1$, B 点的 $r=r_2$,则自 $r=r_1$ 至 $r=r_2$ 对式(1.9.8)积分,就得出在这种情形下,质点自 $\boldsymbol{r}=\boldsymbol{r}_1$ 至 $\boldsymbol{r}=\boldsymbol{r}_2$ 沿曲线轨道运动时,力 $\boldsymbol{F}$ 对质点所作的功为

$$W=\int_{r_1}^{r_2} F(r)\,dr \tag{1.9.9}$$

显然,这个定积分的值只取决于起点和终点的径矢,而与中间所通过的路径无关. 这就证明了我们上面所作的论断:有心力是保守力. 其实,如果我们利用保守力的判据 $\nabla\times\boldsymbol{F}=0$①,我们立即就可得出这个论断.

既然有心力是保守力,那它一定存在势能 E_p,且

$$\boldsymbol{F}=-\nabla E_p$$

因为势能差与原点选取无关,故可写出:

$$\int_{r_1}^{r_2} F(r)\,dr=-(E_{p2}-E_{p1}) \tag{1.9.10}$$

这时,势能函数 E_p 当然也只是径矢 r 的函数,即 $E_p=E_p(r)$. 至于机械能守恒定律当然也是成立的,它的表达式是

$$\frac{1}{2}m(\dot{r}^2+r^2\dot{\theta}^2)+E_p(r)=E \tag{1.9.11}$$

其中 E 是质点的总能,它是一个常量.

我们也可用式(1.9.11)来代替式(1.9.6)中的第一式,前者同式(1.9.6)中的第二式一样,都是一阶微分方程. 解算有心力的问题,可以把这两个一阶微分方程结合起来,作为基本方程,以代替式(1.9.6).

(2) 轨道微分方程——比耐公式

在力学中,很多问题是求质点在已知力作用下的运动规律,即求出质点的坐标和时间 t 之间的关系. 在有心力的问题中,为了求出在有心力作用下的质点运动规律,我们可以从式(1.9.6)中的第二式和式(1.9.11)出发,求出 r、θ 和 t

---

① 参看式(1.7.8). 在平面极坐标系中,判据 $\nabla\times\boldsymbol{F}=0$ 的分量形式是 $\frac{\partial(rF_\theta)}{\partial r}-\frac{\partial F_r}{\partial\theta}=0$. 令 $F_\theta=0$, $F_r=F(r)$,故 $\nabla\times\boldsymbol{F}=0$.

的关系，即 $r=r(t)$，$\theta=\theta(t)$. 但在很多情况下，我们并不能得出这种显函数的形式，而只能把它们表示为 t 的隐函数，例如平方反比问题中的开普勒方程（参见本章习题 1.49）.

在力学问题中，欲求轨道方程，通常是先求运动规律，然后再从运动规律中把参数 t 消去，因为运动规律就是轨道的参量方程（时间 t 是参量）. 在有心力问题中，我们常采用另外一种方法，就是先从式（1.9.6）中把 t 消去，得出 r 和 θ 的一个微分方程，再进行求解，就可直接得出 r、θ 的关系式，亦即轨道方程.

为了计算方便起见，我们又常用 r 的倒数 u 来代替 r，即求出 u 和 θ 的微分方程.

由式（1.9.6）中的第二式，知 $r^2\dot{\theta}=h$. 以 $u=\dfrac{1}{r}$代替 r，则得

$$\dot{\theta}=hu^2$$

又

$$\dot{r}=\frac{\mathrm{d}r}{\mathrm{d}t}=\frac{\mathrm{d}r}{\mathrm{d}\theta}\frac{\mathrm{d}\theta}{\mathrm{d}t}=\frac{\mathrm{d}}{\mathrm{d}\theta}\left(\frac{1}{u}\right)\frac{\mathrm{d}\theta}{\mathrm{d}t}=-\frac{1}{u^2}\frac{\mathrm{d}u}{\mathrm{d}\theta}\dot{\theta}=-h\frac{\mathrm{d}u}{\mathrm{d}\theta}$$

$$\ddot{r}=\frac{\mathrm{d}\dot{r}}{\mathrm{d}t}=\frac{\mathrm{d}}{\mathrm{d}t}\left(-h\frac{\mathrm{d}u}{\mathrm{d}\theta}\right)=\frac{\mathrm{d}}{\mathrm{d}\theta}\left(-h\frac{\mathrm{d}u}{\mathrm{d}\theta}\right)\dot{\theta}=-h^2u^2\frac{\mathrm{d}^2u}{\mathrm{d}\theta^2}$$

把 $\ddot{r}$ 及 $\dot{\theta}$ 的表达式代入式（1.9.6）的第一式中，t 就消去了，并得到

$$h^2u^2\left(\frac{\mathrm{d}^2u}{\mathrm{d}\theta^2}+u\right)=-\frac{F}{m} \tag{1.9.12}$$

这就是所要求的轨道微分方程，通常叫做**比耐公式**，引力时 F 为负号，斥力时 F 为正号. 利用这个公式，除了在已知力的情形下求轨道方程外，也可从已知质点在有心力作用下的轨道方程，求出有心力 $F(r)$ 的具体形式.

（3）平方反比引力——行星的运动

在有心力问题中，力与质点到力心间的距离 r 成平方反比的问题，是一个很重要的问题. 行星绕太阳的运动，就是在力与距离平方成反比的引力作用下发生的，这种力就是熟知的万有引力. 另一方面，在物理学中，也存在平方反比的斥力问题，例如用 α 粒子（带正电）轰击原子核（也带正电），将发生散射现象. 这时 α 粒子所受的力虽然也是有心力，但与万有引力不同，是一种与距离平方成反比的排斥力. 我们将先研究与行星运动有关的平方反比引力问题，然后再研究 α 粒子的散射问题.

现在让我们利用比耐公式来求质点在与距离平方成反比的引力作用下的轨道方程.

如果我们令太阳的质量为 m_S，行星的质量为 m，则由万有引力定律，知行星和太阳之间的作用力可以写为

$$F=-\frac{Gm_Sm}{r^2}=-\frac{k^2m}{r^2}=-mk^2u^2 \tag{1.9.13}$$

式中 G 为引力常量，$k^2=Gm_S$ 是一个与行星无关而只和太阳有关的量，叫做太阳的高斯常量，r 为行星和太阳之间的距离.

把式(1.9.13)代入式(1.9.12)中，得

$$h^2u^2\left(\frac{d^2u}{d\theta^2}+u\right)=k^2u^2$$

即

$$\frac{d^2u}{d\theta^2}+u=\frac{k^2}{h^2} \tag{1.9.14}$$

如令

$$u=\xi+\frac{k^2}{h^2}$$

则式(1.9.14)变为

$$\frac{d^2\xi}{d\theta^2}+\xi=0 \tag{1.9.15}$$

这个微分方程的形式与谐振动方程完全一样，所以它的解是

$$\xi=A\cos(\theta-\theta_0)$$

而

$$u=\xi+\frac{k^2}{h^2}=A\cos(\theta-\theta_0)+\frac{k^2}{h^2}$$

或

$$r=\frac{1}{u}=\frac{h^2/k^2}{1+A[\cos(\theta-\theta_0)]h^2/k^2} \tag{1.9.16}$$

式中 A 及 θ_0 是两个积分常量. 如果把极轴转动一个角度，可使 $\theta_0=0$，这样，式(1.9.16)就简化为

$$r=\frac{h^2/k^2}{1+(Ah^2/k^2)\cos\theta} \tag{1.9.17}$$

式(1.9.17)就是我们所要求的轨道方程. 如果把它和在极坐标系的标准圆锥曲线方程

$$r=\frac{p}{1+e\cos\theta} \tag{1.9.18}$$

相比较，知该轨道是原点在焦点上的圆锥曲线，力心位于焦点上，且

$$h^2/k^2 = p, \quad Ah^2/k^2 = Ap = e \tag{1.9.19}$$

p 为圆锥曲线正焦弦长度的一半，e 为偏心率，此时 θ 应从焦点至准线所作的垂线量起.

根据解析几何知，式(1.9.18)所代表的圆锥曲线，可依 e 的数值，分为下列三种类型(图 1.9.2)：

$$\left.\begin{array}{l}\text{(a) 椭圆. 在 } B \text{ 点}, r=a-c=a(1-e), \theta=0 \\ \quad \text{故 } a(1-e)=\dfrac{p}{1+e} \\ \quad \text{即 } p=a(1-e^2), e<1 \\ \text{(b) 抛物线. 在 } B \text{ 点}, r=q, \theta=0, p=2q, e=1 \\ \text{(c) 双曲线①. 在 } B \text{ 点}, r=c-a=a(e-1) \\ \quad \text{故 } p=a(e^2-1), e>1\end{array}\right\} \tag{1.9.20}$$

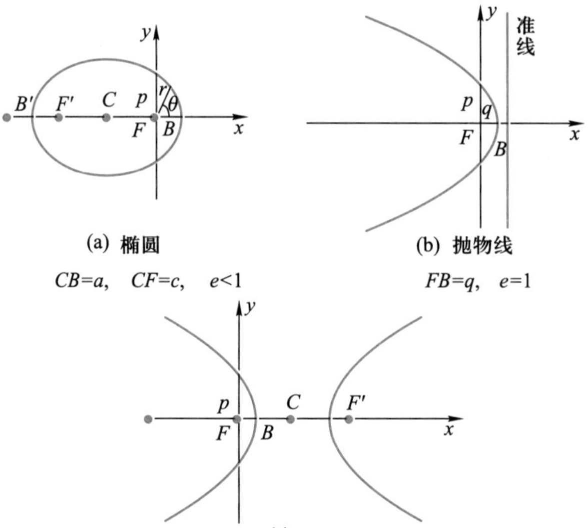

图 1.9.2

在圆锥曲线中，离力心最近的顶点 B 叫近日点. 在椭圆中，离力心最远的顶点 B' 叫远日点. 在抛物线和双曲线中都没有远日点.

由式(1.9.20)可以看出：要决定轨道是什么形状，需要根据起始条件来确定偏心率 e 的数值. 但 e 是轨道的几何常数，在力学中，希望采用动力常数来作为轨道类别的判据. 既然有心力是保守力，机械能守恒定律成立，是否可用总能量 E 来作为判据呢？我们现在就来讨论这个问题.

---

① 是左边的一支. 右边的一支为斥力的情况，其方程为 $r=\dfrac{p}{e\cos\theta-1}$.

我们已经讲过：机械能守恒定律式(1.9.11)和式(1.9.6)中的第二式动量矩守恒定律结合起来，可以作为解决有心力问题的基本方程. 既然在平方反比引力问题中，力 $F(r)$ 的具体形式已知，我们应能求出式(1.9.11)中 $E_p(r)$ 的具体形式. 因 $\boldsymbol{F}=-\nabla E_p$，而在有心力这种具体问题中，势能只是径矢 r 的函数，所以前式变为

$$F=-\frac{\mathrm{d}E_p}{\mathrm{d}r},$$

所以

$$E_p=\int -F(r)\mathrm{d}r=\int\frac{k^2m}{r^2}\mathrm{d}r$$

如取无穷远处的势能为零，则得质点在距力心为 r 时的引力势能为

$$E_p(r)=\int_{\infty}^{r}\frac{k^2m}{r^2}\mathrm{d}r=-\frac{k^2m}{r} \tag{1.9.21}$$

这样，式(1.9.11)就变为

$$\frac{1}{2}m(\dot{r}^2+r^2\dot{\theta}^2)-\frac{k^2m}{r}=E \tag{1.9.22}$$

现在，把式(1.9.22)和式(1.9.6)中的第二式结合起来，以消去 dt. 为此，我们作下列变换：

$$\dot{r}=\frac{\mathrm{d}r}{\mathrm{d}t}=\frac{\mathrm{d}r\mathrm{d}\theta}{\mathrm{d}\theta\mathrm{d}t}=\frac{h}{r^2}\frac{\mathrm{d}r}{\mathrm{d}\theta}\quad(\text{因为 } r^2\dot{\theta}=h)$$

把上式中的 $\dot{r}$ 代入式(1.9.22)中，得

$$\frac{1}{2}m\left[\frac{h^2}{r^4}\left(\frac{\mathrm{d}r}{\mathrm{d}\theta}\right)^2+\frac{h^2}{r^2}-\frac{2k^2}{r}\right]=E$$

解出$\frac{\mathrm{d}r}{\mathrm{d}\theta}$，并分离变量，得

$$\frac{h\mathrm{d}r}{r\sqrt{\frac{2E}{m}r^2+2k^2r-h^2}}=\mathrm{d}\theta$$

两边分别积分[①]，得

$$\arcsin\frac{2k^2r-2h^2}{r\sqrt{4k^4+8Eh^2/m}}=\theta+\frac{3}{2}\pi-\theta_0$$

故

$$r=\frac{h^2/k^2}{1+\sqrt{1+2h^2E/k^4m}\left[\cos(\theta-\theta_0)\right]} \tag{1.9.23}$$

以此与标准式(1.9.18)比较，知

① 可利用积分公式 $\int\frac{\mathrm{d}x}{x\sqrt{a+bx+cx^2}}=\frac{1}{\sqrt{-a}}\arcsin\frac{bx+2a}{x\sqrt{b^2-4ac}}$，$a<0$，来进行积分.

$$e=\sqrt{1+\frac{2E}{m}\left(\frac{h}{k^2}\right)^2} \tag{1.9.24}$$

所以不用比耐公式,我们也可由式(1.9.11)和式(1.9.6)中的第二式求轨道方程,虽然步骤可能稍烦琐一些,但物理意义却丰富些,因为它的积分中,直接包含了总能量 E.

由式(1.9.24),我们就得出了用总能量 E 作为轨道类别的判据. 因为 $\frac{2}{m}\left(\frac{h}{k^2}\right)^2$ 恒为正,所以,如

$E<0$,则 $e<1$,轨道为椭圆;

如

$E=0$,则 $e=1$,轨道为抛物线;

如

$E>0$,则 $e>1$,轨道为双曲线.

(4) 开普勒定律

日、月、星辰每天东升西落,是最常见的天文现象. 如何解释这种最常见的现象,历史上却经过了漫长曲折的道路. 公元 2 世纪,托勒密(希腊人)提出了"地心宇宙体系",认为地球位于宇宙中心,其他星球都在圆形轨道上绕着地球转动. 公元 16 世纪,哥白尼(波兰人)在他所著的《天体运行》一书中,提出了"地动说",勇敢地向统治欧洲一千多年的神权发出挑战. 他指出:地球不是宇宙中心,地球除绕自己的轴旋转外,还和其他行星一起绕着太阳运转.

不过,由于当时历史条件的限制,哥白尼的学说也存在着两方面的错误. 第一,他把太阳当做宇宙的中心. 实际上,太阳不是宇宙的中心,也不在银河系的中心. 宇宙是无限的,它根本没有中心. 第二,他认为天体轨道都是正圆形的. 这是受古代希腊唯心主义哲学的影响,错误地认为天体都是完美的,只能在最完美的曲线——正圆上运行. 后来,开普勒(德国人)利用他的前辈第谷·布拉赫(丹麦人)的观测资料,改进了哥白尼的学说,摆脱了圆运动的思想束缚,提出了下列三条关于行星运动的定律,即所谓开普勒定律.

开普勒第一定律:行星绕太阳作椭圆运动,太阳位于椭圆的一个焦点上.

开普勒第二定律:行星和太阳之间的连线(径矢),在相等时间内所扫过的面积相等.

开普勒第三定律:行星公转的周期的平方和轨道半长轴的立方成正比.

后来,牛顿又提出了万有引力定律,进一步阐明了天体运行的动力学规律. 开普勒定律先后发表于 1609 年(第一、第二定律)和 1619 年(第三定律),而牛顿的万有引力定律则发表于 1687 年,迟了半个世纪以上. 开普勒定律是在大量观测资料上总结出来的,而牛顿则又以它们为基础,并结合他自己提出的运动

第二定律，推出了万有引力定律. 现在，为明确起见，我们也顺着历史发展的脉络，从开普勒定律推出万有引力定律.

设 A 是径矢扫过的面积，由开普勒第二定律，知单位时间内，径矢所扫过的面积相等，即

$$\frac{\mathrm{d}A}{\mathrm{d}t}=\text{常量}$$

现在让我们来求$\dfrac{\mathrm{d}A}{\mathrm{d}t}$的表达式. 在图 1.9.3 中，$P_1$、$P_2$ 为行星沿着它的轨道运动时两相邻瞬间的位置，且对太阳所张的角度为 $\Delta\theta$. 行星自 P_1 沿着轨道运动到 P_2 所需的时间为 Δt. 在这段时间内，径矢所扫过的面积 ΔA 为 OP_1P_2. 当 $\Delta t\to 0$ 时，$P_2\to P_1$，ΔA 就近似地等于 $\triangle OP_1P_2'$ 的面积，即$\dfrac{1}{2}r(r\Delta\theta)$，所以

$$\frac{\mathrm{d}A}{\mathrm{d}t}=\lim_{\Delta t\to 0}\frac{\Delta A}{\Delta t}=\lim_{\Delta t\to 0}\frac{1}{2}r^2\frac{\Delta\theta}{\Delta t}=\frac{1}{2}r^2\dot{\theta}$$

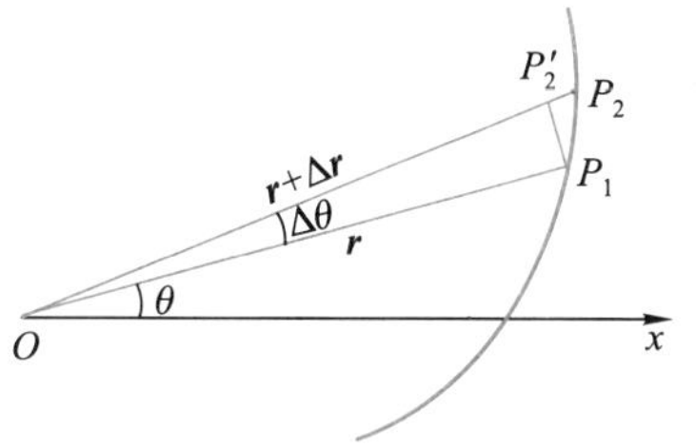

图 1.9.3

或

$$2\dot{A}=r^2\dot{\theta}\qquad(1.9.25)$$

故单位时间内径矢所扫过的面积的两倍等于 $r^2\dot{\theta}$. 如 $\dot{A}$ 为常量，则 $r^2\dot{\theta}$ 也是常量. 如令 m 为行星的质量，则 $mr^2\dot{\theta}$ 也必定是常量. 但 $mr^2\dot{\theta}$ 是行星对太阳的动量矩，由式(1.8.16)可知行星所受的力对太阳的力矩为零，因行星恒具有加速度，即受力不为零，故行星所受力必是有心力，太阳是力心.

现在，由开普勒第一定律来求行星所受的力的量值. 既然轨道为椭圆，我们就可把轨道方程写为[参看式(1.9.18)]

$$r=\frac{p}{1+e\cos\theta}$$

或

$$u=\frac{1}{p}+\frac{e}{p}\cos\theta$$

把这个关系式代入比耐公式(1.9.12)，就得到

$$F=-mh^2u^2\left(\frac{\mathrm{d}^2u}{\mathrm{d}\theta^2}+u\right)=-\frac{mh^2u^2}{p}=-\frac{h^2}{p}\frac{m}{r^2}\qquad(1.9.26)$$

这表明行星所受的力是引力，且与距离平方成反比.

乍一看来，似乎不要开普勒第三定律就已能推出万有引力定律了，其实不然. 我们并不能把式(1.9.26)化成式(1.9.13)，因在式(1.9.26)中，h 和 p 对每一行星来讲，都具有不同的数值，而式(1.9.13)中的 $k^2(=Gm_{\mathrm{S}})$，则是一个与行星

无关的常量. 为了能把式(1.9.26)化为式(1.9.13),就得利用开普勒第三定律. 现在,先让我们来计算在有心力作用下行星公转的周期.

由(1.9.25)及(1.9.4)两式,知 $2\dot{A}=r^2\dot{\theta}=h$,积分,得

$$2A=h(t-t_0)$$

当径矢扫过全部椭圆后,$A=\pi ab$,而所需的时间就是周期 τ,所以

$$2\pi ab=h\tau$$

即

$$\tau=\frac{2\pi ab}{h}$$

而

$$\frac{\tau^2}{a^3}=\frac{4\pi^2b^2}{h^2a}$$

因

$$\frac{b^2}{a}=\frac{1}{a}(a^2-c^2)=a\left(1-\frac{c^2}{a^2}\right)=a(1-e^2)=p$$

故

$$\frac{\tau^2}{a^3}=\frac{4\pi^2p}{h^2}$$

根据开普勒第三定律,$\dfrac{\tau^2}{a^3}$是与行星无关的常量. 所以虽然 h 和 p 都是和行星有关的常量,但$\dfrac{p}{h^2}\left(或\dfrac{h^2}{p}\right)$则是一个与行星无关的常量,因而如令$\dfrac{h^2}{p}=k^2$,我们就可以把式(1.9.26)化为式(1.9.13),即 $F=-mk^2/r^2$.

这样,周期 τ 又可写为

$$\tau=\frac{2\pi a^{3/2}}{k} \tag{1.9.27}$$

牛顿还研究了月球绕地球的运动,发现地球对月球的引力和地球吸引地面上的各物体的力遵从同一规律,属于同一性质. 进一步的研究表明,这种跟两者质量的乘积成正比而跟两者距离的平方成反比的引力,并不是天体之间所特有的,而是存在于任意两个物体之间,故称万有引力. 后来,卡文迪什还在实验室里用扭秤法比较准确地测定了万有引力常量 G 的数值(1798 年).

开普勒所根据的观测资料,都是凭肉眼进行的. 随着望远镜等精密仪器的出现,发现行星实际运行的情况与开普勒定律有少许偏离. 这是因为行星不但受到太阳的引力,还要受到其他行星的引力,而且太阳也不是绝对不动的. 如果把这些因素考虑进去,则理论和实践可以符合得更好. 关于行星受到其他引力问题,属于天体力学的范畴;关于如何处理太阳的运动问题,将在 §2.5 中再详加讨论.

（5）宇宙速度和宇宙航行

自从 20 世纪 50 年代末期起，人造地球卫星和宇宙飞船相继发射成功. 现在，人类已经可以克服万有引力的作用，乘坐宇宙飞船，围绕地球飞行或在月球上着陆，并且还在不断改进宇航手段，对金星、火星和各种天体现象，进行宇宙空间的科学考察、研究和利用.

我们知道：要成功地发射人造地球卫星或宇宙飞船，涉及很多科学技术方面的知识，它已成为一门综合性的新兴学科，叫做空间科学技术. 其中一个问题就是发射速度. 虽然早就知道了发射速度，但由于数值巨大，一直难以达到. 直到 20 世纪中期，火箭技术飞跃发展，才使早先人类认为是梦想的事情逐渐变为现实. 可见理论常常对实践具有相当重要的指导作用.

现在，我们就根据本节中得到的一些结果，来计算这个发射速度，通常把它叫做宇宙速度. 为此，我们先要算出总能量 E 和轨道半长轴 a 之间的关系.

利用式(1.9.4) $r^2\dot{\theta}=h$，把 $\dot{\theta}$ 从式(1.9.22)中消去，得

$$\frac{1}{2}m\left(\dot{r}^2+\frac{h^2}{r^2}\right)-\frac{k^2m}{r}=E \tag{1.9.28}$$

如轨道为椭圆，则在近日点，有 $r=a(1-e)$，$\dot{r}=0$，代入式(1.9.28)中，并利用 $h^2/k^2=p$ 和 $p=a(1-e^2)$ 的关系，得

$$\begin{aligned}E&=\frac{mh^2}{2r^2}-\frac{k^2m}{r}=\frac{mk^2a(1-e^2)}{2a^2(1-e)^2}-\frac{k^2m}{a(1-e)}\\&=-\frac{k^2m}{2a}\end{aligned} \tag{1.9.29}$$

如轨道为抛物线，则在近日点，$\dot{r}=0$，$r=q$，$p=2q$，代入式(1.9.28)中，得

$$E=\frac{mh^2}{2q^2}-\frac{k^2m}{q}$$

但

$$h^2=k^2(2q)$$

故

$$E=\frac{m}{2}\frac{k^2(2q)}{q^2}-\frac{k^2m}{q}=0 \tag{1.9.30}$$

同理，如轨道为双曲线，则在近日点，$\dot{r}=0$，$r=a(e-1)$，代入式(1.9.28)后，得

$$E=+\frac{k^2m}{2a} \tag{1.9.31}$$

这些结果和前面所得到的判据是一致的.

现在，我们可以计算从地球表面上发射人造地球卫星或火箭所需要的最低速度了. 因为根据式(1.9.28)和式(1.9.29)，我们知道，对于椭圆轨道的星体而言

$$\frac{1}{2}mv^2-\frac{k^2m}{r}=-\frac{k^2m}{2a} \tag{1.9.32}$$

根据普通物理学中可知，从地球表面上发射一颗人造地球卫星所需要的最低速度

$$v_1=\sqrt{gr}=\sqrt{9.8\times 6\ 400/1\ 000}\ \mathrm{km/s}=7.9\ \mathrm{km/s}$$

这个速度叫第一宇宙速度，又叫环绕速度. 如在式(1.9.32)中，令 $a=r=$ 地球半径，$k^2=gr^2$，亦可得出同样结果，读者可自行验证.

在式(1.9.32)中，如令 $a=\infty$，并令这时的 v 为 v_2，则

$$v_2^2=\frac{2k^2}{r}=2gr$$

即

$$v_2=\sqrt{2gr}=\sqrt{2}v_1$$

故如果物体发射时的速度等于或大于 v_2，物体就可以摆脱地球引力而不再回来，或者绕着太阳运行而成为一颗人造行星. 这个速度叫做第二宇宙速度，也叫逃逸速度.

因 $v_1=7.9$ km/s，故

$$v_2=1.4\times 7.9\ \mathrm{km/s}=11.2\ \mathrm{km/s}$$

虽然在计算 v_2 时，令式(1.9.32)中的 $a=\infty$，但这只是相对于地球而言的，即第二宇宙速度是指物体脱离地球引力的作用所需要的最低速度，但还不能脱离太阳引力的作用. 也就是说，具有这样速度的物体，还不能离开太阳系.

现在，我们来计算一下，物体从地球表面发射应具有多大的速度，才能脱离太阳系，飞到其他星系去. 我们通常把这个速度叫做第三宇宙速度，用 v_3 表示.

让我们先计算在地球绕太阳运行的轨道上发射物体时可以脱离太阳的速度 v.

由第二宇宙速度 v_2 的表达式可以得出

$$v_2^2=\frac{2k^2}{r}=\frac{2Gm_{\mathrm{E}}}{r} \tag{1.9.33}$$

式中 m_{E} 是地球的质量，r 是地球的半径. 因此，如果太阳的质量是 m_{S}，地球绕太阳运行的轨道的半径是 r'，则仿照式(1.9.33)，脱离太阳系的速度应为

$$v^2=\frac{2Gm_{\mathrm{S}}}{r'} \tag{1.9.34}$$

因在地球绕太阳运行的轨道处发射，地球的引力可忽略不计.

用式(1.9.33)除式(1.9.34)，得

$$v = v_2\sqrt{\frac{m_S r}{m_E r'}} \tag{1.9.35}$$

已知太阳的质量是地球质量的 333 400 倍,而地球绕太阳的轨道半径的平均值,约为地球半径的 23 400 倍,因此

$$v = 11.2 \times \sqrt{\frac{333\ 400}{23\ 400}}\ \text{km/s} \approx 42\ \text{km/s}$$

事实上,脱离太阳系的发射速度并不需要这么大,因为地球绕太阳公转的速度约为 30 km/s. 因此,如果发射时的速度方向和地球在公转轨道上运行的速度方向一致,那么只要相对于地球的速度为 12 km/s,相对于太阳的速度就能达到 42 km/s. 不过,物体都是在地面发射的,所以还要同时克服地球的引力. 因此,v_3 的值应近似地按下式计算:

$$\frac{1}{2}mv_3^2 - \frac{k^2 m}{r} = \frac{m}{2}(12\ \text{km/s})^2 \tag{1.9.36}$$

但

$$\frac{2k^2}{r} = v_2^2 = (11.2\ \text{km/s})^2$$

故

$$v_3 = \sqrt{12^2 + 11.2^2}\ \text{km/s} \approx 16.5\ \text{km/s}$$

如果考虑其他行星的引力,则 $v_3 \approx 16.7$ km/s.

自从 1957 年第一颗人造地球卫星上天以后,世界各国都开始重视空间科学技术的研究,竞相发射人造地球卫星. 目前,太空中人造地球卫星的数目非常多,有的用于科学研究、气象观测和通信广播,有的用于军事探测和导航定位. 卫星的高度也越来越大,因而留在太空的时间也就越来越长. 还有同步卫星,它运转的周期和地球自转的周期相同,因而从地球上来看,它始终停留在某个地方的上空,就好像它并不旋转一样.

20 世纪 60 年代以后,空间科学技术发展得很快. 发射的速度已能达到第二宇宙速度. 因而,人造太阳行星、载人飞船、飞往月球的火箭都相继发射成功. 到了 20 世纪 60 年代末期(1969 年 7 月),载人的宇宙飞船,首次在月球上着陆. 进入 20 世纪 70 年代后,飞往金星和火星的探测器也已先后在这两个较近行星上着陆. 2016 年,我国正式立项火星探测任务. 2020 年 7 月 23 日,我国首个火星探测器“天问一号”发射成功.

我国于 1970 年 4 月 24 日发射了第一颗人造地球卫星,近地点是 439 km,远地点是 2 384 km. 因为卫星的轨道平面和地球赤道平面的夹角为 68.5°,所以地球上大部分地区都能看到这颗卫星,它播送的乐曲《东方红》也几乎响遍世界各地. 我国成为继苏联、美国、法国、日本之后,第五个完全依靠自己力量成功发射卫星的国家. 目前,我国在轨卫星数量稳居世界第二,正大步向航天大国迈

进. 2020 年 7 月 27 日,我国自主研制的“力箭一号”运载火箭发射成功,顺利将 6 颗卫星送入预定轨道,实现了“一箭六星”.

(6) 圆形轨道的稳定性

地球绕太阳运行的轨道是接近于圆的椭圆. 我们知道,对圆形轨道来讲,r 或 $u\left(=\frac{1}{r}\right)$ 为常量. 由比耐公式(1.9.12)可知,在有心力作用下,对任何质点(或星体)来讲,如投掷(起始)速度的方向垂直于位矢,且满足

$$h^2=\frac{P(u)}{u^3} \tag{1.9.37}$$

的关系,则不论其半径为何,都将作圆形轨道的运动,式中 $P=\frac{-F}{m}$ 为单位质量上所受的吸引力. 现在我们要问,这种圆形轨道是稳定的还是不稳定的? 这个问题在物理上是很重要的. 因为在自然界中,微小扰动是经常存在的,它将破坏不稳定的圆形轨道,只有稳定的圆形轨道,才有机会继续下去.

令 $u=u_0$ 及 $h=h_0$ 为某一圆形轨道的 u 和 h 之值,显然

$$h_0^2=\frac{P(u)}{u_0^3}$$

为了研究扰动,我们令

$$u=u_0+\xi \tag{1.9.38}$$

式中 ξ 及其微商均认为是很小的微量,$h-h_0$ 也是这样. 把式(1.9.38)代入式(1.9.12) 中,得

$$\frac{d^2\xi}{d\theta^2}+u_0+\xi=\frac{P(u_0+\xi)}{h^2(u_0+\xi)^2} \tag{1.9.39}$$

把式(1.9.39)的右边展为 ξ 的幂级数,得

$$\begin{aligned}\frac{P(u_0+\xi)}{h^2(u_0+\xi)^2}&=\frac{1}{h^2u_0^2}\left(1+\frac{\xi}{u_0}\right)^{-2}(P_0+\xi P'_0+\cdots)\\&=\frac{P_0}{h^2u_0^2}\left[1+\xi\left(\frac{P'_0}{P_0}-2\frac{1}{u_0}\right)+\cdots\right]\end{aligned} \tag{1.9.40}$$

式中 $P'=\frac{dP}{du}$,而下标 0 表示当 $u=u_0$ 时所算出的值.

如取一阶微量,则式(1.9.39)变为

$$\frac{d^2\xi}{d\theta^2}+C_1\xi=C_2 \tag{1.9.41}$$

式中

$$C_1 = 1 - \frac{P_0}{h^2 u_0^2}\left(\frac{P'_0}{P_0} - \frac{2}{u_0}\right) = 3 - \frac{u_0 P'_0}{P_0} \qquad (1.9.42)$$

而 C_2 为另一常量,其值对问题的性质无关.

根据 $C_1>0$,$C_1<0$ 或 $C_1=0$,式(1.9.41)的解分别为

$$\left.\begin{aligned} &\xi = A\cos(\sqrt{C_1}\theta) + B\sin(\sqrt{C_1}\theta) + \frac{C_2}{C_1} \\ &\xi = A\cos h(\sqrt{-C_1}\theta) + B\sin h(\sqrt{-C_1}\theta) + \frac{C_2}{C_1} \\ &\xi = \frac{1}{2}C_2\theta^2 + A\theta + B \end{aligned}\right\} \qquad (1.9.43)$$

在这些解中,只有式(1.9.43)中的第一式即 $C_1>0$ 时,永远保持为小量,其他都将随 θ 的增大而趋于无限大. 因此,半径为$\dfrac{1}{u_0}$的圆形轨道,只当

$$\frac{u_0 P'_0}{P_0} < 3 \qquad (1.9.44)$$

时,才是稳定的.

在特殊情况下,我们考虑引力与距离 n 次方成反比的情况,即

$$P = \frac{k^2}{r^n} = k^2 u^n \qquad (1.9.45)$$

则

$$\frac{uP'}{P} = n$$

故在吸引力式(1.9.45)的作用下作圆形轨道运动时,只有当

$$n < 3 \qquad (1.9.46)$$

时,才是稳定的.

故力与距离成正比($n=-1$)及力与距离平方成反比($n=2$)的吸引力中均能给出稳定的圆形轨道,而立方反比律($n=3$),则给出不稳定的圆形轨道.

(7) 平方反比斥力——α 粒子的散射

以上所讨论的有心力都是引力,现在我们转而讨论斥力. 把一个带正电荷 $2e$ 的 α 粒子射入一原子中,如果原子的结构中有一集中在很小区域的核心,而且此核心的电荷也是正的,并且等于 Ze,Z 为该原子的原子序数,则由电学中的库仑定律知,采用国际单位制单位时,两者之间的作用力表示为

$$F=\frac{1}{4\pi\varepsilon_0}\frac{2Ze^2}{r^2}=\frac{k'}{r^2} \tag{1.9.47}$$

式中 r 是两者间的距离，ε_0 是真空介电常量，$k'=\dfrac{2Ze^2}{4\pi\varepsilon_0}$.

由此可见，α 粒子所受的力的量值与离开核心的距离 r 的平方成反比，而力的作用线则沿两者的连线. 因原子核的质量一般比 α 粒子的质量大许多倍，故近似地可以认为不动. 这样，我们就可以认为 α 粒子所受的力是一种有心力，力心在核心上. 但是 F 前面是正号，所以这种有心力是斥力而不是引力.

把式（1.9.22）中的 mk^2 改为 k'，同时把它前面的负号改为正号，就得到 α 粒子的能量方程，即

$$\frac{1}{2}m(\dot{r}^2+r^2\dot{\theta}^2)+\frac{k'}{r}=E \tag{1.9.48}$$

式中 m 是 α 粒子的质量. 此时总能量 E 恒为正，因而 α 粒子的轨道是双曲线的一支，这时力心在轨道凸的一边（在引力作用下的双曲线的力心在轨道凹的一边），如图 1.9.4 所示. 图中 O 代表原子核（力心）的位置，质点轨道的对称轴是通过力心 O 及其最近距离点 C 的直线 OC，因此轨道的两条渐近线和直线 OC 相交的角度是一样的. 如果用 θ_0 代表这个角度，则由图 1.9.4 可见，质点在飞过力心附近以后的偏转角是

$$\varphi=\pi-2\theta_0 \tag{1.9.49}$$

这种现象叫做 **α 粒子的散射**.

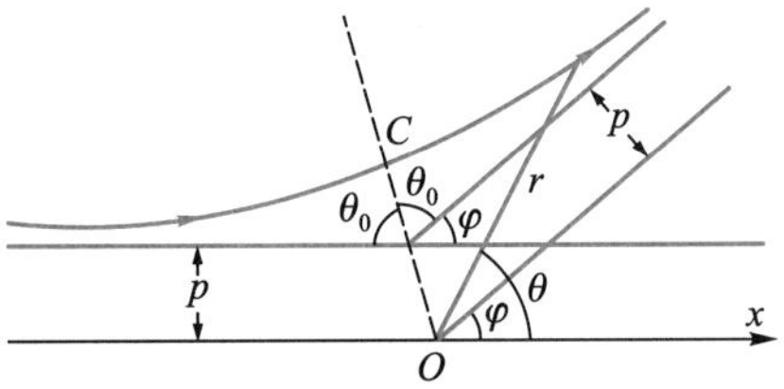

图 1.9.4

现在来求 α 粒子散射时的轨道方程. 根据上面的讨论，我们只要用 k' 代替 $-k^2m$，就可以从式（1.9.16）或式（1.9.23）得出 α 粒子散射时的轨道方程. 但是为了便于计算偏转角 φ 和易于阐述其中一些量的物理意义，我们还是从比耐公式出发，并把通解写成正弦和余弦的组合，即

$$u=\frac{1}{r}=A\cos\theta+B\sin\theta+C_1 \tag{1.9.50}$$

式中 $C_1=-\dfrac{k'}{mh^2}$，而 A 及 B 则是两个积分常量，可按下法定出. 由图 1.9.4，当 $\theta=\pi$ 时，$r=\infty$，$u=0$. 把这个关系代入式（1.9.50），得

$$A = C_1 \tag{1.9.51}$$

又轨道上任一点纵坐标 $y=r\sin\theta$,或

$$\frac{1}{y}=\frac{1}{r\sin\theta}=\frac{u}{\sin\theta}$$

即

$$u=\frac{\sin\theta}{y} \tag{1.9.52}$$

把式(1.9.52)代入式(1.9.50),得

$$\frac{1}{y}=\frac{C_1(1+\cos\theta)}{\sin\theta}+B \tag{1.9.53}$$

当 $\theta=\pi$ 时,纵坐标 y 等于从力心到双曲线渐近线所作的垂线的距离 ρ,这个距离叫做瞄准距离,因此

$$B=\frac{1}{\rho} \tag{1.9.54}$$

这样,式(1.9.50)可写为

$$u=C_1(1+\cos\theta)+\frac{1}{\rho}\sin\theta \tag{1.9.55}$$

α 粒子的偏转角 φ 是当 α 粒子远离力心后 θ 的值. 此时,$r\to\infty$,$u=0$. 因此,从式(1.9.55),我们有

$$-\frac{1}{C_1\rho}=\frac{1+\cos\varphi}{\sin\varphi}=\cot\frac{\varphi}{2}$$

如果把 $C_1=-\dfrac{k'}{mh^2}$代入上式,则得

$$\cot\frac{\varphi}{2}=\frac{mh^2}{k'\rho} \tag{1.9.56}$$

设无穷远处 α 粒子的速度为 v_∞. 显然,在无穷远处,动量矩 $mh=mr(r\dot{\theta})=m\rho v_\infty$,故 $h=\rho v_\infty$,得

$$\cot\frac{\varphi}{2}=\frac{m\rho v_\infty^2}{k'} \tag{1.9.57}$$

或

$$\rho=\frac{k'}{mv_\infty^2}\cot\frac{\varphi}{2} \tag{1.9.58}$$

这就是 α 粒子的瞄准距离 ρ 和 α 粒子飞过力心后所发生的偏转角 φ 之间的关系.不过这个式子对单个粒子来说是很难用实验验证的,所以还要对式(1.9.58)加以

修改,使其能进行实验上的验证.

令一束平行的具有相同速度的 α 粒子轰击薄金属箔. 在粒子束中,不同的粒子有着不同的瞄准距离,因而它们在飞过力心以后所发生的偏转角 φ 也将不同. 我们用 $\mathrm{d}N$ 表示单位时间内在 φ 和 $\varphi+\mathrm{d}\varphi$ 角度内所散射的粒子数. 但这一数目不便于描述散射过程的特性,因为它依赖于入射粒子束的密度. 因此,我们引入下列关系式:

$$\mathrm{d}\sigma=\frac{\mathrm{d}N}{n} \tag{1.9.59}$$

来代替 $\mathrm{d}N$,其中 n 是在单位时间内通过垂直于粒子束的单位截面积的粒子数,$\mathrm{d}\sigma$ 则具有面积的量纲,叫做散射截面,它完全由散射场的形式决定,并可通过式(1.9.59)右边测出,是散射过程中的一个重要的物理量.

如果散射角是瞄准距离单调下降的函数,则在散射区间 φ 和 $\varphi+\mathrm{d}\varphi$ 内所散射的,只是其瞄准距离为 $\rho(\varphi)$ 和 $\rho(\varphi)+\mathrm{d}\rho(\varphi)$ 的粒子. 这种粒子的数目等于 n 与半径为 ρ 和 $\rho+\mathrm{d}\rho$ 的两圆周间环形面积的乘积(图 1.9.5),即 $\mathrm{d}N=2\pi\rho\mathrm{d}\rho\cdot n$. 所以,散射截面

$$\mathrm{d}\sigma=2\pi\rho\mathrm{d}\rho$$

或

$$\mathrm{d}\sigma=-2\pi\rho(\varphi)\frac{\mathrm{d}\rho(\varphi)}{\mathrm{d}\varphi}\mathrm{d}\varphi \text{ ①} \tag{1.9.60}$$

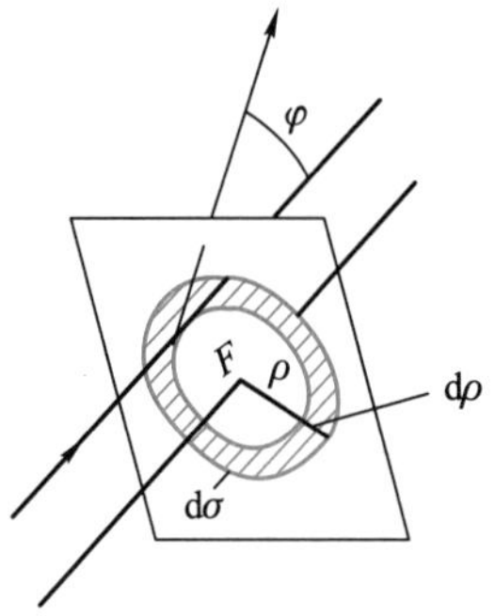

图 1.9.5

现在,把式(1.9.58)代入式(1.9.60)中,以消去 ρ,便得到

$$\mathrm{d}\sigma=\frac{1}{4}\left(\frac{k'}{mv_\infty^2}\right)^2\frac{2\pi\sin\varphi}{\sin^4\left(\frac{\varphi}{2}\right)}\mathrm{d}\varphi \tag{1.9.61}$$

这就是著名的卢瑟福公式,是卢瑟福在 1911 年首先推导出来的,后来被盖革和马士登用实验证实(1913 年). 根据实验,当 α 粒子和较重原子核的距离达到 10^{-14} m 时,上述关系和实验结果仍基本符合. 由此可以看出:原子(原子尺度为 10^{-10} m)中的原子核确实集中在 10^{-14} m 的一个很小区域内,与卢瑟福预期的结果一致. 在非相对论量子力学中,散射截面与用经典力学所得的结果相同.

— 小　结 —

Ⅰ. 运动的描述方法

1. 参考系——描述物体运动时被选作参考的另一物体叫参考系.

① 因 ρ 增加,φ 减小,故冠以负号.

2. 运动与静止——相对于参考坐标系而言,运动质点的坐标是时间 t 的函数,如质点坐标为常量,则为静止.

3. 运动学方程

a. 矢量形式 $\boldsymbol{r}=\boldsymbol{r}(t)$

b. 坐标形式

(i) 直角坐标 $x=f_1(t),\quad y=f_2(t),\quad z=f_3(t)$

(ii) 平面极坐标 $r=r(t),\quad \theta=\theta(t)$

4. 轨道——运动质点在空间一连串所占据的点形成的连续曲线,其方程可由上述运动学方程消去 t 而得.

Ⅱ. 速度与加速度

1. 矢量形式 $\boldsymbol{v}=\dfrac{\mathrm{d}\boldsymbol{r}}{\mathrm{d}t},\quad \boldsymbol{a}=\dfrac{\mathrm{d}\boldsymbol{v}}{\mathrm{d}t}=\dfrac{\mathrm{d}^2\boldsymbol{r}}{\mathrm{d}t^2}$

2. 分量形式(平面)

	速度	加速度
轴向	$\dot{x}$, $\dot{y}$	$\ddot{x}$, $\ddot{y}$
径向	$\dot{r}$	$\ddot{r}-r\dot{\theta}^2$
横向	$r\theta$	$\dfrac{1}{r}\dfrac{\mathrm{d}}{\mathrm{d}t}(r^2\dot{\theta})$
切向	$\dot{s}$	$\ddot{s}$ 或 $v\dfrac{\mathrm{d}v}{\mathrm{d}s}$
法向	0	$\dfrac{v^2}{\rho}$

Ⅲ. 平动参考系

1. 匀速直线运动参考系

$\boldsymbol{v}=\boldsymbol{v}_0+\boldsymbol{v}'$(绝对速度=牵连速度+相对速度)

$\boldsymbol{a}=\boldsymbol{a}'$(绝对加速度=相对加速度)

2. 加速直线运动参考系

$$\boldsymbol{v}=\boldsymbol{v}_0+\boldsymbol{v}'$$

$\boldsymbol{a}=\boldsymbol{a}_0+\boldsymbol{a}'$(绝对加速度=牵连加速度+相对加速度)

Ⅳ. 质点运动微分方程

1. 自由质点

a. 矢量形式

$$m\ddot{\boldsymbol{r}}=\boldsymbol{F}(\boldsymbol{r},\dot{\boldsymbol{r}},t)$$

b. 分量形式

(i) 直角坐标

$$m\ddot{x}=F_x,\quad m\ddot{y}=F_y,\quad m\ddot{z}=F_z$$

(ii) 平面极坐标

$$m(\ddot{r}-r\dot{\theta}^2)=F_r,\quad \frac{m}{r}\frac{\mathrm{d}}{\mathrm{d}t}(r^2\dot{\theta})=F_\theta$$

2. 非自由质点——取消约束,代以约束反作用力,就可以把非自由质点视为自由质点,再和约束方程联立求解.

3. 理想线约束——用下列内禀方程,并用约束方程求 ρ.

$$m\frac{\mathrm{d}v}{\mathrm{d}t}=F_{\mathrm{t}},\quad \frac{mv^2}{\rho}=F_{\mathrm{n}}+R_{\mathrm{n}},\quad 0=F_{\mathrm{b}}+R_{\mathrm{b}}$$

Ⅴ. 非惯性参考系

1. 牛顿运动定律能成立的参考系叫做惯性参考系.

2. 牛顿运动定律不能成立的参考系叫做非惯性参考系.

3. 对非惯性参考系,只要加上适当的惯性力,则牛顿运动定律就"仍然"可以成立.

4. 相对于惯性参考系作加速平动的参考系所要加的惯性力为($-m\boldsymbol{a}_0$),m 是质点的质量,$\boldsymbol{a}_0$ 是牵连加速度.

Ⅵ. 功与能

1. 功 $=W=\int_A^B \boldsymbol{F}\cdot\mathrm{d}\boldsymbol{r}=\int_A^B F_x\,\mathrm{d}x+F_y\,\mathrm{d}y+F_z\,\mathrm{d}z$ 是一个线积分,其值一般随路径而异.

2. 能——物体作功的本领,功是能量变化的量度.

3. 动能 $E_{\mathrm{k}}=\frac{1}{2}mv^2$,$m$ 是质点的质量,v 是质点运动的速度.

4. 势能

如 $\boldsymbol{F}=-\nabla E_{\mathrm{p}}$,则力所作的功与路径无关,只与两端点的位置有关,这种力叫做保守力. 在保守力场中,函数 $E_{\mathrm{p}}(x,y,z)$ 就是质点在 (x,y,z) 点上相对于某一规定零点的势能.

Ⅶ. 质点动力学的几个基本定理与基本守恒定律

1. 动量定理与动量守恒定律

a. 动量 = 质量×速度 $=m\boldsymbol{v}=\boldsymbol{p}$;

b. 动量定理 $\frac{\mathrm{d}\boldsymbol{p}}{\mathrm{d}t}=\frac{\mathrm{d}}{\mathrm{d}t}(m\boldsymbol{v})=\boldsymbol{F}$;

c. 动量守恒定律 $\boldsymbol{F}=0$,$\boldsymbol{p}=$ 常矢量,或 $\dot{x}=C_1,\dot{y}=C_2,\dot{z}=C_3$.

2. 角动量定理与角动量守恒定律

a. 角动量

(i) 对于一点的动量矩 $\boldsymbol{J}=\boldsymbol{r}\times\boldsymbol{p}$;

(ii) 对于一直线的角动量——先求对线上任意一点的角动量，再将其投影到该线上即可，如 $J_z = \boldsymbol{k} \cdot \boldsymbol{r} \times \boldsymbol{p}$.

b. 力矩 $\boldsymbol{M} = \boldsymbol{r} \times \boldsymbol{F}$

c. 角动量定理

$$\frac{\mathrm{d}\boldsymbol{J}}{\mathrm{d}t} = \boldsymbol{M} = \boldsymbol{r} \times \boldsymbol{F}$$

或

$$\begin{cases} \dfrac{\mathrm{d}}{\mathrm{d}t}[m(y\dot{z} - z\dot{y})] = yF_z - zF_y \\ \dfrac{\mathrm{d}}{\mathrm{d}t}[m(z\dot{x} - x\dot{z})] = zF_x - xF_z \\ \dfrac{\mathrm{d}}{\mathrm{d}t}[m(x\dot{y} - y\dot{x})] = xF_y - yF_x \end{cases}$$

d. 角动量守恒定律

当 $\boldsymbol{M} = 0$，则 $\boldsymbol{J}$ = 常矢量

或 $y\dot{z} - z\dot{y} = C_4, \quad z\dot{x} - x\dot{z} = C_5, \quad x\dot{y} - y\dot{x} = C_6$

3. 动能定理与机械能守恒定律

a. 动能定理

$$\mathrm{d}\left(\frac{1}{2}mv^2\right) = \boldsymbol{F} \cdot \mathrm{d}\boldsymbol{r}$$

b. 机械能守恒定律——对保守力成立，$T+V=E$.

4. 各守恒定律都是运动微分方程的第一积分，至于诸常量则由起始条件决定.

Ⅷ. 有心力

1. 力心——作用力恒通过的某一定点叫力心.

2. 一般性质

a. 有心力 $F(r)$ 是保守力.

b. 有心力的角动量守恒，$mr^2\dot{\theta} = mh$，即 $r^2\dot{\theta} = h$ = 常量，如为直角坐标系，则 $x\dot{y} - y\dot{x} = h$.

c. 质点受有心力作用，必在一平面上运动，这时用极坐标较方便.

3. 轨道微分方程（比耐公式）

$$h^2u^2\left(\frac{\mathrm{d}^2u}{\mathrm{d}\theta^2} + u\right) = -\frac{F}{m}, \quad u = \frac{1}{r}$$

4. 平方反比引力——行星的运动

轨道方程——圆锥曲线，且原点在力心上.

$$r = \frac{h^2/k^2}{1 + \sqrt{1 + 2h^2E/k^4m}\,[\cos(\theta - \theta_0)]}$$

故偏心率 $e=\sqrt{1+\dfrac{2E}{m}(h/k^2)^2}$,以此与圆锥曲线的标准式相比较,知 $E<0,e<1$,轨道为椭圆;$E=0,e=1$,轨道为抛物线;$E>0,e>1$,轨道为双曲线.

5. 开普勒定律

a. 行星绕太阳作椭圆运动,太阳位于其中的一个焦点上.

b. 行星和太阳之间的连线(径矢),在相等时间内所扫过的面积相等.

c. 行星运行时,周期的平方和轨道的半长轴的立方成正比.

6. 万有引力定律——可由牛顿定律和开普勒三定律推出.

7. 宇宙速度

a. 第一宇宙速度 $v_1=\sqrt{gr}\approx 7.9\ \text{km/s}$,绕地球转.

b. 第二宇宙速度 $v_2=\sqrt{2gr}\approx 11.2\ \text{km/s}$,脱离地球的最小速度.

c. 第三宇宙速度 $v_3\approx 16.7\ \text{km/s}$,脱离太阳系的最小速度.

8. 圆形轨道稳定性的判据

$$\frac{uP'}{P}<3,\text{式中 } u=\frac{1}{r},P=\frac{-F}{m},P'=\frac{\mathrm{d}P}{\mathrm{d}u}.$$

9. 平方反比斥力——α 粒子的散射

a. 轨道为双曲线的一支,力心在轨道凸的一边,与引力的情形不同.

b. 瞄准距离 ρ 和偏转角 φ 之间的关系

$$\rho=\frac{k'}{mv_\infty^2}\cot\frac{\varphi}{2}$$

c. 卢瑟福公式——用散射截面 $\mathrm{d}\sigma$ 代 ρ

$$\mathrm{d}\sigma=\frac{1}{4}\left(\frac{k'}{mv_\infty^2}\right)^2\frac{2\pi\sin\varphi}{\sin^4(\varphi/2)}\mathrm{d}\varphi$$

补充例题

1.1 一根杆子穿过可绕定点 B 转动的套管,杆的 A 端以匀速 c 沿固定直线 Ox 滑动.求杆上 M 点的轨道方程、速度及加速度,以角 φ 的函数表示,设 $AM=OB=d$.

[解] $x=CM=ON=OA-NA=d\cot\varphi-d\cos\varphi$ (1)

$$y=NM=d\sin\varphi \quad (2)$$

即 $x=d\cos\varphi\left(\dfrac{1}{\sin\varphi}-1\right)=d\cos\varphi\left(\dfrac{d}{y}-1\right)$

故

$$\cos\varphi=\frac{x}{d\left(\dfrac{d}{y}-1\right)}$$

而

$$\sin\varphi=\frac{y}{d}$$

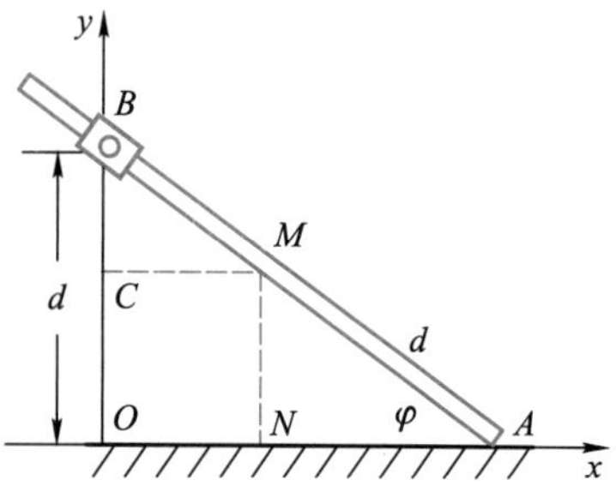

补充例题 1.1 题图

消去 φ,得 M 点的轨道方程为

$$\frac{x^2}{d^2\left(\frac{d}{y}-1\right)^2}+\frac{y^2}{d^2}=1$$

$$\frac{x^2y^2}{d^2(d-y)^2}+\frac{y^2}{d^2}=1$$

$$x^2y^2+y^2(d-y)^2=d^2(d-y)^2$$

即
$$x^2y^2+(y^2-d^2)(d-y)^2=0 \tag{3}$$

这就是所求的 M 点的轨道方程.

欲求速度 v,应先求 $\dot{x}$ 及 $\dot{y}$. 由(1)式及(2)式,得

$$\dot{x}=-d\dot{\varphi}\csc^2\varphi+d\dot{\varphi}\sin\varphi \tag{4}$$

$$\dot{y}=d\dot{\varphi}\cos\varphi \tag{5}$$

$\dot{\varphi}$ 之值可自题中所给的条件求出,即由已知 A 点的速度求出. 因

$$x_A=d\cot\varphi$$

故
$$\dot{x}_A=-d\dot{\varphi}\csc^2\varphi=c$$

由此得出

$$\dot{\varphi}=-\frac{c}{d\csc^2\varphi}=-\frac{c}{d}\sin^2\varphi \tag{6}$$

把(6)式 $\dot{\varphi}$ 之值代入(4)式及(5)式,得

$$\dot{x}=c-c\sin^3\varphi,\quad \dot{y}=-c\cos\varphi\sin^2\varphi \tag{7}$$

由此可求出

$$\begin{aligned} v&=\sqrt{\dot{x}^2+\dot{y}^2}=[(c-c\sin^3\varphi)^2+(-c\cos\varphi\sin^2\varphi)^2]^{\frac{1}{2}}\\ &=c(1-2\sin^3\varphi+\sin^6\varphi+\cos^2\varphi\sin^4\varphi)^{\frac{1}{2}}\\ &=c\sqrt{1-2\sin^3\varphi+\sin^4\varphi} \end{aligned} \tag{8}$$

欲求加速度 a,应先求 $\ddot{x}$ 及 $\ddot{y}$. $\left(\text{能否由}\frac{\mathrm{d}v}{\mathrm{d}t}\text{求出,何故?}\right)$ 利用(7)式,我们可以得到:

$$\begin{aligned} \ddot{x}&=-3c\dot{\varphi}\sin^2\varphi\cos\varphi=-3c\sin^2\varphi\cos\varphi\left(-\frac{c}{d}\sin^2\varphi\right)\\ &=3\frac{c^2}{d}\sin^4\varphi\cos\varphi \end{aligned} \tag{9}$$

$$\begin{aligned} \ddot{y}&=-2c\dot{\varphi}\sin\varphi\cos^2\varphi+c\dot{\varphi}\sin^3\varphi=c\sin\varphi(\sin^2\varphi-2\cos^2\varphi)\left(-\frac{c}{d}\sin^2\varphi\right)\\ &=-\frac{c^2}{d}\sin^3\varphi(\sin^2\varphi-2\cos^2\varphi) \end{aligned} \tag{10}$$

由此可求出

$$\begin{aligned} a&=\sqrt{\ddot{x}^2+\ddot{y}^2}\\ &=\frac{c^2}{d}\sin^3\varphi(9\sin^2\varphi\cos^2\varphi+\sin^4\varphi-4\sin^2\varphi\cos^2\varphi+4\cos^4\varphi)^{\frac{1}{2}} \end{aligned}$$

$$= \frac{c^2}{d}\sin^3\varphi(3\sin^2\varphi\cos^2\varphi + 1 + 3\cos^4\varphi)^{\frac{1}{2}}$$

$$= \frac{c^2}{d}\sin^3\varphi\sqrt{1 + 3\cos^2\varphi} \tag{11}$$

故 M 点的速度及加速度由(8)式及(11)式给出.

1.2 有一划平面曲线轨迹的点,其速度在 y 轴上的投影于任何时刻均为常量 c. 试证在此情形下,加速度的量值可用下式表示:

$$a = \frac{v^3}{c\rho}$$

式中 v 为点的速度,ρ 为轨迹的曲率半径.

[解] 由 $\dot{x}^2+\dot{y}^2=v^2$ 得

$$v^2 = \dot{x}^2 + c^2 \tag{1}$$

求(1)式对时间 t 的微商,得

$$v\frac{\mathrm{d}v}{\mathrm{d}t} = \dot{x}\ddot{x} = a\dot{x} \quad (\text{因为 } \dot{y} = c, \ddot{y} = 0, \text{故 } \ddot{x} = a)$$

由此得出

$$\frac{\mathrm{d}v}{\mathrm{d}t} = \frac{a\dot{x}}{v} = \frac{a\sqrt{v^2 - c^2}}{v} \tag{2}$$

但

$$\left(\frac{\mathrm{d}v}{\mathrm{d}t}\right)^2 = a^2 - a_{\mathrm{n}}^2 = a^2 - \left(\frac{v^2}{\rho}\right)^2 \tag{3}$$

比较(2)式和(3)式,得

$$\frac{a^2(v^2 - c^2)}{v^2} = a^2 - \frac{v^4}{\rho^2}$$

$$a^2v^2 - a^2c^2 = a^2v^2 - \frac{v^6}{\rho^2}$$

$$a^2c^2 = \frac{v^6}{\rho^2}$$

即

$$a = \frac{v^3}{c\rho} \tag{4}$$

这就是所要求的关系.

1.3 一质点用一轻的弹性绳系于固定点 A,绳的固有长度为 a. 当悬挂质点平衡后,绳的长度为 $a+b$. 今令质点从 A 处自静止状态开始下降,试讨论质点在 BD 间的运动规律. 并求质点从 A 落至最低点 D(开始返回)的位置及所需的时间.

[解] 先求 D 点的位置. 设 $AB=a$, $BC=b$, $CD=c$,并以 B 点为 x 轴的原点,则由功能关系,我们有

$$mg(a + b + c) = \int_0^{b+c} kx\mathrm{d}x = \frac{1}{2}k(b + c)^2 \tag{1}$$

式中 k 为弹性绳的劲度系数. 但根据胡克定律,又有

$$mg = kb \tag{2}$$

故(1)式变为

$$mg(a + b + c) = \frac{1}{2}\frac{mg}{b}(b + c)^2$$

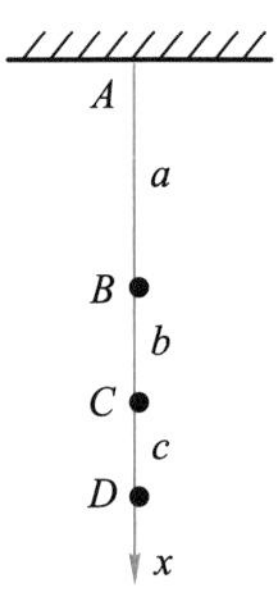

补充例题 1.3 题图

由此得 $$c=\sqrt{b^2+2ab}$$

故 D 在 A 下方 $a+b+\sqrt{b^2+2ab}$ 处.

现在,我们来求质点在 BD 间的运动规律. 当质点从 A 到达 B 时,因系自由落体,故有

$$v_B=\sqrt{2ga} \tag{3}$$

质点过 B 后,受弹性力及重力的作用而运动. 因为重力和弹性力都是保守力,所以质点从 B 点运动到 D 又回到 B 点即振动一周后,质点仍具有原先的速度量值($|v_B|=\sqrt{2ga}$),但方向向上(若空气阻力不计). 过 B 点以后,因为弹性绳失去作用,质点又只受重力的作用而运动. 所以以 B 点分界,运动具有不同的性质. 本题只要求讨论 BD 间的运动,故可以 B 为原点,BD 为 x 轴,则质点在 BD 间的运动微分方程可写为

$$m\ddot{x}=mg-kx \quad (x\geqslant 0) \tag{4}$$

即 $$\frac{\mathrm{d}^2}{\mathrm{d}t^2}\left(x-\frac{mg}{k}\right)+\frac{k}{m}\left(x-\frac{mg}{k}\right)=0 \tag{5}$$

令 $x-\frac{mg}{k}=x-b=\xi,\frac{k}{m}=\frac{g}{b}=\omega^2$,则(5)式变为

$$\ddot{\xi}+\omega^2\xi=0 \tag{6}$$

(6)式是标准的谐振动方程,故其通解为

$$\xi=A'\cos(\omega t+\varepsilon) \tag{7}$$

式中 A' 及 ε 是两积分常量. A' 代表振幅,即最大位移,故应等于 c;而 ε 则可由谐振动的起始条件决定. 为简单起见,只考虑质点从 B 运动到 D 所需的时间. 由(7)式可得

$$\dot{\xi}=-c\omega\sin(\omega t+\varepsilon) \tag{8}$$

设当 $t=0,x_0=0$,故 $\xi_0=-b$;又 $\dot{\xi}_0=v_B=\sqrt{2ga}$,把它们代入(7)式及(8)式,得

$$-b=c\cos\varepsilon,\quad \sqrt{2ga}=-c\omega\sin\varepsilon$$

即 $$\tan\varepsilon=\frac{\sqrt{2ga}}{\omega b}=\sqrt{\frac{2a}{b}}$$

因 $$\sin\varepsilon<0,\quad \cos\varepsilon<0$$

故 $$\varepsilon=\arctan\sqrt{\frac{2a}{b}}+\pi \tag{9}$$

由此得质点在 BD 间的运动规律为

$$x=\xi+b=c\cos\left(\sqrt{\frac{g}{b}}t+\arctan\sqrt{\frac{2a}{b}}+\pi\right)+b \tag{10}$$

再求从 A 到 D 所需的时间. 这时整个运动可分为两部分:

(1) 从 A 到 B 为自由落体,故所需的时间为 $\sqrt{\frac{2a}{g}}$;

(2) 从 B 到 D 为谐振动,且至 D 返回,$x=b+c$,故所需时间为 $\omega t+\varepsilon=2\pi$,即

$$t=\frac{2\pi-\varepsilon}{\omega}=\sqrt{\frac{b}{g}}(2\pi-\varepsilon)=\sqrt{\frac{b}{g}}\left(\pi-\arctan\sqrt{\frac{2a}{b}}\right)$$

所以从 A 到 D 所需的总时间为

$$\sqrt{\frac{2a}{g}}+\sqrt{\frac{b}{g}}\left(\pi-\arctan\sqrt{\frac{2a}{b}}\right)$$

1.4 一质点穿在一光滑抛物线轴线上方 h 处，并从此处无初速地滑下，抛物线的方程为 $y^2=2px$，式中 p 为一常量. 问滑至何处，曲线对质点的反作用力将改变符号？

[解] 由式(1.5.5)，知质点运动微分方程为

$$\begin{cases} mv\dfrac{\mathrm{d}v}{\mathrm{d}s}=mg\sin\theta & (1)\\ m\dfrac{v^2}{\rho}=mg\cos\theta-F_{\mathrm{N}} & (2)\end{cases}$$

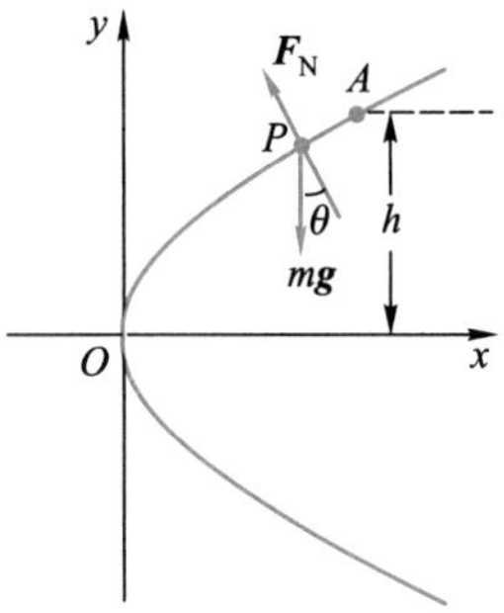

补充例题 1.4 题图

由(1)式
$$mv\frac{\mathrm{d}v}{\mathrm{d}s}=-mg\frac{\mathrm{d}y}{\mathrm{d}s}$$

两边同乘以 ds，并积分，得

$$\int_0^v v\mathrm{d}v=-g\int_h^y \mathrm{d}y$$

即
$$v^2=2g(h-y) \tag{3}$$

在 $F_{\mathrm{N}}=0$ 处，反作用力将改号；由(2)式知当

$$\frac{mv^2}{\rho}=mg\cos\theta$$

时，$F_{\mathrm{N}}=0$，反作用力将改号.

但由高等数学知 $\dfrac{1}{\rho}=\dfrac{|y''|}{(1+y'^2)^{3/2}}$，式中

$$y'=\frac{\mathrm{d}y}{\mathrm{d}x},\quad y''=\frac{\mathrm{d}^2y}{\mathrm{d}x^2} \tag{4}$$

今抛物线方程为
$$y^2=2px$$

故
$$y'=\frac{p}{y},\quad y''=-\frac{p}{y^2}y'=-\frac{p^2}{y^3}$$

把 y' 及 y'' 之值代入(4)式，得

$$\frac{1}{\rho}=\frac{|-p^2/y^3|}{[1+(p/y)^2]^{3/2}}=\frac{p^2}{(p^2+y^2)^{3/2}} \tag{5}$$

又
$$\cos\theta=\frac{1}{\sqrt{1+\tan^2\theta}}=\frac{1}{\sqrt{1+y'^2}}=\frac{1}{\sqrt{1+(p/y)^2}}=\frac{y}{\sqrt{p^2+y^2}} \tag{6}$$

令 $N=0$，并把(3)式、(5)式及(6)式中的 v^2、$\dfrac{1}{\rho}$ 及 $\cos\theta$ 的值代入(2)式，得 F_{N} 改号时的条件为

$$m\frac{2g(h-y)p^2}{(p^2+y^2)^{3/2}}=mg\frac{y}{\sqrt{p^2+y^2}}$$

$$\frac{2p^2(h-y)}{p^2+y^2}=y$$

$$y^3+3p^2y-2p^2h=0$$

即改号处的 y 为方程 $y^3+3p^2y-2p^2h=0$ 的根.

1.5 质量为 m 的质点 A,在光滑的水平桌上运动. 在此质点上系着一根轻的绳子,绳子穿过桌面上一小孔 O,另一端挂一相同的质点 B. 若质点 A 在桌面上离 O 点为 a 的地方,沿垂直于 OA 的方向以速度 $\left(\frac{9}{2}ga\right)^{\frac{1}{2}}$ 射出,证明此质点在以后的运动中离 O 点的距离必在 a 及 $3a$ 之间.

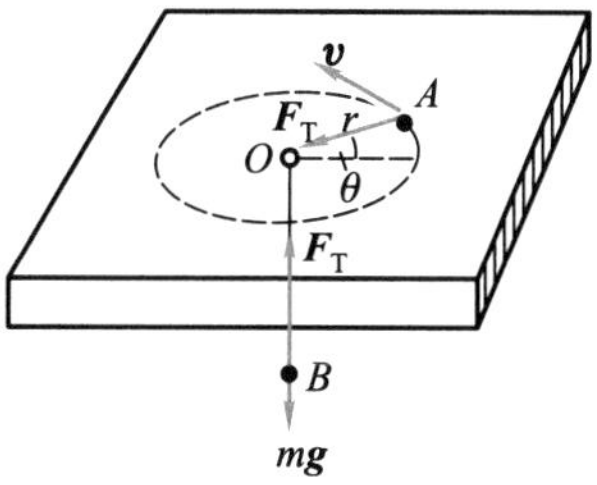

补充例题 1.5 题图

[解] 采用隔离物体法,并采用极坐标系,则质点 A 及 B 的运动微分方程分别为

$$\left.\begin{aligned}m(\ddot{r}-r\dot{\theta}^2)&=-F_T\\ mr^2\dot{\theta}&=mh\end{aligned}\right\}(A\text{ 点})\qquad\begin{aligned}(1)\\(2)\end{aligned}$$

$$F_T-mg=m\ddot{r}\qquad(B\text{ 点})\qquad(3)$$

由(1)式及(3)式得 $\quad 2\ddot{r}-r\dot{\theta}^2=-g \qquad (4)$

又由题给条件知 $h=r(r\dot{\theta})=a\left(\frac{9}{2}ga\right)^{\frac{1}{2}}$,故

$$h^2=\frac{9}{2}ga^3 \qquad (5)$$

利用(2)式,把(4)式中的 $\dot{\theta}$ 消去,得

$$2\ddot{r}=\frac{h^2}{r^3}-g \qquad (6)$$

积分,得

$$\dot{r}^2=-\frac{1}{2}\frac{h^2}{r^2}-gr+C \qquad (7)$$

因 $\qquad r=a,\dot{r}=0,\quad$ 故 $C=\frac{1}{2}\frac{h^2}{a^2}+ga$

把 C 的值代入(7)式,得

$$\begin{aligned}\dot{r}^2&=\frac{1}{2}\frac{h^2}{a^2}-\frac{1}{2}\frac{h^2}{r^2}-gr+ga\\&=\frac{1}{2}\frac{1}{a^2r^2}(h^2r^2-h^2a^2-2ga^2r^3+2ga^3r^2)\\&=\frac{1}{2}\frac{1}{a^2r^2}\left(\frac{9}{2}ga^3r^2-\frac{9}{2}ga^5-2ga^2r^3+2ga^3r^2\right)\\&=\frac{1}{2}\frac{ga^2}{a^2r^2}\left(\frac{13}{2}ar^2-\frac{9}{2}a^3-2r^3\right)\end{aligned}\qquad(8)$$

令 $\dot{r}=0$,得

$$2r^3-\frac{13}{2}ar^2+\frac{9}{2}a^3=0 \qquad (9)$$

即

$$(r-a)(r-3a)\left(2r+\frac{3}{2}a\right)=0 \qquad (10)$$

由此得
$$r=a,\quad r=3a,\quad r=-\frac{3}{4}a \tag{11}$$

但后一解不合理,故在题给条件下,质点以后的运动中离 O 点的距离在 a 及 $3a$ 之间.

思考题

1.1 平均速度与瞬时速度有何不同?在什么情况下,它们一致?

1.2 在极坐标系中,$v_r=\dot{r}$,$v_\theta=r\dot{\theta}$. 为什么 $a_r=\ddot{r}-r\dot{\theta}^2$ 而非 $\ddot{r}$?为什么 $a_\theta=r\ddot{\theta}+2\dot{r}\dot{\theta}$ 而非 $r\ddot{\theta}+\dot{r}\dot{\theta}$?你能说出 a_r 中的 $-r\dot{\theta}^2$ 和 a_θ 中另一个 $\dot{r}\dot{\theta}$ 出现的原因和它们的物理意义吗?

1.3 在内禀方程中,a_{n} 是怎样产生的?为什么在空间曲线中它总沿着主法线的方向?当质点沿空间曲线运动时,副法线方向的加速度 a_{b} 等于零,而作用力在副法线方向的分量 F_{b} 一般不等于零,这是不是违背了牛顿运动定律呢?

1.4 在怎样的运动中只有 a_{t} 而无 a_{n}?在怎样的运动中又只有 a_{n} 而无 a_{t}?在怎样的运动中既有 a_{t} 又有 a_{n}?

1.5 $\dfrac{\mathrm{d}\boldsymbol{r}}{\mathrm{d}t}$与$\dfrac{\mathrm{d}r}{\mathrm{d}t}$有无不同?$\dfrac{\mathrm{d}\boldsymbol{v}}{\mathrm{d}t}$与$\dfrac{\mathrm{d}v}{\mathrm{d}t}$有无不同?试对直线运动与曲线运动分别进行讨论.

1.6 若人以速度 $\boldsymbol{v}$ 向篮球网前进,则当其投篮时应用什么角度投出?跟人静止时投篮有何不同?

1.7 雨点以匀速度 v 落下,在一列有加速度 a 的火车中看,它走什么路径?

1.8 某人以一定的功率划船,逆流而上. 当船经过一座桥时,船上的渔竿不慎掉入河中. 两分钟后,此人才发觉,立即返棹追赶. 追到渔竿之处是在桥的下游 600 m 的地方,问河水的流速是多大?

1.9 物体运动的速度是否总是和所受的外力的方向一致?为什么?

1.10 在哪些条件下,物体可以作直线运动?如果初速度的方向和力的方向不一致,则物体是沿力的方向还是沿初速度的方向运动?试用一个具体实例加以说明.

1.11 质点仅因重力作用而沿光滑静止曲线下滑,达到任意一点时的速度只和什么有关?为什么是这样?假如不是光滑的又将如何?

1.12 为什么质点被约束在一光滑静止的曲线上运动时,约束力不作功?我们利用动能定理或能量积分,能否求出约束力?如不能,应当怎样去求?

1.13 质点的质量是1 kg,它运动时的速度是 $\boldsymbol{v}=(3\boldsymbol{i}+2\boldsymbol{j}+\sqrt{3}\,\boldsymbol{k})$ m/s,式中 $\boldsymbol{i}$、$\boldsymbol{j}$、$\boldsymbol{k}$ 是沿 x、y、z 轴上的单位矢量. 求此质点的动量和动能的量值.

1.14 在上题中,当质点以上述速度运动到(1,2,3)点时(坐标轴上的数值以 m 为单位),它对原点 O 及 z 轴的角动量分别是多少?

1.15 角动量守恒是否就意味着动量也守恒?已知质点受有心力作用而运动时,角动量是守恒的,问它的动量是否也守恒?

1.16 如 $F=F(r)$,则在三维直角坐标系中,仍有 $\nabla\times\boldsymbol{F}=0$ 的关系存在吗?试验证之.

1.17 在平方反比引力问题中,势能曲线应具有什么样的形状?

1.18 我国发射的第一颗人造地球卫星的轨道平面和地球赤道平面的交角为68.5°,比苏联及美国第一次发射的都要大. 我们说,交角越大,技术要求越高,这是为什么?交角大的优点是什么？

1.19 对于库仑引力场，卢瑟福公式也能适用吗？为什么？

习题

1.1 沿水平方向前进的枪弹，通过某一距离 s 的时间为 t_1，而通过下一等距离 s 的时间为 t_2. 试证明枪弹的加速度（假定是常量）为

$$\frac{2s(t_2-t_1)}{t_1t_2(t_1+t_2)}$$

1.2 某船向东航行，速率为 15 km/h，在正午经过某一灯塔. 另一船以同样速度向北航行，在下午 1 时 30 分经过此灯塔. 问在什么时候，两船的距离最近？最近的距离是多少？

答：午后零点 45 分，15.9 km.

1.3 曲柄 $OA=r$，以匀角速 ω 绕定点 O 转动. 此曲柄借连杆 AB 使滑块 B 沿直线 Ox 运动. 求连杆上 C 点的轨道方程及速度. 设 $AC=CB=a$，$\angle AOB=\varphi$，$\angle ABO=\psi$.

答：轨道方程 $4x^2(a^2-y^2)=(x^2+3y^2+a^2-r^2)^2$

速度 $v=\dfrac{r\omega}{2\cos\psi}\sqrt{\cos^2\varphi+4\sin\varphi\cos\psi\sin(\varphi+\psi)}$

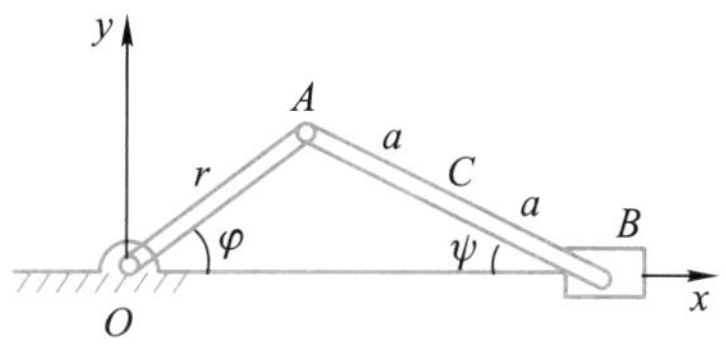

第 1.3 题图

1.4 细杆 OL 绕 O 点以匀角速度 ω 转动，并推动小环 C 在固定的钢丝 AB 上滑动. 图中的 d 为已知常量，试求小环的速度及加速度的量值.

答：$v=d\omega\sec^2\theta=\omega\dfrac{d^2+x^2}{d}$

$a=2d\omega^2\sec^2\theta\tan\theta=2\omega^2x(d^2+x^2)/d^2$

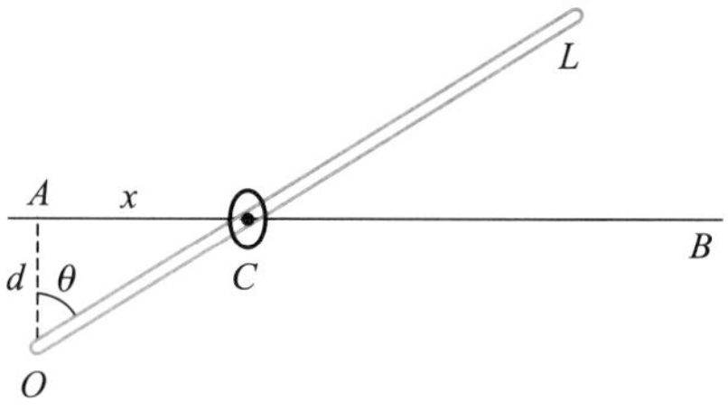

第 1.4 题图

1.5 矿山升降机作加速度运动时，其变加速度可用下式表示：

$$a=c\left(1-\sin\frac{\pi t}{2T}\right)$$

式中 c 及 T 为常量，试求运动开始时间 t 后升降机的速度及其所走过的路程. 已知升降机的

初速度为零.

答：$v=c\left[t+\frac{2T}{\pi}\left(\cos\frac{\pi t}{2T}-1\right)\right]$

$s=c\left[\frac{t^2}{2}+\frac{2T}{\pi}\left(\frac{2T}{\pi}\sin\frac{\pi t}{2T}-t\right)\right]$

1.6 一质点沿位矢及垂直于位矢的速度分别为 λr 及 $\mu\theta$，式中 λ 及 μ 是常量. 试证其沿位矢及垂直于位矢的加速度为

$$\lambda^2 r-\frac{\mu^2\theta^2}{r},\quad \mu\theta\left(\lambda+\frac{\mu}{r}\right)$$

1.7 试自

$$x=r\cos\theta,\quad y=r\sin\theta$$

出发，计算 $\ddot{x}$ 及 $\ddot{y}$. 并由此推出径向加速度 a_r 及横向加速度 a_θ.

1.8 直线 FM 在一给定的椭圆平面内以匀角速度 ω 绕其焦点 F 转动. 求此直线与椭圆的交点 M 的速度. 已知以焦点为坐标原点的椭圆的极坐标方程为

$$r=\frac{a(1-e^2)}{1+e\cos\theta}$$

式中 a 为椭圆的半长轴，e 为偏心率，都是常量.

答：$v=\frac{r\omega}{b}\sqrt{r(2a-r)}$，式中 b 为椭圆的半短轴.

1.9 质点作平面运动，其速率保持为常量. 试证其速度矢量 $\boldsymbol{v}$ 与加速度矢量 $\boldsymbol{\alpha}$ 正交.

1.10 一质点沿着抛物线 $y^2=2px$ 运动. 其切向加速度的量值为法向加速度量值的 $-2k$ 倍. 如此质点从正焦弦$\left(\frac{p}{2},p\right)$的一端以速度 u 出发，试求其达到正焦弦另一端时的速率.

答：$v=u\mathrm{e}^{-k\pi}$

1.11 质点沿着半径为 r 的圆周运动，其加速度矢量与速度矢量间的夹角 α 保持不变. 求质点的速度随时间而变化的规律. 已知初速度为 v_0.

答：$\frac{1}{v}=\frac{1}{v_0}-\frac{t}{r}\cot\alpha$

1.12 在上题中，试证其速度可表为

$$v=v_0\mathrm{e}^{(\theta-\theta_0)\cot\alpha}$$

式中 θ 为速度矢量与 x 轴间的夹角，且当 $t=0$ 时，$\theta=\theta_0$.

1.13 假定一飞机从 A 处向东飞到 B 处，而后又向西飞回原处. 飞机相对于空气的速度为 $\boldsymbol{v}'$，而空气相对于地面的速度则为 $\boldsymbol{v}_0$. A 与 B 之间的距离为 l. 飞机相对于空气的速率 v' 保持不变.

（1）假定 $v_0=0$，即空气相对于地面是静止的，试证来回飞行的总时间为

$$t_0=\frac{2l}{v'}$$

（2）假定空气速度为向东（或向西），试证来回飞行的总时间为

$$t_B=\frac{t_0}{1-v_0^2/v'^2}$$

（3）假定空气的速度为向北（或向南），试证来回飞行的总时间为

$$t_N = \frac{t_0}{\sqrt{1 - v_0^2/v'^2}}$$

1.14 一飞机在静止空气中速率为100 km/h. 如果飞机沿每边为 6 km 的正方形飞行，且风速为 28 km/h，方向与正方形的某两边平行，则飞机绕此正方形飞行一周，需时多少？

答：$15\frac{5}{16}$ min

1.15 当一轮船在雨中航行时，它的雨篷遮着篷的垂直投影后 2 m 的甲板，篷高 4 m. 但当轮船停航时，甲板上干湿两部分的分界线却在篷前 3 m. 如果雨点的速率为 8 m/s，求轮船的速率.

答：8 m/s

1.16 宽度为 d 的河流，其流速与河流中心到河岸的距离成正比. 在河岸处，水流速度为零，在河流中心处流速为 c. 一小船以相对速度 u 沿垂直于水流的方向行驶，求船的轨迹以及船在对岸靠拢的地点.

答：如取船离岸处为原点，x 轴平行于河流方向，y 轴和它垂直，则船的轨迹为

$$x = \frac{c}{ud}y^2 \quad \left(y \leqslant \frac{d}{2}\right)$$

$$x = \frac{2c}{u}y - \frac{c}{ud}y^2 - \frac{cd}{2u} \quad \left(y \geqslant \frac{d}{2}\right)$$

又靠岸地点为 $x = \frac{cd}{2u}$

1.17 小船 M 被水冲走后，由一荡桨人以不变的相对速度 v_2 朝岸上 A 点划回. 假定河流速度 v_1 沿河宽不变，且小船可以看成一个质点，求船的轨迹.

答：如果 M 的初始位置为 $r = r_0$，$\varphi = \varphi_0$（参看图 1.3.4），并且令

$\alpha = \frac{\varphi}{2}$，则小船的轨迹方程为

$$r = r_0 \frac{\cos^{k+1}\alpha_0}{\sin^{k-1}\alpha_0} \cdot \frac{\sin^{k-1}\alpha}{\cos^{k+1}\alpha}$$

式中 $k = \frac{v_2}{v_1}$

1.18 一质点自倾角为 α 的斜面的上方 O 点，沿一光滑斜槽 OA 下降. 如欲使此质点到达斜面上所需的时间为最短，问斜槽 OA 与竖直线所成之角 θ 应为何值？

答：$\theta = \frac{\alpha}{2}$

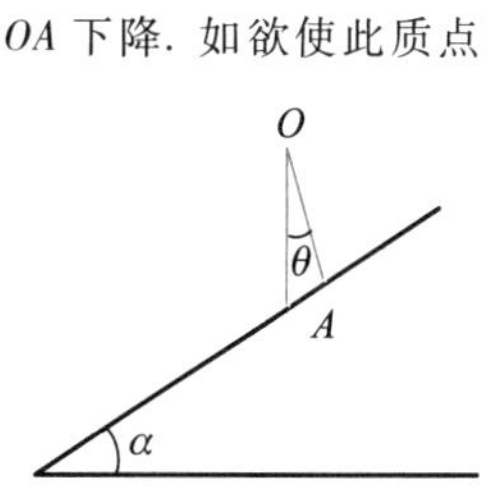

第 1.18 题图

1.19 将质量为 m 的质点竖直上抛入有阻力的介质中. 设阻力与速度平方成正比，即 $R = mk^2gv^2$. 如上掷时的速度为 v_0，试证此质点又落至投掷点时的速度为

$$v_1 = \frac{v_0}{\sqrt{1 + k^2v_0^2}}$$

1.20 一枪弹以仰角 α、初速 v_0 自倾角为 β 的斜面的下端发射. 试证子弹击中斜面的地方和发射点的距离 d(沿斜面量取)及此距离的最大值分别为

$$d = \frac{2v_0^2}{g}\frac{\cos\alpha\sin(\alpha-\beta)}{\cos^2\beta}$$

$$d_{\max} = \frac{v_0^2}{2g}\sec^2\left(\frac{\pi}{4}-\frac{\beta}{2}\right)$$

1.21 将一质点以初速度 v_0 抛出,v_0 与水平线所成之角为 α. 此质点所受到的空气阻力为其速度的 mk 倍,m 为质点的质量,k 为比例常量. 试求当此质点的速度与水平线所成的角又为 α 时所需的时间.

答:$t=\frac{1}{k}\ln\left(1+\frac{2kv_0\sin\alpha}{g}\right)$

1.22 如向互相垂直的匀强电磁场 $\boldsymbol{E}$、$\boldsymbol{B}$ 中发射一电子,并设电子的初速度 $\boldsymbol{v}_0$ 与 $\boldsymbol{E}$ 及 $\boldsymbol{B}$ 垂直. 试求电子的运动规律. 已知此电子所受的力为 $e(\boldsymbol{E}+\boldsymbol{v}\times\boldsymbol{B})$,式中 $\boldsymbol{E}$ 为电场强度,$\boldsymbol{B}$ 为磁感应强度,e 为电子所带的电荷,$\boldsymbol{v}$ 为任一瞬时电子运动的速度.

答:取 $\boldsymbol{v}_0$ 沿 x 轴,$\boldsymbol{E}$ 沿 y 轴,$\boldsymbol{B}$ 沿 z 轴,m 为电子的质量,则

$$x = \frac{E}{B}t+\frac{m}{eB}\left(v_0-\frac{E}{B}\right)\sin\frac{eB}{m}t$$

$$y = \frac{m}{eB}\left(v_0-\frac{E}{B}\right)\cos\frac{eB}{m}t-\frac{mv_0}{eB}+\frac{mE}{eB^2}$$

1.23 在上题中,如

(1) $\boldsymbol{B}=0$,则电子的轨道为在竖直平面(Oxy 平面)的抛物线;

(2) 如 $\boldsymbol{E}=0$,则电子的轨道为半径等于$\frac{mv_0}{eB}$的圆. 试证明之.

1.24 质量为 m 与 $2m$ 的两质点,为一不可伸长的轻绳所联结,绳挂在一光滑的滑轮上. 在 m 的下端又用固有长度为 a、劲度系数 k 为$\frac{mg}{a}$的弹性绳挂上另外一个质量为 m 的质点. 在开始时,全体保持竖直,原来的非弹性绳拉紧,而有弹性的绳则处在固有长度上. 由此静止状态释放后,求证这运动是简谐的,并求出其振动周期 τ 及任何时刻两段绳中的张力 F_{T} 及 F'_{T}.

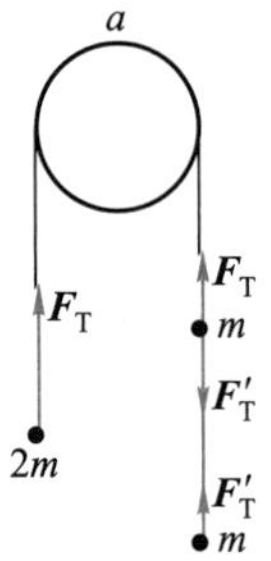

第 1.24 题图

答:$\tau=\pi\sqrt{\frac{3a}{g}}$,$F_{\mathrm{T}}=2mg\left(1-\frac{1}{3}\cos 2\sqrt{\frac{g}{3a}}t\right)$

$T'=mg\left(1-\cos 2\sqrt{\frac{g}{3a}}t\right)$

1.25 滑轮上系一不可伸长的绳,绳上悬一弹簧,弹簧另一端挂一重为 G 的物体. 当滑轮以匀速转动时,物体以匀速 v_0 下降. 如将滑轮突然停住,试求弹簧的最大伸长及最大张力. 假定弹簧受 W 的作用时的静伸长为 λ_0.

答:$\lambda_{\max}=\lambda_0+v_0\sqrt{\frac{\lambda_0}{g}}$

$$F_{T\max}=G\left(1+\frac{v_0}{\sqrt{g\lambda_0}}\right)$$

1.26 一弹性绳上端固定，下端悬有 m 及 m' 两质点. 设 a 为绳的固有长度，b 为加 m 后的伸长，c 为加 m' 后的伸长. 今将 m' 任其脱离而下坠，试证质点 m 在任一瞬时离上端 O 的距离为 $a+b+c\cos\sqrt{\frac{g}{b}}t$.

1.27 一质点自一水平放置的光滑固定圆柱面凸面的最高点自由滑下. 问滑至何处，此质点将离开圆柱面？假定圆柱体的半径为 r.

答：设 θ 为圆柱面的竖直半径与质点和中心连线间所作之角，则当 $\theta=\arccos\frac{2}{3}$ 时，质点离开圆柱面.

1.28 重为 G 的小球不受摩擦而沿半长轴为 a、半短轴为 b 的椭圆弧滑下，此椭圆的短轴是竖直的. 如小球自长轴的端点开始运动时，其初速为零，试求小球在到达椭圆的最低点时它对椭圆的压力.

答：$P=G\left(1+2\frac{b^2}{a^2}\right)$

1.29 一质量为 m 的质点自光滑圆滚线的尖端无初速地下滑. 试证在任何一点的压力为 $2mg\cos\theta$，式中 θ 为水平线和质点运动方向间的夹角. 已知圆滚线方程为

$$x=a(2\theta+\sin 2\theta),\quad y=-a(1+\cos 2\theta)$$

1.30 在上题中，如果圆滚线不是光滑的，且质点自圆滚线的尖端自由下滑，达到圆滚线的最低点时停止运动，则摩擦因数 μ 应满足下式：

$$\mu^2 e^{\mu\pi}=1$$

试证明之.

1.31 假定单摆在有阻力的介质中振动，并假定振幅很小，故阻力与 $\dot{\theta}$ 成正比，且可写为 $R=-2mkl\dot{\theta}$，式中 m 是摆锤的质量，l 为摆长，k 为比例常量. 试证当 $k^2<\frac{g}{l}$ 时，单摆的振动周期为

$$\tau=2\pi\sqrt{\frac{l}{g-k^2l}}$$

1.32 光滑楔子以匀加速度 a_0 沿水平面运动. 质量为 m 的质点沿楔子的光滑斜面滑下. 求质点的相对加速度 a' 和质点对楔子的压力 P.

答：$a'=g\sin\theta\mp a_0\cos\theta$

$P=mg\left(\cos\theta\pm\frac{a_0}{g}\sin\theta\right)$，其中 θ 为楔子的倾角.

1.33 光滑钢丝圆圈的半径为 r，其平面为竖直的. 圆圈上套一小环，其重为 G. 如钢丝圈以匀加速度 a 沿竖直方向运动，求小环的相对速度 v_r 及圈对小环的反作用力 R.

答：$v_r=\sqrt{v_{r0}^2+2(g\mp a)(\cos\varphi-\cos\varphi_0)r}$

$$R=\frac{G}{r}\left[\left(1\mp\frac{a}{g}\right)(3\cos\varphi-2\cos\varphi_0)r+\frac{v_{r0}^2}{g}\right]$$

式中 φ 为小环矢径和圆圈竖直向下的半径间的夹角，而+号相当于牵连加速度向上.

1.34 火车质量为 m，其功率为常量 k. 如果车所受的阻力 F_f 为常量，则时间与速度的关系为

$$t = \frac{mk}{F_f^2}\ln\frac{k - v_0F_f}{k - vF_f} - \frac{m(v - v_0)}{F_f}$$

如果 F_f 和速度 v 成正比，则

$$t = \frac{mv}{2F_f}\ln\frac{vk - fv_0^2}{v(k - vf)}$$

式中 v_0 为初速度，试证明之.

1.35 质量为 m 的物体为一锤所击. 设锤所加的压力，是均匀地增减的. 当在冲击时间 τ 的一半时，增至极大值 P，以后又均匀减小至零. 求物体在各时刻的速率以及压力所作的总功.

答：$v=\dfrac{P}{m\tau}t^2\left(t\text{ 从 }0\to\dfrac{\tau}{2}\right)$

$v=\dfrac{P}{2m\tau}(-\tau^2+4t\tau-2t^2)\left(t\text{ 从}\dfrac{\tau}{2}\to\tau\right)$

总功为 $\dfrac{1}{8}\dfrac{P^2\tau^2}{m}$

1.36 检验下列的力是否是保守力. 如是，则求出其势能.

(1) $F_x=6abz^3y-20bx^3y^2$，$F_y=6abxz^3-10bx^4y$，$F_z=18abxyz^2$；

(2) $\boldsymbol{F}=\boldsymbol{i}F_x(x)+\boldsymbol{j}F_y(y)+\boldsymbol{k}F_z(z)$.

答：(1) $E_p=5bx^4y^2-6abxyz^3$

(2) $E_p=-\int_{x_A}^{x_B}F_x\mathrm{d}x-\int_{y_A}^{y_B}F_y\mathrm{d}y-\int_{z_A}^{z_B}F_z\mathrm{d}z$

1.37 根据汤川核力理论，中子与质子之间的引力具有如下形式的势能：

$$E_p(r) = \frac{k\mathrm{e}^{-\alpha r}}{r} \quad (k < 0)$$

试求：

(1) 中子与质子间的引力表达式，并与平方反比定律相比较；

(2) 求质量为 m 的粒子作半径为 a 的圆运动的角动量 J 及能量 E.

答：(1) $F=\dfrac{k(1+\alpha r)\mathrm{e}^{-\alpha r}}{r^2}$

(2) $J^2=-mka(1+\alpha a)\mathrm{e}^{-\alpha a}$，$E=\dfrac{k(1-\alpha a)\mathrm{e}^{-\alpha a}}{2a}$

1.38 已知作用在质点上的力为

$$F_x=a_{11}x+a_{12}y+a_{13}z$$
$$F_y=a_{21}x+a_{22}y+a_{23}z$$
$$F_z=a_{31}x+a_{32}y+a_{33}z$$

式中系数 $a_{ij}(i,j=1,2,3)$ 都是常量. 问这些 a_{ij} 应满足什么条件，才有势能存在？如这些条件满足，试计算其势能.

答：$E_p=-\dfrac{1}{2}(a_{11}x^2+a_{22}y^2+a_{33}z^2+2a_{12}xy+2a_{23}yz+2a_{31}zx)$

1.39 一个质点受一个与距离的$\frac{3}{2}$次方成反比的引力作用在同一直线上运动. 试证此质点自无穷远到达 a 时的速率和自 a 静止出发到达$\frac{a}{4}$时的速率相同.

1.40 一个质点受一个与距离成反比的引力作用在同一直线上运动，质点的质量为 m，比例系数为 k. 如此质点从距原点 O 为 a 的地方由静止开始运动，求其达到 O 点所需的时间.

答：$t=a\sqrt{\frac{m\pi}{2k}}$

1.41 试导出下面有心力量值的公式：

$$F=\frac{mh^2}{2}\frac{\mathrm{d}p^{-2}}{\mathrm{d}r}$$

式中 m 为质点的质量，r 为质点到力心的距离，$h=r^2\dot{\theta}$ = 常量，p 为力心到轨道切线的垂直距离.

1.42 试利用上题的结果，证明：

（1）如质点沿圆周运动，同时力心位于此圆上，则力与距离五次方成反比.

（2）如质点沿对数螺旋运动，而其极点即力心，则力与距离立方成反比.

1.43 如质点受有心力作用而作双纽线 $r^2=a^2\cos 2\theta$ 的运动时，则

$$F=-\frac{3ma^4h^2}{r^7}$$

试证明之.

1.44 质点所受的有心力如果为

$$F=-m\left(\frac{\mu^2}{r^2}+\frac{\nu}{r^3}\right)$$

式中 μ 及 ν 都是常量，并且 $\nu<h^2$，则其轨道方程可写成

$$r=\frac{a}{1+e\cos k\theta}$$

试证明之. 式中 $k^2=\frac{h^2-\nu}{h^2}$，$a=\frac{k^2h^2}{\mu^2}$，$e=\frac{Ak^2h^2}{\mu^2}$（A 为积分常量）.

1.45 如 $\dot{s}_a$ 及 $\dot{s}_p$ 为质点在远日点及近日点处的速率，试证明

$$\dot{s}_p : \dot{s}_a=(1+e):(1-e)$$

1.46 质点在有心力作用下运动. 此力的量值为质点到力心距离 r 的函数，而质点的速率则与此距离成反比，即 $v=\frac{a}{r}$. 如果 $a^2>h^2(h=r^2\dot{\theta})$，求点的轨道方程. 设当 $r=r_0$ 时，$\theta=0$.

答：$\ln\frac{r}{r_0}=\pm\frac{\sqrt{a^2-h^2}}{h}\theta$

1.47 （1）某彗星的轨道为抛物线，其近日点距离为地球轨道（假定为圆形）半径的$\frac{1}{n}$. 则此彗星运行时，在地球轨道内停留的时间为一年的

$$\frac{2}{3\pi}\frac{n+2}{n}\sqrt{\frac{n-1}{2n}}$$

倍，试证明之.

(2) 试再证任何作抛物线轨道的彗星停留在地球轨道(仍假定为圆形)内的最长时间为一年的$\frac{2}{3\pi}$倍,或约为 76 日.

1.48 我国第一颗人造地球卫星近地点为 439 km,远地点为 2 384 km,求此卫星在近地点和远地点的速率 v_1 及 v_2 以及它绕地球运行的周期 τ.

答:$v_1 = 8.15$ km/s,$v_2 = 6.34$ km/s,$\tau = 114$ min

1.49 在行星绕太阳的椭圆运动中,如令 $a-r=ae\cos E$, $\int \frac{2\pi}{\tau}\mathrm{d}t = T$,式中 τ 为周期,a 为半长轴,e 为偏心率,E 为一个新的参量,在天文学中叫做偏近点角. 试由能量方程推出下面的开普勒方程:

$$T = E - e\sin E$$

1.50 质量为 m 的质点在有心斥力场$\frac{mc}{r^3}$中运动,式中 r 为质点到力心 O 点的距离,c 为常量. 当质点离 O 点很远时,质点的速度为 v_∞,而其渐近线与 O 点的垂直距离为 ρ(即瞄准距离). 试求质点与 O 点的最近距离 a.

答:$a = \left(\rho^2 + \frac{c}{v_\infty^2}\right)^{\frac{1}{2}}$

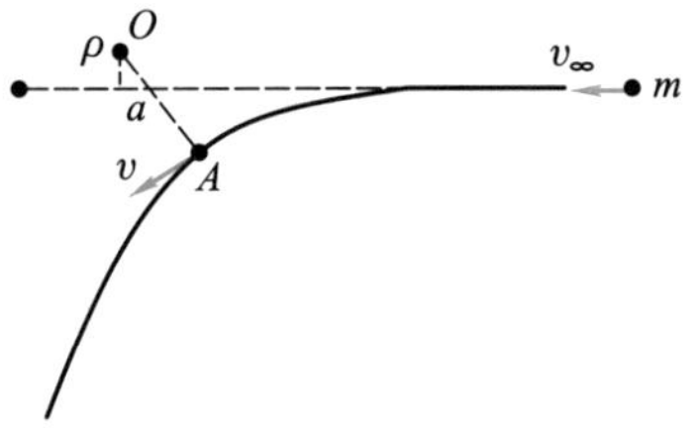

第 1.50 题图

第二章　质点系力学

§2.1 质点系

（1）质点系的内力和外力

我们已经研究了单个质点的运动问题，现在进一步研究由大量质点系组成的力学体系，并且假定力 $\boldsymbol{F}$ 作用在其中一个质点 A（图 2.1.1）上. 很显然，如果 A 与其他质点 B、C、D、⋯无任何关系，则 A 受此力后，将按牛顿运动定律开始运动，这是我们在第一章中所讨论过的问题. 但是，如果质点间是相互联系着的，运动规律就比较复杂. 因 A 开始对其他质点有相对运动时，A 与其他质点间的作用力（或约束力）将互相发生影响，而使其他质点的运动状态也随之发生变化. 我们把由许多（有限或无限）相互联系着的质点所组成的力学体系叫做**质点系**.

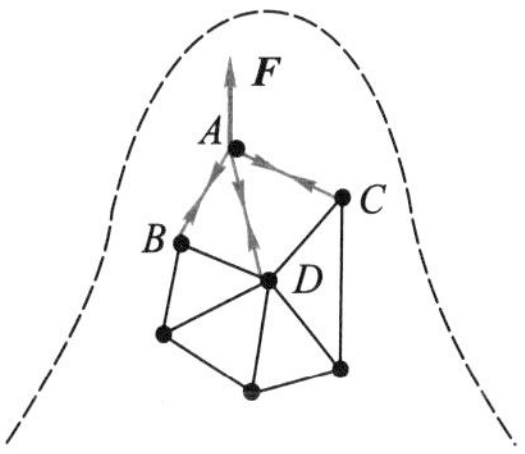

图 2.1.1

质点系中质点间相互作用的力，叫做**内力**；质点系以外的物体对质点系内任一质点的作用力，叫做**外力**. 对于机械力来讲，内力是满足牛顿第三定律的，故任何一对质点（例如第 i 个质点和第 j 个质点）间相互作用的力，恒相等而相反并且作用在同一条直线上，即

$$\boldsymbol{F}_{ij}^{(\mathrm{i})}+\boldsymbol{F}_{ji}^{(\mathrm{i})}=0, \tag{2.1.1}$$

式中 $\boldsymbol{F}_{ij}^{(\mathrm{i})}$ 表示第 j 个质点对第 i 个质点的作用力.

如假定某质点系由 n 个质点系组成，则质点系中诸内力的总和亦必等于零，即

$$\boldsymbol{F}^{(\mathrm{i})}=\sum_{i=1}^{n}\sum_{\substack{j=1\\ j\neq i}}^{n}\boldsymbol{F}_{ij}^{(\mathrm{i})}=0 \text{ ①} \tag{2.1.2}$$

在力学中，如果一个质点系不受任何外力作用，则叫做**孤立系**或**闭合系**.

① $\boldsymbol{F}$ 的上角标括号中的 i 代表“内”.

(2) 质心

根据前面第一章的讨论,我们知道:解决质点动力学问题,一般是从牛顿运动定律出发,但也可以从几个动力学基本定理出发,特别是在一定条件下,可以直接从守恒定律出发,从而使问题简化.

在质点系动力学中,原则上可以用隔离体法,写出质点系中每一质点的运动微分方程.但如果质点系中的质点数目较多,那么利用牛顿运动定律解题时,每一质点有三个二阶微分方程,故将得出数目繁多的二阶微分方程组,难以进行解算.此外,内力一般是未知量,更增加了问题的复杂性.但如果利用动力学基本定理,则对整个质点系来讲,常可将这些未知的内力消去(动能定理除外,参看§2.4),而得到整个质点系在外力作用下运动的某些特征.本章的主要内容,就是介绍这几个基本定理以及和它们相关的守恒定律.

在对整个质点系运用动力学基本定理时,我们发现:在质点系中恒存在一特殊点,它的运动很容易被确定.如果以这个特殊点作为参考点,又常能使问题简化.我们把这个特殊点叫做质点系的**质量中心**,简称**质心**.

现在来说明这个特殊点的位置是如何定出的.

假定在质点系中有 n 个质点,它们的质量是 $m_1,m_2,\cdots,m_n$,位于 $P_1,P_2,\cdots,P_n$ 诸点,这些点对某一指定的参考点 O 的位矢是 $\boldsymbol{r}_1,\boldsymbol{r}_2,\cdots,\boldsymbol{r}_n$,则质心 C 对此同一点的位矢 $\boldsymbol{r}_C$ 满足以下关系:

$$\boldsymbol{r}_C=\overrightarrow{OC}=\frac{\sum\limits_{i=1}^{n}m_i\boldsymbol{r}_i}{\sum\limits_{i=1}^{n}m_i} \tag{2.1.3}$$

从式(2.1.3)可以看出:将各质点的质量乘其位矢并求和,然后除以总质量,显然仍代表一个位矢.这个位矢末端(始端仍在 O)所确定的一点,定义为质点系的质心.在某种意义上,可以把它看做诸质点位矢的平均值.只是这种平均并不是简单的平均,而是带有权重的平均,这里的质量相当于权重.

计算质心时,通常把式(2.1.3)写成分量形式.在直角坐标系中,质心的坐标为

$$x_C=\frac{\sum\limits_{i=1}^{n}m_ix_i}{\sum\limits_{i=1}^{n}m_i},\quad y_C=\frac{\sum\limits_{i=1}^{n}m_iy_i}{\sum\limits_{i=1}^{n}m_i},\quad z_C=\frac{\sum\limits_{i=1}^{n}m_iz_i}{\sum\limits_{i=1}^{n}m_i} \tag{2.1.4}$$

如果求出连续性物体的质心,则一般要用重积分来解算.对密度 ρ 为常量的物体来讲,质心和几何中心重合.如重力加速度 $\boldsymbol{g}$ 为常矢量,则质心与重心重合.详细情形,可参看高等数学书中的有关章节.

§2.2

动量定理与动量守恒定律

(1) 动量定理

以前我们只讨论一个质点的动量变化. 如果一群质点形成质点系,受外力及内力的作用而运动,其动量变化应具有何种形式? 我们现在就来研究这个问题.

假定有一个由 n 个质点所组成的质点系,其中某一个质点 P_i 的质量为 m_i,对某惯性参考系坐标原点 O 的位矢为 $\boldsymbol{r}_i$,作用在质点 P_i 上诸力的合力为 $\boldsymbol{F}_i$,则根据上节的讨论,知 $\boldsymbol{F}_i$ 可分为两类:一类为内力,用 $\boldsymbol{F}_i^{(i)}$ 表示;另一类为外力,用 $\boldsymbol{F}_i^{(e)}$ 表示. 由牛顿运动第二定律,得质点 P_i 的运动微分方程为

$$m_i\frac{\mathrm{d}^2\boldsymbol{r}_i}{\mathrm{d}t^2}=\boldsymbol{F}_i^{(e)}+\boldsymbol{F}_i^{(i)}\quad(i=1,2,3,\cdots,n)\tag{2.2.1}$$

我们可以对质点系中每一质点写出这样的微分方程,一共得到 n 个微分方程. 由于内力通常是未知量,所以这些方程无法求解. 但如果把这 n 个方程加起来,则得

$$\sum_{i=1}^{n}m_i\frac{\mathrm{d}^2\boldsymbol{r}_i}{\mathrm{d}t^2}=\sum_{i=1}^{n}\boldsymbol{F}_i^{(e)}+\sum_{i=1}^{n}\boldsymbol{F}_i^{(i)}\tag{2.2.2}$$

而由牛顿第三定律知,内力的总和为零[参看式(2.1.2)],于是式(2.2.2)变为

$$\sum_{i=1}^{n}m_i\frac{\mathrm{d}^2\boldsymbol{r}_i}{\mathrm{d}t^2}=\sum_{i=1}^{n}\boldsymbol{F}_i^{(e)}\tag{2.2.3}$$

因为

$$\frac{\mathrm{d}\boldsymbol{r}_i}{\mathrm{d}t}=\boldsymbol{v}_i$$

是质点 P_i 的速度,故对整个质点系而言,有

$$\sum_{i=1}^{n}m_i\frac{\mathrm{d}^2\boldsymbol{r}_i}{\mathrm{d}t^2}=\frac{\mathrm{d}}{\mathrm{d}t}\sum_{i=1}^{n}\left(m_i\frac{\mathrm{d}\boldsymbol{r}_i}{\mathrm{d}t}\right)=\frac{\mathrm{d}}{\mathrm{d}t}\sum_{i=1}^{n}m_i\boldsymbol{v}_i=\frac{\mathrm{d}\boldsymbol{p}}{\mathrm{d}t}$$

式中

$$\boldsymbol{p}=\sum_{i=1}^{n}m_i\boldsymbol{v}_i$$

是质点系的动量,等于质点系中诸质点动量的矢量和. 因此式(2.2.3)可改写为

$$\frac{\mathrm{d}\boldsymbol{p}}{\mathrm{d}t}=\sum_{i=1}^{n}\boldsymbol{F}_i^{(\mathrm{e})} \tag{2.2.4}$$

或

$$\mathrm{d}\boldsymbol{p}=\left(\sum_{i=1}^{n}\boldsymbol{F}_i^{(\mathrm{e})}\right)\mathrm{d}t \tag{2.2.5}$$

写成分量形式，则为

$$\begin{aligned}
\frac{\mathrm{d}p_x}{\mathrm{d}t}&=\frac{\mathrm{d}}{\mathrm{d}t}\left(\sum_{i=1}^{n}m_iv_{ix}\right)=\sum_{i=1}^{n}F_{ix}^{(\mathrm{e})}\\
\frac{\mathrm{d}p_y}{\mathrm{d}t}&=\frac{\mathrm{d}}{\mathrm{d}t}\left(\sum_{i=1}^{n}m_iv_{iy}\right)=\sum_{i=1}^{n}F_{iy}^{(\mathrm{e})}\\
\frac{\mathrm{d}p_z}{\mathrm{d}t}&=\frac{\mathrm{d}}{\mathrm{d}t}\left(\sum_{i=1}^{n}m_iv_{iz}\right)=\sum_{i=1}^{n}F_{iz}^{(\mathrm{e})}
\end{aligned} \tag{2.2.6}$$

式(2.2.4)、式(2.2.5)或式(2.2.6)是质点系动力学第一个基本定理，叫做质点系的动量定理，即质点系的动量对时间的微商，等于作用在质点系上诸外力之矢量和，或质点系动量的微分等于作用在质点系上诸外力的元冲量的矢量和. 这个定理，和第一章里的动量定理[式(1.8.1)]颇为相似，只是这里多了求和符号[对一个质点来讲，所有的作用力皆为外力，故当时无须加上角标(e)].

(2) 质心运动定理

根据上节中的式(2.1.3)，我们有下列关系：

$$\sum_{i=1}^{n}m_i\boldsymbol{r}_i=m\boldsymbol{r}_C \tag{2.2.7}$$

式中 $m=\sum\limits_{i=1}^{n}m_i$ 是质点系的总质量，$\boldsymbol{r}_C$ 是质心的位矢. 如果求式(2.2.7)两边对时间 t 的微商，则得

$$\sum_{i=1}^{n}m_i\boldsymbol{v}_i=m\boldsymbol{v}_C \tag{2.2.8}$$

式中 $\boldsymbol{v}_C$ 是质点系质心的速度. 于是，由式(2.2.4)得

$$m\frac{\mathrm{d}\boldsymbol{v}_C}{\mathrm{d}t}=\sum_{i=1}^{n}\boldsymbol{F}_i^{(\mathrm{e})}$$

或

$$m\frac{\mathrm{d}^2\boldsymbol{r}_C}{\mathrm{d}t^2}=\sum_{i=1}^{n}\boldsymbol{F}_i^{(\mathrm{e})} \tag{2.2.9}$$

式中$\dfrac{\mathrm{d}^2\boldsymbol{r}_C}{\mathrm{d}t^2}$是质心的加速度. 式(2.2.9)表明，质点系质心的运动，就好像一个质点的运动一样，此质点的质量等于整个质点系的质量，作用在此质点上的力，等于

作用在质点系上所有诸外力的矢量和,这就是质心运动定理. 故质点系受已知的外力作用时,每一质点将如何运动虽然无法知道,但此质点系质心的运动,却可由式(2.2.9)完全确定.

(3) 动量守恒定律

跟质点的情况类似,上面的动量定理,在一定条件下,可以给出运动方程的第一积分. 若质点系不受外力或外力矢量和为零,则

$$\sum_{i=1}^{n} \boldsymbol{F}_i^{(e)} = 0$$

于是由式(2.2.4)得

$$\frac{\mathrm{d}\boldsymbol{p}}{\mathrm{d}t} = 0$$

故

$$\boldsymbol{p} = \text{常矢量}$$

但

$$\boldsymbol{p} = m\boldsymbol{v}_C$$

所以又得

$$\boldsymbol{v}_C = \text{常矢量}$$

在此情形下,质点系的动量是一个常矢量,而它的质心则作惯性运动,这个关系,叫做质点系的动量守恒定律. 即质点系不受外力作用或所受外力的矢量和为零而运动时,质点系的动量亦即质心的动量都是一个常矢量.

如果作用在质点系上的诸外力在某一轴(设为 x 轴)上的投影之和为零,也就是说,如果

$$\sum_{i=1}^{n} F_{ix}^{(e)} = 0$$

那么,从方程(2.2.6)就得到

$$\frac{\mathrm{d}p_x}{\mathrm{d}t} = 0$$

或

$$p_x = \sum_{i=1}^{n} m_i v_{ix} = m v_{Cx} = \text{常量}$$

因而,在这一情形下,虽然质点系的动量并不是一个常矢量,但它在这一轴(现为 x 轴)上的投影却保持为常量. 或者说,质点系质心的速度,在这一轴上的投影为一常量,亦即我们得到了一个第一积分. 在解算具体问题时,常常要用到这个关系.

由本节的讨论可以看出,内力虽然可使质点系中个别质点改变动量,但却

不能改变整个质点系动量的总和,也不能改变质点系质心的速度. 例如,沿水平方向发射炮弹的大炮(设炮身轴线平行于 x 轴),在发射前沿 x 方向的总动量 $p_x=0$,当炮弹发射后,炮身向后反冲,若不计水平方向上可能有的外力(如地面摩擦力),那么将炮弹与炮身作为质点系看待,则沿 x 方向总的动量仍然等于零,因为这时沿 x 方向无外力作用,炮弹在这个方向上的运动是由这个质点系的内力的作用引起的.

[例] 一门大炮停在铁轨上,炮弹质量为 m,炮身及炮车质量和等于 m',炮车可以自由地在铁轨上反冲. 如炮身与地面成一角度 α,炮弹对炮身的相对速度为 v',试求炮弹离炮身时对地面的速度 v 及炮车反冲的速度 u.

[解] 本题沿水平方向(设为 x 方向)无外力作用,因为火药爆炸力是内力,故沿 x 方向动量守恒,即

$$mv_x + m'u = 0 \quad \text{(用绝对速度,不能用相对速度)} \tag{1}$$

又由相对运动关系,知

$$v'\cos\alpha + u = v_x,\ v'\sin\alpha = v_y \tag{2}$$

由(1)式及(2)式得

$$\left.\begin{aligned} v_x &= \frac{m'}{m'+m}v'\cos\alpha \\ v_y &= v'\sin\alpha \\ u &= -\frac{m}{m'+m}v'\cos\alpha \end{aligned}\right\} \tag{3}$$

所以

$$\begin{aligned} v &= \sqrt{v_x^2+v_y^2} = \sqrt{\left(\frac{m'}{m'+m}\right)^2 v'^2\cos^2\alpha + v'^2\sin^2\alpha} \\ &= v'\sqrt{1+\left[\left(\frac{m'}{m'+m}\right)^2-1\right]\cos^2\alpha} \\ &= v'\left[1-\frac{m(2m'+m)}{(m+m')^2}\cos^2\alpha\right]^{\frac{1}{2}} \end{aligned} \tag{4}$$

如 $\boldsymbol{v}$ 与水平线间夹角为 θ,则

$$\tan\theta = \frac{v_y}{v_x} = \frac{v'\sin\alpha}{\dfrac{m'}{m'+m}v'\cos\alpha} = \left(1+\frac{m}{m'}\right)\tan\alpha \tag{5}$$

故由于炮车反冲

$$v < v' \quad 而 \quad \theta > \alpha$$

§ 2.3

角动量定理与角动量守恒定律

(1) 对固定点 O 的角动量定理

设我们有 n 个质点所形成的质点系，则根据式(2.2.1)，每一质点的动力学方程为

$$m_i \frac{\mathrm{d}^2 \boldsymbol{r}_i}{\mathrm{d}t^2} = \boldsymbol{F}_i^{(\mathrm{i})} + \boldsymbol{F}_i^{(\mathrm{e})}$$

在这个方程的两边，从左矢乘 $\boldsymbol{r}_i$($\boldsymbol{r}_i$ 是质点系中任一质点 P_i 对惯性系中某固定点 O 的位矢)，并对 i 求和，就得到

$$\sum_{i=1}^{n}\left(\boldsymbol{r}_i \times m_i \frac{\mathrm{d}^2 \boldsymbol{r}_i}{\mathrm{d}t^2}\right) = \sum_{i=1}^{n}(\boldsymbol{r}_i \times \boldsymbol{F}_i^{(\mathrm{i})}) + \sum_{i=1}^{n}(\boldsymbol{r}_i \times \boldsymbol{F}_i^{(\mathrm{e})}) \tag{2.3.1}$$

因为诸内力成对地出现，它们的量值相等而方向相反，并且在同一直线上，所以这些力对定点 O 的力矩之和为零，即

$$\sum_{i=1}^{n}(\boldsymbol{r}_i \times \boldsymbol{F}_i^{(\mathrm{i})}) = 0 \tag{2.3.2}$$

又

$$\boldsymbol{r}_i \times \frac{\mathrm{d}^2 \boldsymbol{r}_i}{\mathrm{d}t^2} = \frac{\mathrm{d}}{\mathrm{d}t}\left(\boldsymbol{r}_i \times \frac{\mathrm{d}\boldsymbol{r}_i}{\mathrm{d}t}\right)$$

故式(2.3.1)可写成下列形式：

$$\frac{\mathrm{d}}{\mathrm{d}t}\sum_{i=1}^{n}\left(\boldsymbol{r}_i \times m_i \frac{\mathrm{d}\boldsymbol{r}_i}{\mathrm{d}t}\right) = \sum_{i=1}^{n}(\boldsymbol{r}_i \times \boldsymbol{F}_i^{(\mathrm{e})}) \tag{2.3.3}$$

微商符号内的表示式可以简写为 $\sum_{i=1}^{n}(\boldsymbol{r}_i \times \boldsymbol{p}_i)$，它和式(1.8.10)右边的形式类似，只是多一个下角标 i 和一个求和符号，它等于诸质点的动量对定点 O 角动量的矢量和，可用 $\boldsymbol{J}$ 表示，代表质点系对定点 O 的角动量. 又式(2.3.3)的右方也是诸外力对同一定点 O 的力矩的矢量和，可以用 $\boldsymbol{M}$ 表示. 这样式(2.3.3)就可简写为

$$\frac{\mathrm{d}\boldsymbol{J}}{\mathrm{d}t} = \boldsymbol{M} \tag{2.3.4}$$

这就是质点系动力学的第二个基本定理，叫做质点系的角动量定理，它跟质点的角动量定理(1.8.14)类似，可用文字表述：质点系对任一固定点的角动量对时间的微商，等于诸外力对同一点的力矩的矢量和.

式(2.3.4)可改写为

$$\mathrm{d}\boldsymbol{J}=\boldsymbol{M}\mathrm{d}t \tag{2.3.5}$$

这是角动量定理的另一数学表达式,即质点系动量矩的微分等于诸外力的元冲量矩的矢量和.

将方程(2.3.4)投影在原点为 O 的直角坐标系上,就得到

$$\left.\begin{aligned}\frac{\mathrm{d}}{\mathrm{d}t}\sum_{i=1}^{n}m_i(y_i\dot{z}_i-z_i\dot{y}_i)&=\sum_{i=1}^{n}(y_iF_{iz}^{(e)}-z_iF_{iy}^{(e)})\\\frac{\mathrm{d}}{\mathrm{d}t}\sum_{i=1}^{n}m_i(z_i\dot{x}_i-x_i\dot{z}_i)&=\sum_{i=1}^{n}(z_iF_{ix}^{(e)}-x_iF_{iz}^{(e)})\\\frac{\mathrm{d}}{\mathrm{d}t}\sum_{i=1}^{n}m_i(x_i\dot{y}_i-y_i\dot{x}_i)&=\sum_{i=1}^{n}(x_iF_{iy}^{(e)}-y_iF_{ix}^{(e)})\end{aligned}\right\} \tag{2.3.6}$$

(2) 角动量守恒定律

如果所有作用在质点系上的外力对某一固定点 O 的合力矩为零,那么

$$\frac{\mathrm{d}\boldsymbol{J}}{\mathrm{d}t}=0$$

因而得到矢量积分

$$\boldsymbol{J}=\text{常矢量}$$

这个关系叫做质点系角动量守恒定律. 即质点系不受外力作用时,或虽受外力作用,但这些力对某定点的力矩的矢量和为零,则对此定点而言,质点系的角动量为常矢量,亦即得到了运动方程的第一积分.

跟动量守恒定律的情形一样,如果作用在质点系上诸外力对某定点 O 的力矩虽然不等于零,但对通过原点 O 的某一坐标轴(设为 x 轴)的力矩为零,也就是说,如果

$$\sum_{i=1}^{n}(y_iF_{iz}^{(e)}-z_iF_{iy}^{(e)})=0$$

则

$$J_x=\sum_{i=1}^{n}m_i(y_i\dot{z}_i-z_i\dot{y}_i)=\text{常量}$$

因而,在这种情形下,质点系的角动量在这个轴上的投影为一常量,亦即得到一个第一积分.

(3) 对质心的角动量定理

上面讲述了对惯性系中固定点 O 的角动量定理和角动量守恒定律,现在来看看对质心 C 的角动量定理应具有何种形式?

假设我们有一个由 n 个质点所组成的质点系，P_i 是这个质点系中的任一质点，它的质量是 m_i，C 是此质点系的质心（图 2.3.1）. 假设 P_i 对固定点 O 的位矢为 $\boldsymbol{r}_i$，对质心 C 的位矢为 $\boldsymbol{r}'_i$，而质心 C 对 O 的位矢则为 $\boldsymbol{r}_C$. 图中 $Oxyz$ 是固定坐标系. 另有一组动坐标系 $Cx'y'z'$，它的原点在质心 C 上，并随着 C 相对于 $Oxyz$ 平动（图中未绘出）. 根据 §1.6 中的讨论，我们知道：对随 C 平动的参考系来讲，P_i 的动力学方程为

$$m_i \frac{\mathrm{d}^2 \boldsymbol{r}'_i}{\mathrm{d}t^2} = \boldsymbol{F}_i^{(\mathrm{e})} + \boldsymbol{F}_i^{(\mathrm{i})} + (-m_i \ddot{\boldsymbol{r}}_C) \tag{2.3.7}$$

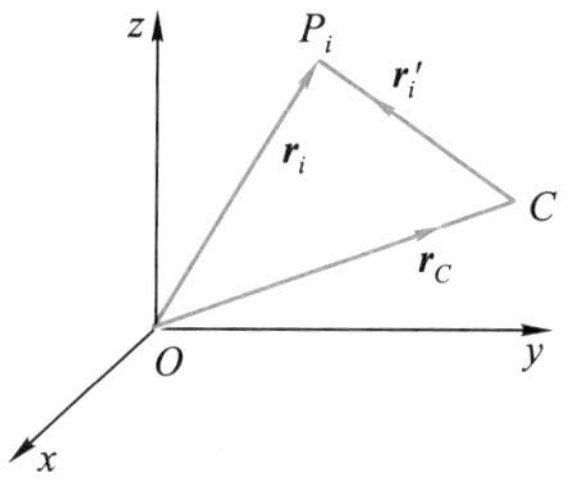

图 2.3.1

式中 $(-m_i \ddot{\boldsymbol{r}}_C)$ 是惯性力，这里应作为外力看待. 因为 P_i 是质点系中任一质点，故对质点系来讲，一共有 n 个像式(2.3.7)这样的方程. 现在，用 $\boldsymbol{r}'_i$ 从左面矢乘这些方程式，并对 i 求和，则内力矩仍互相抵消，故得

$$\frac{\mathrm{d}}{\mathrm{d}t}\left[\sum_{i=1}^{n}(\boldsymbol{r}'_i \times m_i \dot{\boldsymbol{r}}'_i)\right] = \sum_{i=1}^{n}(\boldsymbol{r}'_i \times \boldsymbol{F}_i^{(\mathrm{e})}) + \ddot{\boldsymbol{r}}_C \times \sum_{i=1}^{n} m_i \boldsymbol{r}'_i \tag{2.3.8}$$

因 C 为质心，故 $\sum\limits_{i=1}^{n} m_i \boldsymbol{r}'_i = 0$，而式(2.3.8)简化为

$$\frac{\mathrm{d}}{\mathrm{d}t}\left[\sum_{i=1}^{n}(\boldsymbol{r}'_i \times m_i \dot{\boldsymbol{r}}'_i)\right] = \sum_{i=1}^{n}(\boldsymbol{r}'_i \times \boldsymbol{F}_i^{(\mathrm{e})}) \tag{2.3.9}$$

式中左侧是质点系对质心 C 的动量矩对时间的微商，即 $\dfrac{\mathrm{d}\boldsymbol{J}'}{\mathrm{d}t}$，而右侧则是诸外力对质心 C 的力矩之和，可以用 $\boldsymbol{M}'$ 表示. 这样，式(2.3.9)就简化为

$$\frac{\mathrm{d}\boldsymbol{J}'}{\mathrm{d}t} = \boldsymbol{M}' \tag{2.3.10}$$

这就是质点系对质心的角动量定理，即质点系对质心 C 的角动量对时间的微商等于所有外力对质心的力矩之和，跟对固定点的角动量定理形式相同，只多一撇号. 这时，各质点的惯性力矩互相抵消，不起作用. 事实上，由于坐标系 $Cx'y'z'$ 以加速度 $\ddot{\boldsymbol{r}}_C$ 平动，每一个质点都受有惯性力 $(-m_i \ddot{\boldsymbol{r}}_C)$ 的作用，这些力都是相互平行的，它们的合力通过质点系的质心，故对质心的力矩当然等于零.

因此，虽然质心是动点，但对质心可以和对固定点一样写出角动量定理. 如外力对质心的力矩的矢量和为零，则对质心的角动量也必然守恒. 但对于其他动点 O' 一般则不能，令 $\boldsymbol{r}'_i$ 是质点 P_i 对 O' 的位矢，而 $\sum\limits_{i=1}^{n} m_i \boldsymbol{r}'_i = m\boldsymbol{r}'_C$，$\boldsymbol{r}'_C$ 是质心 C 对 O' 的位矢，于是式(2.3.8)中的 $\ddot{\boldsymbol{r}}_C$ 则应改为 O' 的加速度 $\ddot{\boldsymbol{r}}_{O'}$. 这时，由式(2.3.8)可知，仅当 O' 的加速度 $\ddot{\boldsymbol{r}}_{O'}$ 恒与 $\boldsymbol{r}'_C$ 共线或平行时，相对于 O' 的角动量定理才和相对于 O 的角动量定理的形式相同.

［例］ 在具有水平轴的滑轮上悬有一根绳子，绳子的两端距通过该轴水平面的距离为 s 与 s'. 两个质量分别为 m 与 m' 的人抓着绳子的两端，他们同时开始以匀加速度向上爬并同时到达滑轮轴所在的水平面. 假定滑轮的质量可忽略，且所有的阻力也都忽略不计，问需多长时间，两人可以同时到达（图 2.3.2）？

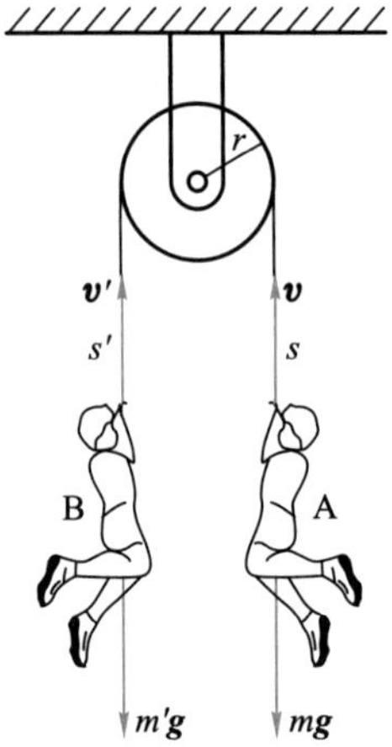

图 2.3.2

［解］ 令滑轮的半径为 r，A 爬绳的速度为 $\boldsymbol{v}$，B 为 $\boldsymbol{v}'$，则他们对通过滑轮中心的水平轴的角动量为

$$J = mvr - m'v'r' \tag{1}$$

而外力 $m'g$ 和 mg 对同轴的力矩则为

$$m'gr - mgr \tag{2}$$

由角动量定理，得

$$\frac{\mathrm{d}}{\mathrm{d}t}[(mv - m'v')r] = (m' - m)gr \tag{3}$$

即

$$ma - m'a' = (m' - m)g \tag{4}$$

式中 a 及 a' 是两人爬绳时的加速度，均为常量. 若 t 为共同需要的时间，则

$$a = \frac{2s}{t^2}, \quad a' = \frac{2s'}{t^2} \tag{5}$$

把（5）式代入（4）式，并整理，得

$$t = \sqrt{\frac{2(ms - m's')}{(m' - m)g}}$$

这就是他们从开始运动到抵达轮轴水平面所需要的时间.

§2.4 动能定理与机械能守恒定律

（1）质点系的动能定理

由第一章中的式（1.8.20）知，质点动能的微分等于作用在质点上的力所作的元功. 对质点系中任一质点来讲，则应为质点系中任一质点动能的微分等于作用在该质点上外力及内力所作元功之和，即

$$\mathrm{d}\left(\frac{1}{2}m_i\dot{\boldsymbol{r}}_i^2\right) = \mathrm{d}E_{ki} = \boldsymbol{F}_i^{(e)} \cdot \mathrm{d}\boldsymbol{r}_i + \boldsymbol{F}_i^{(i)} \cdot \mathrm{d}\boldsymbol{r}_i \text{ ①} \tag{2.4.1}$$

式中 $\boldsymbol{r}_i$ 是质点系中任一质点 P_i 对定点 O 的位矢，$\dot{\boldsymbol{r}}_i$ 是这个质点的速度，而 $\mathrm{d}\boldsymbol{r}_i$

① $\dot{\boldsymbol{r}}_i^2 = \dot{\boldsymbol{r}}_i \cdot \dot{\boldsymbol{r}}_i = \boldsymbol{v}_i \cdot \boldsymbol{v}_i = v_i^2$，所以 $\dot{\boldsymbol{r}}_i^2$ 也可写为 $\boldsymbol{v}_i^2$ 或 v_i^2，下同.

则是它的位移. 对 i 求和,得

$$d\sum_{i=1}^{n}\left(\frac{1}{2}m_i\dot{r}_i^2\right)=\sum_{i=1}^{n}\boldsymbol{F}_i^{(e)}\cdot d\boldsymbol{r}_i+\sum_{i=1}^{n}\boldsymbol{F}_i^{(i)}\cdot d\boldsymbol{r}_i \tag{2.4.2}$$

若 E_k 是质点系的动能,则

$$dE_k=\sum_{i=1}^{n}\boldsymbol{F}_i^{(e)}\cdot d\boldsymbol{r}_i+\sum_{i=1}^{n}\boldsymbol{F}_i^{(i)}\cdot d\boldsymbol{r}_i \tag{2.4.3}$$

故质点系动能的微分,等于诸内力及诸外力所作元功之和,这关系叫质点系的动能定理,是质点系动力学的第三个基本定理. 这里应注意的是,在动量定理和动量矩定理中,内力均因相等相反而消去,但在动能定理中,除非在某种特殊情况下,例如刚体内力所作的功,通常并不能互相抵消,故质点系即使不受外力作用,或虽受外力作用而互相平衡时,质点系的动能并不一定守恒. 大炮发射炮弹时,水平方向动量虽然守恒(参看 §2.2),但相应的动能并不守恒,因为两者原来都是静止的,当炮弹发射时,炮身反冲,两者都有速度,亦即两者都有动能.

关于内力所作元功之和一般不能互相抵消的原因,可用下面两个质点的情况来加以说明. 设第一个质点相对于定点 O 的位矢是 $\boldsymbol{r}_1$,第二个质点相对于 O 的位矢是 $\boldsymbol{r}_2$,第一质点所受的内力为 $\boldsymbol{F}_{12}^{(i)}$,第二质点所受的内力为 $\boldsymbol{F}_{21}^{(i)}$,且 $\boldsymbol{F}_{12}^{(i)}+\boldsymbol{F}_{21}^{(i)}=0$(图 2.4.1),则

$$\begin{aligned}dW_i&=\boldsymbol{F}_{12}^{(i)}\cdot d\boldsymbol{r}_1+\boldsymbol{F}_{21}^{(i)}\cdot d\boldsymbol{r}_2\\&=\boldsymbol{F}_{21}^{(i)}\cdot d(\boldsymbol{r}_2-\boldsymbol{r}_1)\\&=\boldsymbol{F}_{21}^{(i)}\cdot d\boldsymbol{r}=-\boldsymbol{F}_{12}^{(i)}\cdot d\boldsymbol{r}\end{aligned}$$

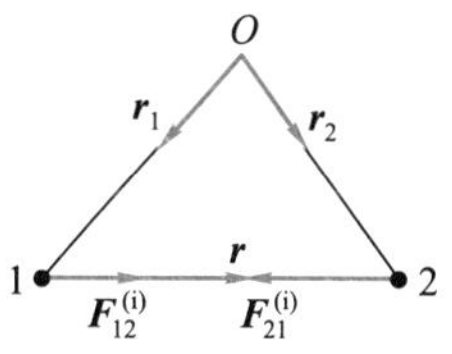

图 2.4.1

式中 $\boldsymbol{r}$ 是质点 2 相对于质点 1 的位矢. 故只有当 $dr=0$, dW_i 始等于零. 而 $dr=0$ 意味着质点间距离不能改变,即为刚体. 对一般质点系来讲,$dr\neq 0$,故内力作功一般不等于零.

(2) 机械能守恒定律

对质点系来讲,内力所作的功之和一般并不为零,所以,若只有外力是保守力而内力并不是保守力时,质点系的机械能并不守恒. 例如水沿倾斜的管子作片流运动时,由于内力是黏滞力(内摩擦力),故机械能并不守恒.

如果作用在质点系上的所有外力及内力都是保守力(或其中只有保守力作功)时,才有

$$E_k+E_p=E \tag{2.4.4}$$

的关系,式中 E 是总能量,E_k 为质点系的动能而 E_p 则包含内外力的势能,这就是质点系机械能守恒定律.

(3) 柯尼希定理

在图 2.4.2 中,$Cx'y'z'$系的原点固着在质点系的质心 C 上,并随质心 C 在惯性系中平动. 这时 $Cx'y'z'$系称为质心坐标系或质心系. 质点系中某一质点 P_i 对定点 O 的位矢为 $\boldsymbol{r}_i$,对 C 的位矢为 $\boldsymbol{r}_i'$,而 C 对 O 的位矢则为 $\boldsymbol{r}_C$. 由图 2.4.2 可以看出

$$\boldsymbol{r}_i=\boldsymbol{r}_C+\boldsymbol{r}_i' \tag{2.4.5}$$

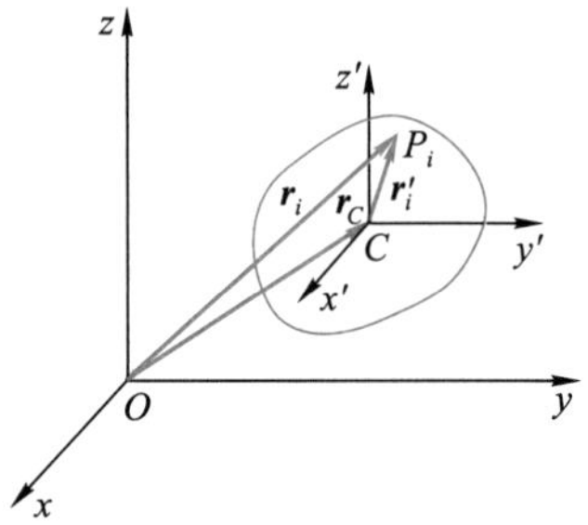

图 2.4.2

故质点系的动能 E_k 为

$$E_k=\frac{1}{2}\sum_{i=1}^{n}m_i(\dot{\boldsymbol{r}}_C+\dot{\boldsymbol{r}}_i')^2$$
$$=\frac{1}{2}m\dot{\boldsymbol{r}}_C^2+\frac{1}{2}\sum_{i=1}^{n}m_i\dot{\boldsymbol{r}}_i'^2+\dot{\boldsymbol{r}}_C\cdot\sum_{i=1}^{n}m_i\dot{\boldsymbol{r}}_i' \tag{2.4.6}$$

因 $\boldsymbol{r}_i'$是 P_i 相对于质心 C 的位矢,故 $\sum\limits_{i=1}^{n}m_i\dot{\boldsymbol{r}}_i'=m\dot{\boldsymbol{r}}_C'=0$, 这样,式(2.4.6)简化为

$$E_k=\frac{1}{2}m\dot{\boldsymbol{r}}_C^2+\frac{1}{2}\sum_{i=1}^{n}m_i\dot{\boldsymbol{r}}_i'^2 \tag{2.4.7}$$

式中$\frac{1}{2}m\dot{\boldsymbol{r}}_C^2$为质点系全部质量集中质心而运动时的动能,可称之为质心的动能,而$\frac{1}{2}\sum\limits_{i=1}^{n}m_i\dot{\boldsymbol{r}}_i'^2$ 则为质点系中各质点对质心系运动时的动能. 故质点系的动能为质心的动能与各质点对质心动能之和. 这个关系叫柯尼希定理,在刚体动力学中常要用到.

(4) 对质心的动能定理

现在来求相对于质心的动能定理. 用相对于质心系的位移 $\mathrm{d}\boldsymbol{r}_i'$ 标乘式(2.3.7)中的各项,并对 i 求和,得

$$\mathrm{d}\left(\frac{1}{2}\sum_{i=1}^{n}m_i\dot{\boldsymbol{r}}_i'^2\right)=\sum_{i=1}^{n}\boldsymbol{F}_i^{(e)}\cdot\mathrm{d}\boldsymbol{r}_i'+\sum_{i=1}^{n}\boldsymbol{F}_i^{(i)}\cdot\mathrm{d}\boldsymbol{r}_i'+\sum_{i=1}^{n}(-m_i\ddot{\boldsymbol{r}}_C)\cdot\mathrm{d}\boldsymbol{r}_i' \tag{2.4.8}$$

因为

$$\sum_{i=1}^{n}[(-m_i\ddot{\boldsymbol{r}}_C)\cdot\mathrm{d}\boldsymbol{r}_i']=-\ddot{\boldsymbol{r}}_C\cdot\sum_{i=1}^{n}m_i\mathrm{d}\boldsymbol{r}_i'=-\ddot{\boldsymbol{r}}_C\cdot\mathrm{d}\left(\sum_{i=1}^{n}m_i\boldsymbol{r}_i'\right)=0$$

故式(2.4.8)就简化为

$$\mathrm{d}\left(\frac{1}{2}\sum_{i=1}^{n} m_i \dot{\boldsymbol{r}}_i'^2\right)=\sum_{i=1}^{n}\boldsymbol{F}_i^{(e)}\cdot \mathrm{d}\boldsymbol{r}_i'+\sum_{i=1}^{n}\boldsymbol{F}_i^{(i)}\cdot \mathrm{d}\boldsymbol{r}_i' \tag{2.4.9}$$

即质点系对质心动能的微分,等于质点系相对于质心系位移时内力及外力所作元功之和,与式(2.4.2)的形式相同. 这时质心虽是动点,但惯性力所作功之和即式(2.4.8)的末项为零,不起作用,与动量矩定理的情形相似. 这又一次说明了质心的重要性.

上面所求出的质点系的三个动力学基本定理,在分量形式下,一共有七个方程[即式(2.2.6)、式(2.3.6)和式(2.4.2)]. 和它们相关的守恒定律成立时也是这样. 但由于质点系的独立变量通常大于7,所以这些方程并不能用来确定质点系中每一质点的运动(除非是刚体),而只能由它们得出运动总的趋向和某些特征,特别是与质心有关的总的趋向和特征. 对于两个质点所组成的质点系,在特殊情况下,可用动量定理和动能定理(或和它们相关的守恒定律)来求解它们的运动. 下面,我们用一个实例来说明这种情况.

[例] 质量为 m_1 及 m_2 的两自由质点互相以力吸引,引力与其质量成正比,与距离平方成反比,比例常量为 k. 开始时,两质点皆处于静止状态,其间距离为 a. 试求两质点的距离为$\frac{1}{2}a$时两质点的速度.

[解] 令质量为 m_1 的质点的速度为 $\boldsymbol{v}_1$,质量为 m_2 的质点的速度为 $\boldsymbol{v}_2$,则因两者互相吸引,故 $\boldsymbol{v}_1$、$\boldsymbol{v}_2$ 的方向相反,今取 $\boldsymbol{v}_1$ 的方向为正方向(图2.4.3).

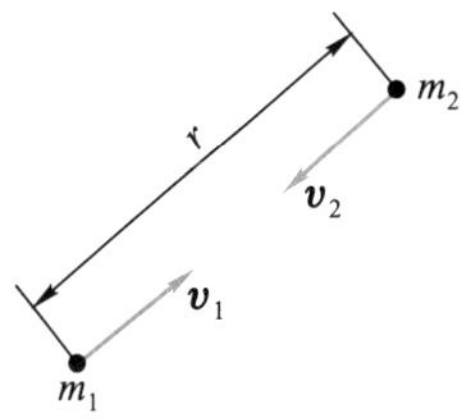

图 2.4.3

本问题无外力作用,故由动量守恒定律得

$$m_1 v_1 - m_2 v_2 = 0 \tag{1}$$

相互吸引的内力属于万有引力之列,故为保守力. 由§1.9知势能为$-\frac{km_1m_2}{r}$,式中 r 是两质点间的距离. 由机械能守恒定律得

$$-\frac{km_1m_2}{a}=\frac{1}{2}m_1v_1^2+\frac{1}{2}m_2v_2^2-\frac{km_1m_2}{\frac{a}{2}} \tag{2}$$

解(1)式及(2)式,得

$$v_1=m_2\sqrt{\frac{2k}{a(m_1+m_2)}},\quad v_2=m_1\sqrt{\frac{2k}{a(m_1+m_2)}} \tag{3}$$

现在用动能定理来解. 由式(2.4.2)得

$$\mathrm{d}\left(\frac{1}{2}m_1\dot{r}_1^2+\frac{1}{2}m_2\dot{r}_2^2\right)=-\frac{km_1m_2}{r^2}\mathrm{d}r \tag{4}$$

积分，得
$$\frac{1}{2}m_1v_1^2+\frac{1}{2}m_2v_2^2=\frac{km_1m_2}{a} \tag{5}$$
这与用机械能守恒定律得出的(2)式相同.

§2.5 两体问题

在§1.9中，我们曾经提到：开普勒定律只是近似的. 其中一个原因就是太阳和行星相互吸引，两者都有加速度，太阳并不是静止不动的.

太阳和行星既然都有运动，显然属于质点系的运动问题. 我们现在就对这个问题作进一步的研究.

在图2.5.1中，令 S 点代表太阳，P 点代表某一行星. 并设 $\boldsymbol{r}_P$ 是行星 P 对某一惯性坐标系原点 O 的位矢，而 $\boldsymbol{r}_S$ 是太阳对同一坐标系原点 O 的位矢. 以 m_S 及 m 分别代表太阳和行星的质量，那么太阳对惯性坐标系的动力学方程将为

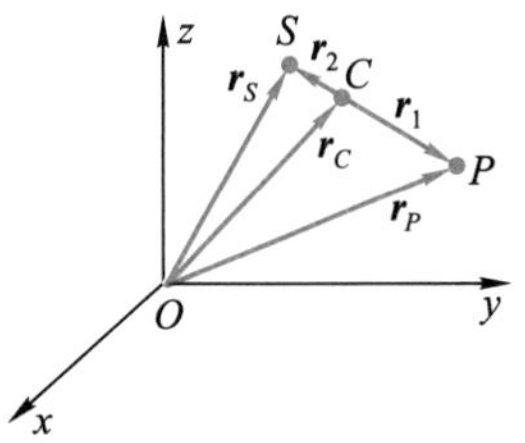

图 2.5.1

$$m_S\frac{d^2\boldsymbol{r}_S}{dt^2}=\frac{Gm_Sm}{r^2}\frac{\boldsymbol{r}}{r} \tag{2.5.1}$$

式中 $\boldsymbol{r}=\overrightarrow{SP}$，$G$ 为引力常量，且 $Gm_S=k^2$. 而行星对同一坐标系的运动方程为
$$m\frac{d^2\boldsymbol{r}_P}{dt^2}=-\frac{Gm_Sm}{r^2}\frac{\boldsymbol{r}}{r} \tag{2.5.2}$$
将方程式(2.5.1)和式(2.5.2)相加，就得到
$$\frac{d^2}{dt^2}(m_S\boldsymbol{r}_S+m\boldsymbol{r}_P)=0 \tag{2.5.3}$$
但由式(2.1.3)，知
$$m_S\boldsymbol{r}_S+m\boldsymbol{r}_P=(m_S+m)\boldsymbol{r}_C \tag{2.5.4}$$
$\boldsymbol{r}_C$ 代表太阳 S 和行星 P 的质心 C 对同一坐标系原点 O 的位矢.

由式(2.5.3)及式(2.5.4)，我们得到
$$(m_S+m)\frac{d^2\boldsymbol{r}_C}{dt^2}=0 \tag{2.5.5}$$
这就是说，① 系统(P,S)的质心将按惯性运动，② 太阳和行星都绕它们的质心作圆锥曲线运动. 对系统(S,P)而言，万有引力是内力，故前一论断根据质点系的动量守恒定律就可立即得出. 至于后一论断，则可从它们相对于质心的动力学方程得出.

既然只有两个质点，所以 C 在 S、P 的连线上. 如令 $\overrightarrow{CP}=\boldsymbol{r}_1$，$\overrightarrow{CS}=\boldsymbol{r}_2$，则行星对 C 的动力学方程为

$$m\ddot{\boldsymbol{r}}_1=-\frac{k^2m}{(r_1+r_2)^2}\frac{\boldsymbol{r}_1}{r_1} \tag{2.5.6}$$

因为 C 是质心，故 $mr_1=m_Sr_2$，而 $r_1+r_2=\left(1+\dfrac{m}{m_S}\right)r_1=\dfrac{m_S+m}{m_S}r_1$. 这样，式(2.5.6)就变为

$$m\ddot{\boldsymbol{r}}_1=-\frac{k^2mm_S^2}{(m_S+m)^2}\frac{1}{r_1^2}\frac{\boldsymbol{r}_1}{r_1} \tag{2.5.7}$$

力仍与距离平方成反比，故由 § 1.9，知行星绕 (S,P) 系统的质心作圆锥曲线运动. 太阳的情况也是这样，读者可自行验证.

现在来求行星对太阳的相对运动方程. 将式(2.5.1)乘以 m，式(2.5.2)乘以 m_S，然后由后者减去前者，得

$$m_Sm\left(\frac{\mathrm{d}^2\boldsymbol{r}_P}{\mathrm{d}t^2}-\frac{\mathrm{d}^2\boldsymbol{r}_S}{\mathrm{d}t^2}\right)=-\frac{Gm_Sm}{r^2}(m_S+m)\frac{\boldsymbol{r}}{r} \tag{2.5.8}$$

但 $\boldsymbol{r}_P-\boldsymbol{r}_S=\boldsymbol{r}$，所以式(2.5.8)变为

$$m_Sm\frac{\mathrm{d}^2\boldsymbol{r}}{\mathrm{d}t^2}=-\frac{Gm_Sm}{r^2}(m_S+m)\frac{\boldsymbol{r}}{r}$$

消去 m_S，得

$$m\frac{\mathrm{d}^2\boldsymbol{r}}{\mathrm{d}t^2}=-\frac{Gm(m_S+m)}{r^2}\frac{\boldsymbol{r}}{r}=-\frac{k'^2m}{r^2}\frac{\boldsymbol{r}}{r} \tag{2.5.9}$$

式中 $k'^2=G(m_S+m)$.

在式(2.5.9)中，m 是行星的质量，$\boldsymbol{r}$ 是行星对太阳 S 的位矢，$\ddot{\boldsymbol{r}}$ 是行星相对于太阳运动时的加速度，而右式则是行星所受的力. 所以，式(2.5.9)是行星相对于太阳的动力学方程. 这时可认为太阳是不动的，但它的质量却不等于 m_S，而增大为 m_S+m. 因此，常量 k'^2 对所有行星并不一样，因为里面含有行星的质量 m.

方程(2.5.8)也可写为

$$\frac{m_Sm}{m_S+m}\frac{\mathrm{d}^2\boldsymbol{r}}{\mathrm{d}t^2}=-\frac{k^2m}{r^2}\frac{\boldsymbol{r}}{r} \tag{2.5.10}$$

这也是行星对太阳的动力学方程，并且仍然认为太阳不动. 这时太阳质量仍为 m_S，但行星质量则不等于 m，而减小为 $\mu=\dfrac{m_Sm}{m_S+m}=\dfrac{m}{1+\dfrac{m}{m_S}}$，或 $\dfrac{1}{\mu}=\dfrac{1}{m}+\dfrac{1}{m_S}$，我们通常把 μ 叫做折合质量.

从式(2.5.9)出发，我们就可以对开普勒第三定律进行修正. 因为根据式(1.9.27)

对行星 P_1：$\quad \dfrac{4\pi^2 a_1^3}{\tau_1^2} = k_1'^2 = G(m_S + m_1)$

对行星 P_2：$\quad \dfrac{4\pi^2 a_2^3}{\tau_2^2} = k_2'^2 = G(m_S + m_2)$

两者相除，得

$$\frac{a_1^3}{\tau_1^2} : \frac{a_2^3}{\tau_2^2} = \frac{m_S + m_1}{m_S + m_2} = \frac{1 + \dfrac{m_1}{m_S}}{1 + \dfrac{m_2}{m_S}} \tag{2.5.11}$$

而根据开普勒第三定律，式(2.5.11)的右方应该等于 1. 故开普勒第三定律只具有近似性质，只在 m_1 及 m_2 都远远小于 m_S 时才是正确的.

实际上，太阳系中最大的行星是木星，它的质量也不过是太阳质量的$\dfrac{1}{1\ 047}$. 故如令下角标 1 代表木星，下角标 2 代表太阳系中其他行星，因而$\dfrac{m_S+m_1}{m_S+m_2}$之比不会超过$\dfrac{1\ 048}{1\ 047}$，与 1 相差甚微. 故开普勒第三定律虽只具近似性质，但是近似程度却是相当高的.

上面的讨论没有考虑到行星间的相互吸引，故称两体问题. 如果考虑任一行星还要受到其他行星的吸引，则成为多体问题. 多体问题一般只能用微扰法(摄动法)来近似地求解. 微扰法在天体力学和量子力学中都要经常用到.

§2.6 质心坐标系与实验室坐标系

散射和碰撞这一类问题，都属于两体问题. 在散射(或碰撞)前后，两质点都有运动. 根据上节的讨论，看来我们可以把它化为单体问题，即认为其中一个不动，而把另外一个的质量改为折合质量. 但是，事情并不这样简单. 因为在上述两种考虑的情况下，散射角并不相同. 前者(两体问题)是两质点间相对位矢 $\boldsymbol{r}$ 在散射前后所偏转的角度(图 2.6.1 中的 θ_C)；而后者(单体问题)则是被散射的质点(例如 α 粒子)在散射前后所偏转的角度(图 2.6.1 中的 θ_r). θ_r 可在实验室观察出来，而 θ_C 则要由等值单体问题计算出来. 只有当散射主(例如原子核)在散射过程中始终静止不动时，两者才相等.

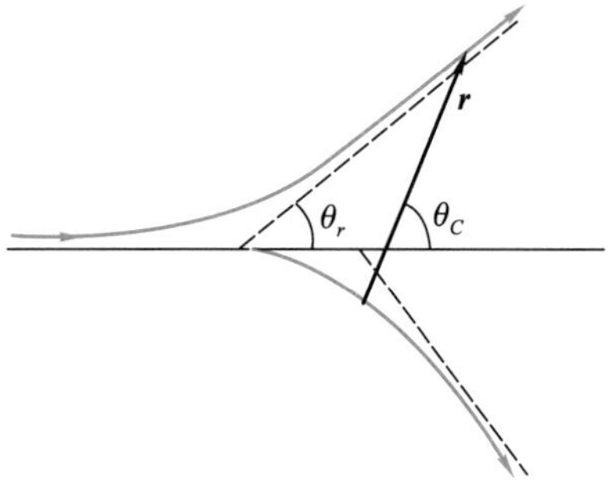

图 2.6.1

因此，在研究散射(或碰撞)问题时，人们常运用两种不同的坐标系. 一种叫做实验室坐标系，这时观测者在静止坐标系中观测散射过程，常为实验工作者所采用. 另一种是随着质心运动的坐标系来观察，叫做质心坐标系，常为理论工作者所采用. 图 2.6.1 中的 θ_r 就是在实验室坐标系中所测出来的散射角，而 θ_C 则是在质心坐标系中的散射角，它一般只能由计算得出.

设质量为 m_1 的质点 1 以速度 $\boldsymbol{v}_1$ 被另一质量为 m_2 的静止质点 2 散射. 此两质点的质心在散射前后都将沿 $\boldsymbol{v}_1$ 方向以速度 $\boldsymbol{u}$ 运动. 在散射前，

$$(m_1+m_2)u=m_1v_1$$

即

$$u=\frac{m_1v_1}{m_1+m_2} \tag{2.6.1}$$

此时质点 1 相对于质心的速度 $\boldsymbol{u}_1$ 的量值为

$$u_1=v_1-u=\frac{m_2v_1}{m_1+m_2} \tag{2.6.2}$$

而质点 2 相对于质心的速度 $\boldsymbol{u}_2$ 的量值则为

$$u_2=-u=-\frac{m_1v_1}{m_1+m_2} \tag{2.6.3}$$

即

$$m_1u_1+m_2u_2=0 \tag{2.6.4}$$

从质心坐标系看，根据动量守恒定律，两质点散射后必将沿相反方向运动，而质点 1 散射后的速度 $\boldsymbol{u}'_1$ 与散射前的速度 $\boldsymbol{u}_1$ 之间的夹角就是 θ_C，如图 2.6.2(a)所示.

同一现象，从实验室坐标系来看，就完全两样. 图 2.6.2(b)画出了从实验室坐标系所看到的散射现象. 这时质点 1 散射后的速度是 $\boldsymbol{v}'_1$，它与 $\boldsymbol{v}_1$ 之间的夹角是 θ_r.

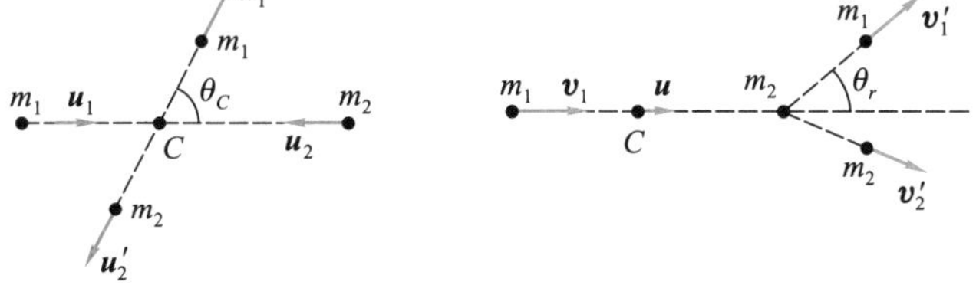

(a) 质心坐标系　　(b) 实验室坐标系

图 2.6.2

现在来求 θ_C 和 θ_r 之间的关系. 显然，由相对运动关系，我们有(图 2.6.3)

$$\boldsymbol{u}'_1+\boldsymbol{u}=\boldsymbol{v}'_1 \tag{2.6.5}$$

写成分量形式，则为

$$\left.\begin{aligned}u_1'\cos\theta_C+u&=v'_1\cos\theta_r\\u_1'\sin\theta_C&=v'_1\sin\theta_r\end{aligned}\right\}\tag{2.6.6}$$

两式相除,得

$$\tan\theta_r=\frac{u'_1\sin\theta_C}{u_1'\cos\theta_C+u}\tag{2.6.7}$$

在图 2.6.4 中,C 为质点 1 及质点 2 的质心,它对实验室坐标系原点 O 的位矢为 $\boldsymbol{r}_C$,而质点 1 及质点 2 对 C 的相对位矢为 $\boldsymbol{r}_1'$及 $\boldsymbol{r}_2'$,至于质点 2 相对于质点 1 的位矢则为 $\boldsymbol{r}$. 由质心定义,知

$$\boldsymbol{r}_1'=-\frac{m_2}{m_1+m_2}\boldsymbol{r}\tag{2.6.8}$$

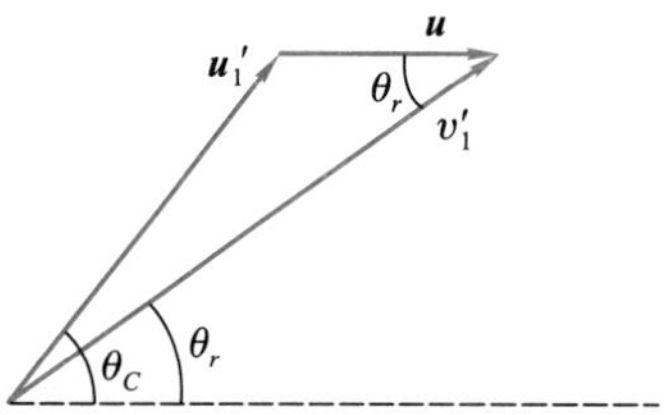

图 2.6.3

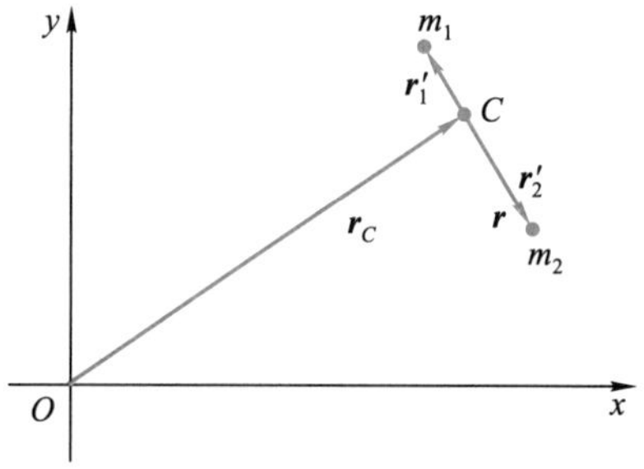

图 2.6.4

取对时间的微商,得

$$\boldsymbol{u}_1'=\frac{-\mu}{m_1}\dot{\boldsymbol{r}}\tag{2.6.9}$$

式中 μ 是折合质量,它等于$\dfrac{m_1m_2}{m_1+m_2}$. 散射后,当两质点远离到无引力场作用时,因系统是保守的,这时两质点相对速度的量值 $|\dot{\boldsymbol{r}}|$ 必与其起始时两粒子的相对速度即 $\boldsymbol{v}_1$ 的量值 v_1 相等,即

$$u_1'=\frac{\mu}{m_1}v_1\tag{2.6.10}$$

又由式(2.6.1),知

$$u=\frac{\mu}{m_2}v_1\tag{2.6.11}$$

把式(2.6.10)及式(2.6.11)代入式(2.6.7)中,得

$$\tan\theta_r=\frac{\sin\theta_C}{\cos\theta_C+\dfrac{m_1}{m_2}}\tag{2.6.12}$$

当 $m_1\ll m_2$ 时,$\theta_r\approx\theta_C$;故重靶(例如重原子核)仅有很小的反冲,几乎与固定质心类似. 卢瑟福散射就近似地属于这种情况. 这时 α 粒子的 m_1 为 4 原子质量单位,而原子核的 m_2 则在 100 原子质量单位以上.

但对中子-质子散射，因两者质量相等，故情况和卢瑟福散射相反. 在此情形下，$\frac{m_1}{m_2}=1$，故式(2.6.12)变为

$$\tan\theta_r=\frac{\sin\theta_C}{\cos\theta_C+1}=\tan\frac{\theta_C}{2} \tag{2.6.13}$$

$$\theta_C=2\theta_r \tag{2.6.14}$$

我们在此处研究的是弹性散射，即散射前后的总动能守恒. 在实验室坐标系中，两质点的速率都要改变. 靶(质点 2)原来是静止的，散射时将发生反冲，因而具有一定的速率及动能，而被散射质点(质点 1)则必须减小速率及动能. 故散射结果，动能将从被散射质点转移到靶上去. 由图 2.6.3，利用余弦定律，我们有

$$u_1'^2=v_1'^2+u^2-2uv_1'\cos\theta_r \tag{2.6.15}$$

利用(2.6.10)及(2.6.11)两式，可把式(2.6.15)化为

$$\left(\frac{v_1'}{v_1}\right)^2-\frac{2\mu}{m_2}\left(\frac{v_1'}{v_1}\right)\cos\theta_r-\frac{m_2-m_1}{m_2+m_1}=0 \tag{2.6.16}$$

它是$\frac{v_1'}{v_1}$的二次式，在特殊情况下，当 $m_1=m_2$ 时，则有

$$\frac{v_1'}{v_1}=\cos\theta_r \tag{2.6.17}$$

这时若 $\theta_r=\frac{1}{2}\pi$，则相当于在质心坐标系中的反向散射($\theta_C=\pi$)，这时的能量转移最大，反冲质点将获得全部的入射能量.

散射时动能发生转移，这是在反应堆中使中子得以减速的理论依据. 在反应堆中，用来使中子减速的材料叫减速剂. 从上面的讨论可以看出，氢、氘、碳等轻元素都可以作为减速剂. 但氢吸收中子的能力相当大，故实际上常用减速能力较强而吸收中子的能力又较小的重水(含氘)或石墨(含碳)作为减速剂.

§2.7 变质量物体的运动

(1) 变质量物体的运动方程

前面我们讨论了物体质量固定时的运动规律，在本节中，我们将求出物体的质量按一定规律变化(减少或增加)时的动力学方程，即变质量物体的动力学方程.

设一物体的质量在 t 时为 m，它的速度是 $\boldsymbol{v}$($v \ll$光速 c)，同时一微小质量 Δm 以速度 $\boldsymbol{u}$ 运动，并在 $t+\Delta t$ 时间间隔内与 m 相合并，合并以后的共同速度是 $\boldsymbol{v}+\Delta \boldsymbol{v}$. 如果作用在 m 及 Δm 上的合外力为 $\boldsymbol{F}$，则由动量定理，得

$$(m + \Delta m)(\boldsymbol{v} + \Delta \boldsymbol{v}) - m\boldsymbol{v} - \Delta m \boldsymbol{u} = \boldsymbol{F}\Delta t \tag{2.7.1}$$

内力及约束力恒有大小相等、方向相反，因而消去.

略去式(2.7.1)中的二阶微量 $\Delta m \Delta \boldsymbol{v}$，除以 Δt，并使 $\Delta t \to 0$，得变质量物体动力学方程为

$$\frac{\mathrm{d}}{\mathrm{d}t}(m\boldsymbol{v}) - \frac{\mathrm{d}m}{\mathrm{d}t}\boldsymbol{u} = \boldsymbol{F} \tag{2.7.2}$$

$\boldsymbol{u}$ 是代表微质量 Δm 未与 m 合并以前或自 m 分出后一刹那的速度，$\frac{\mathrm{d}m}{\mathrm{d}t}$为质量的时间变化率(可正可负)，而 $\boldsymbol{F}$ 则为作用在系统上的合外力，例如万有引力和空气阻力. 如果 $\boldsymbol{u}=0$，则式(2.7.2)简化为

$$\frac{\mathrm{d}}{\mathrm{d}t}(m\boldsymbol{v}) = \boldsymbol{F} \tag{2.7.3}$$

如 $\boldsymbol{u}$ 与 $\boldsymbol{v}$ 相等，则式(2.7.2)可简化为

$$m\frac{\mathrm{d}\boldsymbol{v}}{\mathrm{d}t} = \boldsymbol{F} \tag{2.7.4}$$

这与质量为定值的运动方程式形式上没有什么区别，但实质上并不相同，这里 m 一般是时间 t 的函数.

[例] 雨点开始自由落下时的质量为 m. 在下落过程中，单位时间内凝结在它上面的水汽质量为 λ. 略去空气阻力，试求雨点在 t 时间后所下落的距离.

[解] 本问题的 $\boldsymbol{u}=0$，故由式(2.7.3)，得

$$\frac{\mathrm{d}}{\mathrm{d}t}[(m + \lambda t)v] = (m + \lambda t)g \tag{1}$$

积分，得

$$(m + \lambda t)v = \left(mt + \frac{1}{2}\lambda t^2\right)g + C_1 \tag{2}$$

因 $t=0$，$v=0$，故 $C_1=0$，

故

$$v = \frac{\mathrm{d}s}{\mathrm{d}t} = \frac{mt + \frac{1}{2}\lambda t^2}{m + \lambda t}g \tag{3}$$

即

$$\frac{\mathrm{d}s}{\mathrm{d}t} = \frac{1}{2}gt + \frac{mg}{2\lambda} - \frac{m^2 g/2\lambda}{m + \lambda t} \tag{4}$$

再积分，得

$$s = \frac{g}{2}\left(\frac{t^2}{2}\right) + \frac{mg}{2\lambda}t - \frac{m^2 g}{2\lambda^2}\ln(m + \lambda t) + C_2 \tag{5}$$

因 $t=0$，$s=0$，故

$$C_2 = \frac{m^2 g}{2\lambda^2}\ln M$$

于是,得
$$s = \frac{1}{2}g\left[\frac{t^2}{2} + \frac{m}{\lambda}t - \frac{m^2}{\lambda^2}\ln\left(1 + \frac{\lambda}{m}t\right)\right] \tag{6}$$

这就是雨点在 t 时间后所下落的距离.

*(2) 火箭

方程(2.7.2)是研究变质量物体运动的基本方程. 近代火箭是用逐渐把燃烧过的废气向外喷出的办法来增加火箭本身运动的速度,因此也是属于变质量物体的运动问题.

式(2.7.2)也可改写为

$$m\frac{\mathrm{d}\boldsymbol{v}}{\mathrm{d}t} = \boldsymbol{F} + \frac{\mathrm{d}m}{\mathrm{d}t}(\boldsymbol{u} - \boldsymbol{v}) \tag{2.7.5}$$

式中 $\boldsymbol{u}-\boldsymbol{v}=\boldsymbol{v}_r$ 是放出物质相对于运动物体的速度,$\frac{\mathrm{d}m}{\mathrm{d}t}$是单位时间放出的物质的质量,而

$$\frac{\mathrm{d}m}{\mathrm{d}t}(\boldsymbol{u} - \boldsymbol{v}) = \frac{\mathrm{d}m}{\mathrm{d}t}\boldsymbol{v}_r = \boldsymbol{F}_r \tag{2.7.6}$$

则是由于放出物质所引起的附加力或反作用力. 因此,式(2.7.5)又可写为

$$m\frac{\mathrm{d}\boldsymbol{v}}{\mathrm{d}t} = \boldsymbol{F} + \frac{\mathrm{d}m}{\mathrm{d}t}\boldsymbol{v}_r = \boldsymbol{F} + \boldsymbol{F}_r \tag{2.7.7}$$

在现代的火箭问题中,可以把放出物质的相对速度 $\boldsymbol{v}_r$ 看做沿着运动物体轨道切线的负方向,因此

$$\boldsymbol{u} - \boldsymbol{v} = -\boldsymbol{i}v_r \tag{2.7.8}$$

式中 $\boldsymbol{i}$ 是沿轨道切线的单位矢量.

在此情形下,式(2.7.5)变为

$$m\frac{\mathrm{d}\boldsymbol{v}}{\mathrm{d}t} = \boldsymbol{F} - \frac{\mathrm{d}m}{\mathrm{d}t}v_r\boldsymbol{i} \tag{2.7.9}$$

现在研究一种比较简单的情况. 即一个可变质量的质点在空间运动时不受任何外力作用,并设放出物质的相对速度 $\boldsymbol{v}_r$ 的量值不变,且与运动质点的速度 $\boldsymbol{v}$ 共线而反向,则式(2.7.9)就简化为

$$m\frac{\mathrm{d}v}{\mathrm{d}t} = -v_r\frac{\mathrm{d}m}{\mathrm{d}t}$$

或
$$\frac{\mathrm{d}v}{v_r} = -\frac{\mathrm{d}m}{m} \tag{2.7.10}$$

由于 v_r 是常量,因此如果设 $m=m_0 f(t)$,式中 m_0 是起始质量,它也是一个常量,

而 $f(t)$ 则是放出物体所遵循的时间函数，且 $f(0)=1$，则式（2.7.10）变为

$$\frac{\mathrm{d}v}{v_r}=-\frac{\mathrm{d}f}{f}$$

积分，得

$$v=-v_r\ln f+C_1$$

设当 $t=0$ 时，$v=v_0$，$f=1$，则 $C_1=v_0$，因而

$$v=v_0-v_r\ln f=v_0+v_r\ln\frac{m_0}{m} \tag{2.7.11}$$

这就是研究火箭运动问题的一个主要关系式.

令 m_s 代表空火箭（包括仪器和外壳等）的质量，m' 代表放出物质（燃料）的质量，则在 $v_0=0$ 的条件下，由式（2.7.11），知当燃烧终了时，火箭所具有的速度为

$$v=v_r\ln\frac{m_s+m'}{m_s}=2.3v_r\lg\left(1+\frac{m'}{m_s}\right) \tag{2.7.12}$$

由此可见：v 和 v_r 成正比，如 v_r 大一倍，v 也大一倍. 此外，当空火箭及燃料的总质量（m_s+m'）与空火箭的质量 m_s 之比按几何级数增加时，燃烧终了时火箭所具有的速度，只能按算术级数增加. 故增大物质放出的速度（即增大 v_r）比增加燃料的数量（即增大 m'）有效得多.

如果 $v_r=2$ km/s，那么要使火箭的 v 能够超过第一宇宙速度，以便用来发射人造地球卫星，则质量比 $\frac{m'}{m_s}$ 约在 100 左右，即燃料的质量应是空火箭的质量的 100 倍左右. 如计及地球引力和空气阻力，这个比值还要大. 因此目前都采用多级火箭的方案来发射人造地球卫星. 当某一火箭里面的燃料已经烧完以后，就把这级丢掉，以提高火箭的飞行速度. 根据计算和实践，用三级（或四级）火箭来发射人造卫星是比较理想的.

现在来求质点离开起始点的距离. 当 v_r = 常量时，由式（2.7.11），可得

$$\mathrm{d}s=v_0\mathrm{d}t-v_r\ln f\mathrm{d}t$$

积分，得

$$s=s_0+v_0t-v_r\int_0^t\ln f\mathrm{d}t \tag{2.7.13}$$

由此可见，为了求出 s，必须知道函数 $f(t)$ 的具体形式，即必须作出关于质量变化规律的假定. 在近代实验工作和理论研究中，下列两种质量变化规律应用得最广。

（a）**直线律**：$f=1-\alpha t$，式中 α 是常量. 此时每秒钟放出的质量为

$$\frac{\mathrm{d}m}{\mathrm{d}t}=\frac{\mathrm{d}}{\mathrm{d}t}[m_0(1-\alpha t)]=-\alpha m_0=\text{常量}$$

而反作用力

$$F_r=v_r\frac{\mathrm{d}m}{\mathrm{d}t}=-\alpha m_0v_r$$

在 v_r 等于常量的情形下，F_r 也是一个常量. 故质量变化的直线律适用于每秒钟放出的质量等于常量时的情况.

把 $f=1-\alpha t$ 代入式(2.7.13)，得

$$s=s_0+v_0t+\frac{v_r}{\alpha}[(1-\alpha t)\ln(1-\alpha t)+\alpha t] \tag{2.7.14}$$

(b) 指数律：$f=e^{-\alpha t}$. 此时

$$\frac{dm}{dt}=-\alpha m_0 e^{-\alpha t}$$

$$F_r=v_r\frac{dm}{dt}=-\alpha m_0 v_r e^{-\alpha t}$$

都不是常量. 但由于反作用力所引起的附加加速度

$$a_r=\frac{F_r}{m}=-\frac{\alpha m_0 v_r e^{-\alpha t}}{m_0 e^{-\alpha t}}=-\alpha v_r$$

在 v_r 等于常量的情形下，a_r 却是一个常量. 故质量变化的指数律适用于反作用加速度等于常量时的情况.

把 $f=e^{-\alpha t}$ 代入式(2.7.13)，得

$$s=s_0+v_0t+\frac{1}{2}\alpha v_r t^2 \tag{2.7.15}$$

如果把重力考虑进去，则在速度表达式(2.7.12)中，应增加 $-gt$ 项，而在距离表达式(2.7.13)中，则应增加 $-\frac{1}{2}gt^2$ 项. 如果把空气阻力也考虑进去，则问题还要复杂一些.

放出物质时火箭所经过的一段路程 s 叫做喷射行程，而所花的时间 t_s 则叫做喷射时间. 火箭总是要受重力作用的，由上述讨论可知，火箭因重力而损失的速度，与 gt_s 成正比. 故如火箭的加速度不受限制时，最好使它所携带的燃料尽快地烧光，以减小 t_s 即减少速度上的损失.

从上面的讨论还可以看出：火箭速度和排气性能有密切关系，排气速度 v_r 越大，喷出的质量越多，则火箭得到的速度 v 就越大. 另外，质量比 $\frac{m'}{m_s}$ 虽然不如 v_r 那样重要，但也能影响到火箭的速度. 因此，最佳的设计方案是除了减小 t_s 外，还要使 v_r 和 $\frac{m'}{m_s}$ 两者都尽可能大. 这在材料的要求上就显得特别严格. 除了要使用能产生高温的燃料(如单原子氢或其他固态燃料)外，还要求用能抵抗高温的难熔轻金属来制造火箭的外壳. 目前，钛是一种比较理想的材料.

在以上的讨论中，我们是把火箭当做一个可变质量的质点看待的. 实际上，火箭是一个有一定大小的物体. 因此，问题远较这里所讨论的复杂. 如果把火箭当做刚体看待，那么除了研究它的质心的运动外，还要用动量矩定理研究它绕

质心的转动问题. 我们在这里还不能计算这个问题. 在下一章,我们将对刚体的运动规律作比较详细的介绍.

§2.8 位力定理

在 §1.9 和 §2.5 等节中,我们曾讨论了有关质点受有心力作用时的运动问题. 这类问题,也可由大数目质点系更为一般的定理——即所谓位力定理的特殊情况得出. 位力定理不同于我们以前所讨论过的定理,它具有统计性质,即各种力学量对时间的平均值.

设所研究的质点系由 n 个质点系组成,其中某一质点的质量是 m_i,位矢为 $\boldsymbol{r}_i$,所受的力为 $\boldsymbol{F}_i$(包括约束力),则其基本运动方程为

$$\dot{\boldsymbol{p}}_i = \boldsymbol{F}_i \tag{2.8.1}$$

式中 $\boldsymbol{p}_i = m_i\dot{\boldsymbol{r}}_i$ 是动量. 我们现在感兴趣的是下述的物理量,它对质点系中所有质点求和,即

$$G = \sum_{i=1}^{n} \boldsymbol{p}_i \cdot \boldsymbol{r}_i \tag{2.8.2}$$

求 G 对时间的微商,得

$$\frac{\mathrm{d}G}{\mathrm{d}t} = \sum_{i=1}^{n} \dot{\boldsymbol{r}}_i \cdot \boldsymbol{p}_i + \sum_{i=1}^{n} \dot{\boldsymbol{p}}_i \cdot \boldsymbol{r}_i \tag{2.8.3}$$

式(2.8.3)右方的第一项可改为

$$\sum_{i=1}^{n} \dot{\boldsymbol{r}}_i \cdot \boldsymbol{p}_i = \sum_{i=1}^{n} m_i \dot{\boldsymbol{r}}_i \cdot \dot{\boldsymbol{r}}_i = \sum_{i=1}^{n} m_i v_i^2 = 2E_{\mathrm{k}}$$

E_{k} 为质点系的动能. 而式(2.8.3)右方第二项则为

$$\sum_{i=1}^{n} \dot{\boldsymbol{p}}_i \cdot \boldsymbol{r}_i = \sum_{i=1}^{n} \boldsymbol{F}_i \cdot \boldsymbol{r}_i$$

因此,式(2.8.3)化为

$$\frac{\mathrm{d}G}{\mathrm{d}t} = \frac{\mathrm{d}}{\mathrm{d}t}\sum_{i=1}^{n} \boldsymbol{p}_i \cdot \boldsymbol{r}_i = 2E_{\mathrm{k}} + \sum_{i=1}^{n} \boldsymbol{F}_i \cdot \boldsymbol{r}_i \tag{2.8.4}$$

式(2.8.4)的时间平均等于该式各项对 t 从 0 到 τ 积分再除以 τ 后所得的值,即

$$\frac{1}{\tau}\int_0^{\tau} \frac{\mathrm{d}G}{\mathrm{d}t}\mathrm{d}t = \overline{\frac{\mathrm{d}G}{\mathrm{d}t}} = \overline{2E_{\mathrm{k}}} + \overline{\sum_{i=1}^{n} \boldsymbol{F}_i \cdot \boldsymbol{r}_i}$$

或

$$\overline{2E_k} + \overline{\sum_{i=1}^{n} \boldsymbol{F}_i \cdot \boldsymbol{r}_i} = \frac{1}{\tau}[G(\tau) - G(0)] \tag{2.8.5}$$

如为周期运动，且取 τ 为一周期，则式（2.8.5）的右方为零. 即使运动不是周期性的，但只要所有质点的坐标和动量都保持为有限值，则 G 有一最高限. 故如取 τ 足够长，则式（2.8.5）右方可变为任意小，上述结论依然正确. 在此两种情况下，我们有

$$\overline{E_k} = -\frac{1}{2}\overline{\sum_{i=1}^{n} \boldsymbol{F}_i \cdot \boldsymbol{r}_i} \tag{2.8.6}$$

$\frac{1}{2}\overline{\sum_{i=1}^{n} \boldsymbol{F}_i \cdot \boldsymbol{r}_i}$ 叫做均位力积，简称位力，曾用名维里. 故式（2.8.6）叫做位力定理（曾用名：维里定理）. 位力定理告诉我们：在很长时间间隔内，质点系的动能对时间的平均值取负号等于作用在此质点系上力的位力.

从式（2.8.6）可以看出，位力定理具有统计性质，故在分子运动论中非常有用. 例如，加上某些统计假设，用它来证明理想气体的玻意耳定律甚为简单. 但用它来计算非理想气体的物态方程则较繁难，因 $\boldsymbol{F}_i$ 中不仅包含保持气体在容器内的约束力，还包含分子间相互作用的力.

如果 $\boldsymbol{F}_i$ 由非摩擦力 $\boldsymbol{F}'_i$ 及正比于速度的摩擦力 $\boldsymbol{F}_{fi}$ 两项所组成，则位力只依赖于 $\boldsymbol{F}'_i$，而 $\boldsymbol{F}_{fi}$ 对它无贡献. 因为只要有摩擦力存在，则运动必将衰减，而当 τ 趋于无限时，所有的时间平均值均等于零. 位力定理此时则给出 $0=0$ 的恒等式.

如为保守力系，则

$$\overline{E_k} = \frac{1}{2}\overline{\sum_{i=1}^{n} (\nabla_i E_p) \cdot \boldsymbol{r}_i} \tag{2.8.7}$$

式中 E_p 为质点系的势能，而

$$\nabla_i = \frac{\partial}{\partial x_i}\boldsymbol{i} + \frac{\partial}{\partial y_i}\boldsymbol{j} + \frac{\partial}{\partial z_i}\boldsymbol{k}$$

单个质点受有心力作用而运动时，式（2.8.7）简化为

$$\overline{E_k} = \frac{1}{2}\overline{\frac{\partial E_p}{\partial r} \cdot r} \tag{2.8.8}$$

如 E_p 为 r 的幂函数，则 F 及 E_p 均为 r 的幂函数，即

$$E_p = ar^{n+1}$$

于是

$$\frac{\partial E_p}{\partial r} \cdot r = (n+1)E_p$$

而式（2.8.8）变为

$$\overline{E}_{\mathrm{k}}=\frac{1}{2}(n+1)\overline{E}_{\mathrm{p}}$$

对平方反比引力来讲，$n=-2$，位力定理给出

$$\overline{E}_{\mathrm{k}}=-\frac{1}{2}\overline{E}_{\mathrm{p}} \tag{2.8.9}$$

对于人造地球卫星来讲，轨道可看成是半径等于 r 的圆周. 这时 $E_{\mathrm{k}}=\frac{1}{2}mv_1^2$，$E_{\mathrm{p}}=-\frac{mk^2}{r}$. 由式(1.9.33)知 $E_{\mathrm{k}}=-\frac{1}{2}E_{\mathrm{p}}$. 因 E_{k} 和 E_{p} 均不随时间变化，故无需求平均，位力定理显然正确. 对行星绕太阳的运动问题来讲，轨道一般是椭圆，所以要求平均值，问题比较复杂. 关于这一问题的验证，将作为习题，请读者自行解算(参看习题 2.19).

—小　结—

Ⅰ. 质点系

1. 质点系是由许多相互联系着的质点所组成的系统.

2. 内力和外力

a. 质点系中质点间相互作用的力叫内力.

b. 其他物体对质点系内质点的作用力叫外力.

c. 质点系中任何两个质点间相互作用的内力满足牛顿第三定律. 故对整个质点系来讲，内力的总和为零，即

$$\boldsymbol{F}^{(\mathrm{i})}=\sum_{i=1}^{n}\sum_{\substack{j=1\\ j\neq i}}^{n}\boldsymbol{F}_{ij}^{(\mathrm{i})}=0$$

3. 质心——质点系的全部质量可认为集中在某一点上，这点叫质点系的质心(刚体也是这样). 其直角坐标为

$$x_C=\frac{\sum_{i=1}^{n}m_ix_i}{\sum_{i=1}^{n}m_i},\quad y_C=\frac{\sum_{i=1}^{n}m_iy_i}{\sum_{i=1}^{n}m_i},\quad z_C=\frac{\sum_{i=1}^{n}m_iz_i}{\sum_{i=1}^{n}m_i}$$

对质量连续分布的系统来讲，上式中的求和应改为积分.

Ⅱ. 动量定理与动量守恒定律

1. 质点系动量对时间的微商等于作用在质点系上诸外力的矢量和，这个关系叫质点系的动量定理，即

$$\frac{\mathrm{d}\boldsymbol{p}}{\mathrm{d}t}=\frac{\mathrm{d}}{\mathrm{d}t}\left(\sum_{i=1}^{n}m_i\boldsymbol{v}_i\right)=\sum_{i=1}^{n}\boldsymbol{F}_i^{(\mathrm{e})}$$

2. 质心运动定理——质点系质心的运动，就好像一个质点的运动一样，此质点的质量，等于质点系的质量，而作用在此质点上的力，等于作用在质点系上

所有诸外力的矢量和,即

$$m\ddot{r}_C=\sum_{i=1}^{n}\boldsymbol{F}_i^{(e)}$$

3. 动量守恒定律——质点系不受外力作用而运动或虽受外力作用,但外力矢量和等于零时,它的动量为一常矢量. 即

$$\text{如}\ \sum_{i=1}^{n}\boldsymbol{F}_i^{(e)}=0,\text{则}\ \boldsymbol{p}=m\boldsymbol{v}_C=\text{常矢量}$$

Ⅲ. 角动量定理与角动量守恒定律

1. 质点系对惯性系中任一固定点 O 的角动量对时间的微商,等于质点系所有的外力对此同一点的力矩的矢量和,这个关系叫质点系的角动量定理,即

$$\frac{\mathrm{d}\boldsymbol{J}}{\mathrm{d}t}=\frac{\mathrm{d}}{\mathrm{d}t}\left(\sum_{i=1}^{n}\boldsymbol{r}_i\times m_i\boldsymbol{v}_i\right)=\sum_{i=1}^{n}\boldsymbol{r}_i\times\boldsymbol{F}_i^{(e)}=\boldsymbol{M}$$

对质心来讲,角动量定理的表达式与对固定点的一样.

2. 角动量守恒定律——质点系如不受外力作用,或虽受外力作用,但对某定点的力矩的矢量和为零,则对此定点而言,角动量为一常矢量,即如 $\boldsymbol{M}=0$,则 $\boldsymbol{J}$ 为一常矢量.

Ⅳ. 动能定理与机械能守恒定律

1. 质点系动能的微分等于诸外力及诸内力所作元功之和,这个关系叫质点系的动能定理,即

$$\mathrm{d}E_\mathrm{k}=\mathrm{d}\sum_{i=1}^{n}\frac{1}{2}m_iv_i^2=\sum_{i=1}^{n}\boldsymbol{F}_i^{(e)}\cdot\mathrm{d}\boldsymbol{r}_i+\sum_{i=1}^{n}\boldsymbol{F}_i^{(i)}\cdot\mathrm{d}\boldsymbol{r}_i$$

2. 柯尼希定理——质点系中各质点的动能为质点系全部质量集中在质心并随质心平动的动能及各质点对质心运动时动能之和,即

$$E_\mathrm{k}=\frac{1}{2}mv_C^2+\frac{1}{2}\sum_{i=1}^{n}m_i\dot{\boldsymbol{r}}_i'^2$$

3. 机械能守恒定律——如内力及外力都是保守力,则质点系的机械能守恒,即 $E_\mathrm{k}+E_\mathrm{p}=E$.

Ⅴ. 两体问题

1. 两物体相互在引力作用下运动时,每一物体绕两者的质心作圆锥曲线运动,而此质心则作惯性运动.

2. 把一个物体看成不动,而把另一个物体看成绕它作圆锥曲线运动时,可在利用动力学方程时视后者的质量减小到 μ,且 $\frac{1}{\mu}=\frac{1}{m}+\frac{1}{m'}$,$\mu$ 叫折合质量.

3. 开普勒第三定律的修正

$$\frac{a_1^3}{\tau_1^2}:\frac{a_2^3}{\tau_2^2}=\frac{m'+m_1}{m'+m_2}$$

Ⅵ. 质心坐标系与实验室坐标系

1. 质心坐标系——以质心为原点的坐标系,在此坐标系中可观测散射(碰撞)之类的问题,常为理论工作者所采用.

2. 实验室坐标系——以实验室作为参考系的坐标系,常为实验工作者所采用.

3. 在两种坐标系中,散射角不相同. 前者为 θ_C,而后者为 θ_r. 在两质点的质量相等的情形下,$\theta_C=2\theta_r$. 但如被散射的质点的质量很小,即 $m_1 \ll m_2$,则 $\theta_C \approx \theta_r$.

Ⅶ. 变质量物体的运动

1. 变质量物体的运动方程

a. $\boldsymbol{F}=\dfrac{\mathrm{d}}{\mathrm{d}t}(m\boldsymbol{v})-\dfrac{\mathrm{d}m}{\mathrm{d}t}\boldsymbol{u}$

b. 如 $\boldsymbol{u}=0$,则 $\boldsymbol{F}=\dfrac{\mathrm{d}}{\mathrm{d}t}(m\boldsymbol{v})$

c. 如 $\boldsymbol{u}=\boldsymbol{v}$,则 $\boldsymbol{F}=m\dfrac{\mathrm{d}\boldsymbol{v}}{\mathrm{d}t}$

2. 火箭

a. $\boldsymbol{F}=0, v=v_0+v_r\ln\dfrac{m_0}{m}$

b. 直线律 $f=1-\alpha t, s=s_0+v_0t+\dfrac{v_r}{\alpha}[(1-\alpha t)\ln(1-\alpha t)+\alpha t]$

c. 指数律 $f=\mathrm{e}^{-\alpha t}, s=s_0+v_0t+\dfrac{av}{2}rt^2$

d. 受重力作用竖直向上发射,合外力 $\boldsymbol{F}=-m\boldsymbol{g}$,$v$ 的表示式中增加 $(-gt)$ 项,s 表示式中增加 $\left(-\dfrac{1}{2}gt^2\right)$ 项.

e. 增加 v_r 较增加燃料有效.

Ⅷ. 位力定理

在很长时间间隔内,质点系的动能对时间的平均值取负号等于作用在此质点系上力的位力,即

$$\overline{E}_\mathrm{k}=-\frac{1}{2}\overline{\sum_{i=1}^{n}\boldsymbol{F}_i\cdot\boldsymbol{r}_i}.$$

补充例题

2.1 正圆锥体底边半径为 a,今用一通过其轴的平面,将其等分为二,则任一半的质心和轴的距离为 $\dfrac{a}{\pi}$,试证明之,假定正圆锥体的密度是常量.

［解］ 设圆锥体的密度为 ρ，高为 h. 取一薄片，半径为 x，厚为 dy，则

$$dm = \rho\left(\frac{1}{2}\pi x^2\right) dy$$

式中 y 为半圆片离顶点 O（坐标原点）的距离. 由习题 2.1，可知半圆片的质心离轴的距离为 $\frac{4}{3}\ \frac{x}{\pi}$（留给读者自证）. 又由相似三角形，知

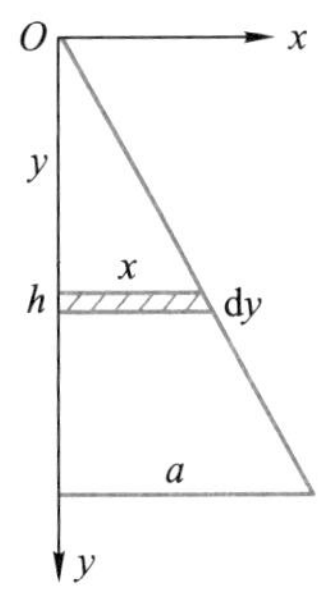

补充例题 2.1 题图

$$\frac{y}{x} = \frac{h}{a} \tag{1}$$

故
$$y=\frac{h}{a}x,\quad dy=\frac{h}{a}dx \tag{2}$$

由此得
$$x_C = \frac{\int x dm}{\int dm} = \frac{\int \frac{4}{3}\ \frac{x}{\pi}\rho\left(\frac{\pi}{2}x^2 dy\right)}{\int \rho\left(\frac{1}{2}\pi x^2 dy\right)} = \frac{\int_0^a \frac{4}{3}\ \frac{h}{a}x^3 dx}{\int_0^a \frac{h}{a}\pi x^2 dx} = \frac{a^4}{\pi a^3} = \frac{a}{\pi} \tag{3}$$

2.2 钉锤的质量为 m'，从高为 h 处落至一质量为 m 的铁钉的顶上，将其打入地中的深度为 s，试求地对钉的平均阻力，假定铁钉没有弹性.

［解］ 设锤击钉的速度为 u，则由机械能守恒定律，知

$$u^2 = 2gh \tag{1}$$

又设刚撞击后锤与钉共同前进时的速度为 v，则因这时尚无外力作用（重力较撞击力小得多，可以略去），故由动量守恒定律，得

$$m'u = (m'+m)v \tag{2}$$

如地对钉的平均阻力为 F，则因撞击作用停止后，作用在此系统上的外力，一为重力 $(m'+m)g$，作正功；一为阻力 F，作负功，故由动能定理，又得

$$0-\frac{1}{2}(m'+m)v^2 = [(m'+m)g-F]s \tag{3}$$

由(1)(2)(3)得

$$F = (m'+m)g+\frac{1}{2}\frac{(m'+m)v^2}{s} = (m'+m)g+\frac{1}{2}(m'+m)\frac{m'^2u^2}{(m'+m)^2s}$$

$$= (m'+m)g+\frac{m'^2}{m'+m}\frac{u^2}{2s} = (m'+m)g+\frac{m'^2}{m'+m}g\frac{h}{s} \tag{4}$$

2.3 有三个完全弹性的小球，质量分别为 m_1、m_2 及 m_3，静止于一直线上. 今于第一球上加上 v_1 的速度，其方向沿此直线. 设 m_1、m_3 及 v_1 为已知，求第二球的质量 m_2 应为何值，才能使第三球于碰撞后所得的速度最大？

［解］ 设第二球碰后以速度 v'_2 前进，第一球以速度 v'_1 回跃，则由动量守恒定律，我们有

$$m_1v_1 = m_1v'_1+m_2v'_2 \tag{1}$$

又由关于弹性碰撞的牛顿定律，得

$$v_1-0 = v'_2-v'_1 \tag{2}$$

把(2)式代入(1)式，得
$$m_1v_1 = m_1(v'_2-v_1)+m_2v'_2$$

即
$$v'_2 = \frac{2m_1v_1}{m_1+m_2} \tag{3}$$

同理，如第三球于碰后以速度 v'_3 前进，则仿(3)式知

$$v'_3 = \frac{2m_2 v'_2}{m_2 + m_3} = \frac{4m_1 m_2 v_1}{(m_1 + m_2)(m_2 + m_3)} \tag{4}$$

而

$$\begin{aligned} \frac{\mathrm{d}v'_3}{\mathrm{d}m_2} &= 4m_1 v_1 \frac{-2m_2^2 - m_1 m_2 - m_2 m_3 + m_1 m_2 + m_2^2 + m_2 m_3 + m_1 m_3}{(m_1 + m_2)^2 (m_2 + m_3)^2} \\ &= 4m_1 v_1 \frac{m_1 m_3 - m_2^2}{(m_1 + m_2)^2 (m_2 + m_3)^2} \end{aligned}$$

令 $\dfrac{\mathrm{d}v'_3}{\mathrm{d}m_2} = 0$，得

$$m_1 m_3 - m_2^2 = 0$$

由此得

$$m_2 = \sqrt{m_1 m_3} \tag{5}$$

故如

$$m_2 = \sqrt{m_1 m_3}$$

则第三球碰撞后所得的速度最大.

思考题

2.1 一均匀物体假如由几个有规则的物体并合(或挖去)而成，你觉得应该怎样来求它的质心？

2.2 一均匀物体如果有三个对称面，并且这三个对称面交于一点，则此质点即均匀物体的质心，为什么？

2.3 在质点系动力学中，能否计算每一质点的运动情况？假如质点系不受外力作用，每一质点是否都将静止不动或作匀速直线运动？

2.4 两球相碰撞时，如果把此两球当做质点系看待，作用的外力为何？其动量的变化如何？如仅考虑任意一球，则又如何？

2.5 水面上浮着一只小船. 船上一人如果向船尾走去，则船将向前移动. 这是不是与质心运动定理相矛盾？试解释之.

2.6 为什么在碰撞过程中，动量守恒而能量不一定守恒？所损失的能量到什么地方去了？又在什么情况下能量也守恒？

2.7 选用质心坐标系，在动量定理中是否需要计入惯性力？

2.8 轮船以速度 u 行驶. 一人在船上将一质量为 m 的铁球以速度 v 向船首抛去. 有人认为：这时人作的功为

$$\frac{1}{2}m(u + v)^2 - \frac{1}{2}mu^2 = \frac{1}{2}mv^2 + mvu$$

你觉得这种看法对吗？如不正确，错在什么地方？

2.9 秋千为什么越荡越高？这时能量的增长是从哪里来的？

2.10 在火箭里的燃料全部烧完后，§2.7(2)节中的诸公式是否还能应用？为什么？

2.11 多级火箭和单级火箭比起来，有哪些优越的地方？

习题

2.1 求均匀扇形薄片的质心，此扇形的半径为 a，所对的圆心角为 2θ. 并证半圆片的质心离圆心的距离为$\frac{4}{3}\frac{a}{\pi}$.

答：$x_C=\frac{2}{3}a\frac{\sin\theta}{\theta}$（取对称轴为 x 轴）

2.2 如自半径为 a 的球上，用一与球心相距为 b 的平面，切出一球形帽，求此球形帽的质心.

答：$z_C=\frac{3}{4}\frac{(a+b)^2}{2a+b}$（离球心）

2.3 重为 G 的人，手里拿着一个重为 G_1 的物体. 此人用与地平线成 α 角的速度 $\boldsymbol{v}_0$ 向前跳去. 当他达到最高点时，将物体以相对速度 $\boldsymbol{u}$ 水平向后抛出. 问由于物体的抛出，跳的距离增加了多少？

答：增加了$\frac{G_1}{(G+G_1)g}uv_0\sin\alpha$

2.4 质量为 m_1 的质点，沿倾角为 θ 的光滑直角劈滑下，劈的本身质量为 m_2，又可在光滑水平面上自由滑动. 试求：

（1）质点水平方向的加速度 $\ddot{x}_1$；

（2）劈的加速度 $\ddot{x}_2$；

（3）劈对质点的反作用力 R_1；

（4）水平面对劈的反作用力 R_2.

答：$\ddot{x}_1=\frac{m_2\sin\theta\cos\theta}{m_2+m_1\sin^2\theta}g$，$\ddot{x}_2=-\frac{m_1\sin\theta\cos\theta}{m_2+m_1\sin^2\theta}g$

$R_1=\frac{m_1m_2\cos\theta}{m_2+m_1\sin^2\theta}g$，$R_2=\frac{m_2(m_1+m_2)}{m_2+m_1\sin^2\theta}g$

2.5 半径为 a，质量为 m 的薄圆片，绕垂直于圆片并通过圆心的竖直轴以匀角速度 ω 转动，求绕此轴的动量矩.

答：$J=\frac{1}{2}ma^2\omega$

2.6 一炮弹的质量为 m_1+m_2，射出时的水平及竖直分速度为 u 及 v. 当炮弹达到最高点时，其内部的炸药产生能量 E，使此炸弹分为 m_1 及 m_2 两部分. 在开始时，两者仍沿原方向飞行，试求它们落地时相隔的距离，不计空气阻力.

答：$\frac{v}{g}\sqrt{2E\left(\frac{1}{m_1}+\frac{1}{m_2}\right)}$

2.7 质量为 m'，半径为 a 的光滑半球，其底面放在光滑的水平面上. 有一质量为 m 的质点沿此半球面滑下. 设质点的初位置与球心的连线和竖直方向上的直线间所成之角为 α，并且起始时此系统是静止的，求此质点滑到它与球心的连线和竖直向上直线间所成之角为 θ 时 $\dot{\theta}$ 之值.

答：$\dot{\theta}=\sqrt{\dfrac{2g}{a}\dfrac{\cos\alpha-\cos\theta}{1-\dfrac{m}{m'+m}\cos^2\theta}}$

2.8 一光滑球 A 与另一静止的光滑球 B 发生斜碰. 如两者均为完全弹性体,且两球的质量相等,则两球碰撞后的速度互相垂直,试证明之.

2.9 一光滑小球与另一相同的静止小球相碰撞. 在碰撞前,第一个小球运动的方向与碰撞时两球的连心线成 α 角. 求碰撞后第一个小球偏过的角度 β 以及在各种 α 值下 β 角的最大值. 设恢复系数 e 为已知.

答：$\beta=\arctan\left[\dfrac{(1+e)\tan\alpha}{1-e+2\tan^2\alpha}\right]$，$\beta_{\max}=\arcsin\left(\dfrac{1+e}{3-e}\right)$

2.10 质量为 m_2 的光滑球用一不可伸长的绳系于固定点 A. 另一质量为 m_1 的球以与绳成 θ 角的速度 $\boldsymbol{v}_1$ 与 m_2 正碰. 试求 m_1 与 m_2 碰撞后开始运动的速度大小 v_1' 及 v_2'. 设恢复系数 e 为已知.

答：$v'_1=\dfrac{m_1\sin^2\theta-em_2}{m_2+m_1\sin^2\theta}v_1$

$v'_2=\dfrac{m_1(1+e)\sin\theta}{m_2+m_1\sin^2\theta}v_1$

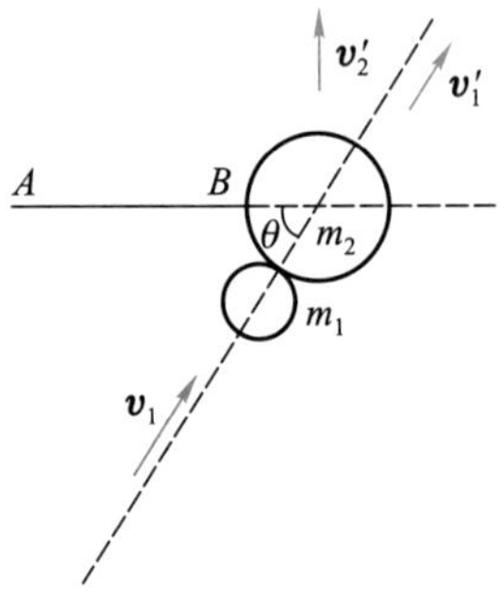

第 2.10 题图

2.11 在光滑的水平桌面上,有质量各为 m 的两个质点,用一不可伸长的绳紧直相连,绳长为 a. 设其中一质点受到一个为绳正交的冲量 I 的作用,求证此后两质点将各作圆滚线运动,且其能量之比为 $\cot^2\left(\dfrac{It}{2am}\right)=1$,式中 t 为冲力作用的时间.

2.12 质量为 m_1 的球以速度 v_1 与质量为 m_2 的静止球正碰. 求碰撞后两球相对于质心的速度 u'_1 和 u'_2是多少？碰撞前两球相对于质心的动能是多少？恢复系数 e 为已知.

答：$u'_1=-eu_1=-\dfrac{em_2}{m_1+m_2}v_1$

$u'_2=-eu_2=\dfrac{em_1}{m_1+m_2}v_1$

$E_k=\dfrac{1}{2}m_1u_1^2+\dfrac{1}{2}m_2u_2^2=\dfrac{1}{2}\dfrac{m_1m_2}{m_1+m_2}v_1^2$

式中 v_1 及 v_2 是两球碰撞前相对于质心的速度.

2.13 长为 l 的均匀细链条伸直地平放在水平光滑桌面上,其方向与桌子边缘垂直,此时链条的一半从桌边下垂. 起始时,整个链条是静止的. 试用两种不同的方法,求此链条的末端滑到桌子的边缘时,链条的速度 v.

答：$v=\dfrac{1}{2}\sqrt{3gl}$

2.14 一条柔软、无弹性、质量均匀的绳索,竖直地自高处下落至地板上. 如绳索的长度等于 l,每单位长度的质量等于 σ. 求当绳索剩在空中的长度等于 $x(x<l)$时,绳索的速度及它对地板的压力. 设开始时,绳索的速度为零,它的下端离地板的高度为 h.

答：$v^2=2g(h+l-x)$；$F=\sigma[2h+3(l-x)]g$

2.15 机枪质量为 m_1，放在水平地面上，装有质量为 m_2 的子弹. 机枪在单位时间内射出子弹的质量为 m，其相对于地面的速度则为 u. 如机枪与地面的摩擦因数为 μ，试证当 m_2 全部射出后，机枪后退的速度为

$$\frac{m_2}{m_1}u - \frac{(m_1 + m_2)^2 - m_1^2}{2mm_1}\mu g$$

2.16 雨滴下落时，其质量的增加率与雨滴的表面积成正比例，求雨滴速度与时间的关系.

答：$v=\dfrac{g}{4\lambda}\left[a+\lambda t-\dfrac{a^4}{(a+\lambda t)^3}\right]$

式中 λ 为在单位时间内雨滴半径的增量，a 为 $t=0$ 时雨滴的半径.

2.17 设用某种液体燃料发动的火箭，喷气速度为 2 074 m/s，单位时间内所消耗的燃料为原始火箭总质量的$\dfrac{1}{60}$. 如重力加速度 g 的值可以认为是常量，则利用此种火箭发射人造太阳行星时，所携带的燃料的质量至少是空火箭质量的 300 倍，试证明之.

2.18 原始总质量为 m_0 的火箭，发射时单位时间内消耗的燃料与 m_0 成正比，即 αm_0（α 为比例常量），并以相对速度 v 喷射. 已知火箭本身的质量为 m，求证只有当 $\alpha v>g$ 时，火箭才能上升；并证明能达到的最大速度为

$$v\ln\frac{m_0}{m} - \frac{g}{\alpha}\left(1 - \frac{m}{m_0}\right)$$

能达到的最大高度为

$$\frac{v^2}{2g}\left(\ln\frac{m_0}{m}\right)^2 + \frac{v}{\alpha}\left(1 - \frac{m}{m_0} - \ln\frac{m_0}{m}\right)$$

2.19 试以行星绕太阳的运动为例，验证位力定理. 计算时可利用 §1.9 中所有的关系和公式，即认为太阳是固定不动的.

第三章 刚体力学

§3.1 刚体运动的分析

(1) 描述刚体位置的独立变量

在§1.1中,我们就曾讲过:一切物体都可以看做由许多质点集合而成.在第二章中,我们已经研究了有关质点系(质点的集合体)的几个基本定理和守恒定律,利用这些关系,我们一般只能获知有关质点系运动的总趋向(例如质心的运动)和某些特征.如果要了解质点系中任一质点究竟将如何运动,常常是比较困难的,甚至是不可能的.

在本章中,我们将研究一种特殊质点系的运动问题.这种特殊的质点系具有这样的性质,就是在它里面任何两个质点间的距离,不因力的作用而发生改变.这种特殊的质点系叫做刚体.刚体和质点一样,也是一种抽象的、理想化的模型.在所研究的问题中,只有当物体的大小和形状的变化可以忽略不计时,才可以把它当做刚体看待.

理论力学的任务是研究宏观物体的机械运动规律,所以在大多数问题中,是要确定物体在外力作用下,它的位置如何随时间发生变化,亦即确定它的运动规律.我们知道:质点是被抽象为没有大小的几何点(但有一定的质量).因此,要确定质点在空间的位置,需要三个独立的变量,例如 x、y、z 或 r、θ、φ.

现在要问:确定刚体在空间的位置,需要几个独立变量?

一个质点既然要三个独立变量来确定它的位置,那么由 n 个(n 是一个很大的数目)质点所组成的刚体,似乎应当要有 $3n$ 个独立变量才能确定它在空间的位置.其实不然.刚体虽然由 n 个质点系组成,但因任意两点间的距离保持不变,所以只要确定了刚体内不在一直线上三点的位置,刚体的位置就能确定.这是因为如果固定了刚体中两点的位置,刚体还可绕着连接这两点的直线转动;如果再在刚体中把不和这条直线共线的另一点的位置固定,那么刚体就不能作任何运动了.

每一质点既然要三个独立变量来确定它的位置,而确定刚体的位置需要确定刚体内不共线的三点 O、A、B(图3.1.1)的位置,因此,确定刚体的位置需要九个变量. 但因三点间三个距离 OA、OB 和 AB 是常量,所以实际上只要用六个独立变量就可以确定刚体的位置.

如果我们选用刚体内不共线三点的坐标来确定刚体的位置,那么,由于这些坐标不能独立变化,而要服从三个条件的限制,因此很不方便. 我们也可在刚体内选取一点 O,然后通过 O 点选取任一直线作为转动轴(因为刚体的机械运动可认为是平动与转动的组合,参看下一段),那么,要确定 O 点的位置,要用三个独立变量,要确定轴线在空间的取向,要用三个变量(即这轴线的方向余弦),而要确定刚体绕这条轴线转了多少角度,又要用一个变量. 在这七个变量中,三个方向余弦是不互相独立的(它们的平方和等于1),所以虽比上面的方法更好,但仍然不是很理想.

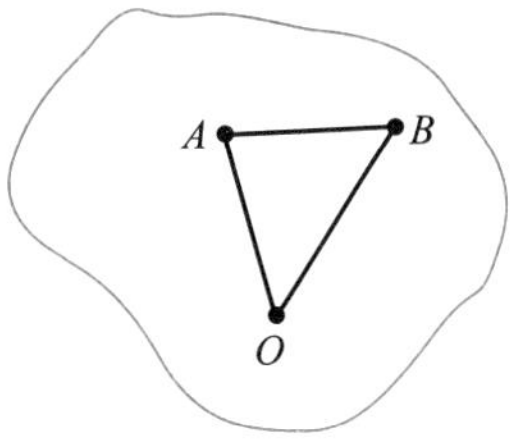

图 3.1.1

1776 年,欧拉建议可用两个独立的角度来确定转动轴线在空间的取向,如果连同刚体绕这条轴线所转动的角度一起计算,就是三个独立的角度了. 由于这些角度都能独立变化,所以这个方法被人们广泛地用来研究刚体的运动,我们在 §3.3 里将详细说明三个角度是怎样选取的.

(2) 刚体运动的分类

上面已经讲到:刚体要六个独立变量来确定它在空间的位置,所以其最一般的运动,是具有六个独立变量的平动与转动的组合. 但在某些条件的限制下(通常叫**约束**),刚体可以作少于六个独立变量的其他形式的运动,兹分述如下。

Ⅰ. 平动

刚体运动时,如果在各个时刻,刚体中任意一条直线始终彼此平行,那么这种运动叫做**平动**. 此时刚体中所有的质点都有相同的速度和加速度,任何一个质点的运动都可代表全体,与质点的情况没有什么区别,只要研究质心的运动就可以了. 因此,刚体作平动时的独立变量为三个.

Ⅱ. 定轴转动

如果刚体运动时,其中有两个质点始终不动,那么因为两点可以决定一条直线,所以这条直线上的诸点都固定不动,整个刚体就绕着这条直线转动. 这条直线叫**转动轴**,而这种运动则叫**绕固定轴的转动**或简称**定轴转动**. 我们只要知道刚体绕这条轴线转了多少角度,就能确定刚体的位置. 因此,刚体作定轴转动时只有一个独立变量.

Ⅲ. 平面平行运动

刚体运动时,刚体中任意一点如果始终在平行于某一固定平面的平面内运动,则叫**平面平行运动**. 根据分析可知,这时的运动可分解为某一平面内任意一点的平动(两个独立变量)及绕通过此点且垂直于固定平面的固定轴的转动(一个独立变量),所以刚体作平面平行运动时只有三个独立变量(参看 §3.7).

Ⅳ. 定点转动

如果刚体运动时,只有一点固定不动,整个刚体围绕着通过这点的某一瞬时轴线转动,则叫定点转动. 此时转动轴并不固定于空间(因只通过一个定点),与定轴转动时的情形不同. 我们要用两个独立变量才能确定这条轴线在空间的取向,再用一个变量确定刚体绕这条轴线转了多少角度,所以刚体作定点转动时也只有三个独立变量.

Ⅴ. 一般运动

刚体不受任何约束,可以在空间任意运动,但可分解为质心的平动(三个独立变量)与绕通过质心的某直线的定点转动(三个独立变量). 因此,刚体作一般运动时有六个独立变量.

平动与定轴转动,在普通物理中已经讲过,我们将不作过多的重复. 一般运动又过于复杂,因此本章的重点,将放在平面平行运动与定点转动上面.

§3.2 角速度矢量

(1) 有限转动与无限小转动

在普通物理学中处理刚体绕固定轴转动这类问题时,曾经直接把角速度 ω 作为一个矢量. 实际上,这样处理在逻辑上是不够严格的,但因在定轴转动(平面平行运动也是这样)中,角速度方向不变,所以它是不是矢量关系不大,只要把它看成是由一个有方向的直线来代表的量就行了.

在定轴转动中,通常是在转动轴上截取一个有方向的线段(按右手螺旋法则)来代表角速度. 但当刚体绕固定点转动时,转动轴方向随时改变,因而角速度的方向也随时改变,所以必须首先证明角速度是一个矢量.

我们知道:有量值有方向的量还不一定是矢量. 如果它是矢量,还必须遵守平行四边形加法所应该遵守的对易律. 即如 $\boldsymbol{A}$ 和 $\boldsymbol{B}$ 是两个矢量,则应有

$$\boldsymbol{A}+\boldsymbol{B}=\boldsymbol{B}+\boldsymbol{A} \tag{3.2.1}$$

有限转动就不是一个矢量,因为它不遵守上述的对易律,这可用一个实例来加以说明. 在图 3.2.1 及图 3.2.2 中画出了两个长方形砖块. 如果我们把砖甲先绕 z 轴转 90°,然后再绕 y 轴转 90°,则得图 3.2.1(c)所示位形;如把砖乙先绕 y 轴转 90°再绕 z 轴转 90°,则得图 3.2.2(c)所示的位形. 这两个位形迥然不同,故知对易律在这时不能成立.

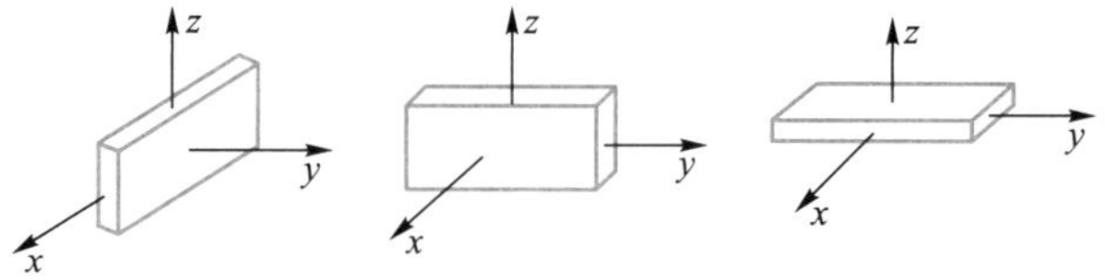

(a) 原来位形　　(b) 绕 z 轴转 90°后　　(c) 再绕 y 轴转 90°后

图 3.2.1

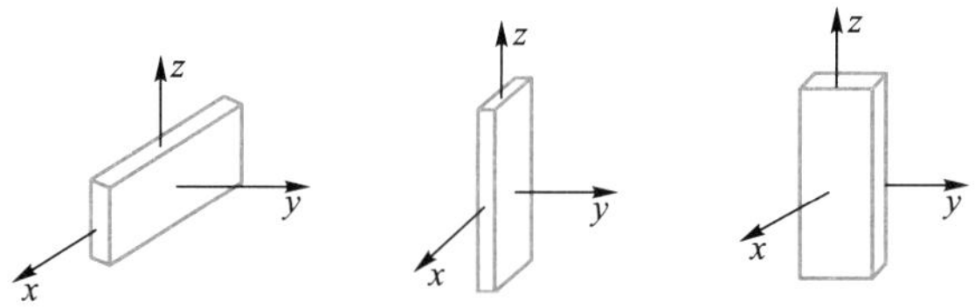

(a) 原来位形　　(b) 绕 y 轴转90°后　(c) 再绕 z 轴转90°后

图 3.2.2

如果是无限小转动,情形就跟有限转动有所不同. 设刚体绕通过定点 O 的某轴线转动了一微小角度 $\Delta\theta$,则因 $\Delta\theta$ 也应是一有方向的量,故可在转动轴上截取一有方向的线段 $\Delta\boldsymbol{n}$ 来代表 $\Delta\theta$ 的量值和方向,故 $|\Delta\boldsymbol{n}|=\Delta\theta$,其指向则由右手螺旋法则决定,如图 3.2.3 所示. 我们通常把 $\Delta\boldsymbol{n}$ 叫做角位移.

如果 $\boldsymbol{r}$ 为刚体内任一质点 P 在转动前的位矢,$\boldsymbol{r}+\Delta\boldsymbol{r}$ 为转动后 P 点(现在是 P' 点)的位矢,因为 $\Delta\boldsymbol{r}$ 是无限小量,故 $\Delta\boldsymbol{r}$ 必与包含 $\boldsymbol{r}$ 及 $\Delta\boldsymbol{n}$ 的平面垂直,并且

$$|\Delta\boldsymbol{r}| = PM\cdot\Delta\theta$$

但

$$PM = r\sin\varphi$$

式中 φ 是 $\boldsymbol{r}$ 和 $\Delta\boldsymbol{n}$ 之间的夹角. 因此

$$|\Delta\boldsymbol{r}| = r\Delta\theta\sin\varphi \tag{3.2.2}$$

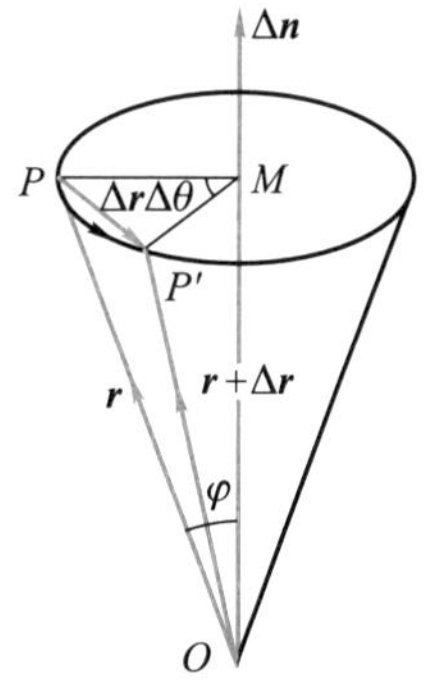

图 3.2.3

或
$$|\Delta\boldsymbol{r}| = |\boldsymbol{r}|\cdot|\Delta\boldsymbol{n}|\cdot\sin\varphi$$

即
$$\Delta\boldsymbol{r}=\Delta\boldsymbol{n}\times\boldsymbol{r} \tag{3.2.3}$$

我们现在还只把 $\Delta\boldsymbol{n}$ 当做一个有方向的量来看待,如果它是矢量,那它还必须遵守矢量加法的对易律. 现在来看两个微小转动(都是绕通过 O 点的轴线转的)$\Delta\boldsymbol{n}$ 及 $\Delta\boldsymbol{n}'$的合成是不是遵守对易律?

如果刚体先后绕通过 O 点的轴线作了两次微小的转动 $\Delta\boldsymbol{n}$ 及 $\Delta\boldsymbol{n}'$,则当 P 的位矢分别为[根据式(3.2.3)]

(a) 转动前:$\boldsymbol{r}$;

（b）转动 $\Delta\boldsymbol{n}$ 后：$\boldsymbol{r}+\Delta\boldsymbol{n}\times\boldsymbol{r}$；

（c）再转动 $\Delta\boldsymbol{n}'$后：$\boldsymbol{r}+\Delta\boldsymbol{n}\times\boldsymbol{r}+\Delta\boldsymbol{n}'\times(\boldsymbol{r}+\Delta\boldsymbol{n}\times\boldsymbol{r})$.

如果略去二阶微量,则得合成线位移为

$$\Delta\boldsymbol{n}\times\boldsymbol{r}+\Delta\boldsymbol{n}'\times\boldsymbol{r}=\Delta\boldsymbol{r}+\Delta\boldsymbol{r}'$$

如果对易转动次序,则得合成线位移为

$$\Delta\boldsymbol{n}'\times\boldsymbol{r}+\Delta\boldsymbol{n}\times\boldsymbol{r}=\Delta\boldsymbol{r}'+\Delta\boldsymbol{r}$$

我们已知线位移是可以对易的,故得

$$\Delta\boldsymbol{r}+\Delta\boldsymbol{r}'=\Delta\boldsymbol{r}'+\Delta\boldsymbol{r}$$

即

$$\Delta\boldsymbol{n}\times\boldsymbol{r}+\Delta\boldsymbol{n}'\times\boldsymbol{r}=\Delta\boldsymbol{n}'\times\boldsymbol{r}+\Delta\boldsymbol{n}\times\boldsymbol{r}$$

即

$$(\Delta\boldsymbol{n}+\Delta\boldsymbol{n}')\times\boldsymbol{r}=(\Delta\boldsymbol{n}'+\Delta\boldsymbol{n})\times\boldsymbol{r}$$

因对任意 $\boldsymbol{r}$,此矢积式恒成立,故

$$\Delta\boldsymbol{n}+\Delta\boldsymbol{n}'=\Delta\boldsymbol{n}'+\Delta\boldsymbol{n} \tag{3.2.4}$$

所以微小转动的合成也是可以对易的. 既然微小转动的合成,遵从平行四边形加法的对易律,就证明了角位移 $\Delta\boldsymbol{n}$ 是一个矢量.

（2）角速度矢量

上面所讲的 $\Delta\boldsymbol{n}$ 是在 Δt 时间内刚体绕 O 点所转动的微小角度,它的量值等于 $\Delta\theta$,方向沿转动轴. 如果我们用 Δt 来除 $\Delta\boldsymbol{n}$,并令 Δt 趋于零,则有

$$\lim_{\Delta t\to 0}\frac{\Delta\boldsymbol{n}}{\Delta t}=\frac{\mathrm{d}\boldsymbol{n}}{\mathrm{d}t}=\boldsymbol{\omega} \tag{3.2.5}$$

矢量 $\boldsymbol{\omega}$ 就是刚体在瞬时 t 绕 O 点转动的角速度,因为 $\Delta\boldsymbol{n}$ 是矢量,所以 $\boldsymbol{\omega}$ 当然也是矢量,今后我们可以用矢量运算法则来处理它.

和定轴转动的情形不同,定点转动时的转动轴,虽然恒通过定点 O,但却随着时间而改变它在空间的取向,故某一时刻的转轴,叫做该时刻的转动瞬轴. 角速度矢量就沿着该时刻的转动瞬轴,而其量值则为$\dfrac{\mathrm{d}\theta}{\mathrm{d}t}$.

由式(3.2.3),我们可得刚体内一点的线速度 $\boldsymbol{v}$ 与角速度 $\boldsymbol{\omega}$ 之间的关系. 因 $\boldsymbol{v}=\dfrac{\mathrm{d}\boldsymbol{r}}{\mathrm{d}t}$,而 $\boldsymbol{\omega}=\dfrac{\mathrm{d}\boldsymbol{n}}{\mathrm{d}t}$,故

$$\boldsymbol{v}=\frac{\mathrm{d}\boldsymbol{r}}{\mathrm{d}t}=\boldsymbol{\omega}\times\boldsymbol{r} \tag{3.2.6}$$

角速度 $\boldsymbol{\omega}$ 为整个刚体所公有,但 $\boldsymbol{v}$ 则只是刚体内某一点的线速度（因与位矢 $\boldsymbol{r}$ 有关）,此点我们应注意分清. 下面我们还要详细论述这个问题.

§ 3.3

欧拉角

(1) 欧拉角

当刚体作定点转动时,我们可选这个定点作为坐标系的原点,而用三个独立的角度来确定转动轴在空间的取向和刚体绕该轴线所转过的角度. 这三个能够独立变化的角度叫做欧拉角.

现在来说明这三个能独立变化的欧拉角是如何选取的?

取两组右手正交坐标系,它们的原点都在定点 O 上. 一组坐标系 $O\xi\eta\zeta$ 固定在空间不动,而另一组坐标系 $Oxyz$ 则固定在刚体上,随着刚体一起转动. 并设 z 轴就是上述动坐标系中的瞬时转动轴.

在图 3.3.1 中,$O\xi\eta$ 平面和 Oxy 平面的交线 ON 叫做节线. ON 和 ξ 轴间的夹角 φ 是一个欧拉角,通常我们把它叫做进动角. ON 和 x 轴间的夹角 ψ 是另一个欧拉角,通常叫做自转角. 而 ζ 轴和 z 轴间的夹角 θ 是第三个欧拉角,通常叫做章动角. 这些角度的含义,是从陀螺的转动中得来的,参看 § 3.9.

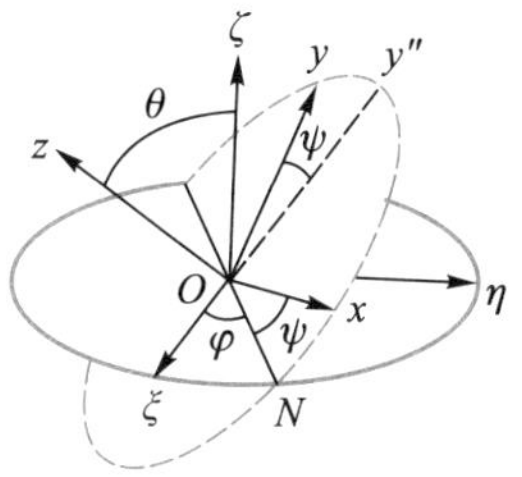

图 3.3.1

从图 3.3.1 中可以看出:z 轴和 ON 垂直,故 z 轴的位置与 ON 有关,因此 z 轴的位置要用 θ 与 φ 两个角度来确定. 至于 ψ,则为绕 z 轴所转动的角度. 由此可知,利用欧拉角(θ、φ、ψ)可以确定 $Oxyz$ 相对于 $O\xi\eta\zeta$ 的位置. 但因 $Oxyz$ 是和刚体固连在一起的,因而也就确定了刚体的位置.

现在,我们假定 $Oxyz$ 原来是和 $O\xi\eta\zeta$ 重合在一起的. 令 $Oxyz$ 绕着 ζ 轴沿逆时针方向(下同)转过一个角度 φ,于是 x 轴和 ξ 轴分开,y 轴和 η 轴分开,而且 x 轴转到 x'(即 ON)的位置,y 轴转到 y'的位置,但 z 轴和 ζ 轴仍然重合在一起,如图 3.3.2 所示. 令活动坐标系绕着 ON 转动一个角度 θ(图 3.3.3),于是 z 轴和 ζ 轴分开,活动坐标系三个轴现在是 x'、y''和 z. 这时 z 轴和 ζ 轴之间的夹角是 θ,$Ox'y''$平面和 $\xi O\eta$ 平面间的夹角也是 θ,如图 3.3.3 所示. 最后,令活动坐标系绕着 z 轴转动一个角度 ψ,这时 Ox'与 ON 分开,并转到图 3.3.1 所示的 Ox 的位置,ON 和 Ox 间的夹角是 ψ;同理,y''转到图 3.3.1 所示的 y 轴的位置,y''和 y 轴间的夹角也是 ψ. 这时,活动坐标系 $Oxyz$ 已经转到我们所需要的位置了.

由图 3.3.1 可以看出:在下列范围内改变 θ、φ、ψ 的数值,可得刚体可能具有的各种位置:

$$0 \leqslant \theta \leqslant \pi, \quad 0 \leqslant \varphi \leqslant 2\pi, \quad 0 \leqslant \psi \leqslant 2\pi \tag{3.3.1}$$

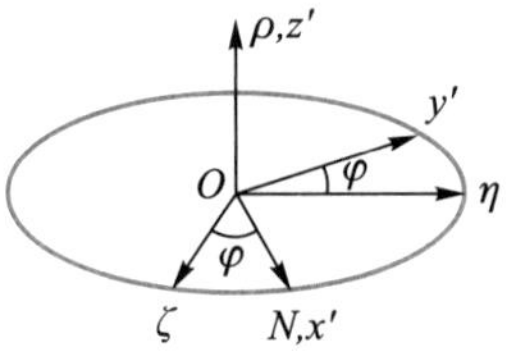

图 3.3.2

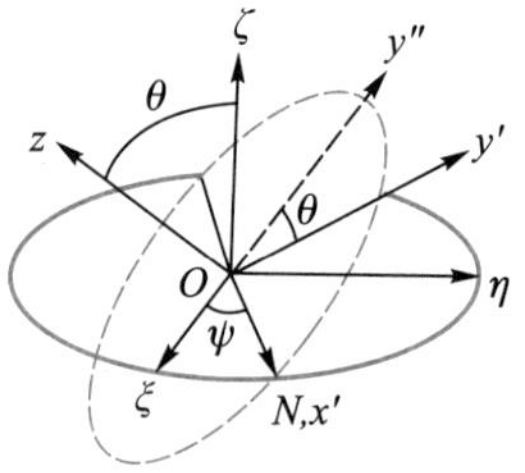

图 3.3.3

(2) 欧拉运动学方程

如果刚体绕着通过定点 O 的某一轴线以角速度 $\boldsymbol{\omega}$ 转动，而 $\boldsymbol{\omega}$ 在活动坐标系 $Oxyz$ 上的投影是 ω_x、ω_y 和 ω_z，则

$$\boldsymbol{\omega}=\omega_x\boldsymbol{i}+\omega_y\boldsymbol{j}+\omega_z\boldsymbol{k} \tag{3.3.2}$$

式中 $\boldsymbol{i}$、$\boldsymbol{j}$、$\boldsymbol{k}$ 分别是沿 x 轴、y 轴和 z 轴的单位矢量.

另一方面，根据上面的描述，我们也可以认为 $\boldsymbol{\omega}$ 是绕 ζ 轴的角速度 $\dot{\varphi}$、绕 ON 轴的角速度 $\dot{\theta}$ 及绕 z 轴的角速度 $\dot{\psi}$ 三者的矢量和. $\dot{\psi}$ 既然是沿着 z 轴，所以在 x 轴和 y 轴上没有分量. $\dot{\theta}$ 沿着 ON 轴(图 3.3.4)，而 ON 和 z 轴垂直，所以它在 z 轴没有分量，而在 x 轴上的分量是 $\dot{\theta}\cos\psi$，在 y 轴上的分量则是 $-\dot{\theta}\sin\psi$. $\dot{\varphi}$ 是沿着 ζ 轴的(可参见图 3.3.1)，首先我们把它分解到 z 轴和 y''轴上(因为 $O\zeta$、Oz 及 y''三者在同一平面内，并且 z 轴及 y''轴互相垂直)，$\dot{\varphi}$ 在 z 轴上的分量是 $\dot{\varphi}\cos\theta$，而在 y''轴上的分量是 $\dot{\varphi}\sin\theta$. 最后，再把 y''上的 $\dot{\varphi}\sin\theta$ 分解到 x 轴和 y 轴上. 因此，$\dot{\varphi}$ 在 x 轴上的分量是 $\dot{\varphi}\sin\theta\sin\psi$，而在 y 轴上的分量是 $\dot{\varphi}\sin\theta\cos\psi$.

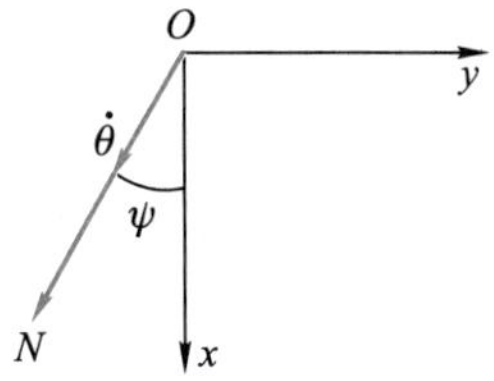

图 3.3.4

集合 $\dot{\theta}$、$\dot{\varphi}$、$\dot{\psi}$ 在 x 轴、y 轴、z 轴上的各个分量，并和式(3.3.2)相比较，我们就得出用欧拉角及其对时间的微商来表示角速度沿活动坐标轴 x、y、z 三个分量的表达式：

$$\left.\begin{aligned}\omega_x&=\dot{\varphi}\sin\theta\sin\psi+\dot{\theta}\cos\psi\\\omega_y&=\dot{\varphi}\sin\theta\cos\psi-\dot{\theta}\sin\psi\\\omega_z&=\dot{\varphi}\cos\theta+\dot{\psi}\end{aligned}\right\} \tag{3.3.3}$$

由上式可以看出：如果 θ、φ、ψ 和时间 t 的关系为已知，则可用上式计算角速度 $\boldsymbol{\omega}$ 在活动坐标轴 x、y、z 上的三个分量；反之，如在任一时刻 t，$\boldsymbol{\omega}$ 的各分量为已知，我们也可利用上式求出θ、φ、ψ 和时间 t 的关系，因而也就决定了刚体的运动. 在刚体运动学中，前者是主要的课题.

我们通常把式(3.3.3)叫做欧拉运动学方程.

§3.4 刚体运动方程与平衡方程

(1) 力系的简化

作用在刚体上的力，数目可能很多，分布的情况也是各式各样. 因此，在研究刚体的运动或平衡时，常需对这些力进行简化. 本节将首先对作用在刚体上的力系的一般简化方程进行介绍.

我们知道：刚体在作用线相同、量值相同、但方向相反的两个外力作用之下，仍呈平衡状态，其运动状态不会发生任何改变. 故如一力 $\boldsymbol{F}$ 作用在刚体上的 A 点，而 $\boldsymbol{F}$ 的作用线是 AB，则在 B 点上可引入两个互相抵消的力 $\boldsymbol{F}$ 及 $-\boldsymbol{F}$. 既然 A、B 是在同一个刚体上，所以作用在刚体 B 点上的力 $-\boldsymbol{F}$，可与作用在刚体 A 点上的力 $\boldsymbol{F}$ 抵消(图 3.4.1). 这就是说，作用在刚体 A 点上的力 $\boldsymbol{F}$，和作用在刚体 B 点上的力 $\boldsymbol{F}$ 效果一样. 亦即作用在刚体上的力所产生的力学效果，全靠力的量值与作用线的地位与方向，而与力的作用点在作用线上的地位无关，这关系叫力的可传性原理. 因此，在刚体力学中，力被称为滑移矢量，即力可沿它的作用线向前或向后移动而其作用效果不变.

作用在刚体上的力虽可沿作用线滑移，但作用线的位置却不能随意移动. 图 3.4.2(a)中的力 $\boldsymbol{F}$(通过质心)可使刚体沿光滑平面平动；而图 3.4.2(b)中的力 $\boldsymbol{F}$(不通过质心)则可能使刚体倾倒. 故当力的作用线位置迁移后，力学的效果亦随之而变.

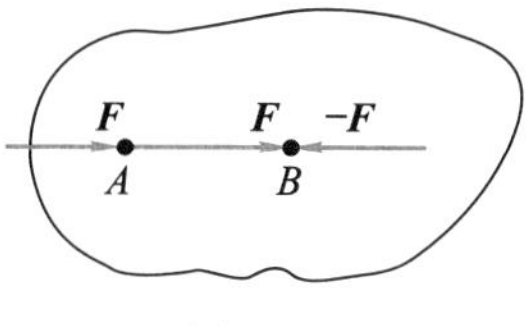

图 3.4.1

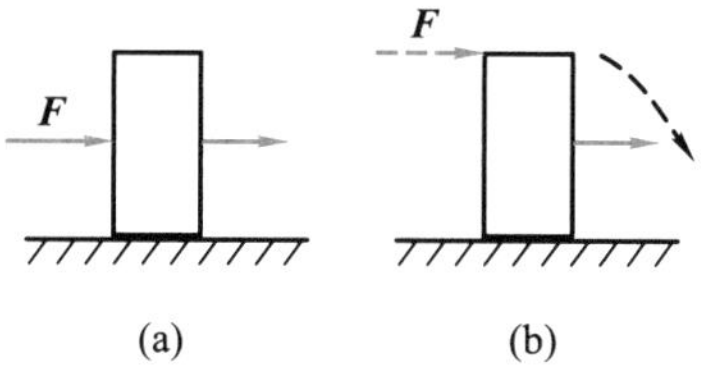

图 3.4.2

两个共点力的合成，可用平行四边形法则. 至于共面的任意两非平行力，则可应用力的可传性原理，将其汇交于一点，再用平行四边形法则求和. 辗转应用此法，即可求出任意数目的共面力的合力.

平行力的求和，因为没有公共交点，不能应用平行四边形法则. 但平行力合力的量值与方向很容易确定(由代数和即能确定),而合力的作用线,则可用力矩关系确定,即合力对垂直于诸力的某轴线的力矩应与诸分力对同一轴线力矩的代数和相等.

如两平行力 $\boldsymbol{F}_2=-\boldsymbol{F}_1=\boldsymbol{F}$,但不作用在同一直线上,如图3.4.3所示,则叫**力偶**. 此时 $\boldsymbol{F}_1+\boldsymbol{F}_2$ 的量值为零,但对任一点的合力矩则不为零. 在图 3.4.3 中,P 为力偶面($\boldsymbol{F}_1$、$\boldsymbol{F}_2$ 所在的面)内任意的一点,则 $\boldsymbol{F}_1$ 及 $\boldsymbol{F}_2$ 对任意点 P 的总力矩量值为

$$F_2\cdot PO_2-F_1\cdot PO_1=F\cdot O_1O_2$$

O_1O_2 为组成此力偶两平行力间的垂直距离. 故力偶的任一力和两力作用线间垂直距离的乘积,等于两力对垂直于力偶面的任意轴线的力矩的代数和. 我们称两力间的垂直距离为**力偶臂**,而称力和力偶臂的乘积为**力偶矩**. 力偶矩是力偶唯一的力学效果,也是一个矢量,通常用垂直于力偶面的任一直线来表示,其方向则用右手螺旋法则定之,如图 3.4.4 所示. 由此可以看出:力偶矩为一**自由矢量**,可作用于力偶面上的任一点,与滑移矢量(不能改变作用线)不同.

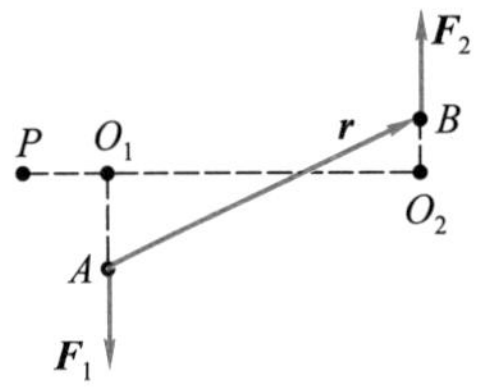

图 3.4.3

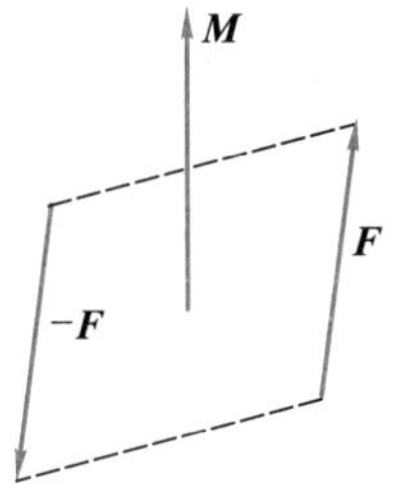

图 3.4.4

上述力偶矩 $\boldsymbol{M}$ 也可写为

$$\boldsymbol{M}=\boldsymbol{r}\times\boldsymbol{F}$$

式中 $\boldsymbol{r}=\overrightarrow{AB}$,是 $\boldsymbol{F}_2$ 的作用点 B 对 $\boldsymbol{F}_1$ 的作用点 A 的位矢.

空间共点力系与平行力系的求和方法,与共面力系相同. 不过,在对空间力系求和时,有时会遇到这样一种很麻烦的情况:它们中任何两个力都既不平行又不能汇交于一点,如图 3.4.5 所示. 显然,上面所讲的求和方法,对这样的力系都不能适用.

事实上,即使不是这样的力系,我们也常常要把空间力系中所有的力都迁移到任一指定点(例如质心)上去,因此有必要研究力的作用线如何迁移的问题.

设 $\boldsymbol{F}'$为作用在刚体 A 点上的一个力,P 为空间任意一点,但不在 $\boldsymbol{F}'$的作用线上(图 3.4.6). 在 P 点,添上两个与 $\boldsymbol{F}'$的作用线平行的力 $\boldsymbol{F}_1$ 及 $\boldsymbol{F}_2$,且

$$\boldsymbol{F}_1+\boldsymbol{F}_2=0,\quad F_1=F_2=F'$$

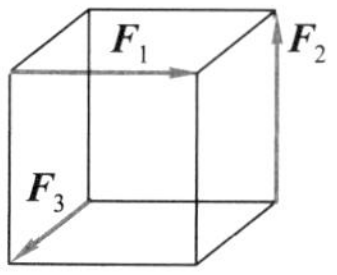

图 3.4.5

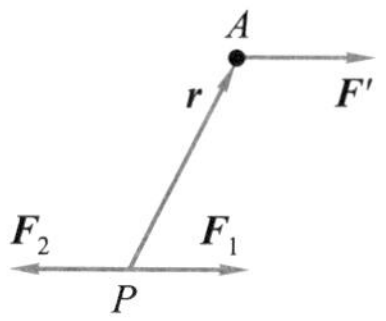

图 3.4.6

则 $\boldsymbol{F}'$及 $\boldsymbol{F}_2$ 可组成一力偶，而 $\boldsymbol{F}_1$ 则作用在 P 点上，其量值和方向均与 $\boldsymbol{F}'$相同. 故力 $\boldsymbol{F}'$可化为过 P 点的力 $\boldsymbol{F}_1$ 和 $\boldsymbol{F}'$及 $\boldsymbol{F}_2$ 所组成的一个力偶，其力偶矩为 $\boldsymbol{r}\times\boldsymbol{F}'$；后者即力 $\boldsymbol{F}'$对 P 点的力矩，因为 $\boldsymbol{r}$ 是 A 对 P 的位矢，作用在其他点上的一些力，也可用同样方法，化为经过 P 点的一个力和一个力偶. 对作用在 P 点上的诸力，可求出一合力 $\boldsymbol{F}$，而对诸力偶亦可用矢量求和的方法，求出一合力偶，其力偶矩为 $\boldsymbol{M}$，等于那些力在原来位置时对 P 点力矩的矢量和. 故任意力系总可简化为通过某指定点 P 的一个单力 $\boldsymbol{F}$ 及一力偶矩为 $\boldsymbol{M}$ 的力偶. 它们是两个相互独立的元素，我们把 P 点叫做简化中心，把力的矢量和 $\boldsymbol{F}$ 叫做主矢，而把力偶矩 $\boldsymbol{M}$ 的矢量和叫做对简化中心的主矩.

既然 P 点是完全任意的，所以我们可以根据问题的需要，取空间任何一点作为简化中心. 在刚体力学中，我们常取质心 C 为简化中心. 因此外力的主矢 $\boldsymbol{F}$ 使刚体的质心的平动运动状态发生变化，可以证明，外力对质心 C 的主矩 $\boldsymbol{M}$ 则使刚体绕通过质心 C 的轴线的转动状态发生变化.

(2) 刚体运动微分方程

我们已经研究了质点系的运动，现在让我们进一步来研究刚体的运动，固体具有刚性(两点间位置不变)及可变形性(两点间相对位置可变或称塑性)这两种互相矛盾的性质. 在刚体力学中，我们认为固体是刚性的，不考虑其可变形性，从而使我们研究的问题大大简化. 系统的独立变量由 $3n$ 个变为 6 个，内力所作元功之和为零以及力的可传性原理等都是从刚性这一概念推断出来的.

刚体可以看做包含 n 个质点的质点系，而根据本节(1)中的讨论，知作用在刚体上的力系，可以简化为通过质心的一个单力 $\boldsymbol{F}$ 及一个力偶矩为 $\boldsymbol{M}$ 的力偶. 故利用第二章中的质心运动定理和相对于质心的动量矩定理，就可写出刚体运动的微分方程.

如果以 $\boldsymbol{r}_i$ 代表刚体中任一质点 P_i 对静止坐标系 S 原点 O 的位矢，$\boldsymbol{r}_C$ 为质心 C 对 O 的位矢，而 $\boldsymbol{r}_i'$则为 P_i 对质心 C 的位矢，动坐标系 S'随质心作平动，其原点与质心 C 重合. 而由§2.2 中的式(2.2.9)，得刚体质心 C 的运动方程为

$$m\ddot{\boldsymbol{r}}_C=\sum_{i=1}^{n}\boldsymbol{F}_i^{(e)}=\boldsymbol{F} \tag{3.4.1}$$

式中 m 为刚体的总质量，$\ddot{\boldsymbol{r}}_C$为质心的加速度，而 $\boldsymbol{F}$ 则为作用在刚体上的外力矢

量和即主矢. 如果用分量来表示,则为

$$
\begin{aligned}
m\ddot{x}_C &= F_x \\
m\ddot{y}_C &= F_y \\
m\ddot{z}_C &= F_z
\end{aligned}
\tag{3.4.2}
$$

另外,根据式(2.3.10),刚体在动坐标系 S' 中的相对运动对质心 C 的总动量矩 $\boldsymbol{J}'$ 对时间的微商是

$$
\frac{\mathrm{d}\boldsymbol{J}'}{\mathrm{d}t} = \boldsymbol{M}' \tag{3.4.3}
$$

式中 $\boldsymbol{M}'$ 为诸外力对质心 C 的力矩的矢量和,即诸外力对质心 C 的主矩

$$
\boldsymbol{M}' = \sum_{i=1}^{n} \boldsymbol{r}'_i \times \boldsymbol{F}_i^{(e)}
$$

式(3.4.3)写成分量形式,则为

$$
\begin{aligned}
\frac{\mathrm{d}J'_x}{\mathrm{d}t} &= M'_x \\
\frac{\mathrm{d}J'_y}{\mathrm{d}t} &= M'_y \\
\frac{\mathrm{d}J'_z}{\mathrm{d}t} &= M'_z
\end{aligned}
\tag{3.4.4}
$$

对固定坐标系中的定点 O 而言,上式仍属有效,只需将 $\boldsymbol{J}'$ 改 $\boldsymbol{J}$(对定点 O 的总动量矩),$\boldsymbol{M}'$ 改 $\boldsymbol{M}\left[\text{诸外力对定点 } O \text{ 的主矩 } \boldsymbol{M} = \sum_{i=1}^{n} \boldsymbol{r}_i \times \boldsymbol{F}_i^{(e)}\right]$ 即可,也就是式(2.3.4).

由(3.4.1)及(3.4.3)两式,可得下述定理:

假如一自由刚体,在一外力系 $\boldsymbol{F}_1^{(e)}, \boldsymbol{F}_2^{(e)}, \cdots, \boldsymbol{F}_n^{(e)}$ 的作用下在空间运动,则:

(a) 它的质量中心好像一具有质量 m 的质点,而所有的外力也作用在此质点上,且此时动量对时间的微商,等于诸外力的矢量和.

(b) 刚体在相对于随质心平动的动坐标系的运动中,对质心 C 的动量矩对时间的微商,等于诸外力对 C 的力矩的矢量和. 当转动对于固定坐标系的某定点 O 而言时,也得到类似结果.

刚体有六个独立变量,故式(3.4.2)及式(3.4.4)两组方程式是讨论刚体运动的基本微分方程,利用它们,可以恰好确定刚体的运动情况. 此外,我们也可以应用动能定理,作为一个辅助方程,来代替式(3.4.2)及式(3.4.4)六个分量形式方程中的任意一个.但注意这时刚体内力所作元功之和为零,故刚体动能的微分,等于刚体在运动过程中诸外力所作的元功之和,即

$$
\mathrm{d}T = \sum_{i=1}^{n} \boldsymbol{F}_i^{(e)} \cdot \mathrm{d}\boldsymbol{r}_i \tag{3.4.5}
$$

如为保守力系，则得能量积分为

$$T + V = E \tag{3.4.6}$$

（3）刚体平衡方程

作用在刚体上的力系，总可化为经过质心的一个单力及一力偶，而由刚体运动微分方程（3.4.1）及式（3.4.3）知，前者将决定刚体的质心如何平动而后者则决定刚体相对于质心如何转动. 刚体平衡时，必须满足下列平衡方程：

$$\left.\begin{aligned}\boldsymbol{F} &= 0\\ \boldsymbol{M} &= 0\end{aligned}\right\} \tag{3.4.7}$$

即诸外力的矢量和为零和诸外力对任意一点力矩的矢量和亦为零.

因为 $$\boldsymbol{F} = F_x\boldsymbol{i} + F_y\boldsymbol{j} + F_z\boldsymbol{k}$$

故 $$F_x = 0,\quad F_y = 0,\quad F_z = 0 \tag{3.4.8}$$

又 $$\boldsymbol{M} = M_x\boldsymbol{i} + M_y\boldsymbol{j} + M_z\boldsymbol{k}$$

故 $$M_x = 0,\quad M_y = 0,\quad M_z = 0 \tag{3.4.9}$$

即刚体平衡时，诸外力在每一坐标轴上投影之和为零，诸外力对每一坐标轴的力矩之和亦为零.

刚体具有六个独立变量，故式（3.4.8）及式（3.4.9）中的六个分量方程恰好可以规定刚体在一外力系作用下平衡时的位形.

如为共面力系，且设诸力均位于 xy 平面内，则平衡方程简化为

$$F_x=0,\quad F_y=0,\quad M_z=0 \tag{3.4.10}$$

因为此时诸外力的 z 分量均等于零，故 F_z 必恒等于零. 而诸外力因均位于 xy 平面内，故或者与 x 轴及 y 轴相交，或者与之平行，因之 M_x 与 M_y 亦必恒等于零.

共面力系的平衡条件，也可换成下述的说法：若一刚体在共面力系作用下处于平衡状态，则此力系对任何三个不共线的点的主矩应分别等于零.

与空间力系不同，共面力系可化为一力或一力偶，这在前面已经讲过. 如对任一点的力矩为零，则力系就不可能简化成一个力偶；如对三不共线的点的力矩均等于零，则力系又不可能化为一个单力（对任何两点的力矩等于零是可以的，因为这两点可能恰好在该力的作用线上），因此刚体只能平衡.

如为共面共点力系，则式（3.4.10）中的最后一式恒等于零，无须考虑. 如为共面平行力系，且诸力均与 y 轴平行，则式（3.4.10）的第一式恒等于零，无须考虑.

如刚体仅受三非平行力的作用而平衡，则此三力必交于一点，否则就不能满足力矩平衡方程.

［例］ 如图 3.4.7 所示，一根均匀的棍子，重为 P，长为 $2l$. 今将其一端置于粗糙地面上，又以其上的 C 点靠在墙上，墙离地面的高度为 h. 当棍子与地面的

角度 φ 为最小值 φ_0 时,棍子在上述位置仍处于平衡状态,求棍与地面的摩擦因数 μ.

［解］ 作用在棍子上的外力,有:

① 重力 $\boldsymbol{P}$,作用在棍子的中点;

② C 点上的反作用力 $\boldsymbol{F}_{N1}$,与棍子垂直;

③ A 点上的竖直反作用力 $\boldsymbol{F}_{N2}$ 及水平反作用力(即摩擦力)$\boldsymbol{F}_f$,如图 3.4.7 所示.

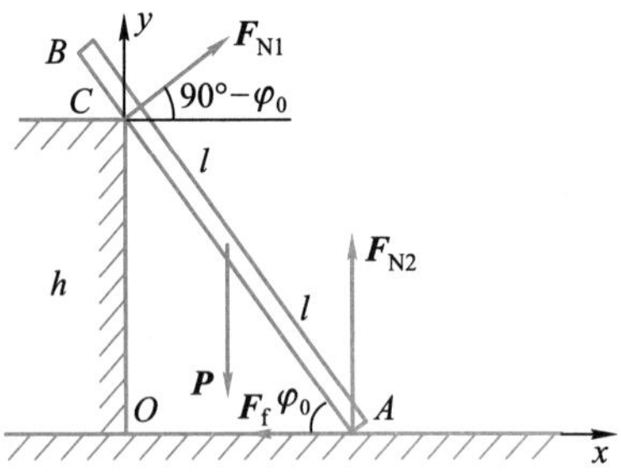

图 3.4.7

取棍子所在的平面为 Oxy 平面,则本题是一共面力系的平衡问题. 故利用式(3.4.10),我们有

$$F_x = 0,\quad F_{N1}\cos(90° - \varphi_0) - F_f = 0 \tag{1}$$

$$F_y = 0,\quad F_{N1}\sin(90° - \varphi_0) + F_{N2} - P = 0 \tag{2}$$

对 A 而言
$$M_z = 0,\quad Pl\cos\varphi_0 - F_{N1}\frac{h}{\sin\varphi_0} = 0 \tag{3}$$

由(3)式
$$F_{N1} = P\frac{l}{h}\sin\varphi_0\cos\varphi_0 \tag{4}$$

由(1)式
$$F_f = F_{N1}\sin\varphi_0 = P\frac{l}{h}\sin^2\varphi_0\cos\varphi_0 \tag{5}$$

由(2)式
$$F_{N2} = P - F_{N1}\cos\varphi_0 = P - P\frac{l}{h}\sin\varphi_0\cos^2\varphi_0 \tag{6}$$

所以
$$\mu = \frac{F_f}{F_{N2}} = \frac{l\sin^2\varphi_0\cos\varphi_0}{h - l\sin\varphi_0\cos^2\varphi_0} \tag{7}$$

这就是我们所要求的关系.

§3.5 转动惯量

(1) 刚体的角动量

在质点动力学和质点系动力学中,我们都曾遇到角动量定理,并把它作为三大基本定理之一. 在刚体动力学中,大量篇幅是研究刚体的转动问题. 因此,就经常要用到角动量定理.

在还没有研究角动量定理在刚体动力学中的作用以前,让我们先来研究一下,在转动问题中,角动量的表达式是怎样的?

假设刚体在某一时刻以角速度 $\boldsymbol{\omega}$ 作定点转动,如图 3.5.1 所示. 在它里面,

取任一质点 P_i，它的质量是 m_i，速度为 $\boldsymbol{v}_i$（未画出）. 如 P_i 对定点 O 的位矢是 $\boldsymbol{r}_i$，则此质点对定点 O 的角动量为

$$\boldsymbol{r}_i \times m_i \boldsymbol{v}_i$$

而整个刚体对 O 的角动量为刚体中各质点对同一点 O 的角动量的矢量和：

$$\boldsymbol{J} = \sum_{i=1}^{n} (\boldsymbol{r}_i \times m_i \boldsymbol{v}_i) \tag{3.5.1}$$

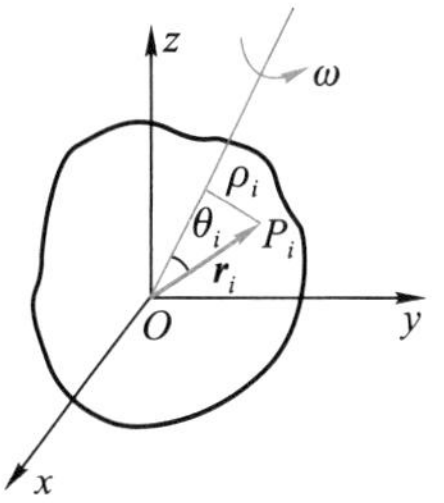

图 3.5.1

因为

$$\boldsymbol{v}_i = \boldsymbol{\omega} \times \boldsymbol{r}_i$$

故

$$\boldsymbol{J} = \sum_{i=1}^{n} m_i [\boldsymbol{r}_i \times (\boldsymbol{\omega} \times \boldsymbol{r}_i)]$$

即

$$\boldsymbol{J} = \sum_{i=1}^{n} m_i [\boldsymbol{\omega} r_i^2 - \boldsymbol{r}_i (\boldsymbol{\omega} \cdot \boldsymbol{r}_i)] \tag{3.5.2}$$

式(3.5.2)告诉我们，角动量 $\boldsymbol{J}$ 一般并不与角速度 $\boldsymbol{\omega}$ 共线. 在平动中，动量 $\boldsymbol{p}$ 与线速度 $\boldsymbol{v}$ 总是共线的. 在定点转动中，只在惯量主轴上，$\boldsymbol{J}$ 才与 $\boldsymbol{\omega}$ 共线[参看本节中的(4)及(5)].

现在来求在一般情况下角动量 $\boldsymbol{J}$ 的分量表达式. 把角动量矢量 $\boldsymbol{J}$ 和角速度矢量 $\boldsymbol{\omega}$ 都分为沿三正交坐标轴 x、y、z（原点在 O）上的分量，则因

$$\boldsymbol{r}_i = x_i \boldsymbol{i} + y_i \boldsymbol{j} + z_i \boldsymbol{k}$$

$$\boldsymbol{\omega} = \omega_x \boldsymbol{i} + \omega_y \boldsymbol{j} + \omega_z \boldsymbol{k}$$

故得 $\boldsymbol{J}$ 在 x 方向的分量 J_x 为

$$\begin{aligned} J_x &= \sum_{i=1}^{n} m_i [\omega_x (x_i^2 + y_i^2 + z_i^2) - x_i (\omega_x x_i + \omega_y y_i + \omega_z z_i)] \\ &= \omega_x \sum_{i=1}^{n} m_i (y_i^2 + z_i^2) - \omega_y \sum_{i=1}^{n} m_i x_i y_i - \omega_z \sum_{i=1}^{n} m_i x_i z_i \end{aligned} \tag{3.5.3}$$

同理

$$\left. \begin{aligned} J_y &= -\omega_x \sum_{i=1}^{n} m_i y_i x_i + \omega_y \sum_{i=1}^{n} m_i (z_i^2 + x_i^2) - \omega_z \sum_{i=1}^{n} m_i y_i z_i \\ J_z &= -\omega_x \sum_{i=1}^{n} m_i z_i x_i - \omega_y \sum_{i=1}^{n} m_i z_i y_i + \omega_z \sum_{i=1}^{n} m_i (x_i^2 + y_i^2) \end{aligned} \right\} \tag{3.5.4}$$

$$\begin{aligned} I_{xx} &= \sum_{i=1}^{n} m_i (y_i^2 + z_i^2) \\ I_{yy} &= \sum_{i=1}^{n} m_i (z_i^2 + x_i^2) \\ I_{zz} &= \sum_{i=1}^{n} m_i (x_i^2 + y_i^2) \end{aligned} \tag{3.5.5}$$

及

$$I_{yz}=I_{zy}=\sum_{i=1}^{n}m_i y_i z_i$$

$$I_{zx}=I_{xz}=\sum_{i=1}^{n}m_i z_i x_i \tag{3.5.6}$$

$$I_{xy}=I_{yx}=\sum_{i=1}^{n}m_i x_i y_i$$

关于 I_{xx}、I_{yy}和 I_{zz}以及 I_{yz}、I_{zx}和 I_{xy}的物理意义，我们下面还要作进一步的讨论.

利用式(3.5.5)与式(3.5.6)所引入的符号，(3.5.3)和(3.5.4)两式可简写为

$$\begin{aligned}J_x&=I_{xx}\omega_x-I_{xy}\omega_y-I_{xz}\omega_z\\J_y&=-I_{yx}\omega_x+I_{yy}\omega_y-I_{yz}\omega_z\\J_z&=-I_{zx}\omega_x-I_{zy}\omega_y+I_{zz}\omega_z\end{aligned} \tag{3.5.7}$$

(2) 刚体的转动动能

现在来求刚体对定点 O 的转动动能，由图 3.5.1 知

$$\begin{aligned}E_{\mathrm{k}}&=\frac{1}{2}\sum_{i=1}^{n}m_i\dot{\boldsymbol{r}}_i^2=\frac{1}{2}\sum_{i=1}^{n}m_i\boldsymbol{v}_i\cdot\boldsymbol{v}_i=\frac{1}{2}\sum_{i=1}^{n}m_i\boldsymbol{v}_i\cdot(\boldsymbol{\omega}\times\boldsymbol{r}_i)\\&=\frac{1}{2}\boldsymbol{\omega}\cdot\sum_{i=1}^{n}(\boldsymbol{r}_i\times m_i\boldsymbol{v}_i)=\frac{1}{2}\boldsymbol{\omega}\cdot\boldsymbol{J}\\&=\frac{1}{2}(\omega_x\boldsymbol{i}+\omega_y\boldsymbol{j}+\omega_z\boldsymbol{k})\cdot(J_x\boldsymbol{i}+J_y\boldsymbol{j}+J_z\boldsymbol{k})\end{aligned}$$

把式(3.5.7)中的 J_x、J_y 和 J_z 的表达式代入上式，就得到

$$\begin{aligned}E_{\mathrm{k}}=\frac{1}{2}(&I_{xx}\omega_x^2+I_{yy}\omega_y^2+I_{zz}\omega_z^2-2I_{yz}\omega_y\omega_z\\&-2I_{zx}\omega_z\omega_x-2I_{xy}\omega_x\omega_y)\end{aligned} \tag{3.5.8}$$

(3) 转动惯量

刚体的转动动能也可写为

$$\begin{aligned}\boldsymbol{E}_{\mathbf{k}}&=\frac{1}{2}\sum_{i=1}^{n}m_i(\boldsymbol{\omega}\times\boldsymbol{r}_i)\cdot(\boldsymbol{\omega}\times\boldsymbol{r}_i)\\&=\frac{1}{2}\sum_{i=1}^{n}m_i\omega^2r_i^2\sin^2\theta_i\\&=\frac{1}{2}\omega^2\sum_{i=1}^{n}m_i\rho_i^2\\&=\frac{1}{2}I\omega^2\end{aligned} \tag{3.5.9}$$

式中 θ_i 为 P_i 的位矢 $\boldsymbol{r}_i$ 与角速度矢量 $\boldsymbol{\omega}$ 之间的夹角，ρ_i 为自 P_i 至转动瞬轴（即矢量 $\boldsymbol{\omega}$ 的作用线）的垂直距离（参看图 3.5.1），而 I 称为刚体绕转动瞬轴的转动惯量.

在研究刚体转动时，恒有 $\sum_{i=1}^{n} m_i \rho_i^2$ 这一表达式出现，式中 m_i 是刚体上某一质点 P_i 的质量，ρ_i 为 P_i 至转动瞬轴的垂直距离，而求和则遍及整个刚体. 这个表达式代表一个新的物理量，是转动时物体的一个属性，代表物体在转动时惯性的量度，和平动时的质量 m 相当. 转动惯量的表达式中包含距离（或坐标）的二次方，而质心的表达式中，则包含距离（或坐标）的一次方，所以计算时有很多相似之处. 对质量均匀分布或按一定规律分布，且形状规则的刚体，转动惯量的求法也和质心的求法一样，把求和改为定积分. 对质量分布不均匀或形状不规则的刚体，两者都只能通过实验求出.

虽然转动惯量和质心在计算上有相似之处，但物理实质则迥然不同. 在平动中，质量 m 可认为是集中在物体的质心上. 而在转动中，转动惯量反映物体转动时惯性的大小. 但是，我们也可认为，刚体按一定规律分布的质量，在转动中等效于集中在某一点上的一个质点的质量，此点离某轴线的垂直距离为 k，刚体对该轴线的转动惯量与该等效质点对此同一轴线的转动惯量相等，即

$$I = mk^2 \tag{3.5.10}$$

或

$$k = \sqrt{\frac{I}{m}} \tag{3.5.11}$$

式中的 k 叫做刚体对该轴线的回转半径. 回转半径虽为一等效的量，但在计算中常被采用以简化问题，因为这样一来，质量 m 在算式中就可被约去.

物体的转动惯量，一方面取决于物体的形状（或质量分布的情况），另一方面又取决于转动轴的位置，即对之求转动惯量的那条轴线的位置. 所以转动轴不同，即使是同一物体，转动惯量也不同. 但是对两条平行轴而言，如果其中有一条通过物体的质心，那么物体对另一轴线的转动惯量，等于对通过质心的平行轴的转动惯量，加上物体的质量与两轴间垂直距离平方的乘积，即

$$I = I_C + md^2 \tag{3.5.12}$$

式中 I 是对某轴线的转动惯量，I_C 为对通过质心并与上述轴线平行的轴线的转动惯量，d 为两平行轴线间的垂直距离. 这个关系叫做平行轴定理. 利用这个定理，计算工作可以大为简化. 关于这个定理的证明，可参看普通物理中的有关章节.

（4）惯量张量和惯量椭球

对质量均匀分布（或按一定规律分布），且形状规则的刚体，我们可把

(3.5.5) 和(3.5.6)两式改写为定积分形式(一般是重积分),即

$$I_{xx}=\int(y^2+z^2)\,\mathrm{d}m$$

$$I_{yy}=\int(z^2+x^2)\,\mathrm{d}m \tag{3.5.13}$$

$$I_{zz}=\int(x^2+y^2)\,\mathrm{d}m$$

及

$$I_{yz}=I_{zy}=\int yz\,\mathrm{d}m$$

$$I_{zx}=I_{xz}=\int zx\,\mathrm{d}m \tag{3.5.14}$$

$$I_{xy}=I_{yx}=\int xy\,\mathrm{d}m$$

式(3.5.13)中的(y^2+z^2)、(z^2+x^2)和(x^2+y^2)是质点 P 离 x 轴、y 轴和 z 轴的垂直距离的平方(图 3.5.2). 故 I_{xx}、I_{yy}和 I_{zz}就叫做刚体对 x 轴、y 轴和 z 轴的**轴转动惯量**,至于 I_{yz}、I_{zx}和 I_{xy}则因含有两个坐标的相乘项,所以叫做**惯量积**.

通过空间某一点 O,我们可以作出无数轴线,根据上面的讨论,知同一物体绕不同的轴线转动时,转动惯量也将不同. 这样,对通过 O 点的许多轴线,如果需要知道绕这些轴线的转动惯量,就得计算好多次. 是不是也有类似如平行轴定理那样的简单公式呢? 我们说:这个公式也是存在的,我们现在就来推导这个公式.

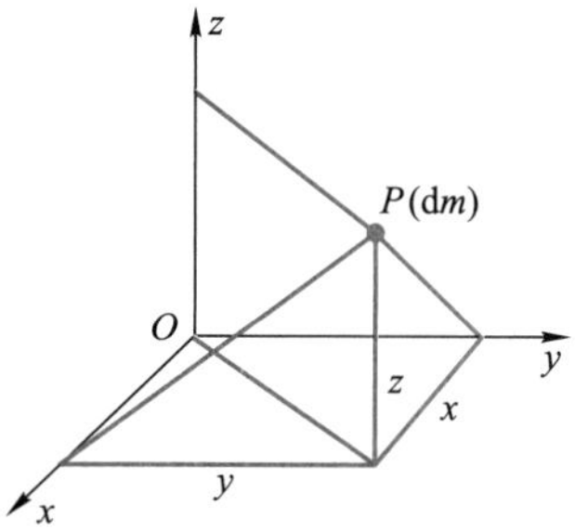

图 3.5.2

结合(3.5.8)和(3.5.9)两式,并因

$$\omega_x=\alpha\omega,\quad \omega_y=\beta\omega,\quad \omega_z=\gamma\omega$$

故得

$$I=I_{xx}\alpha^2+I_{yy}\beta^2+I_{zz}\gamma^2-2I_{yz}\beta\gamma-2I_{zx}\gamma\alpha-2I_{xy}\alpha\beta \tag{3.5.15}$$

式中 α,β,γ 为任一转动瞬轴相对于坐标轴的方向余弦. 故只要一次算出三个轴转动惯量和三个惯性积,则通过 O 点的任一轴线的转动惯量就可由式(3.5.15)算出,只要把该轴线的方向余弦代入式(3.5.15)即可.

三个轴转动惯量和六个惯性积(由于对称关系,实际上也只有三个是互相独立的)作为统一的一个物理量,来代表刚体转动时惯性的量度,可以排成下列矩阵的形式:

$$\begin{pmatrix} I_{xx} & -I_{xy} & -I_{xz} \\ -I_{yx} & I_{yy} & -I_{yz} \\ -I_{zx} & -I_{zy} & I_{zz} \end{pmatrix} \tag{3.5.16}$$

并且把它叫做对 O 点而言的**惯量张量**,而这一惯性矩阵的每个元素(轴转动惯

量和惯量积)则叫做惯量张量的组元,也叫惯量系数.

利用矩阵乘法,亦可得出式(3.5.15),因

$$\begin{pmatrix} I_{xx} & -I_{xy} & -I_{xz} \\ -I_{yx} & I_{yy} & -I_{yz} \\ -I_{zx} & -I_{zy} & I_{zz} \end{pmatrix}\begin{pmatrix}\alpha\\ \beta\\ \gamma\end{pmatrix}=\begin{pmatrix} I_{xx}\alpha-I_{xy}\beta-I_{xz}\gamma \\ -I_{yx}\alpha+I_{yy}\beta-I_{yz}\gamma \\ -I_{zx}\alpha-I_{zy}\beta+I_{zz}\gamma \end{pmatrix}$$

而

$$\begin{aligned}&(\alpha \quad \beta \quad \gamma)\begin{pmatrix} I_{xx} & -I_{xy} & -I_{xz} \\ -I_{yx} & I_{yy} & -I_{yz} \\ -I_{zx} & -I_{zy} & I_{zz} \end{pmatrix}\begin{pmatrix}\alpha\\ \beta\\ \gamma\end{pmatrix}\\ &=I_{xx}\alpha^2+I_{yy}\beta^2+I_{zz}\gamma^2-2I_{yz}\beta\gamma-2I_{zx}\gamma\alpha-2I_{xy}\alpha\beta\\ &=I\end{aligned} \tag{3.5.17}$$

利用式(3.5.16),我们还可把式(3.5.7)写为

$$\begin{pmatrix}J_x\\ J_y\\ J_z\end{pmatrix}=\begin{pmatrix} I_{xx} & -I_{xy} & -I_{xz} \\ -I_{yx} & I_{yy} & -I_{yz} \\ -I_{zx} & -I_{zy} & I_{zz} \end{pmatrix}\begin{pmatrix}\omega_x\\ \omega_y\\ \omega_z\end{pmatrix} \tag{3.5.18}$$

由于惯量系数都是点坐标的函数,所以如果取用静止的坐标系,那么刚体转动时,惯量系数亦将随之而变,这显然是很不方便的. 因此,通常都选取固连在刚体上、并随着刚体一同转动的动坐标系,这样,惯量系数都将是常量.

动坐标系的原点和坐标轴只需固定在刚体上即可,坐标轴的取向则完全可以任意选取. 因此,我们可以利用这一性质,来同时消去转动惯量中的惯量积,以使问题更为简化.

为了消去惯量积,一般是采用下面所介绍的方法. 如果我们在转动轴上,截取一线段OQ,并且使$OQ=\dfrac{1}{\sqrt{I}}=R$, I 为刚体绕该轴的转动惯量,则 Q 点的坐标为

$$x=R\alpha, \quad y=R\beta, \quad z=R\gamma$$

因为通过 O 点有很多转轴,按照上面所讲的方法,就应有很多的 Q 点,这些点的轨迹方程为[利用 $R^2I=1$ 及式(3.5.15)]

$$I_{xx}x^2+I_{yy}y^2+I_{zz}z^2-2I_{yz}yz-2I_{zx}zx-2I_{xy}xy=1 \tag{3.5.19}$$

这是中心在 O 点的二次曲面方程,一般来讲,它是一闭合曲面,因为 I 不等于零($I=0$ 时,R 将趋于无限大). 故式(3.5.19)代表一个中心在 O 点的椭球,通常叫做惯量椭球. 如果 O 为刚体的质心(或重心),则所作出的椭球,叫中心惯量椭球. 按式(3.5.19)画出椭球后,就可根据 $R=\dfrac{1}{\sqrt{I}}$的关系,由某轴上径矢 R 的长,求出刚体绕该轴转动时的转动惯量 I.

(5) 惯量主轴及其求法

利用惯量椭球虽然可以求出转动惯量 I,但我们的主要目的并不在此. 我们的主要目的,是如何利用它来消去惯量积. 我们知道:每一椭球都有三条相互垂直的主轴. 如果以此三主轴为坐标轴,则椭球方程中含有异坐标相乘的项统统消失(实际上是它们前面的系数等于零,而这些系数正好就是惯量积). 惯量椭球的主轴叫惯量主轴,而对惯量主轴的转动惯量叫主转动惯量[①],并改以 I_1、I_2、I_3 表示它们,因为惯量积已全部等于零,无须再用两个下角标. 如果取 O 点上的惯量主轴为坐标轴,则惯量椭球的方程将简化为

$$I_1 x^2 + I_2 y^2 + I_3 z^2 = 1 \tag{3.5.20}$$

此时系数 I_1、I_2、I_3 就是 O 点上的主转动惯量,而惯量积 I_{yz}、I_{zx}、I_{xy} 则统统等于零. 故选惯量主轴为坐标轴,问题就能得到简化. 这时,刚体的动量矩 $\boldsymbol{J}$ 的表达式(3.5.7)和转动动能 E_{k} 的表达式(3.5.8)也将简化为

$$\begin{aligned} \boldsymbol{J} &= I_1\omega_x\boldsymbol{i} + I_2\omega_y\boldsymbol{j} + I_3\omega_z\boldsymbol{k} \\ E_{\mathrm{k}} &= \frac{1}{2}(I_1\omega_x^2 + I_2\omega_y^2 + I_3\omega_z^2) \end{aligned} \tag{3.5.21}$$

求惯量主轴时,常从这一事实出发,即对惯量主轴来讲,椭球与主轴交点的位矢 $\boldsymbol{R}$ 的方向和椭球上该点法线的方向重合. 这就是解析几何里求二次曲面主轴的方法,或线性代数里求本征值的方法. 关于这种方法,参见高等数学书. 在力学里,我们所碰到的问题,大都是对称的均匀刚体,而这种刚体的惯量主轴,则可根据对称性很方便地求出.

如果我们所研究的是一个均匀刚体,即它的密度处处相同,而且此均匀刚体有对称轴,那么此轴就将是惯量主轴. 例如,设 x 轴是某一均匀刚体的对称轴,则刚体中将有这样的质点 $P_i'(x_i, -y_i, -z_i)$,它和刚体的另一质点 $P_i(x_i, y_i, z_i)$ 相对应(图 3.5.3),因而

$$\sum_{i=1}^{n} m_i x_i y_i = 0, \quad \sum_{i=1}^{n} m_i x_i z_i = 0$$

故 x 轴是对 O 点而言的惯量主轴. 同理,如果某均匀刚体有对称面,设为 Oxy 平面,则必有质点 $P_i''(x_i, y_i, -z_i)$ 和另一质点 $P_i(x_i, y_i, z_i)$ 相对应(图 3.5.3),因而

$$\sum_{i=1}^{n} m_i z_i x_i = 0, \quad \sum_{i=1}^{n} m_i y_i z_i = 0$$

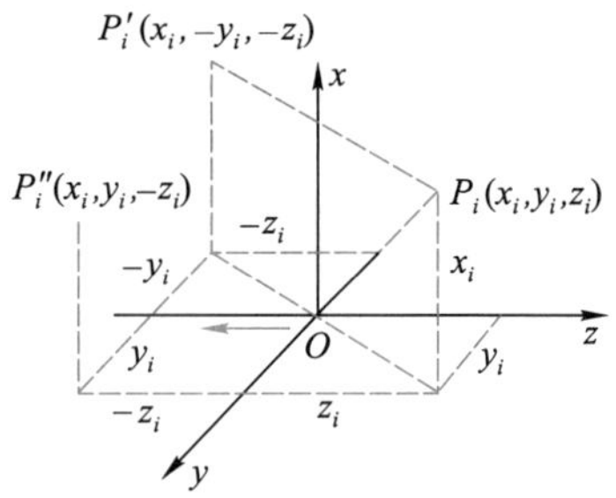

图 3.5.3

① 对中心惯量椭球来讲,则叫中心(惯量)主轴和中心主转动惯量.

故和 xy 平面垂直的 z 轴将是对 O 点而言的惯量主轴.

如果 $I_{xx}=I_{yy}$，那么椭球变为旋转椭球，在 xy 平面内的各轴都是主轴；如 $I_{xx}=I_{yy}=I_{zz}$，椭球变为球，所有通过 O 点的轴都是主轴.

［例］ 均匀长方形薄片的边长为 a 与 b，质量为 m，求此长方形薄片绕其对角线转动时的转动惯量.

［解］ ① 直接用定积分来计算

在图 3.5.4 中，取对角线为 x 轴，在 O 点和它垂直的直线为 y 轴，并令 t 为薄片的厚度，ρ 为密度.

取一长方形窄条，长为 u，宽为 $\mathrm{d}y$，则绕对角线（x 轴）转动的转动惯量 I 为

$$I=2\int y^2\mathrm{d}m=2\rho t\int y^2u\mathrm{d}y \tag{1}$$

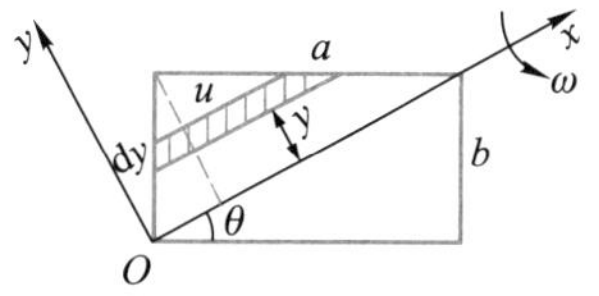

图 3.5.4

因为 $$\frac{u}{\sqrt{a^2+b^2}}=\frac{a\sin\theta-y}{a\sin\theta}$$

所以 $$u=\frac{(a\sin\theta-y)\sqrt{a^2+b^2}}{a\sin\theta} \tag{2}$$

把(2)式代入(1)式得

$$\begin{aligned}I&=2\rho t\frac{\sqrt{a^2+b^2}}{a\sin\theta}\int_0^{a\sin\theta}y^2(a\sin\theta-y)\mathrm{d}y\\&=2\rho t\frac{\sqrt{a^2+b^2}}{a\sin\theta}\left[\frac{a\sin\theta y^3}{3}-\frac{y^4}{4}\right]\Bigg|_0^{a\sin\theta}\\&=\frac{1}{6}\rho t\sqrt{a^2+b^2}(a^3\sin^3\theta)\end{aligned} \tag{3}$$

但

$$\sin\theta=\frac{b}{\sqrt{a^2+b^2}}$$

故 $$\begin{aligned}I&=\frac{1}{6}\rho t\sqrt{a^2+b^2}\left[\frac{a^3b^3}{(\sqrt{a^2+b^2})^3}\right]=\frac{1}{6}\rho abt\frac{a^2b^2}{a^2+b^2}\\&=\frac{1}{6}m\frac{a^2b^2}{a^2+b^2}\end{aligned} \tag{4}$$

② 用公式(3.5.15)来计算(取长方形的两边为坐标轴，如图 3.5.5 所示).

因 $\alpha=\cos\theta=\dfrac{a}{\sqrt{a^2+b^2}}$， $\beta=\dfrac{b}{\sqrt{a^2+b^2}}$， $\gamma=0$

所以 $$I=I_{xx}\alpha^2+I_{yy}\beta^2-2I_{xy}\alpha\beta \tag{5}$$

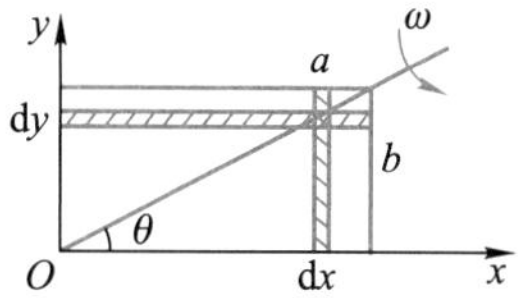

图 3.5.5

今

$$I_{xx}=\int_0^b y^2\rho t(a\mathrm{d}y)$$

$$=\frac{1}{3}\rho tab^3 \tag{6}$$

$$I_{yy}=\int_0^a x^2\rho t(b\mathrm{d}x)$$

$$=\frac{1}{3}\rho ta^3b \tag{7}$$

$$I_{xy}=\int_0^b\int_0^a xy\rho t(\mathrm{d}x\mathrm{d}y)=\frac{1}{4}\rho ta^2b^2 \tag{8}$$

所以

$$I=\frac{1}{3}\rho t(ab^3)\frac{a^2}{a^2+b^2}+\frac{1}{3}\rho t(a^3b)\frac{b^2}{a^2+b^2}$$

$$-\frac{1}{2}\rho t(a^2b^2)\frac{a}{\sqrt{a^2+b^2}}\frac{b}{\sqrt{a^2+b^2}}$$

$$=\frac{1}{6}\rho t(ab)\frac{a^2b^2}{a^2+b^2}=\frac{1}{6}m\frac{a^2b^2}{a^2+b^2} \tag{9}$$

③ 取惯量主轴为坐标轴，则

$$I=I_1\alpha^2+I_2\beta^2 \tag{10}$$

由图 3.5.6 知

$$I_1=\int_{-\frac{b}{2}}^{\frac{b}{2}} y^2\rho t(a\mathrm{d}y)$$

$$=\frac{1}{12}\rho t(ab^3) \tag{11}$$

$$I_2=\int_{-\frac{a}{2}}^{\frac{a}{2}} x^2\rho t(b\mathrm{d}x)=\frac{1}{12}\rho ta^3b \tag{12}$$

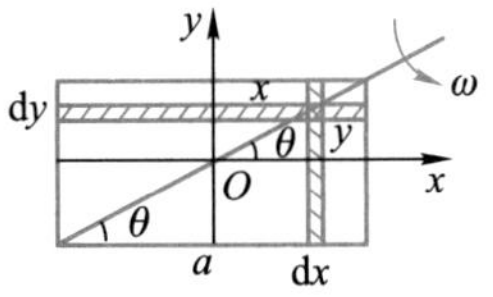

图 3.5.6

至于 α、β 的值仍与本题②中相同. 所以

$$I=\frac{1}{12}\rho t(ab^3)\frac{a^2}{a^2+b^2}+\frac{1}{12}\rho t(a^3b)\frac{b^2}{a^2+b^2}$$

$$=\frac{1}{6}\rho t(ab)\frac{a^2b^2}{a^2+b^2}=\frac{1}{6}m\frac{a^2b^2}{a^2+b^2} \tag{13}$$

比较以上三种方法，可以看出，取惯量主轴为坐标轴来计算薄片绕对角线转动时的转动惯量 I 最为简便. 对空间问题和形状比较复杂的物体，如有对称轴，则总是以对称轴（即使是只有一条或两条）为坐标轴时，I 的计算最简便.

§ 3.6 刚体的平动与绕固定轴的转动

(1) 平动

在 § 3.1 中,我们曾经指出:刚体运动时,如果在各个时刻,刚体中任意一条直线始终彼此平行,那么这种运动就叫平动. 我们在此应该注意:平动不一定是直线运动. 为此,让我们考虑下列两种不同的情况. 设 $Oxyz$ 为静止的参考坐标系,$O'x'y'z'$为固着在刚体上并与前者平行的另一个坐标系. 当刚体运动时,$O'x'y'z'$亦随之运动. 如刚体上的 O'点在一圆形轨道上运动,而 x'轴、y'轴、z'轴永远与参考坐标系的三轴线 x 轴、y 轴、z 轴平行[图 3.6.1(a)],那么这种运动就是平动. 反之,如果它像图 3.6.1(b)所示,就不是平动,因为这时 x'轴等已不与 x 轴等平行了.

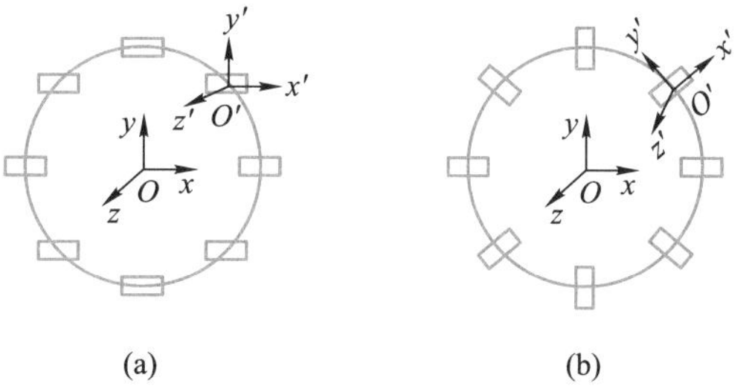

图 3.6.1

刚体平动时,刚体内所有的点都有相同的速度和加速度,任何一点的运动都可代表全体. 通常我们是用质心的运动来代表刚体整体的运动,即认为刚体所有的质量都集中在质心上,外力也可以认为是作用在质心上,因为刚体作平动时只有三个独立变量,故其运动方程只需用式(3.4.2)的三个方程就够了,这在前面也曾讲过.

自由刚体是不受任何约束的,实际上,刚体作平动时,一般都受一些约束. 例如火车或汽车在地面上运动时,地面就是约束. 如果我们要求这些约束力(或准确地说约束反作用力,简称约束反力),则根据 § 1.5 所讲的方法,可以解除约束而代以约束反作用力. 但约束反作用力都是未知的,所以还要加上相对于质心的力矩平衡方程,才能同时求出运动规律与约束反作用力.

以汽车的平动为例,当汽车停止或作匀速直线运动时,地面对汽车前后两对车轮上的竖直反作用力,可以假定是相等的. 但当加速和刹车时,两者就不相等. 如加速时加速度太大,或刹车时减速度太大,两对车轮上所受的约束反作用力也就相差很大,甚至能使汽车翻倒.

(2) 定轴转动

刚体绕固定轴转动时,如取固定轴为 z 轴,则刚体中任何一点 P_i,都在垂直于 z 轴的平面内,亦即在平行于 Oxy 平面内作圆周运动,而以 z 轴与此平面的交点 O'为圆心,如图 3.6.2 所示.

既然各点的轨道都是平行于 Oxy 平面而以 z 轴上某点为圆心的圆周,那么只要考虑任一与 Oxy 平面相平行的平面内的运动情况就可以了. 设在这一平面内,某一质点的位矢是 $\boldsymbol{r}_i$,它和 z 轴的垂直距离为 R_i($R_i = O'P_i$),则因各点的线位移、线速度和线加速度都和 R_i(或 $\boldsymbol{r}_i$)有关,不甚方便,所以常用角量来表征整个刚体的运动情况. 因为在定轴转动中,各点的角位移 θ、角速度 ω 和角加速度 α 都是一样的. 而且只要知道了角位移 θ,就能完全确定刚体的位置,所以刚体作定轴转动时,只有一个独立变量.

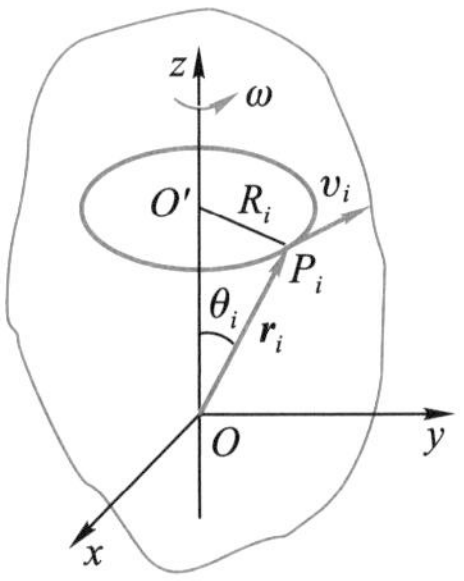

图 3.6.2

如果在某一时刻,质点 P_i 的线速度为 v_i,则由式(3.2.6)知

$$\boldsymbol{v}_i = \boldsymbol{\omega} \times \boldsymbol{r}_i \tag{3.6.1}$$

式中 $\boldsymbol{\omega}$ 是刚体绕 z 轴转动的角速度. 写成标量形式,则为

$$v_i = \omega r_i \sin\theta_i = R_i \omega \tag{3.6.2}$$

在定轴转动中,$\boldsymbol{\omega}$ 的方向不变,恒沿固定的转动轴,其量值则可改变. 每一质点都在与 xy 平行的平面内作半径为 R_i 的圆周运动,故其加速度可分为切向分量 a_{it}及法向分量 a_{in},即

$$\left.\begin{aligned} a_{it} &= \dot{v}_i = R_i\dot{\omega} = R_i\alpha \\ a_{in} &= \frac{v_i^2}{R_i} = R_i\omega^2 = \omega v_i \end{aligned}\right\} \tag{3.6.3}$$

式中 α 是角加速度. 在定轴转动中,α 的指向与 $\boldsymbol{\omega}$ 相同或相反,并且也是沿着同一条转动轴线.

如果 ω 的量值也不变,则 $\alpha=0$,因而 $a_{it}=0$.

前文已指出:角量是描写整个刚体的运动学量,故 $\boldsymbol{\omega}$ 称为刚体的角速度,而 α 则称为刚体的角加速度,至于线量则各点不同,因 R_i(或 $\boldsymbol{r}_i$)各点有所不同.

以上所讲的是刚体定轴转动的运动学部分,下面来研究动力学问题.

设刚体在主动力 $\boldsymbol{F}_1, \boldsymbol{F}_2, \cdots, \boldsymbol{F}_n$ 的作用下,绕固定轴转动,则可将固定轴当作 z 轴(图 3.6.3),而按固定轴的动量矩定理,得

$$\frac{\mathrm{d}J_z}{\mathrm{d}t} = M_z \tag{3.6.4}$$

因为 $\omega_x=\omega_y=0,\omega_z=\omega$,故由式(3.5.7)知

$$J_z=I_{zz}\omega_z=I_{zz}\omega \tag{3.6.5}$$

式中 I_{zz} 为刚体绕 z 轴的转动惯量.

把式(3.6.5)中的 J_z 代入式(3.6.4),并且因为 I_{zz} 为常量,即得刚体绕固定轴转动的动力学方程为

$$M_z=I_{zz}\dot{\omega}=I_{zz}\alpha \tag{3.6.6}$$

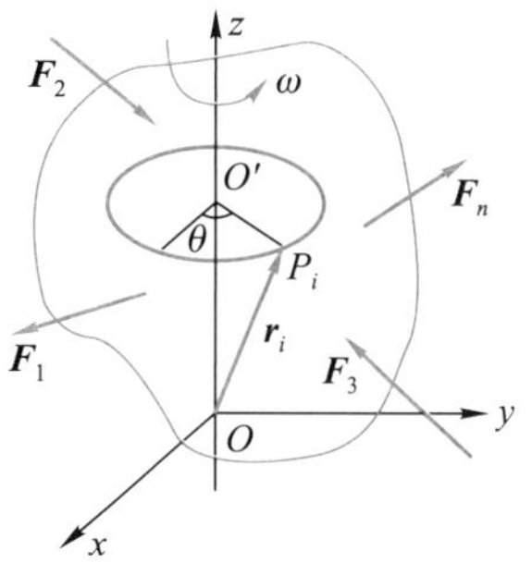

图 3.6.3

式(3.6.6)与质点动力学中的 $F=ma$ 形式相似.如果将式(3.6.6)积分,求出刚体所转动的角度 θ 随时间 t 的变化规律,则运动完全确定,因为此时刚体只有一个独立变量.

同理,由式(3.5.8)知,刚体绕固定轴转动的动能为$\dfrac{1}{2}I_{zz}\omega^2$.故如外力为保守力,$E_p$ 是外力的势能,则有

$$\frac{1}{2}I_{zz}\omega^2+E_p=E \tag{3.6.7}$$

[例 1] **复摆** 设质量为 m 的复摆绕通过某点 O 的水平轴作微小振动,试求其运动方程及振动周期,并加以讨论.

[解] 图 3.6.4 代表复摆中包含质心 C 的一个截面,O 为悬点,$OC=l$ 为悬点 O 到质心 C 的距离,并设此复摆绕通过 O 点的水平轴线转动时的转动惯量为 I_0,回转半径为 k_0,则由式(3.6.6),得复摆的运动微分方程为

$$-mgl\sin\theta=I_0\alpha=mk_0^2\ddot{\theta} \tag{1}$$

由此得

$$k_0^2\ddot{\theta}+gl\sin\theta=0 \tag{2}$$

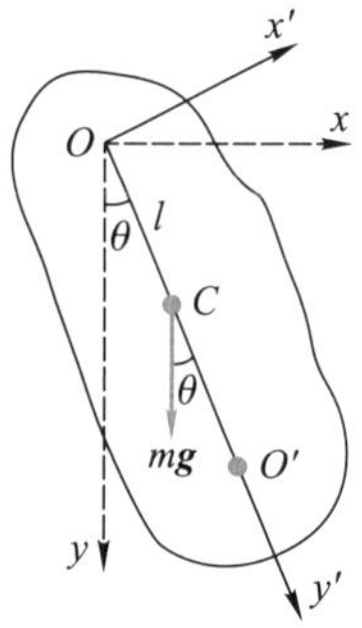

图 3.6.4

但由平行轴定理(3.5.12),知 $k_0^2=k_C^2+l^2$,式中 k_C 为通过质心 C 的回转半径.又题设振动是微小的,故 $\sin\theta\approx\theta$.这样,(2)式就变为

$$\ddot{\theta}=-\frac{gl\theta}{k_C^2+l^2} \tag{3}$$

式(3)是标准的谐振动方程,故其通解为

$$\theta=A\sin\left(\sqrt{\frac{gl}{k_C^2+l^2}}t+\varepsilon\right) \tag{4}$$

式中 A 为振幅,在此处是很微小的,ε 是初相,A 及 ε 之值均可由起始条件决定,振动周期则为

$$\tau = 2\pi\sqrt{\frac{k_C^2 + l^2}{gl}} = 2\pi\sqrt{\frac{I_0}{mgl}} \tag{5}$$

[**讨论**]　从上面的(4)及(5)式可以看出,它们和单摆所具有的形式很类似,所以单摆可以说是复摆的一个特例,即此时摆的全部质量 m 都集中在 OC 延长线的某点 O' 上. 如 $OO'=l_1$,则 l_1 叫做**等值单摆长**,因长为 l_1 的单摆和对悬点的转动惯量为 I_0、质心和悬点间的距离为 l 的复摆有相同的周期,故 O' 又叫**振动中心**.

因 $l_1 = \frac{I_0}{ml} = \frac{k_C^2+l^2}{l}$ 或 $l_1 - l = \frac{k_C^2}{l}$,故如以 O' 为悬点,则

$$I_{O'} = mk_C^2 + m(l_1 - l)^2 = mk_C^2 + m\left(\frac{k_C^2}{l}\right)^2 = mk_C^2\frac{k_C^2 + l^2}{l^2} \tag{6}$$

而其振动周期为

$$\tau' = 2\pi\sqrt{\frac{\frac{mk_C^2}{l^2}(k_C^2 + l^2)}{mg(l_1 - l)}} = 2\pi\sqrt{\frac{k_C^2 + l^2}{gl}} \tag{7}$$

与以 O 为悬点时的振动周期相同,故悬点和振动中心可以互相交换而周期不变. 利用这个关系,可以比较准确地测定重力加速度 g 的数值,只要能找到具有相同周期的两点 O 及 O' 的位置,即可量出等值单摆长 l_1,这比用单摆测 g 的方法好,因单摆的长度 l 不易测准.

(3) 轴上的附加压力

我们也可把刚体绕固定轴的转动,看做等价于空间两点 A 和 B 保持不动时刚体的运动(因为两点可以决定一条直线,这条直线就是转动轴). 这就可用去掉约束代以约束反力的方法,即同时用动量定理和动量矩定理来确定运动规律和作用在 A、B 两点上的约束反力.

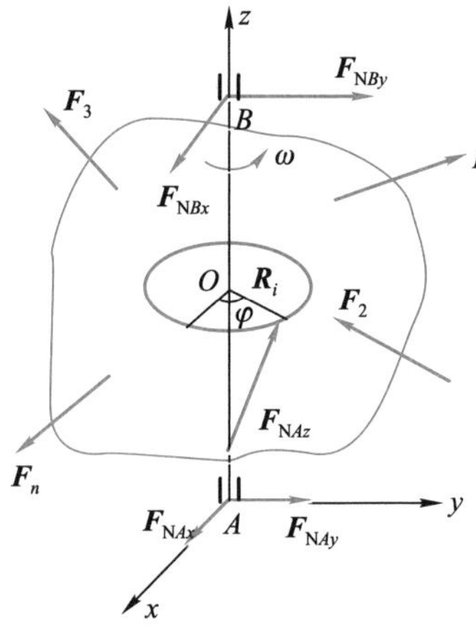

图 3.6.5

在图 3.6.5 中,$\boldsymbol{F}_{NA}$ 和 $\boldsymbol{F}_{NB}$ 代表作用在固定点 A 和 B 上的约束反力(A、B 处设为轴承),而 $\boldsymbol{F}_1, \boldsymbol{F}_2, \cdots, \boldsymbol{F}_n$ 则代表作用在刚体上的主动力. 令转动轴 AB 为 z 轴,则可设 $\boldsymbol{F}_{NA}$ 在坐标轴上的分量为 F_{NAx}、F_{NAy} 和 F_{NAz},而 $\boldsymbol{F}_{NB}$ 的分量为 F_{NBx} 和 F_{NBy}.

由动量定理和对 A 点的动量矩定理,得

$$\left.\begin{aligned}
&\frac{\mathrm{d}}{\mathrm{d}t}\sum_{i=1}^{n} m_i\dot{x}_i = F_{\mathrm{N}Ax} + F_{\mathrm{N}Bx} + \sum_{i=1}^{n} F_{ix} \\
&\frac{\mathrm{d}}{\mathrm{d}t}\sum_{i=1}^{n} m_i\dot{y}_i = F_{\mathrm{N}Ay} + F_{\mathrm{N}By} + \sum_{i=1}^{n} F_{iy} \\
&\frac{\mathrm{d}}{\mathrm{d}t}\sum_{i=1}^{n} m_i\dot{z}_i = F_{\mathrm{N}Az} + \sum_{i=1}^{n} F_{iz} \\
&\frac{\mathrm{d}}{\mathrm{d}t}\sum_{i=1}^{n} m_i(y_i\dot{z}_i - z_i\dot{y}_i) = -AB\cdot F_{\mathrm{N}By} + \sum_{i=1}^{n} M_{ix} \\
&\frac{\mathrm{d}}{\mathrm{d}t}\sum_{i=1}^{n} m_i(z_i\dot{x}_i - x_i\dot{z}_i) = AB\cdot F_{\mathrm{N}Bx} + \sum_{i=1}^{n} M_{iy} \\
&\frac{\mathrm{d}}{\mathrm{d}t}\sum_{i=1}^{n} m_i(x_i\dot{y}_i - y_i\dot{x}_i) = \sum_{i=1}^{n} M_{iz}
\end{aligned}\right\} \tag{3.6.8}$$

因 $x_i=R_i\cos\varphi, y_i=R_i\sin\varphi, z_i=$常量(图 3.6.5),
故

$$\left.\begin{aligned}
&\dot{x}_i=-y_i\omega, \ddot{x}_i=-x_i\omega^2-y_i\dot{\omega} \\
&\dot{y}_i=x_i\omega, \quad \ddot{y}_i=-y_i\omega^2+x_i\dot{\omega} \\
&\dot{z}_i=0, \qquad \ddot{z}_i=0
\end{aligned}\right\} \tag{3.6.9}$$

把这些关系代入式(3.6.8),并利用式(2.1.4)、式(3.5.5)和式(3.5.6),于是式(3.6.8)就简化为

$$\left.\begin{aligned}
-mx_C\omega^2-my_C\dot{\omega} &= F_{\mathrm{N}Ax}+F_{\mathrm{N}Bx}+\sum_{i=1}^{n}F_{ix} \\
-my_C\omega^2+mx_C\dot{\omega} &= F_{\mathrm{N}Ay}+F_{\mathrm{N}By}+\sum_{i=1}^{n}F_{iy} \\
0 &= F_{\mathrm{N}Az}+\sum_{i=1}^{n}F_{iz} \\
I_{yz}\omega^2-I_{zx}\dot{\omega} &= -AB\cdot F_{\mathrm{N}By}+M_x \\
-I_{zx}\omega^2-I_{yz}\dot{\omega} &= AB\cdot F_{\mathrm{N}Bx}+M_y \\
I_{zz}\dot{\omega} &= M_z
\end{aligned}\right\} \tag{3.6.10}$$

式中 x_C 和 y_C 是质心的坐标,I_{zx}、I_{yz} 和 I_{zz} 是惯量系数,而 M_x、M_y 和 M_z 则为主动力对三坐标轴的合力矩.

方程(3.6.10)中的最后一式并不含有约束反力,因而就是刚体绕固定轴转动的动力学方程,这与式(3.6.6)完全一样,而其余五式,则可用来求约束反力的五个分量 $F_{\mathrm{N}Ax}$、$F_{\mathrm{N}Ay}$、$F_{\mathrm{N}Az}$、$F_{\mathrm{N}Bx}$ 和 $F_{\mathrm{N}By}$.

如果 $\omega=\dot{\omega}=0$,则式(3.6.10)中左端各项均等于零,因而前五式就是通常的平衡方程,而最后一式,因不含有约束反作用力,所以是平衡条件.

当 $\omega\neq0,\dot{\omega}\neq0$ 时所算出来的 $\boldsymbol{F}_{NA}$ 和 $\boldsymbol{F}_{NB}$，跟 $\omega=\dot{\omega}=0$ 时所算出来的完全不同，有时且可差得很远. 前者是**动力反作用力**，而后者则是**静力反作用力**. 因此，刚体在绕固定轴转动时，对轴承就有附加压力出现，这些附加压力是由于刚体转动时所产生的惯性力所引起的.

如果要刚体转动时不在轴承上产生附加压力，即在同样主动力作用下，动力反作用与静力反作用相等，则其充要条件是 $\omega\neq0$ 且 $\dot{\omega}\neq0$ 时，式(3.6.10)中的(1)(2)(4)(5)诸式的左边均等于零. 这样，就有

$$\left.\begin{aligned}x_C\omega^2+y_C\dot{\omega}=0\\x_C\dot{\omega}-y_C\omega^2=0\end{aligned}\right\}$$

及

$$\left.\begin{aligned}I_{yz}\omega^2-I_{zx}\dot{\omega}=0\\I_{yz}\dot{\omega}+I_{zx}\omega^2=0\end{aligned}\right\}$$

这是以 x_C、y_C 及 I_{yz}、I_{zx} 为未知量的二元一次方程，但它们的系数行列式在转动时都不等于零，故 x_C、y_C、I_{yz} 和 I_{zx} 必须同时为零，即刚体的重心在转动轴上，而且转动轴是惯量主轴. 这时，我们就说这样的刚体已达到了**动平衡**，而这时的转动轴则叫做**自由转动轴**. 这时即使取消约束，刚体还是会绕着它继续转动.

由于近代各种机器的运转部分（如蒸汽机、涡轮发电机等）的角速度 ω 都很大，而附加压力的主要部分又和 ω 的平方成正比，因而在安装这些机器的时候，如果转动轴安装得稍有偏差（不恰好是自由转动轴），就会在轴承上引起很大的附加压力，甚至使机器损坏. 所以高速运转部分的动平衡，是制造与安装机器时最主要的问题之一.

［例 2］ 涡轮可以看做一个均质圆盘. 由于安装不善，涡轮转动轴与盘面法线成交角 $\alpha=1°$. 已知涡轮圆盘质量为 20 kg，半径 $r=0.2$ m，重心 O 在转轴上，O 至两轴承 A 与 B 的距离分别为 $a=b=0.5$ m. 设轴以 12 000 r/min 的角速度匀速转动时，试求轴承上某一时刻的最大压力.

［解］ 选取坐标轴如图 3.6.6 所示. 图中 x、y、z 是固定的坐标轴，而 x'、y'、z'则为几何对称轴. 并设在图示的瞬时，y'和 y 正好重合.

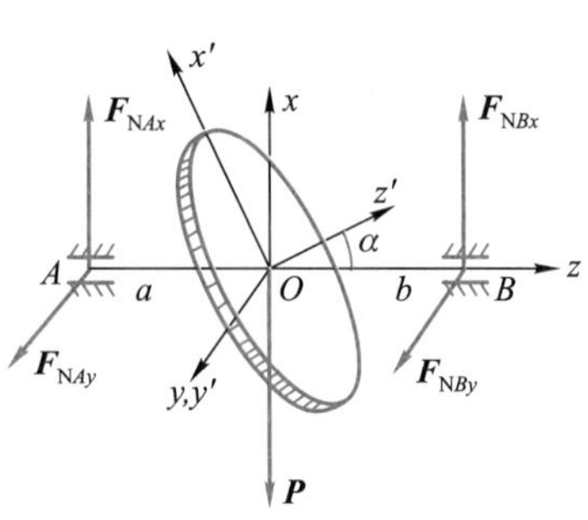

图 3.6.6

因为 x'、$y'(y)$、z'是几何对称轴，而重心 O 在转轴上，故 $x_C=y_C=0$，$I_{y'z'}=I_{z'x'}=I_{yz}=0$，又 $F_{NAz}=0$，$\dot{\omega}=0$，故如以 O 为参考点，则由式(3.6.10)得

$$\left.\begin{aligned} 0 &= F_{NAx}+F_{NBx}-mg \\ 0 &= F_{NAy}+F_{NBy} \\ 0 &= aF_{NAy}-bF_{NBy} \\ -I_{zx}\omega^2 &= -aF_{NAx}+bF_{NBx} \end{aligned}\right\} \tag{1}$$

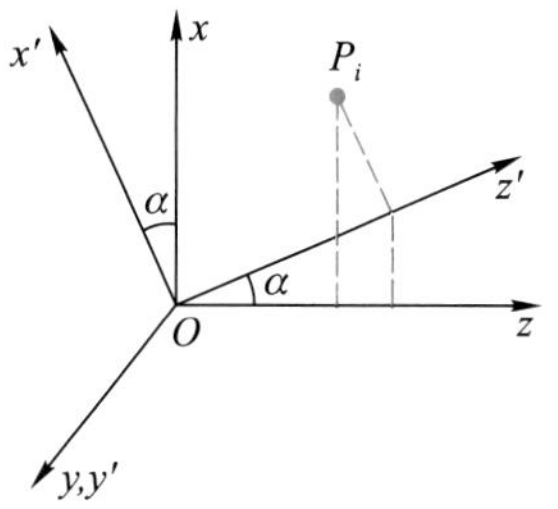

图 3.6.7

现在来求 I_{zx}. 由坐标变换关系(图 3.6.7)，知

$$x_i = x_i'\cos\alpha + z_i'\sin\alpha$$

$$z_i = -x_i'\sin\alpha + z_i'\cos\alpha$$

故

$$\begin{aligned} I_{zx} &= \sum_{i=1}^{n} m_i z_i x_i \\ &= \sum_{i=1}^{n} m_i(x_i'\cos\alpha + z_i'\sin\alpha)(-x_i'\sin\alpha + z_i'\cos\alpha) \\ &= \left(\sum_{i=1}^{n} m_i z_i'^2 - \sum_{i=1}^{n} m_i x_i'^2\right)\sin\alpha\cos\alpha \quad (\text{因为 } I_{z'x'}=0) \\ &= \frac{1}{2}\left[\sum_{i=1}^{n} m_i(z_i'^2+y_i'^2) - \sum_{i=1}^{n} m_i(x_i'^2+y_i'^2)\right]\sin 2\alpha \\ &= -\frac{1}{2}(I_{z'z'} - I_{x'x'})\sin 2\alpha \end{aligned} \tag{2}$$

对于均质圆盘

$$I_{z'z'}=\frac{1}{2}mr^2,\quad I_{x'x'}=\frac{1}{2}mr^2$$

故

$$I_{zx}=-\frac{1}{8}mr^2\sin 2\alpha \tag{3}$$

解(1)式中的诸式，并利用(3)式的结果，最后得

$$\left.\begin{aligned} F_{NAy} &= F_{NBy} = 0, \\ F_{NAx} &= \frac{mbg}{a+b} - \frac{1}{8}\frac{1}{a+b}mr^2\omega^2\sin 2\alpha \\ F_{NBx} &= \frac{mag}{a+b} + \frac{1}{8}\frac{1}{a+b}mr^2\omega^2\sin 2\alpha \end{aligned}\right\} \tag{4}$$

在 F_{NAx} 与 F_{NBx} 表示式中的第一项代表静力反作用，而第二项则代表动力反作用，亦即轴承上的附加压力. 把题给的数据代入，得附加压力为

$$\mp\frac{1}{8}\frac{1}{a+b}mr^2\omega^2\sin 2\alpha$$

$$=\mp\frac{1}{8}\times\frac{20}{1}\times 0.2^2\times(400\pi)^2\times 0.034\,9\ \mathrm{N}$$
$$\approx\mp 5\,400\ \mathrm{N}$$

而静力反作用之和则只有 20 kg×9.8 m/s² = 196 N,可见动力反作用对轴承的危害是很大的.

实际上,由于圆盘在转动,故轴承在 x 方向和 y 方向所受的附加压力都是周期性的,我们所求出的结果,是在图示位置时的瞬时值. 这种冲击式的反作用力,对轴承的危害性更大.

§3.7 刚体的平面平行运动

(1) 平面平行运动运动学

刚体作平面平行运动时,刚体中任何一点都始终在平行于某一固定平面的平面内运动. 因此,只需研究刚体中任一和固定平面平行的截面(薄片)的运动就可以了,因为垂直于固定平面的直线上的各点都有相同的轨道、速度和加速度,于是空间问题就简化为平面问题. 本节从现在起,凡说到刚体的时候,就用这种截面(薄片)来代表.

在图 3.7.1 中,L 为薄片运动前的位置,L'为薄片发生一微小位移后的位置,并令 A、B 为运动前薄片上的两点,A'、B'为运动后薄片上对应的两点. 显然,由 L 至 L'可由下列两个步骤来完成.

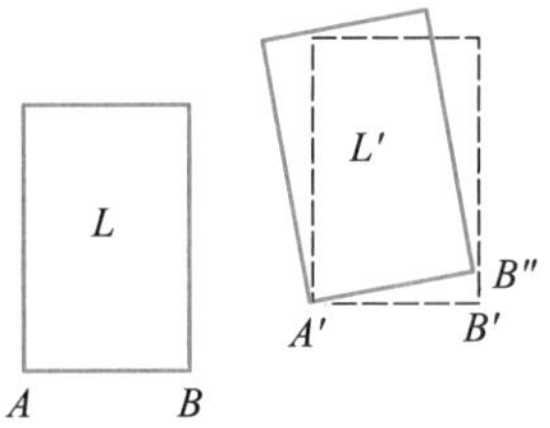

图 3.7.1

Ⅰ. 纯平动

薄片上任何一点的位移都与 AA'平行,而且等于 AA',如图 3.7.1 中的虚线所示. 此时 A 点已到达了它的最后位置,但其他各点一般还没有到达其最终位置.

Ⅱ. 纯转动

整个薄片绕 A'点(实际上是绕通过 A'并垂直于固定平面的轴线)转动一角度,其大小等于 $A'B''$与 $A'B'$所夹的角. 在这种情形下,A 点常叫做基点.

当薄片(即刚体)连续运动时,我们仍然可以认为它的运动是随基点的平动及绕基点的转动这两种基本运动所合成. 随基点平动时,薄片中任一点的速度显然与基点的速度相同,而绕基点转动时,则又可认为是一定轴转动,这时基点不动,整个薄片绕通过基点并且垂直于薄片的直线转动. 故如设 A 为基点,在某一时刻,其速度为 $\boldsymbol{v}_A$,又在此时刻,薄片绕 A 转动的角速度为 $\boldsymbol{\omega}$(垂直于薄片并沿着转动轴),则薄片上任一点 P 的速度(如图 3.7.2 所示)为

$$\boldsymbol{v}=\boldsymbol{v}_A+\boldsymbol{\omega}\times\boldsymbol{r}'=\boldsymbol{v}_A+\boldsymbol{\omega}\times(\boldsymbol{r}-\boldsymbol{r}_0) \tag{3.7.1}$$

式中 $\boldsymbol{r}'$为 P 对 A 的位矢，$\boldsymbol{r}$ 为 P 对固定坐标系原点 O 的位矢，而 $\boldsymbol{r}_0$ 则为基点 A 对 O 的位矢，故 $\boldsymbol{\omega}\times\boldsymbol{r}'$是 P 点绕 A 点转动的速度.

设 P 相对于固着在固定平面上的坐标系 Oxy 而言，其坐标为(x,y)，相对于固着在薄片上并随薄片一同运动的坐标系 $Ax'y'$而言，其坐标为(x',y')，而 A 相对于 Oxy 系的坐标为(x_0,y_0). 因 $\boldsymbol{\omega}$ 恒垂直于固定平面或薄片，即沿 z 轴或 z'轴，故式(3.7.1)的分量表示式相对于 Oxy 系和相对于 $Ax'y'$系分别为

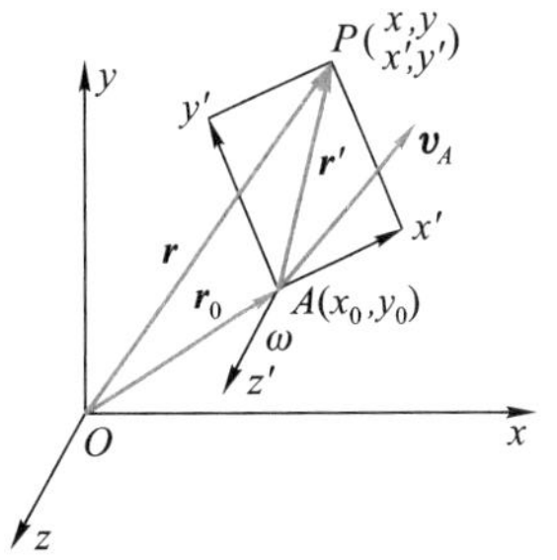

图 3.7.2

$$\left.\begin{aligned}v_x&=v_{Ax}-(y-y_0)\omega\\v_y&=v_{Ay}+(x-x_0)\omega\end{aligned}\right\} \tag{3.7.2}$$

$$\left.\begin{aligned}v_{x'}&=v_{Ax'}-y'\omega\\v_{y'}&=v_{Ay'}+x'\omega\end{aligned}\right\} \tag{3.7.3}$$

又 P 点的加速度为

$$\begin{aligned}\boldsymbol{a}&=\frac{\mathrm{d}\boldsymbol{v}_A}{\mathrm{d}t}+\frac{\mathrm{d}\boldsymbol{\omega}}{\mathrm{d}t}\times\boldsymbol{r}'+\boldsymbol{\omega}\times\frac{\mathrm{d}\boldsymbol{r}'}{\mathrm{d}t}\\&=\boldsymbol{a}_A+\frac{\mathrm{d}\boldsymbol{\omega}}{\mathrm{d}t}\times\boldsymbol{r}'+\boldsymbol{\omega}\times(\boldsymbol{\omega}\times\boldsymbol{r}')\end{aligned}$$

因 $\boldsymbol{\omega}\times(\boldsymbol{\omega}\times\boldsymbol{r}')=\boldsymbol{\omega}(\boldsymbol{\omega}\cdot\boldsymbol{r}')-\boldsymbol{r}'\boldsymbol{\omega}^2$，而在平面平行运动中 $\boldsymbol{r}'$恒与 $\boldsymbol{\omega}$ 垂直，故 $\boldsymbol{\omega}\cdot\boldsymbol{r}'=0$. 即

$$\boldsymbol{a}=\boldsymbol{a}_A+\frac{\mathrm{d}\boldsymbol{\omega}}{\mathrm{d}t}\times\boldsymbol{r}'-\boldsymbol{r}'\omega^2 \tag{3.7.4}$$

式(3.7.4)也可写为

$$\boldsymbol{a}=\boldsymbol{a}_A+\frac{\mathrm{d}\boldsymbol{\omega}}{\mathrm{d}t}\times(\boldsymbol{r}-\boldsymbol{r}_0)-(\boldsymbol{r}-\boldsymbol{r}_0)\omega^2 \tag{3.7.5}$$

式(3.7.4)和式(3.7.5)中的第一项是 A 点的加速度，第二项为相对切向加速度，而最后一项则为相对向心加速度. 在平面平行运动中，角加速度$\frac{\mathrm{d}\boldsymbol{\omega}}{\mathrm{d}t}$(即 α)也跟定轴转动时的情况一样，总与 $\boldsymbol{\omega}$ 共同沿着转动轴线，但其指向则与 $\boldsymbol{\omega}$ 相同(加速转动时)或相反(减速转动时).

对于平面平行运动来讲，相对切向加速度的量值为 $r'\alpha$，方向与 $\boldsymbol{r}'$垂直；相对向心加速度的量值为 ω^2r'，沿 $\boldsymbol{r}'$的反方向并指向 A 点. 这些，也都跟定轴转动时情形相仿.

(2) 转动瞬心

作平面运动的刚体(薄片)的角速度不为零时，在任一时刻薄片上恒有一点

的速度为零，这点叫做**转动瞬心**，常以 C 表示. 转动瞬心相对于 Oxy 系的坐标，可令式(3.7.2)中的 v_x 及 v_y 等于零而求得，即

$$\left.\begin{aligned} x_C &= x_0 - \frac{v_{Ay}}{\omega} \\ y_C &= y_0 + \frac{v_{Ax}}{\omega} \end{aligned}\right\} \tag{3.7.6}$$

而转动瞬心相对于 $Ax'y'$ 系的坐标，则可令式(3.7.3)中的 $v_{x'}$ 及 $v_{y'}$ 等于零而求得，即

$$\left.\begin{aligned} x'_C &= -\frac{v_{Ay'}}{\omega} \\ y'_C &= \frac{v_{Ax'}}{\omega} \end{aligned}\right\} \tag{3.7.7}$$

如果 $\omega=0$，则无转动瞬心；或者说，转动瞬心在无穷远处.

只要转动瞬心 C 为已知，就很容易推出薄片在此时刻的运动情况. 因为如果取 C 为基点，则因 C 在此时刻的速度为零，故薄片将仅绕 C 转动，而任意一点 P 的速度与 CP 垂直，其量值为 $CP\cdot\omega$. 利用这项事实，只要知道薄片上任何两点 A 及 B 的速度的方向，我们就可用几何法求出转动瞬心 C 的位置. 设已知 A 点的速度方向，如图 3.7.3 中的 $\boldsymbol{v}_A$ 所示；而 B 点的速度方向如同图中的 $\boldsymbol{v}_B$ 所示，则过 A 及 B 作两直线分别垂直于 $\boldsymbol{v}_A$ 及 $\boldsymbol{v}_B$，此两直线的交点，即转动瞬心 C(图 3.7.3).

当薄片运动时，转动瞬心 C 的位置由于不断地转移而随之运动. C 在固定平面上(即相对于 Oxy)所描绘的轨迹叫**空间极迹**；而 C 在薄片上(即相对于 $Ax'y'$)所描绘的轨迹叫**本体极迹**. 薄片的运动实际上是本体极迹 B 在空间极迹 S 上无滑动地滚动(图 3.7.4). 在任一瞬时，此两轨迹的公共切点 C，即为该时刻的转动瞬心. 当车轮在直轨上滚动时，轮缘是本体极迹，而直轨则是空间极迹，在任一瞬时，轮缘与直轨的公共切点(即接触点)就是该时刻的转动瞬心.

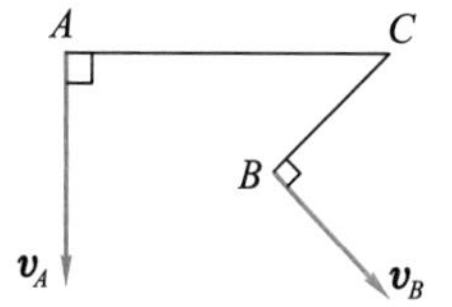

图 3.7.3

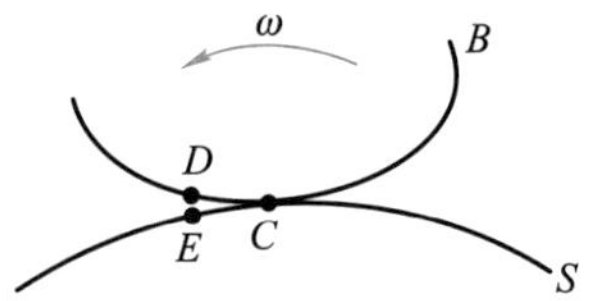

图 3.7.4

必须注意：角速度是描写整个刚体的运动学量，故与所选的基点无关，无论选 A、选 C 或选其他点为基点，角速度均为 $\boldsymbol{\omega}$. 又转动瞬心的速度虽然等于零，但它的加速度则并不等于零，否则，就成为固定的转动中心了.

[**例 1**] 试用转动瞬心法求 §1.2 例题中的椭圆规尺 M 点的速度、加速度，并求本体极迹和空间极迹的方程式.

［解］ 本题椭圆规尺 AB 两端点的速度方向已知，故过 A 及 B 作两直线分别与 $\boldsymbol{v}_A$ 及 $\boldsymbol{v}_B$ 垂直，此两直线相交于 C，故 C 为转动瞬心（图 3.7.5）.

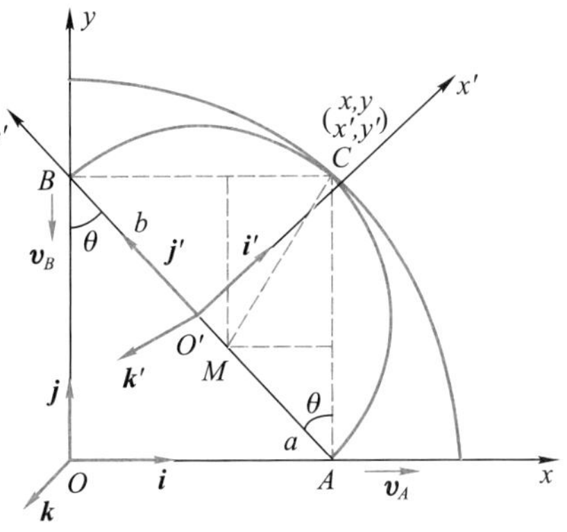

图 3.7.5

又 B 点速度的量值为 c，由图 3.7.5，知

$$v_B = c = (a+b)\sin\theta \cdot \omega \quad (\omega \text{ 为 } AB \text{ 的角速度})$$

故

$$\omega = \frac{c}{a+b}\frac{1}{\sin\theta} \tag{1}$$

根据转动瞬心的定义，知

$$v_M = MC \cdot \omega = \sqrt{a^2\sin^2\theta + b^2\cos^2\theta} \cdot \omega$$

$$= \frac{c}{a+b}\sqrt{a^2 + b^2\cot^2\theta} \tag{2}$$

如以 O 为固定坐标系 Oxy 的原点，设 C 的坐标为 (x, y)，则有

$$x^2 + y^2 = OC^2 = AB^2 = (a+b)^2 \tag{3}$$

故空间极迹为中心在 O 半径等于 $(a+b)$ 的圆周.

又如以 AB 中点 O' 为活动坐标系 $O'x'y'$ 的原点，设 C 的动坐标为 (x', y')，则有

$$x'^2 + y'^2 = O'C^2 = \left[\frac{1}{2}(a+b)\right]^2 \tag{4}$$

故本体极迹方程为中心在 O' 半径等于 $\dfrac{1}{2}(a+b)$ 的圆周，此两圆周有公切点 C，此点即转动瞬心.

取单位矢量 $\boldsymbol{i}$、$\boldsymbol{j}$ 分别沿 x 轴和 y 轴，单位矢量 $\boldsymbol{i}'$、$\boldsymbol{j}'$ 分别沿 x' 轴和 y' 轴，至于单位矢量 $\boldsymbol{k}$ 和 $\boldsymbol{k}'$ 则均垂直纸面指向读者，如图 3.7.5 所示.

如以 B 为基点，则由式(3.7.4)知，M 点的加速度为

$$a_M = a_B + \frac{d\omega}{dt} \times r' - r'\omega^2 = -\frac{d\omega}{dt}k' \times bj' + b\omega^2 j'$$

$$= -\frac{c}{a+b}\frac{1}{\sin^2\theta}\cos\theta \cdot \omega \cdot bi' + b\frac{c^2}{(a+b)^2}\frac{1}{\sin^2\theta}j'$$

$$= \frac{bc^2}{(a+b)^2}\frac{1}{\sin^2\theta}\left(-\frac{\cos\theta}{\sin\theta}i' + j'\right)$$

$$= \frac{bc^2}{(a+b)^2}\frac{1}{\sin^2\theta}\left(-\frac{\cos\theta}{\sin\theta}\cos\theta i - \cos\theta j - \sin\theta i + \cos\theta j\right)$$

$$= -\frac{bc^2}{(a+b)^2}\frac{1}{\sin^2\theta}\left(\frac{\cos^2\theta}{\sin\theta} + \sin\theta\right) i$$

$$= -\frac{bc^2}{(a+b)^2}\frac{1}{\sin^3\theta}i$$

因 M 点的 x 坐标为

$$x = b\sin\theta$$

故

$$a_M = -\frac{b^4c^2}{(a+b)^2}\frac{1}{x^3}i \tag{5}$$

这结果与§1.2 中的完全一样.

(3) 平面平行运动动力学

现在让我们来求刚体作平面平行运动时的动力学方程.

在运动学中,基点是可以任意选取的. 但在动力学中,通常皆取质心作为基点,以便利用质心运动定理和相对于质心的动量矩定理来写出平面平行运动的动力学方程.

取通过包含刚体的质心并与固定平面平行的一个薄片作为研究的对象,如图 3.7.6 所示. C 为刚体的质心,x 轴与 y 轴为通过固定平面上某点 O 的固定坐标轴,x'轴与 y'轴为原点在质心 C 上并随薄片绕质心 C 转动(实际上是刚体绕通过 C 并与固定平面垂直的轴线转动)的活动坐标轴. 那么,刚体的位置将由质心位矢 $r_C(x_C, y_C)$ 及 x'轴与 x''轴(x''轴为原点在 C 并与 Ox 始终平行的坐标轴,而 x'轴则为固着在刚体上的坐标轴)间的夹角 θ 决定.

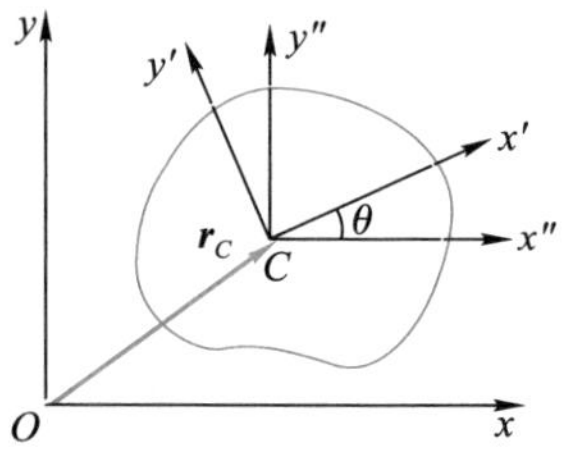

图 3.7.6

根据式(3.4.2),我们得质心 C 的运动方程为

$$\left.\begin{aligned} m\ddot{x}_C &= F_x \\ m\ddot{y}_C &= F_y \end{aligned}\right\} \tag{3.7.8}$$

式中 m 为刚体的总质量, $\ddot{x}_C$、$\ddot{y}_C$ 为质心 C 的加速

度在 x 轴、y 轴上的投影，而 F_x 及 F_y 则为诸外力（包括约束反力）在 x、y 方向分量的代数和.

刚体绕通过质心 C 且垂直于固定平面的轴线的转动，在随质心作平动的坐标系 $Cx''y''$ 中，可以看成是一定轴转动，这时转动轴就是通过质心的 z 轴. 由于刚体作平面平行运动，即在动坐标系 $Cx''y''$ 与固定坐标系 Oxy 中的 ω，$\dot{\omega}$（或 α）都是相同的，故可由式（3.6.6）得刚体绕 z 轴转动的运动方程为

$$I_{zz}\dot{\omega}=I_{zz}\alpha=M_z \tag{3.7.9}$$

式中 I_{zz} 为刚体绕 z 轴的转动惯量，$\dot{\omega}$（或 α）为角加速度，而 M_z 则为诸外力（包括约束反力）对 z 轴的力矩的代数和.

（3.7.8）和（3.7.9）两式中的方程，就是刚体作平面平行运动时的运动方程. 外力一般是已知的，但约束反力则是未知的，所以还要加入限制运动的某些条件（否则就成为自由刚体，不能作平面平行运动），即所谓约束方程，始能求解. 因为刚体作平面平行运动时，是三个独立变量的问题，故未知量不能多于三个.

由式（2.4.7）知，这时动能 E_k 包含两部分：一为质心运动的动能，一为诸质点（即刚体）绕质心转动时的动能. 如果令 $\boldsymbol{v}_C$ 代表质心运动的速度，$\boldsymbol{\omega}$ 为刚体的角速度，则刚体的动能为 $E_k=\dfrac{1}{2}mv_C^2+\dfrac{1}{2}I_{zz}\omega^2$，如果作用于刚体上的外力只有保守力作功，则由机械能守恒定律，知

$$\frac{1}{2}mv_C^2+\frac{1}{2}I_{zz}\omega^2+E_p=E \tag{3.7.10}$$

式中 E_p 为势能，E 为总能量，是一个常量. 我们可用式（3.7.10）来代替（3.7.8）和（3.7.9）三式中任何一式，因为平面平行运动只具有三个独立变量，这四个方程中只有三个是互相独立的.

［例 2］ 半径为 a，质量为 m 的圆柱体，沿着倾角为 α 的粗糙斜面无滑动地滚下. 试求质心沿斜面运动的加速度及约束反作用力的法向分量 F_N 和切向分量（摩擦阻力）F_t（图 3.7.7）.

［解］ 为了比较，我们用两种方法来解.

① 机械能守恒定律

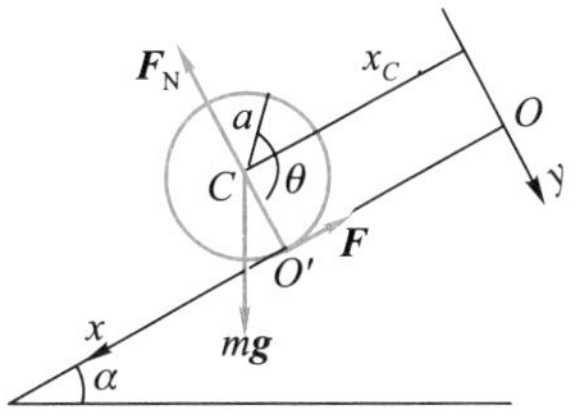

图 3.7.7

在图 3.7.7 中，mg 为重力，$\boldsymbol{F}_N$ 为约束反作用力的法向分量，$\boldsymbol{F}_t$ 为约束反作用力的切向分量（即摩擦阻力）；$x_C=OO'$ 为圆柱体的质心在时间 t 内的位移（当 $t=0$ 时，圆柱体自斜面的最高点 O 开始下滚），而 θ 则为它所转过的角度. 如无任何滑动，则由几何学，知约束方程为

$$x_C=a\theta \tag{1}$$

令 k 为圆柱体对轴线的回转半径，则因 $I_{zz}=mk^2$，故动能为

$$E_{\mathrm{k}}=\frac{1}{2}m\dot{x}_C^2+\frac{1}{2}mk^2\dot{\theta}^2$$

但

$$\dot{x}_C=a\dot{\theta}$$

故

$$E_{\mathrm{k}}=\frac{1}{2}m\left(1+\frac{k^2}{a^2}\right)\dot{x}_C^2 \tag{2}$$

至于势能 E_{p}(取静止时的势能为零)则为

$$E_{\mathrm{p}}=-mgx_C\sin\alpha \tag{3}$$

将 E_{k} 及 E_{p} 之值代入式(3.7.10)中,得

$$\frac{1}{2}m\left(1+\frac{k^2}{a^2}\right)\dot{x}_C^2-mgx_C\sin\alpha=E \tag{4}$$

式中 E 为总能量,是一常量. 求(4)式对 t 的微商,得

$$\ddot{x}_C=\frac{g\sin\alpha}{1+k^2/a^2} \tag{5}$$

这就是圆柱体的质心 C 沿斜面运动的加速度,即圆柱体以匀加速度沿斜面滚下. 我们知道:一个物体沿倾角为 α 的光滑斜面滑下时,它的加速度是 $g\sin\alpha$. 而由式(5),知沿斜面滚下的加速度,恒较 $g\sin\alpha$ 为小(除非 $k=0$,即全部质量集中在轴线上). 如果圆柱体变为薄圆筒,$k=a$,则

$$\ddot{x}_C=\frac{1}{2}g\sin\alpha$$

如果是实心的,$k^2=\frac{1}{2}a^2$,则

$$\ddot{x}_C=\frac{2}{3}g\sin\alpha$$

用机械能守恒定律虽然可以求出圆柱体沿斜面滚下时质心的加速度 $\ddot{x}_C$,但不能求出圆柱体和斜面之间的约束反作用力,也不能求出斜面究竟达到何种粗糙程度,始不致发生滑动. 要想解决这些问题,需要用质心运动定理及相对于质心的动量矩定理.

② 质心运动定理及相对于质心的动量矩定理

取消约束后,约束反作用力的法向分量 F_{N} 及切向分量 F_{f} 和重力 mg 都是外力,故由式(3.7.8)及式(3.7.9),得圆柱体的动力学方程为

$$\left.\begin{aligned}m\ddot{x}_C&=mg\sin\alpha-F_{\mathrm{f}}\\0&=F_{\mathrm{N}}-mg\cos\alpha\\mk^2\ddot{\theta}&=F_{\mathrm{f}}a\end{aligned}\right\} \tag{6}$$

因 $\ddot{x}_C=a\ddot{\theta}$,故由式(6)中的第一式和第三式将 F_{f} 消去,得

$$\ddot{x}_C=\frac{g\sin\alpha}{1+k^2/a^2} \tag{7}$$

和式(5)完全一样. 约束反作用力的两个分量则为

$$\left.\begin{aligned} F_{\mathrm{f}} &= m\frac{k^2}{a^2}\ddot{x}_C = \frac{mgk^2\sin\alpha}{a^2+k^2} \\ F_{\mathrm{N}} &= mg\cos\alpha \end{aligned}\right\} \tag{8}$$

所以用质心运动定理和相对于质心的动量矩定理,不但可以求出约束反作用力,也可求出质心滚下时的加速度,显然比①法全面.

如果只有滚动而无滑动,则 f/N 必定 $\leqslant \mu$(μ 为静摩擦因数),或

$$\mu \geqslant \frac{k^2\tan\alpha}{a^2+k^2} \tag{9}$$

故当斜面的粗糙程度满足式(9)时,就可以阻止圆柱体沿斜面滑动. 如果增大斜面的倾角 α,以至式(9)开始不成立时,滑动也就开始,能量不再守恒,量变引起了质变.

滑动开始后,圆柱体又滚又滑,约束方程 $x_C = a\theta$ 的关系不再成立. 但因 f 可以通过摩擦因数求出,故由式(6),运动仍然可以完全确定. 此时质心的加速度 $\ddot{x}_C$ 为滚动加速度 $a\ddot{\theta}$ 与滑动加速度 $\ddot{s}$ 两者之和.

(4) 滚动摩擦

当圆柱体作纯滚动时,如将其放在粗糙的水平面上,并给以初速度 $\boldsymbol{v}_0$,则由例 2 中的(5)式或(7)式,知 $\ddot{x}_C = 0$,圆柱体将按惯性而永远滚动下去,但实际情况并不如此. 圆柱体越滚越慢,最后停止. 因为它这时受到了另外一种滚动摩擦的作用.

滚动摩擦的产生,是由于圆柱体与地面接触处的形变所引起的. 因为圆柱体和地面都不是绝对刚性的,圆柱体由于重量而陷入地面,同时本身也受到压缩. 当它向前滚动时,由于地面的隆起(图 3.7.8 上画得比较夸大),地面的竖直反作用力 $\boldsymbol{F}_{\mathrm{N}}$ 并不通过质心,而是偏于质心的前方,因而产生了一个反抗圆柱体滚动的力矩,这个力矩就是滚动摩擦力矩,它的量值为

$$M = F_{\mathrm{N}}k \tag{3.7.11}$$

式中 k 叫滚动摩擦因数,等于从 $\boldsymbol{F}_{\mathrm{N}}$ 的作用点 B 到通过质心 O 的竖直线 OA 的垂直距离. k 的大小和圆柱体及地面的物理性质有关,即和圆柱体压入地面的程度有关.

滚动摩擦一般远小于滑动摩擦. 使用滚珠轴承、滚柱轴承都是为了以滚动摩擦代替滑动摩擦.

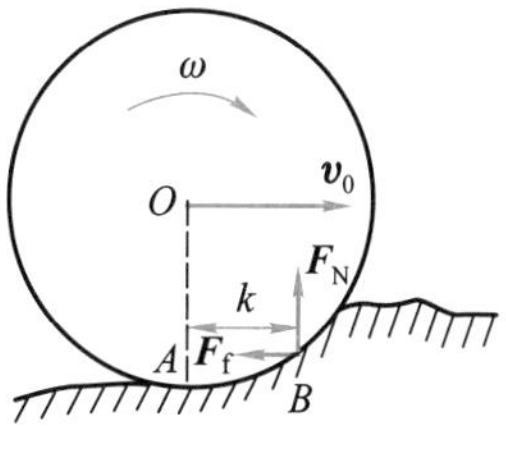

图 3.7.8

§ 3.8

刚体绕固定点的转动

(1) 定点转动运动学

刚体转动时,如果刚体内只有一点始终保持不动,则叫定点转动. 陀螺、回转罗盘(用于航空和航海方面)等,都是刚体绕定点转动的实例. 它们都只有一点不动. 例如图 3.8.1 所示的常平架中的圆盘可绕对称轴 z' 转动,此对称轴固结在内悬架上,内悬架可绕固结于外悬架的 ON 轴转动,而外悬架又可绕固定轴 z 转动. 此三轴的交点 O 则是始终不动的,所以这种运动和定轴转动的情形不同.

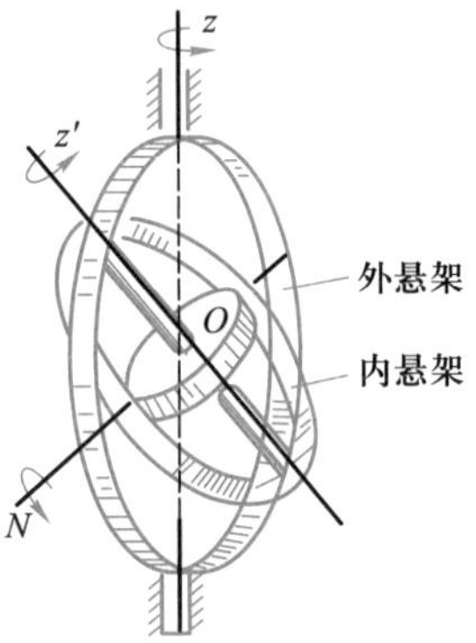

图 3.8.1

定点转动和定轴转动不同之处,在于转动轴只通过一个定点,转轴在空间的取向随着时间的改变而改变,所以不能只考虑一个和固定轴相垂直的平面内各点的运动. 换句话说,定点转动是一个三度空间的问题,比定轴转动要复杂得多. 在定轴转动中,角速度 $\boldsymbol{\omega}$ 的数值虽然随着时间改变,但它的取向,则恒沿着固定的转动轴.

在定点转动中,转动轴在空间的取向,随着时间的改变而改变,因而,附在它上面的角速度矢量 $\boldsymbol{\omega}$ 的量值和方向就都是时间的函数. 我们要用两个独立变量来描述转动轴的取向(亦即角速度矢量 $\boldsymbol{\omega}$ 的取向)在空间变化的情况,还要用一个变量来描述整个刚体绕转动轴的运动情况,所以定点转动是三个独立变量的问题,通常都是用三个欧拉角来描述定点转动刚体的运动,即用欧拉角 θ、φ、ψ 来确定刚体的位置,用 θ、φ、ψ 对时间的微商 $\dot{\theta}$、$\dot{\varphi}$、$\dot{\psi}$ 来表示角速度分量 ω_x、ω_y 和 ω_z,这就是前面讲过的式(3.3.3).

刚体作定点转动时,角速度矢量虽然都通过定点 O,但其取向则随时间的改变而改变. 前已提到,我们把某一瞬时角速度 $\boldsymbol{\omega}$ 的取向,亦即在该瞬时的转动轴叫转动瞬轴. 跟转动瞬心相仿,转动瞬轴在空间和在刚体内各描绘一个顶点在 O 的锥面,前者叫空间极面,后者则叫本体极面. 刚体绕固定点的转动,也可看做本体极面在空间极面上作无滑动的滚动,如图 3.8.2

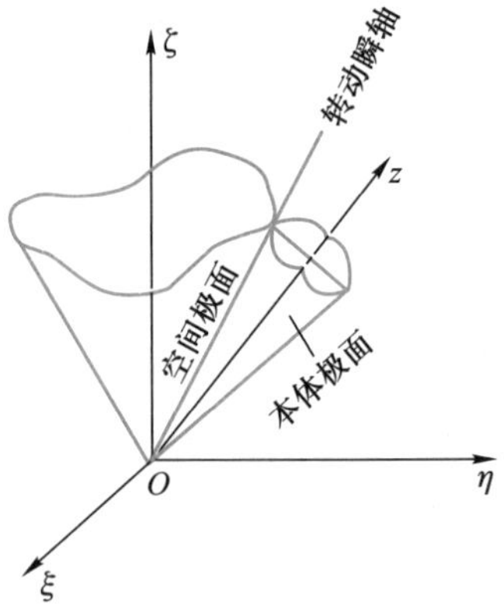

图 3.8.2

所示.

设在某一瞬时,刚体的角速度是 $\boldsymbol{\omega}$,它的取向沿着该时刻的转动瞬轴 OM,如图 3.8.3 所示. 由式(3.2.6),在此瞬时刚体内任一点 P 的线速度 $\boldsymbol{v}$ 为

$$\boldsymbol{v}=\frac{\mathrm{d}\boldsymbol{r}}{\mathrm{d}t}=\boldsymbol{\omega}\times\boldsymbol{r} \tag{3.8.1}$$

式中 $\boldsymbol{r}$ 是 P 点对定点 O 的位矢.

式(3.8.1)是用角速度 $\boldsymbol{\omega}$ 来表示刚体内位矢为 $\boldsymbol{r}$ 的一点的线速度 $\boldsymbol{v}$. 当刚体绕固定点转动时,在任一瞬时,由于 $\boldsymbol{r}$ 的不同,所以体内各点的线速度 $\boldsymbol{v}$ 不同,但角速度 $\boldsymbol{\omega}$ 则是一样的,所以我们把 $\boldsymbol{\omega}$ 称为刚体的角速度. $\boldsymbol{\omega}$ 是时间的矢量函数,如为已知,我们就可以求出任何时刻刚体内任何一点的线速度 $\boldsymbol{v}$. 换句话说,只要一个矢量函数 $\boldsymbol{\omega}(t)$,就足以描述刚体绕固定点的转动.

由式(3.8.1),又可求出刚体绕固定点 O 转动时,刚体内任一点 P 的线加速度 $\boldsymbol{a}$ 为

$$\begin{aligned}\boldsymbol{a}&=\frac{\mathrm{d}\boldsymbol{v}}{\mathrm{d}t}=\frac{\mathrm{d}\boldsymbol{\omega}}{\mathrm{d}t}\times\boldsymbol{r}+\boldsymbol{\omega}\times(\boldsymbol{\omega}\times\boldsymbol{r})\\&=\frac{\mathrm{d}\boldsymbol{\omega}}{\mathrm{d}t}\times\boldsymbol{r}+\boldsymbol{\omega}(\boldsymbol{\omega}\cdot\boldsymbol{r})-\omega^2\boldsymbol{r}\end{aligned} \tag{3.8.2}$$

上式中的 $\boldsymbol{\omega}\times(\boldsymbol{\omega}\times\boldsymbol{r})$,亦即 $\boldsymbol{\omega}\times\boldsymbol{v}$ 称为向轴加速度,它和质点到转动瞬轴的垂线相合,可以写为$-\omega^2\boldsymbol{R}$,这里 R 是 P 点到 $\boldsymbol{\omega}$ 的垂直距离,如图 3.8.3 所示,但不能写为$-\omega^2\boldsymbol{r}$. (何故?)至于$\frac{\mathrm{d}\boldsymbol{\omega}}{\mathrm{d}t}\times\boldsymbol{r}$ 则叫转动加速度.

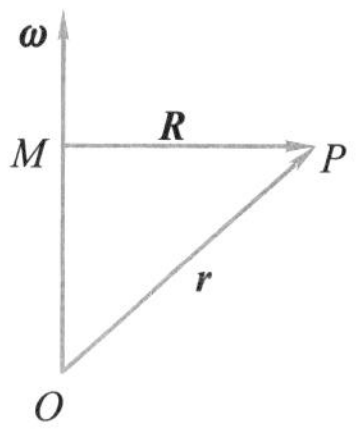

图 3.8.3

如果刚体在空间可不受任何约束而作任意的运动,那么体内就没有一点是固定不动的,这就是一般运动. 跟平面平行运动相仿,我们可以把这种运动看成是随基点 A 的平动(在动力学中,通常取刚体的质心作基点)及绕基点的定点转动所合成,所以自由刚体具有六个独立变量.

刚体作一般运动时,刚体内任一点 P 的速度及加速度只需在式(3.8.1)及式(3.8.2)中添加基点速度 $\boldsymbol{v}_A$ 及基点加速度 $\boldsymbol{a}_A$:

$$\boldsymbol{v}=\boldsymbol{v}_A+\boldsymbol{\omega}\times\boldsymbol{r}' \tag{3.8.3}$$

$$\begin{aligned}\boldsymbol{a}&=\boldsymbol{a}_A+\frac{\mathrm{d}\boldsymbol{\omega}}{\mathrm{d}t}\times\boldsymbol{r}'+\boldsymbol{\omega}\times(\boldsymbol{\omega}\times\boldsymbol{r}')\\&=\boldsymbol{a}_A+\frac{\mathrm{d}\boldsymbol{\omega}}{\mathrm{d}t}\times\boldsymbol{r}'+\boldsymbol{\omega}(\boldsymbol{\omega}\cdot\boldsymbol{r}')-\omega^2\boldsymbol{r}'\end{aligned} \tag{3.8.4}$$

矢量 $\boldsymbol{r}'$是 P 点相对于基点 A 的位矢.

[例] 当飞机在空中以定值速度 u 沿半径为 R 的水平圆形轨道 C 转弯时,求当螺旋桨尖端 B 与中心 A 的连线和竖直线成 θ 角时,B 点的速度及加速度.

已知螺旋桨的长度$AB=l$，螺旋桨自身旋转的角速度为ω_1.

［解］　本题是一般运动问题，故速度及加速度可由式（3.8.3）及式（3.8.4）求出.

取螺旋桨的中心A为动坐标系原点，其单位矢量如图3.8.4所示，则当飞机转弯时，整个飞机绕$\boldsymbol{k}$转动的角速度为$\boldsymbol{\omega}_0=\frac{u}{R}\boldsymbol{k}$，故螺旋桨的合成角速度为

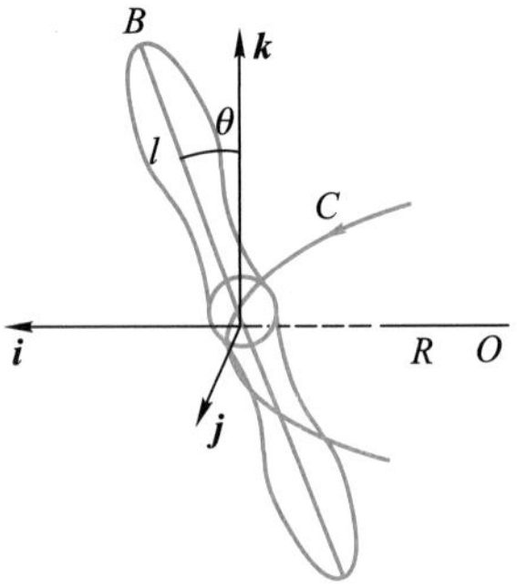

图 3.8.4

$$\boldsymbol{\omega}=\omega_1\boldsymbol{j}+\frac{u}{R}\boldsymbol{k} \tag{1}$$

又当飞机转弯时，A描绘一个半径为R的水平圆周，故A的速度为u，方向沿圆周的切线，即$\boldsymbol{j}$的方向. 取A为基点，由式（3.8.3），知螺旋桨尖端B的速度为

$$\begin{aligned}\boldsymbol{v}&=u\boldsymbol{j}+\boldsymbol{\omega}\times\boldsymbol{r}'\\&=u\boldsymbol{j}+\left(\omega_1\boldsymbol{j}+\frac{u}{R}\boldsymbol{k}\right)\times(l\sin\theta\,\boldsymbol{i}+l\cos\theta\,\boldsymbol{k})\\&=\omega_1 l\cos\theta\,\boldsymbol{i}+u\left(1+\frac{l}{R}\sin\theta\right)\boldsymbol{j}-\omega_1 l\sin\theta\,\boldsymbol{k}\end{aligned} \tag{2}$$

而

$$v=\left[\omega_1^2l^2+u^2\left(1+\frac{l}{R}\sin\theta\right)^2\right]^{\frac{1}{2}} \tag{3}$$

这是B点速度$\boldsymbol{v}$的量值.

现在求B点的加速度$\boldsymbol{a}$. 因A点的加速度$\boldsymbol{a}_A$为$-\frac{u^2}{R}\boldsymbol{i}$.

而

$$\frac{\mathrm{d}\boldsymbol{\omega}}{\mathrm{d}t}=\omega_1\frac{\mathrm{d}\boldsymbol{j}}{\mathrm{d}t}+\frac{u}{R}\frac{\mathrm{d}\boldsymbol{k}}{\mathrm{d}t}$$

因$\boldsymbol{k}$为常矢量，故

$$\frac{\mathrm{d}\boldsymbol{\omega}}{\mathrm{d}t}=\omega_1\frac{\mathrm{d}\boldsymbol{j}}{\mathrm{d}t}$$

但

$$\frac{\mathrm{d}\boldsymbol{j}}{\mathrm{d}t}=\boldsymbol{\omega}_0\times\boldsymbol{j}=\frac{u}{R}\boldsymbol{k}\times\boldsymbol{j}$$

故

$$\frac{\mathrm{d}\boldsymbol{\omega}}{\mathrm{d}t}=\omega_1\frac{\mathrm{d}\boldsymbol{j}}{\mathrm{d}t}=\omega_1\left(\frac{u}{R}\boldsymbol{k}\times\boldsymbol{j}\right)=-\frac{\omega_1u}{R}\boldsymbol{i} \tag{4}$$

由式（3.8.4），知B点的加速度为

$$
\begin{aligned}
a &= a_1 + \frac{\mathrm{d}\boldsymbol{\omega}}{\mathrm{d}t} \times \boldsymbol{r}' + \boldsymbol{\omega} \times (\boldsymbol{\omega} \times \boldsymbol{r}') \\
&= -\frac{u^2}{R}\boldsymbol{i} - \frac{\omega_1 u}{R}\boldsymbol{i} \times (l\sin\theta\boldsymbol{i} + l\cos\theta\,\boldsymbol{k}) + \\
&\quad \left(\omega_1\boldsymbol{j} + \frac{u}{R}\boldsymbol{k}\right) \times \left(\omega_1 l\cos\theta\boldsymbol{i} + \frac{ul}{R}\sin\theta\boldsymbol{j} - \omega_1 l\sin\theta\,\boldsymbol{k}\right) \\
&= -\left(\frac{u^2}{R} + \omega_1^2 l\sin\theta + \frac{u^2 l}{R^2}\sin\theta\right)\boldsymbol{i} + \frac{2u\omega_1 l}{R}\cos\theta\boldsymbol{j} - \omega_1^2 l\cos\theta\,\boldsymbol{k} \qquad (5)
\end{aligned}
$$

而 $$a = \left[\left(\frac{u^2}{R} + \omega_1^2 l\sin\theta + \frac{u^2 l}{R^2}\sin\theta\right)^2 + \left(\frac{2u\omega_1 l}{R}\cos\theta\right)^2 + (\omega_1^2 l\cos\theta)^2\right]^{\frac{1}{2}} \qquad (6)$$

这就是 B 点加速度 $\boldsymbol{a}$ 的量值.

(2) 欧拉动力学方程

刚体绕定点 O 以角速度 $\boldsymbol{\omega}$ 转动时，其运动方程就是式(2.3.4)，即

$$\frac{\mathrm{d}\boldsymbol{J}}{\mathrm{d}t} = \boldsymbol{M}$$

式中 $\boldsymbol{J}$ 是刚体绕定点 O 转动时的动量矩，$\boldsymbol{M}$ 为诸外力对 O 点的主矩.

动量矩 $\boldsymbol{J}$ 的表达式，我们在 §3.5 中已经求出. 为了写出它的分量表达式，我们总是选用固着在刚体上并和刚体一起转动的坐标系. 这样，惯量系数 I_{xx}、I_{yy}、I_{zz}、I_{xy}、I_{yz}、I_{zx}都是常量. 另外，为了消除惯量积，我们又常选用 O 点上的惯量主轴为动坐标轴，于是动量矩 $\boldsymbol{J}$ 就简化为式(3.5.21)，即 $J_x = I_1\omega_x$，$J_y = I_2\omega_y$，$J_z = I_3\omega_z$，式中 I_1、I_2、I_3 是刚体在 O 点上的主转动惯量，而且也都是常量.

坐标轴既然随着刚体一起转动，那它转动的角速度就应等于刚体的角速度 $\boldsymbol{\omega}$. 如先把动量矩矢量 $\boldsymbol{J}$ 和跟随刚体一起转动的坐标系 $Oxyz$ 固着在一起，和式(3.2.6)中的位置矢量 $\boldsymbol{r}$ 相仿，$\boldsymbol{J}$ 对时间的微商应为 $\boldsymbol{\omega}\times\boldsymbol{J}$. 不过实际上 $\boldsymbol{J}$ 相对于 $Oxyz$ 也在发生变化，它的每一个分量 J_x、J_y 和 J_z 都是时间的函数，即在转动坐标系中它们的量值应随着时间的变化而变化. 故如把 $\boldsymbol{J}$ 写为

$$\boldsymbol{J} = J_x\boldsymbol{i} + J_y\boldsymbol{j} + J_z\boldsymbol{k} \qquad (3.8.5)$$

则 $\boldsymbol{J}$ 对时间的微商由上述两部分合成，一为量值对时间的微商，另一则为 $\boldsymbol{J}$ 随着刚体以角速度 $\boldsymbol{\omega}$ 转动时它对时间的微商 $\boldsymbol{\omega}\times\boldsymbol{J}$，故

$$\frac{\mathrm{d}\boldsymbol{J}}{\mathrm{d}t} = \dot{J}_x\boldsymbol{i} + \dot{J}_y\boldsymbol{j} + \dot{J}_z\boldsymbol{k} + \boldsymbol{\omega}\times\boldsymbol{J} \qquad (3.8.6)$$

这个关系，对任何在转动坐标系中的矢量都适用. 实际上，这时我们是从固定坐标系来观测矢量对时间的微商的，即式(3.8.6)中的$\frac{\mathrm{d}\boldsymbol{J}}{\mathrm{d}t}$，反映了固定坐标系中看

到的矢量 $\boldsymbol{J}$ 的时间变化率. 对这一问题,我们在第四章里还要作更详细的论述. 由于在定点运动问题中我们都是用固着在刚体的动坐标系,故今后常将字母上的撇号略去. 至于固定在空间静止参照物上的坐标系,则改用 ξ、η、ζ 等来代表,这在 § 3.3 中就已经用过.

因

$$\boldsymbol{J}=I_1\omega_x\boldsymbol{i}+I_2\omega_y\boldsymbol{j}+I_3\omega_z\boldsymbol{k}$$

$$\boldsymbol{\omega}=\omega_x\boldsymbol{i}+\omega_y\boldsymbol{j}+\omega_z\boldsymbol{k}$$

$$\boldsymbol{M}=M_x\boldsymbol{i}+M_y\boldsymbol{j}+M_z\boldsymbol{k}$$

故把这些关系代入式(3.8.6)后,得

$$I_1\dot{\omega}_x\boldsymbol{i}+I_2\dot{\omega}_y\boldsymbol{j}+I_3\dot{\omega}_z\boldsymbol{k}+(\omega_x\boldsymbol{i}+\omega_y\boldsymbol{j}+\omega_z\boldsymbol{k})\times(I_1\omega_x\boldsymbol{i}+I_2\omega_y\boldsymbol{j}+I_3\omega_z\boldsymbol{k})=M_x\boldsymbol{i}+M_y\boldsymbol{j}+M_z\boldsymbol{k}$$

即

$$\begin{aligned}&I_1\dot{\omega}_x-(I_2-I_3)\omega_y\omega_z=M_x\\&I_2\dot{\omega}_y-(I_3-I_1)\omega_z\omega_x=M_y\\&I_3\dot{\omega}_z-(I_1-I_2)\omega_x\omega_y=M_z\end{aligned}\tag{3.8.7}$$

这就是刚体绕定点转动的动力学方程,通常叫做**欧拉动力学方程**,是 1776 年欧拉首先推出的. 在推导过程中,他作了两次简化:① 用固着在刚体上的动坐标系,以使六个惯量系数 I_{xx}、I_{yy}、I_{zz}、I_{xy}、I_{yz}、I_{zx} 等都是常量;② 取用 O 点上的惯量主轴为动坐标系的坐标轴,以消去惯量积 I_{xy}、I_{yz} 和 I_{zx}. 这样做的结果,使方程组(3.8.7)中多出了$(I_2-I_3)\omega_y\omega_z$ 等项. 但如果取用固定在空间的坐标系,则所有惯量系数都将是时间的函数,而且惯量积 I_{xy}、I_{yz} 和 I_{zx} 亦将不会永远为零,问题将更复杂. 比较起来,我们认为还是采用欧拉所建议的方法为好. 当然运动最后还是要从固定坐标系来观察.

三个欧拉动力学方程(3.8.7)和三个欧拉运动学方程(3.3.3)合并起来,就得到六个非线性常微分方程. 如果从这一方程组中消去 ω_x、ω_y 和 ω_z,就能得到三个对欧拉角 θ、φ、ψ 为二阶的常微分方程. 从理论上来讲,我们解这三个微分方程,就能得出欧拉角 θ、φ、ψ 和时间 t 的关系,因而也就确定了刚体的运动情况. 不过计算还是很繁难的,甚至有时是不可能的.

(3) 机械能守恒定律

若作用在刚体上的外力只有保守力作功,则动能 E_k 和势能 E_p 之和,保持为常量,即 $E_\mathrm{k}+E_\mathrm{p}=E$,式中 E 为总能量,是一个常量,这就是机械能守恒定律. 对定点转动来讲,如果选用固着在刚体上的惯量主轴为坐标轴,则对定点 O 的动能 E_k 由式(3.5.21)给出,而机械能守恒定律则为

$$\frac{1}{2}(I_1\omega_x^2+I_2\omega_y^2+I_3\omega_z^2)+E_\mathrm{p}=E\tag{3.8.8}$$

事实上，机械能守恒定律式(3.8.8)也可由式(3.8.7)推出，所以在解刚体作定点转动的问题，可用式(3.8.8)来代替式(3.8.7)中的任何一式.

*§3.9 重刚体绕固定点转动的解

(1) 几种可解情况

在§3.8的(2)中，我们已经导出了刚体作定点转动的动力学方程. 但在一般情况下，M_x、M_y和M_z本身是t、θ、φ、ψ、ω_x、ω_y和ω_z的函数，所以这些方程的积分，通常非常困难.

一个刚体，除约束反力外，有时只在重力作用下作定点转动，我们把这种刚体叫重刚体，例如陀螺. 陀螺下端和地面接触的那一点是一个定点.

对于重刚体来讲，也只有在有限几种特殊情况下，才能求出它的分析解. 这些特殊情况，有的是对外力矩作某些限制，有的是对刚体的形状作某些限制. 到现在为止，我们只知道下列三种情况可以有解，即

Ⅰ. 欧拉-潘索情况

刚体因惯性而运动，这时外力的合力通过固定点O，在重刚体的特殊情况下，固定点O和刚体的重心G相重合，刚体本身的形状，则没有什么限制——不对称陀螺或欧拉陀螺.

Ⅱ. 拉格朗日-泊松情况

在这种情况下，对固定点O所作的惯量椭球是一旋转椭球，亦即$I_1=I_2\neq I_3$，至于刚体的重心则位于动力对称轴上但不与固定点重合. 这种迅速绕对称轴转动的刚体叫做回转仪，也叫拉格朗日陀螺或简称陀螺.

Ⅲ. C.B.柯凡律夫斯卡雅情况

在这一情况下，$I_1=I_2=2I_3$，而重心则在惯量椭球的赤道平面上，这也是一种对称陀螺.

下面，我们将对前两种的求解方法，作扼要的介绍，至于最后一种则不打算进行深入的讨论. 有兴趣者可参看有关这方面的书籍.

(2) 欧拉-潘索情况

在本情况下，因$M_x=M_y=M_z=0$，故在原则上，可从式(3.8.7)先求ω_x、ω_y和ω_z，再代入式(3.3.3)，求出欧拉角θ、φ、ψ为时间t的函数. 详细的分析解比较冗长，而且要用到椭圆积分和椭圆函数，所以不拟详述. 实际上，由于本问题的特

殊性,式(3.8.7)有两个第一积分很容易求出来,即动量矩积分和能量积分. 也就是说,在欧拉-潘索情况中,动量矩 J 和动能 E_k 都是常量. 求出这两个积分比较简单,将作为一个习题,留给读者自己去证明.

在欧拉-潘索情况,困难之处在于刚体本身的形状没有任何限制,因而第三个第一积分比较难于求出. 如果 $I_1=I_2$,问题就大为简单. 地球是一个扁平球体,可以认为 $I_1=I_2$. 如果忽略太阳与月球对地球的引力作用,则地球的自转,就可认为是重刚体绕定点(地球的中心)的转动问题,因此属于欧拉-潘索情况. 我们现在就以地球的自转问题作为欧拉-潘索情况的特例,来说明这种情况的求解方法.

既然地球的中心相当于固定点,故取为坐标原点,并以 z 轴与地球的对称轴相合. 因 $I_1=I_2$,$M_x=M_y=M_z=0$,故由式(3.8.7),得地球自转的动力学方程为

$$\left.\begin{aligned} I_1\dot{\omega}_x-(I_1-I_3)\omega_y\omega_z&=0\\ I_1\dot{\omega}_y-(I_3-I_1)\omega_z\omega_x&=0\\ I_3\dot{\omega}_z&=0 \end{aligned}\right\} \tag{3.9.1}$$

将第三式积分,得

$$\omega_z=\Omega=\text{常量} \tag{3.9.2}$$

即地球的转动角速度沿着对称轴的分量是一常量. 把式(3.9.2)的关系代入式(3.9.1)的前两式中,得

$$\left.\begin{aligned} \dot{\omega}_x&=-\left(\frac{I_3-I_1}{I_1}\right)\omega_y\,\Omega=-n\omega_y\\ \dot{\omega}_y&=\left(\frac{I_3-I_1}{I_1}\right)\omega_x\,\Omega=n\omega_x \end{aligned}\right\} \tag{3.9.3}$$

其中 $n=\dfrac{I_3-I_1}{I_1}\Omega$,对式(3.9.3)第一式再微商一次后可得

$$\ddot{\omega}_x=-n\dot{\omega}_y=-n^2\omega_x \tag{3.9.4}$$

式(3.9.4)是我们熟知的谐振动方程,故由其通解可得出

$$\left.\begin{aligned} \omega_x&=\omega_0\cos(nt+\varepsilon)\\ \omega_y&=\omega_0\sin(nt+\varepsilon) \end{aligned}\right\} \tag{3.9.5}$$

式中 ω_0 及 ε 是两个积分常量,由起始条件决定. 由(3.9.2)及(3.9.5)两式,知地球自转的总角速度的量值为$(\Omega^2+\omega_0^2)^{\frac{1}{2}}$,是一个常量,但总角速度的方向则绕着对称轴 z 作匀速转动,且描绘一圆锥体,Oz 为此圆锥体的轴线,其周期则为

$$\tau=\frac{2\pi}{|n|}=\frac{2\pi}{\Omega}\frac{I_1}{|I_3-I_1|} \tag{3.9.6}$$

由上面的计算可以看出：我们已经把式(3.9.1)的三个第一积分全部求了出来，现在可进一步求运动规律，即 θ、φ、ψ 与 t 的关系. 因 $\boldsymbol{M}=0$，故动量矩 $\boldsymbol{J}$ 在固定坐标系 S 中是一常矢量，我们可取此矢量的方向为固定坐标系 S 系的 ζ 轴，于是 $\boldsymbol{J}$ 和 ζ 轴及代表进动角速度的矢量 $\dot{\varphi}\boldsymbol{k}$，三者在同一直线上，故 $\boldsymbol{J}$ 在动坐标系中的方向余弦，就是式(3.3.3)中 $\dot{\varphi}$ 前面的乘数. 由此得 $\boldsymbol{J}$ 在动坐标系 S′ 中的三轴线上的分量是

$$\left.\begin{aligned} J_x &= J\sin\theta\sin\psi = I_1\omega_x \\ J_y &= J\sin\theta\cos\psi = I_1\omega_y \\ J_z &= J\cos\theta = I_3\omega_z = I_3\Omega \end{aligned}\right\} \tag{3.9.7}$$

因 $\boldsymbol{J}$ 的量值也是常量，故由式(3.9.7)中的第三式，知 $\theta=\theta_0=$ 常量. 而由式(3.9.5)及(3.9.7)，又可得

$$\boldsymbol{J}\sin\theta_0 = I_1\omega_0, \quad \psi = \frac{\pi}{2} - (nt+\varepsilon) \tag{3.9.8}$$

再以 ω_z 与 $\dot{\psi}$ 的数值(各为 Ω 及 $-n$)代入式(3.3.3)中的第三方程，并积分，得

$$\varphi = \sec\theta_0(\Omega + n)t + \varphi_1 \tag{3.9.9}$$

因此，根据式(3.9.8)和(3.9.9)，可知 θ 是常量，而 φ 与 ψ 都是时间 t 的函数. 此时地球除绕 z 轴自转外，还有绕 ζ 轴的角速度 $\dot{\varphi}$，即 z 轴并不是固定不动的，而是绕着 ζ 轴进动. 因 ζ 轴和 z 轴之间的夹角 $\theta=\theta_0$ 保持不变，所以这种进动叫做规则进动[1]. 此时刚体的瞬时角速度 ω 为绕 ζ 轴的 $\dot{\varphi}$ 及绕 z 轴的 $\dot{\psi}$ 两者的矢量和，如图 3.9.1 所示(未按比例绘制)，这时 $I_3>I_1$.

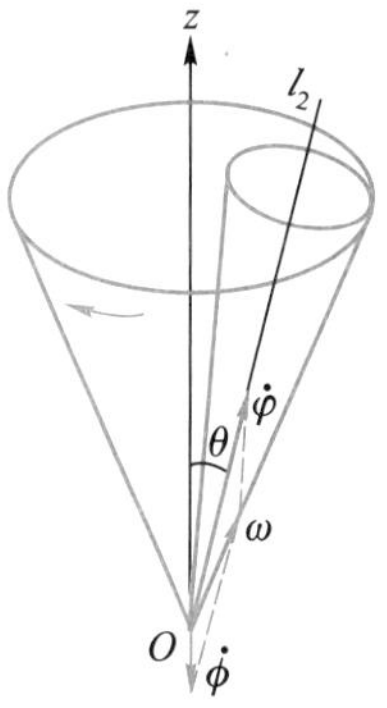

图 3.9.1

这样，地球自转问题的分析解，就全部获得.

从上面的讨论可以看出：地球自转的转动瞬轴，并不固定于地球. 我们通常把地球的转动瞬轴(ω 方向)叫做天文地轴，而把地球的对称轴 z 叫做地理地轴，所以，从地球上看天文地轴绕着地理地轴转动. 因地球的$\dfrac{I_1}{|I_3-I_1|}$近似地等于 300，而$\dfrac{2\pi}{\Omega}$则近似地等于 1 d(日)，故由式(3.9.6)，知天文地轴绕地理地轴转动的周期约为 300 d，即 10 个月. 这种现象，在天文学上叫做纬度变迁.

由于太阳和月球对地球的引力不能忽略，因而产生了一不等于零的力矩，同时地球又不是绝对的刚体，故上述的计算只具有近似的程度. 实测出来的纬

① 参看本节(3)中的附注.

度变迁的周期约为 14 个月. 由于外力矩不等于零,故地球的自转问题,实际上属于拉格朗日-泊松的情况,参看本节中的(3).

虽然在一般情形下(即 $I_1 \neq I_2 \neq I_3$)的欧拉-潘索情况的分析解,比较繁难,但潘索改用了几何方法,很容易地说明了它的运动图像. 下面,我们就来介绍潘索的几何方法.

取固定点 O(即中心 G)上的惯量主轴为动坐标轴,因而惯量椭球的方程将是

$$I_1x^2 + I_2y^2 + I_3z^2 = 1$$

如转动瞬轴和惯量椭球的交点为 P(潘索把这点叫做极),并且用 $\boldsymbol{\rho}$ 代表极 P 对固定点 O 的径矢(图 3.9.2),则

$$\overrightarrow{OP} = \boldsymbol{\rho} = \rho \frac{\boldsymbol{\omega}}{\omega} \tag{3.9.10}$$

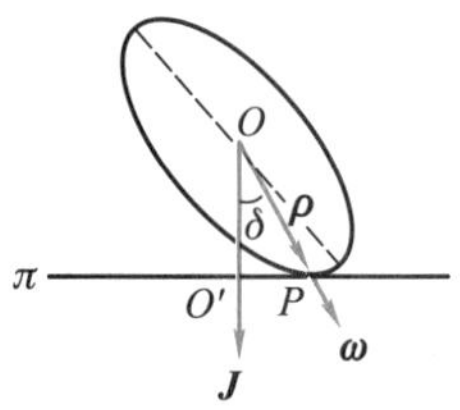

图 3.9.2

此时 $\boldsymbol{\omega}$ 在动量矩 $\boldsymbol{J}$ 方向上的投影为一常量,这是因为在本问题中动能 T 和 J 的量值都是常量,故

$$\omega_J = \boldsymbol{\omega} \cdot \frac{\boldsymbol{J}}{J} = \frac{\boldsymbol{\omega} \cdot \boldsymbol{J}}{J} = \frac{2T}{J} = \text{常量} \tag{3.9.11}$$

另一方面,$\boldsymbol{\rho}$ 的长度和 $\boldsymbol{\omega}$ 的量值成正比. 这是因为,由式(3.9.10),我们有

$$x = \rho \frac{\omega_x}{\omega}, \quad y = \rho \frac{\omega_y}{\omega}, \quad z = \rho \frac{\omega_z}{\omega} \tag{3.9.12}$$

把这些关系代入惯量椭球的方程[式(3.5.20)]中,得

$$\frac{\rho^2}{\omega^2}(I_1\omega_x^2 + I_2\omega_y^2 + I_3\omega_z^2) = 1$$

因动能 $$T = \frac{1}{2}(I_1\omega_x^2 + I_2\omega_y^2 + I_3\omega_z^2) = h = \text{常量}$$

故 $$\rho = \frac{\omega}{\sqrt{2h}} \tag{3.9.13}$$

即 ρ 与 ω 成比例.

现在让我们来求和惯量椭球在极 P 相切的平面方程. 如令(x,y,z)代表极 P(也就是切点)的坐标,而令(X,Y,Z)代表流动坐标,则此切面方程,由解析几何知为

$$I_1xX + I_2yY + I_3zZ = 1 \tag{3.9.14}$$

把式(3.9.12)中的(x,y,z)的值代入式(3.9.14),并利用式(3.9.13)消去$\frac{\rho}{\omega}$,得

$$I_1\omega_xX + I_2\omega_yY + I_3\omega_zZ - \sqrt{2h} = 0$$

改为法线形式，得

$$\frac{I_1\omega_x X + I_2\omega_y Y + I_3\omega_z Z}{\sqrt{I_1^2\omega_x^2 + I_2^2\omega_y^2 + I_3^2\omega_z^2}} - \frac{\sqrt{2h}}{\sqrt{I_1^2\omega_x^2 + I_2^2\omega_y^2 + I_3^2\omega_z^2}} = 0$$

即

$$\frac{I_1\omega_x}{J}X + \frac{I_2\omega_y}{J}Y + \frac{I_3\omega_z}{J}Z - \frac{\sqrt{2h}}{J} = 0 \tag{3.9.15}$$

此平面的法线方向余弦和 $\boldsymbol{J}$ 的方向余弦相同，平面离固定点 O 的距离（OO'）为

$$\delta = \frac{\sqrt{2h}}{J} = 常量 \tag{3.9.16}$$

故此平面恒与 $\boldsymbol{J}$ 垂直，且与固定点 O 保持恒定的距离（参看图 3.9.2），潘索把这个平面叫做不变平面，并以 π 表示．故和刚体相连的中心惯量椭球总在极 P 处与 π 相切．因 P 在 ω 上，故 P 点的速度为零．因而刚体绕固定点的惯性运动（因 $\boldsymbol{M}=0$）等于中心惯量椭球无滑动地在不变平面上滚动，和椭球相连的刚体随着椭球一起运动．P 在椭球上所画出的轨迹为本体极迹，而在不变平面 π 上所画出的则为空间极迹．至于转动瞬轴 OP 所描出的则为本体极面和空间极面．

（3）拉格朗日-泊松情况

在这一情况下，因 M_x、M_y 和 M_z 一般不全为零，而且含有欧拉角 θ、φ 和 ψ，故式（3.8.7）和式（3.3.3）不能分开计算，而要联合求解．

在图 3.9.3 中，令动系 S′系的 z 轴与陀螺的对称轴重合，固定点与定系 S 系及 S′系的原点 O 重合．如陀螺的重心在 G，且长度 $OG=l$，则作用在刚体上的外力，就是重力 $-mg\boldsymbol{K}$，$\boldsymbol{K}$ 为 ζ 轴上的单位矢量，m 是刚体的质量，重力对 O 点的力矩则为

$$\boldsymbol{M} = l\boldsymbol{k} \times (-mg\boldsymbol{K}) = -mgl\boldsymbol{k} \times \boldsymbol{K}$$

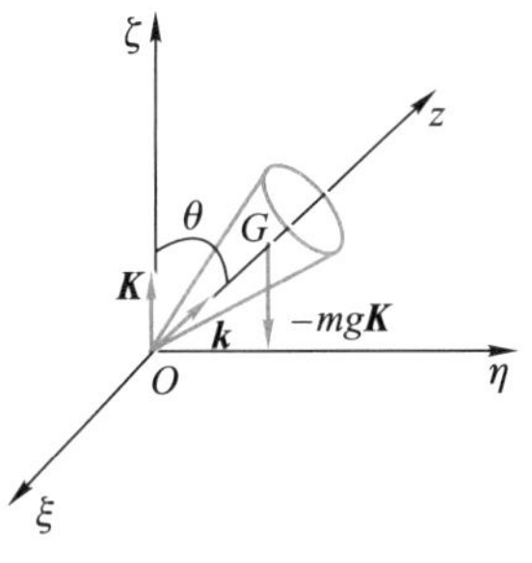

图 3.9.3

由 § 3.3，知 $\boldsymbol{K}$ 与进动角速度同方向，故得

$$\boldsymbol{K} = \sin\theta\sin\psi\,\boldsymbol{i} + \sin\theta\cos\psi\,\boldsymbol{j} + \cos\theta\,\boldsymbol{k}$$

而外力矩 $\boldsymbol{M}$ 在 S′坐标系中的表达式为

$$\boldsymbol{M} = mgl(\sin\theta\cos\psi\,\boldsymbol{i} - \sin\theta\sin\psi\,\boldsymbol{j}) \tag{3.9.17}$$

因此，由式（3.8.7），得对称陀螺的运动方程为

$$\left.\begin{aligned} &I_1\dot{\omega}_x - (I_1 - I_3)\omega_y\omega_z = mgl\sin\theta\cos\psi \\ &I_1\dot{\omega}_y - (I_3 - I_1)\omega_z\omega_x = -mgl\sin\theta\sin\psi \\ &I_3\dot{\omega}_z = 0 \end{aligned}\right\} \tag{3.9.18}$$

将式(3.9.18)中的第三式积分,得

$$\omega_z = \dot{\varphi}\cos\theta + \dot{\psi} = s(\text{常量}) \tag{3.9.19}$$

这表明陀螺沿着它的对称轴的分角速度是不变的.

用 ω_x 乘式(3.9.18)中的第一式,ω_y 乘第二式,ω_z 乘第三式,并相加,然后再将式(3.3.3)中的 ω_x 和 ω_y 的表示式代入所得方程的右端,则得

$$I_1\dot{\omega}_x\omega_x + I_1\dot{\omega}_y\omega_y + I_3\dot{\omega}_z\omega_z = mgl\dot{\theta}\sin\theta$$

积分,得

$$\frac{1}{2}(I_1\omega_x^2 + I_1\omega_y^2 + I_3\omega_z^2) + mgl\cos\theta = E \tag{3.9.20}$$

这实际上就是陀螺的能量积分(因重力是保守力),式中 E 为总能,是一常量. 如再将式(3.3.3)中的 ω_x、ω_y 的表示式及式(3.9.19)中的 ω_z 的值代入式(3.9.20)中,则可得

$$I_1(\dot{\theta}^2 + \dot{\varphi}^2\sin^2\theta) + I_3s^2 = 2(E - mgl\cos\theta) \tag{3.9.21}$$

式(3.9.19)及(3.9.21)就是陀螺的两个第一积分,现在还要再找出它的另一个第一积分. 我们可以不必从运动方程(3.9.18)推导,而是直接根据物理概念来考虑:陀螺的重量 $mg\boldsymbol{K}$ 与 ζ 轴平行,对 ζ 轴的力矩为零,因而动量矩 $\boldsymbol{J}$ 在这个方向上的分量必定是一个常量. 故

$$\boldsymbol{J}\cdot\boldsymbol{K} = \alpha = \text{常量}$$

把 $\boldsymbol{K}$ 及 $\boldsymbol{J}$ 的值代入,得

$$(I_1\omega_x\boldsymbol{i} + I_1\omega_y\boldsymbol{j} + I_3\omega_z\boldsymbol{k})\cdot(\sin\theta\sin\psi\,\boldsymbol{i} + \sin\theta\cos\psi\,\boldsymbol{j} + \cos\theta\,\boldsymbol{k}) = \alpha$$

把式(3.3.3)代入并整理,得

$$I_1\dot{\varphi}\sin^2\theta + I_3s\cos\theta = \alpha \tag{3.9.22}$$

这就是我们所要求的第三个第一积分. 现在,陀螺运动方程的三个第一积分都已求出,问题归结为如何求陀螺的运动规律了.

令 $I_3s=\beta$,$\cos\theta=x$,并用 $\sin^2\theta$ 乘式(3.9.21),然后由式(3.9.22)解出 $\dot{\varphi}$,再把它代入式(3.9.21)中,则稍加整理后,可得

$$I_1\left[\dot{x}^2 + \frac{(\alpha-\beta x)^2}{I_1^2}\right] + \frac{\beta^2}{I_3}(1-x^2) = 2(E-mglx)(1-x^2) \tag{3.9.23}$$

我们把它写为

$$\dot{x}^2 = f(x)$$

其中

$$f(x) = \frac{1}{I_1}\left(2E - \frac{\beta^2}{I_3} - 2mglx\right)(1-x^2) - \frac{(\alpha-\beta x)^2}{I_1^2}$$

这是 x 的三次多项式，其图形约如图 3.9.4 所示. 此函数有三个实根 x_1、x_2 及 x_3，且 $-1<x_1<x_2<1<x_3$（在特殊情况下，可有一个或多个等号代替不等号）. 因此

$$\dot{x}^2=\frac{2mgl}{I_1}(x-x_1)(x-x_2)(x-x_3) \tag{3.9.24}$$

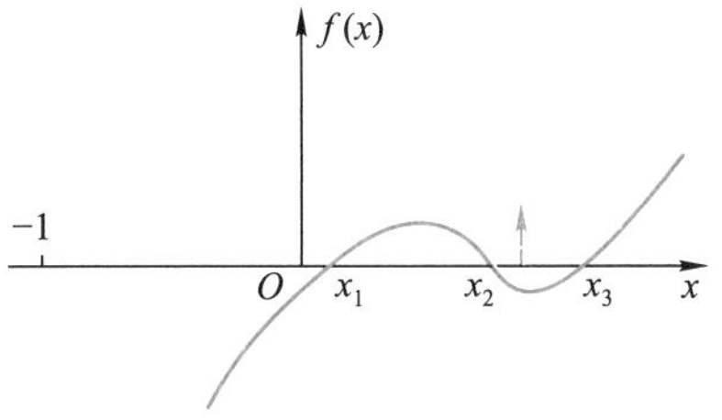

图 3.9.4

经过变数变换后，可把式（3.9.24）化为椭圆积分，故 $\cos\theta=x$ 可用 t 的椭圆函数表出. 而由（3.9.22）及（3.9.19）两式又可解出 $\dot{\varphi}$ 及 $\dot{\psi}$ 为 x 的函数如下：

$$\dot{\varphi}=\frac{\alpha-\beta x}{I_1(1-x^2)},\quad \dot{\psi}=\frac{\beta}{I_3}-x\dot{\varphi} \tag{3.9.25}$$

故只要 x（即 θ）与 t 的关系为已知，则 φ 及 ψ 与 t 的关系就可由（3.9.25）的两式求出，因而陀螺的运动可以完全确定. φ 随 t 的改变叫做进动（z 轴绕 ζ 轴转），而 θ 随 t 的改变（z 轴上下颠动）则叫章动. 故陀螺运动时，在 z 轴绕 ζ 轴作进动的过程中，还伴有上下颠动的章动，即 θ 在 $\theta_1(x=x_1)$ 与 $\theta_2(x=x_2)$ 之间来回摆动. 但这种章动在高速自转的陀螺里是比较微小的，非经仔细观察，难于发现，所以我们常把伴有微小章动的进动，叫做赝规则进动，以别于前面（2）节所讲的规则进动.

在前面已经提到，太阳和月球（当然，还有其他的星体）对地球的引力的合力矩不等于零，因而地球的自转轴也和陀螺的自转轴一样，在空间产生了进动与章动①. 进动的周期很长，约为 25 800 年，章动周期则约为 19 年，因为我国古代的历法以 19 年为一章故称章动. 天文学上把地球的赤道平面向天穹伸延与黄道（地球公转的轨道）的交点叫做春分点与秋分点. 因地轴垂直于赤道平面，地轴既在进动，赤道平面也在空间改变取向，因而春分点与秋分点也就逐年有所改变. 这种现象，叫做岁差. 早在晋代，虞喜就已经发现了.

总之，前面（2）、（3）两部分中所讲的两种情况［第（3）种情况也是这样］之所以有解，是因为首先能找到三个独立的第一积分. 后来，于松（1905 年）及波加梯（1910 年）等人曾证明，除了上述的三种情况而外，在任意的起始条件下，不能找出除能量积分及动量矩积分以外的第三个第一积分.

① 天文学中所讲的进动，指的都是赝规则进动，即地球的自转轴绕着黄道平面的法线作伴有章动的进动. 而本节（2）中所讲的进动，则是欧拉从天文学中借用的.

(4) 高速转动物体的回转效应

一个均匀物体绕着它的对称轴以很大角速度转动同时又没有初始进动角速度时,如果不受外力矩的作用,那么由于惯性关系,这个物体转动轴的方向保持不变,即角速度的方向保持不变. 这一性质,在技术上得到很多应用. 例如,鱼雷里通常装有用电动机带动的回转仪. 当鱼雷因风浪或其他原因改变方向时,因为无外力矩的作用,回转仪的转动轴是不会改变方向的. 这时,回转仪的转动轴和鱼雷的纵轴之间就发生了偏差,这样,就可以开动某些辅助器械,改变舵的方向,使鱼雷回复到原来的航向. 火箭里面也同样可以装上回转仪来保持航向,并用改变喷气方向的方法来校正航向. 所以,快速转动的回转仪,可以作为自动导航之用.

另一方面,当对称陀螺绕着它的对称轴快速转动时,如果受有外力矩的作用(图 3.9.3),那么它表现的性质,也非常奇特. 在图 3.9.3 中,重力矩 $\boldsymbol{M}$ 按理是应当使陀螺向下倾倒,但根据本节(3)中的计算,知陀螺并不倾倒,只是它的对称轴 z 绕着竖直轴 ζ 进动(章动很小,可以忽略不计). 这一奇特现象具有重要的意义. 当一对称陀螺绕着它的对称轴以很大的角速度转动时,它并不按照外力矩的“意志”行事. 当外力矩要使它向下(上)运动时,它却表现出向右(左)的运动;而当外力矩要使它向右(左)运动时,它却偏要向下(上)运动. 这种现象,叫做回转效应.

在日常生活中经常可以碰到回转效应. 小孩玩的陀螺,就是最常见的一个例子. 当它快速转动时,它并不因为受有外力矩(重力矩)的作用而倾倒,一直要等到它的角速度变得很小时(由于摩擦关系)才会倾倒. 行驶得很快的自行车能够保持稳定,也是由于这个缘故.

在技术上,回转效应也有很多应用. 例如炮筒(或枪管)内部刻有螺旋式的来复线,使炮弹(或枪弹)射出时已经绕着自己的对称轴快速旋转,成为一个回转仪. 由于回转效应,它不会在空气阻力 $\boldsymbol{F}_r$ 的作用下翻“筋斗”,而是产生进动,使炮弹(或子弹)的轴线始终与其前进方向保持不太大的偏离. 其他如回转罗盘、列车的稳定问题以及轮船上装的回转稳定器等,也都要用到回转效应.

事物都是一分为二的,在快速转动的部件上,回转效应所产生的力矩(叫回转力矩),将给轴承以很大的附加压力. 例如,轮船上都装有巨大的涡轮机,它在水平面内绕着对称轴以很大角速度 ω_1 转动,当轮船以角速度 ω_2 转弯时,等于涡轮机的轴以角速度 ω_2 进动. 故轮船一般不应很快地转弯,以免附加压力过大,毁坏涡轮机的轴承.

*§3.10 拉莫尔进动

(1) 拉莫尔频率

§3.9 中(3)的讨论说明,在重力场中,对称陀螺的运动是很复杂的. 相反,在匀强磁场中,一个旋转着的带电物体的运动则比较简单,这在原子物理学中,又是一个非常重要的问题.

根据动量矩定理,我们知道

$$\frac{\mathrm{d}\boldsymbol{J}}{\mathrm{d}t}=\boldsymbol{M} \tag{3.10.1}$$

式中 $\boldsymbol{J}$ 是物体对某点的动量矩,而 $\boldsymbol{M}$ 则为作用在物体上的外力对同一点的力矩.

对于在匀强磁场 $\boldsymbol{B}$ 中运动的电子来讲,它所受到的外力矩 $\boldsymbol{M}$ 为

$$\boldsymbol{M}=\boldsymbol{p}_{\mathrm{m}}\times\boldsymbol{B} \tag{3.10.2}$$

式中 $\boldsymbol{p}_{\mathrm{m}}$ 是磁矩.

让我们先从简单的情况来计算 $\boldsymbol{p}_{\mathrm{m}}$. 我们知道:在闭合轨道上转动的电子是一环状电流,它在磁场中的行为像一个磁偶极子. 根据电磁学中的熟知公式,磁矩 $\boldsymbol{p}_{\mathrm{m}}$ 的量值为 $p_{\mathrm{m}}=IA$,式中 I 是电流强度,A 为被电流所包围的面积. 如果令 ω 代表电荷为 e 的电子沿着半径为 r 的圆形轨道转动时的角速度,则

$$I=\frac{\omega}{2\pi}e,\quad A=\pi r^2$$

故

$$p_{\mathrm{m}}=\frac{\omega}{2\pi}e\pi r^2=\frac{e}{2m}mr^2\omega \tag{3.10.3}$$

式中 m 是电子的质量,$mr^2\omega$ 是电子沿圆形轨道运动时对转动中心的动量矩值 J,故

$$p_{\mathrm{m}}=\frac{e}{2m}J$$

或

$$\boldsymbol{p}_{\mathrm{m}}=\frac{e}{2m}\boldsymbol{J} \tag{3.10.4}$$

所以磁矩 $\boldsymbol{p}_{\mathrm{m}}$ 和动量矩 $\boldsymbol{J}$ 之间有一定的关系存在. 这个关系,对带电物体来讲,也仍然正确.

设带电物体由具有相同比荷 $\dfrac{e}{m}$ 的质点所组成,则当物体转动时,其中电荷

形成的电流分布将与磁场发生作用. 如为匀强磁场,则物体所受的合力为零,但对其转动中心的合力矩则并不为零. 对永久磁偶极子(即磁矩的量值与物体的取向无关)来讲,磁矩与外力矩之间的关系仍由式(3.10.2)给出. 而对任何分布的电流,其磁矩 $\boldsymbol{p}_{\mathrm{m}}$ 为

$$\boldsymbol{p}_{\mathrm{m}}=\frac{1}{2}\int \boldsymbol{r}\times\boldsymbol{j}\mathrm{d}V \tag{3.10.5}$$

式中 $\boldsymbol{j}$ 是电流密度. 但电流密度可用电荷密度与速度的乘积来代替,而电荷密度又可用质量密度 ρ 及比荷 $\frac{e}{m}$ 的乘积代替,即

$$\boldsymbol{j}=\frac{e}{m}\rho\boldsymbol{v} \tag{3.10.6}$$

这样一来,式(3.10.5)就可改写为

$$\boldsymbol{p}_{\mathrm{m}}=\frac{e}{2m}\int \boldsymbol{r}\times\rho\boldsymbol{v}\mathrm{d}V \tag{3.10.7}$$

式(3.10.7)中的积分式是物体的总角动量,即 $\boldsymbol{J}$,故磁矩与角动量之间仍遵守式(3.10.4)所给出的关系(至少在经典力学中是如此):

$$\boldsymbol{p}_{\mathrm{m}}=\frac{e}{2m}\boldsymbol{J}$$

把式(3.10.4)的 $\boldsymbol{p}_{\mathrm{m}}$ 代入式(3.10.2)中,得

$$\boldsymbol{M}=\frac{e}{2m}\boldsymbol{J}\times\boldsymbol{B} \tag{3.10.8}$$

再把式(3.10.8)代入式(3.10.1)中,最后得到

$$\frac{\mathrm{d}\boldsymbol{J}}{\mathrm{d}t}=\frac{e}{2m}\boldsymbol{J}\times\boldsymbol{B}=-\frac{e\boldsymbol{B}}{2m}\times\boldsymbol{J} \tag{3.10.9}$$

把式(3.10.9)和式(3.8.6)相比较,知这时 $\boldsymbol{J}$ 的量值不变,但方向则并不固定(相对于固定系而言),即 $\boldsymbol{J}$ 在空间绕着 $\boldsymbol{B}$ 的方向转,转动的角速度则为

$$\boldsymbol{\omega}_{l}=-\frac{e\boldsymbol{B}}{2m} \tag{3.10.10}$$

这种现象,和陀螺高速转动时的进动现象相似,所以叫做**拉莫尔进动**,即匀强磁场对遵守(3.10.2)的带电物体(或质点)来讲,是使它的角动量矢量 $\boldsymbol{J}$ 绕着 $\boldsymbol{B}$ 以匀角速 $\boldsymbol{\omega}_{l}$ 进动,故 $\boldsymbol{\omega}_{l}$ 叫**拉莫尔频率**. 由于电子带负电,故 $\boldsymbol{J}$ 绕 $\boldsymbol{B}$ 进动的方向是逆时针的(图 3.10.1).

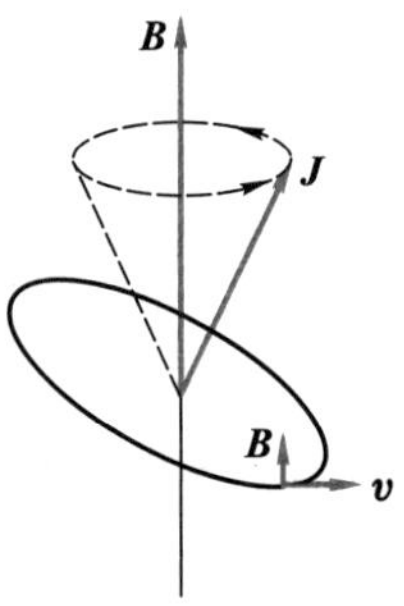

图 3.10.1

顺便指出:拉莫尔进动对带电物体和单个电子都适用,但带电物体必须由具有相同比荷的质点所组成,不一定限于刚体. 另外,积分式(3.10.7)对任何坐标系都适用,只要质心是静止的.

(2) 核磁共振

质子具有量子化的自旋角动量 $\boldsymbol{J}_{\mathrm{p}}$，这个自旋质子在外磁场 $\boldsymbol{B}$ 中，也绕着外磁场的方向进动，其进动角频率常写为[试与(3.10.10)及(3.10.4)相比较]：

$$\omega_{\mathrm{p}}=\frac{p_{\mathrm{m}}B}{J_{\mathrm{p}}} \tag{3.10.11}$$

式中 p_{m} 是质子的磁矩.

任何一个作周期运动的系统，如果受到周期性外力的作用，若外力的频率和这个运动系统的频率相同，就会发生**共振**. 对于质子来讲，我们常用一个很小的交变磁场 $\boldsymbol{B}'$ 作为进动质子的"外力". 使 $\boldsymbol{B}'$ 与稳定磁场 $\boldsymbol{B}$ 相正交，至于它们振幅的典型值，则相差很大，通常为 1 与5 000之比，故合成磁场的振荡角是非常小的. 逐渐改变这个扰动磁场的角频率 ω_0，直至 $\omega_0=\frac{p_{\mathrm{m}}B}{J_{\mathrm{p}}}$ 时，就发生了共振，这时许多自旋质子吸收能量，在外磁场中有倒转过来的趋向，可用专门的电子学技术检查出来. 这种现象叫做核磁共振，是显示原子核磁性的一种最简便的方法，并可用来测定质子的磁矩. 这种核磁共振现象是 1946 年普塞耳和布洛赫各自独立发现的.

— 小　结 —

Ⅰ. 刚体各种可能的运动

1. 平动——刚体各点的速度及加速度相同，但不一定是直线运动. 平动有三个独立变量，与质点同.

2. 定轴转动——转动轴上诸点不动，其他各点都绕轴线上某点作圆周运动. 定轴转动只有一个独立变量.

3. 平行于一平面的运动——各点均始终在平行于某固定平面的平面内运动. 可分解为平动及定轴转动的组合，故有三个独立变量.

4. 定点转动——在运动中，刚体内只有一点始终保持不动，故也有三个独立变量.

5. 一般运动——可视为平动与定点转动的合成，有六个独立变量.

Ⅱ. 角速度矢量

1. 有限转动——两个不同时的有限转动，不遵守矢量加法的对易律.

2. 无限小转动——两个不同时的无限小转动，遵守矢量加法的对易律，即

$$\Delta\boldsymbol{n}+\Delta\boldsymbol{n}'=\Delta\boldsymbol{n}'+\Delta\boldsymbol{n}$$

3. 角速度相加也遵守上述对易律，故角速度是矢量，且 $\boldsymbol{\omega}=\frac{\mathrm{d}\boldsymbol{n}}{\mathrm{d}t}$.

4. 线速度与角速度之间的关系 $\boldsymbol{v}=\boldsymbol{\omega}\times\boldsymbol{r}$.

Ⅲ. 欧拉角

1. 欧拉角 θ、φ、ψ 是描写刚体作定点转动时的三个独立变量.

2. 欧拉运动学方程

$$\omega_x=\dot{\varphi}\sin\theta\sin\psi+\dot{\theta}\cos\psi$$

$$\omega_y=\dot{\varphi}\sin\theta\cos\psi-\dot{\theta}\sin\psi$$

$$\omega_z=\dot{\varphi}\cos\theta+\dot{\psi}$$

Ⅳ. 刚体运动微分方程与平衡方程

1. 力系的简化——空间的任意力系总可化为通过某一点(简化中心)的一个力 $\boldsymbol{F}$ 及力偶矩为 $\boldsymbol{M}$ 的一个力偶.

2. 刚体运动微分方程

a. 质心运动定理　　$m\ddot{\boldsymbol{r}}_C=\sum\limits_{i=1}^{n}\boldsymbol{F}_i^{(e)}=\boldsymbol{F}$

b. 角动量定理　　$\dfrac{\mathrm{d}\boldsymbol{J}}{\mathrm{d}t}=\boldsymbol{M}$　(对定点或对质心)

c. 动能定理　　$\mathrm{d}T=\sum\limits_{i=1}^{n}\boldsymbol{F}_i^{(e)}\cdot\mathrm{d}\boldsymbol{r}_i$

d. 进行解算时,我们可用动能定理来代替质心运动定理与角动量定理中的一个分量式.

3. 刚体平衡方程

$$\boldsymbol{F}=0,\quad \boldsymbol{M}=0$$

Ⅴ. 转动惯量

1. 刚体绕一直线的转动惯量

$I=\sum\limits_{i=1}^{n}m_ir_i^2$ 或 $I=\int r^2\mathrm{d}m$ 或 $I=mk^2$,式中 r_i 为自质点 m_i 至转动轴线的垂直距离,k 为回转半径. 也可写为

$$I=I_{xx}\alpha^2+I_{yy}\beta^2+I_{zz}\gamma^2-2I_{yz}\beta\gamma-2I_{zx}\gamma\alpha-2I_{xy}\alpha\beta$$

式中

$$I_{xx}=\int(y^2+z^2)\mathrm{d}m,I_{yy}=\int(z^2+x^2)\mathrm{d}m,I_{zz}=\int(x^2+y^2)\mathrm{d}m$$

叫做刚体对 x 轴、y 轴及 z 轴的轴转动惯量,而

$$I_{yz}=I_{zy}=\int yz\mathrm{d}m,I_{zx}=I_{xz}=\int zx\mathrm{d}m,I_{xy}=I_{yx}=\int xy\mathrm{d}m$$

叫做惯量积. α、β、γ 为转动轴线的方向余弦.

2. 惯量椭球与惯量主轴

a. 惯量椭球方程

$$I_{xx}x^2+I_{yy}y^2+I_{zz}z^2-2I_{yz}yz-2I_{zx}zx-2I_{xy}xy=1$$

b. 选取惯量椭球主轴为坐标轴,惯量积全部等于零,这些轴叫做惯量主轴.

3. 均匀刚体的对称轴就是惯量主轴

Ⅵ. 刚体的动量矩及转动动能——以定点 O 或质心 C 上的惯量主轴为坐标轴时

1. $\boldsymbol{J}=J_x\boldsymbol{i}+J_y\boldsymbol{j}+J_z\boldsymbol{k}=I_1\omega_x\boldsymbol{i}+I_2\omega_y\boldsymbol{j}+I_3\omega_z\boldsymbol{k}$

2. $E_{\mathrm{k}}=\dfrac{1}{2}(I_1\omega_x^2+I_2\omega_y^2+I_3\omega_z^2)$

Ⅶ. 定轴转动

1. 运动学

a. 刚体内一点的线速度

$$v_i=R_i\omega$$

R_i 是刚体内某质点到转动轴的垂直距离.

b. 刚体内一点的加速度

$$a_{i\mathrm{t}}=\dot{v}_i=R_i\dot{\omega}=R_i\alpha$$

$$a_{i\mathrm{n}}=\frac{v_i^2}{R_i}=R_i\omega^2=\omega v_i$$

2. 动力学

a. 角动量定理 $\quad M_z=I_{zz}\dot{\omega}=I_{zz}\alpha$

b. 机械能守恒定律 $\quad \dfrac{1}{2}I_{zz}\omega^2+E_{\mathrm{p}}=E$

c. 附加压力

由于转动,在轴上产生了附加压力,且当主动力全部为零时,它也并不等于零,和静压力不同,常称为动压力.

d. 自由转动轴

只当转动轴通过刚体的重心,且为惯量主轴时,附加压力才等于零,这轴叫自由转动轴.

Ⅷ. 平面平行运动

1. 运动学

a. 刚体作平面平行运动时可用一个截面来代表,且可把运动分解为随基点 A 的平动加上绕通过 A 且垂直于固定平面的轴线的定轴转动.

b. $\boldsymbol{v}=\boldsymbol{v}_A+\boldsymbol{\omega}\times\boldsymbol{r}'$, $\quad \boldsymbol{a}=\boldsymbol{a}_A+\dfrac{\mathrm{d}\boldsymbol{\omega}}{\mathrm{d}t}\times\boldsymbol{r}'-\boldsymbol{r}'\omega^2$

c. 转动瞬心——在任一瞬时,薄片上速度 $\boldsymbol{v}$ 为零的那一点. 它在薄片上的轨迹叫本体极迹,在固定平面上的轨迹叫空间极迹.

2. 动力学

a. 质心运动定理

$$m\ddot{x}_C=F_x,\quad m\ddot{y}_C=F_y$$

b. 角动量定理(相对于质心)

$$I_{zz}\dot{\omega}=I_{zz}\alpha=M_z$$

c. 机械能守恒定律 $\frac{1}{2}I_{zz}\omega^2+E_p=E$

d. 要加入约束方程,才能求解,因上述四个方程中只有三个是互相独立的,而上述诸方程中所含的约束反作用力又是未知的.

Ⅸ. 定点转动

1. 运动学

a. 转动瞬轴

定点转动时,角速度矢量 $\boldsymbol{\omega}$ 虽通过定点 O,但它在空间的取向,却随时间而改变,故称这种转动轴为转动瞬轴. 它在空间描绘一顶点在 O 的锥面叫空间极面,在刚体内所描绘的锥面则叫本体极面.

b. 刚体内一点的速度及加速度

$$\boldsymbol{v}=\boldsymbol{\omega}\times\boldsymbol{r},\quad \boldsymbol{a}=\frac{\mathrm{d}\boldsymbol{\omega}}{\mathrm{d}t}\times\boldsymbol{r}+\boldsymbol{\omega}\times(\boldsymbol{\omega}\times\boldsymbol{r})$$

2. 动力学

a. 欧拉动力学方程

$$I_1\dot{\omega}_x-(I_2-I_3)\omega_y\omega_z=M_x$$

$$I_2\dot{\omega}_y-(I_3-I_1)\omega_z\omega_x=M_y$$

$$I_3\dot{\omega}_z-(I_1-I_2)\omega_x\omega_y=M_z$$

b. 机械能守恒定律——可代替欧拉方程中任一式,其具体形式为

$$\frac{1}{2}(I_1\omega_x^2+I_2\omega_y^2+I_3\omega_z^2)+E_p=E$$

*Ⅹ. 重刚体绕固定点转动的解

1. 欧拉-潘索情况

$M_x=M_y=M_z=0$,刚体形状可无限制.

2. 拉格朗日-泊松情况

$I_1=I_2\neq I_3$,重心在动力对称轴上.

3. 柯凡律夫斯卡雅情况

$I_1=I_2=2I_3$,重心在惯量椭球的赤道平面上.

4. 运动一般由自转、进动及章动合成. 如无章动,则叫规则进动,如有,则叫赝规则进动.

5. 回转效应的应用:校正航向、保持物体稳定和指示方向.

*Ⅺ. 拉莫尔进动

1. 带电质点或物体在匀强磁场中转动时,它的动量矩 $\boldsymbol{J}$ 或磁矩 $\boldsymbol{p}_m$ 绕着磁

场 $\boldsymbol{B}$ 进动,我们把这种进动叫拉莫尔进动.

2. 进动的角速度,即拉莫尔频率为 $\omega_l=\dfrac{eB}{2m}$.

补充例题

3.1 求底面半径为 r、高为 h 的均质圆锥体相对于中心轴的转动惯量 I_1 及相对于底面任一直径的转动惯量 I_2.

［解］ 取一薄圆片,半径为 x,高为 $\mathrm{d}y$,则

$$\mathrm{d}I_1=\frac{1}{2}x^2\mathrm{d}m=\frac{\rho}{2}x^2(\pi x^2\mathrm{d}y) \tag{1}$$

但由图知

$$\frac{y}{x}=\frac{h}{r},\text{故 } y=\frac{h}{r}x,\mathrm{d}y=\frac{h}{r}\mathrm{d}x \tag{2}$$

把(2)式代入(1)式,得

$$I_1=\int_0^r\frac{1}{2}\pi\rho\frac{h}{r}x^4\mathrm{d}x=\frac{1}{10}\rho\pi r^4h=\frac{3}{10}\left(\frac{1}{3}\rho\pi r^2h\right)r^2$$
$$=\frac{3}{10}mr^2 \tag{3}$$

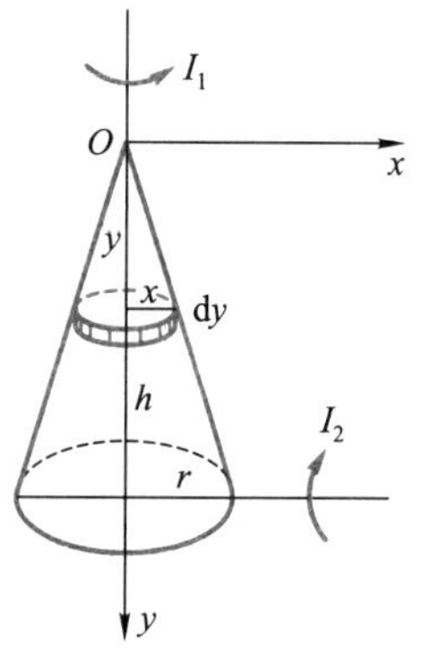

补充例题 3.1 题图

式中 $m=\dfrac{1}{3}\rho\pi r^2h$ 是均质圆锥体的总质量.

又

$$\mathrm{d}I'_2=\frac{1}{4}x^2\mathrm{d}m \tag{4}$$

由平行轴定理式(3.5.12)可得

$$\mathrm{d}I_2=\frac{1}{4}x^2\mathrm{d}m+(h-y)^2\mathrm{d}m \tag{5}$$

故利用上面的结果,得

$$\begin{aligned}
I_2&=\frac{3}{20}mr^2+\int\left[\rho\pi x^2\left(h-\frac{h}{r}x\right)^2\right]\mathrm{d}y\\
&=\frac{3}{20}mr^2+\int_0^r\left[\rho\pi x^2\left(h-\frac{h}{r}x\right)^2\frac{h}{r}\right]\mathrm{d}x\\
&=\frac{3}{20}mr^2+\rho\pi\frac{h^3}{r}\int_0^r\left(x^2-\frac{2}{r}x^3+\frac{1}{r^2}x^4\right)\mathrm{d}x\\
&=\frac{3}{20}mr^2+\rho\pi\frac{h^3}{r}\left(\frac{r^3}{3}-\frac{r^3}{2}+\frac{r^3}{5}\right)\\
&=\frac{3}{20}mr^2+\frac{1}{3}\rho\pi r^2h\left(\frac{1}{10}h^2\right)\\
&=\frac{3}{20}mr^2+\frac{1}{10}mh^2=\frac{1}{20}m(3r^2+2h^2)
\end{aligned} \tag{6}$$

3.2 两根匀质棒于棒端固连成直角后组成一摆,棒长分别为 $2a$ 与 $2b$,摆的水平转动轴通过此直角的顶点. 摆在竖直平面内的位置,由较短的棒与竖直线所成的角 φ 决定. 如开始时,$\varphi=0$,$\dot{\varphi}=0$,求 φ 的最大值.

［解］ 先求此摆对通过 O 点的 z 轴的转动惯量 I_{zz}：

$$I_{zz}=\frac{1}{3}\sigma(2a)(2a)^2+\frac{1}{3}\sigma(2b)(2b)^2=\frac{8}{3}\sigma(a^3+b^3)\qquad(1)$$

式中 σ 为棒的线密度，是一常量.

又摆对 z 轴的力矩为

$$M_z=\sigma(2b)g\cdot b\sin\varphi-\sigma(2a)g\cdot a\cos\varphi$$

$$=2\sigma g(b^2\sin\varphi-a^2\cos\varphi)\qquad(2)$$

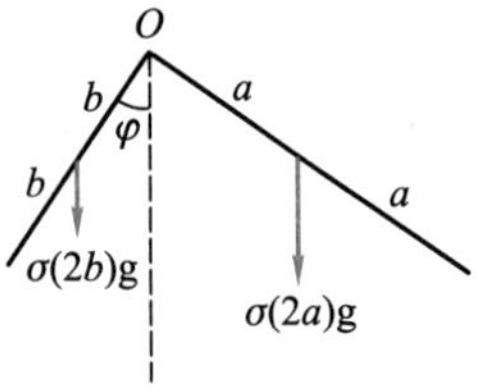

补充例题 3.2 题图

由式(3.6.5)得摆的运动微分方程为

$$-\frac{8}{3}\sigma(a^3+b^3)\ddot{\varphi}=2\sigma g(b^2\sin\varphi-a^2\cos\varphi)\qquad(3)$$

即
$$-\frac{4}{3}(a^3+b^3)\ddot{\varphi}=(b^2\sin\varphi-a^2\cos\varphi)g\qquad(4)$$

积分，得
$$\frac{2}{3}(a^3+b^3)\dot{\varphi}^2=(b^2\cos\varphi+a^2\sin\varphi)g+C\qquad(5)$$

因当 $\varphi=0,\dot{\varphi}=0$，故 $C=-b^2g$

于是得
$$\frac{2}{3}(a^3+b^3)\dot{\varphi}^2=(b^2\cos\varphi+a^2\sin\varphi-b^2)g\qquad(6)$$

当 $\dot{\varphi}$ 再次等于零时，φ 值最大，记为 φ_m，则

$$\frac{a^2}{b^2}\sin\varphi_m=1-\cos\varphi_m\qquad(7)$$

又当摆在平衡时，$M_z=0$，如令此时的 $\varphi=\varphi_0$，则由(2)式，得

$$\frac{a^2}{b^2}=\frac{\sin\varphi_0}{\cos\varphi_0}\qquad(8)$$

由(7)及(8)式得

$$\frac{\sin\varphi_0}{\cos\varphi_0}=\frac{1-\cos\varphi_m}{\sin\varphi_m}=\frac{2\sin^2\frac{1}{2}\varphi_m}{2\sin\frac{1}{2}\varphi_m\cos\frac{1}{2}\varphi_m}=\frac{\sin\frac{1}{2}\varphi_m}{\cos\frac{1}{2}\varphi_m}$$

由此得
$$\varphi_m=2\varphi_0$$

3.3 一质量为 m、半径为 a 的均质圆球，被握着静止在另一半径等于 b 的固定圆球的顶点. 然后把手放开，使其自由滚下. 试证当两球连心线和竖直向上的直线间所成的角度等于 $\arccos\frac{10}{17}$ 时，此两球将互相分离.

［解］ 小球在平衡位置时，D 与 A 相合. 如小球滚到图示位置时，两球在 E 处相合，则它所转过的角度为 $\angle DCE=\psi$. 因本题的约束条件为 $\widehat{AE}=\widehat{DE}$，即 $a\psi=b\varphi$. 又由图知

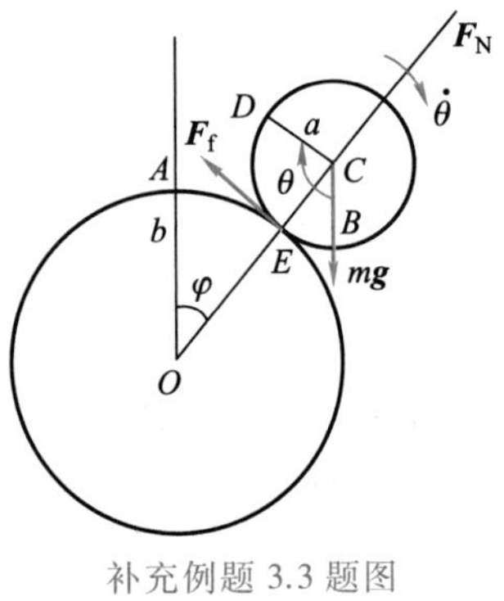

补充例题 3.3 题图

$$\theta=\varphi+\psi$$

即
$$\theta=\varphi+\frac{b\varphi}{a}=\frac{a+b}{a}\varphi$$

故约束方程为

$$a\theta = (a+b)\varphi \tag{1}$$

小球的运动微分方程由式(3.7.8)及式(3.7.9)两式可得

$$m(a+b)\ddot{\varphi} = mg\sin\varphi - F_{\mathrm{f}}(\text{切向}) \tag{2}$$

$$m(a+b)\dot{\varphi}^2 = mg\cos\varphi - F_{\mathrm{N}}(\text{法向}) \tag{3}$$

$$\frac{2}{5}ma^2\ddot{\theta} = F_{\mathrm{f}}a(\text{转动}) \tag{4}$$

式中 F_{N} 为沿法线方向的反作用力,F_{f} 为摩擦力.

由(1)及(4)式,得

$$\frac{2}{5}m(a+b)\ddot{\varphi} = F_{\mathrm{f}} \tag{5}$$

由(2)及(5)式,得

$$\frac{7}{5}m(a+b)\ddot{\varphi} = mg\sin\varphi \tag{6}$$

积分,得

$$\frac{7}{10}m(a+b)\dot{\varphi}^2 = -mg\cos\varphi + C \tag{7}$$

因当 $\varphi=0,\dot{\varphi}=0$,故由(7)式,得

$$C=mg$$

把 C 之值代入(7)式,得

$$\dot{\varphi}^2 = \frac{10}{7}\times\frac{1-\cos\varphi}{a+b}g \tag{8}$$

又由(3)式

$$F_{\mathrm{N}} = mg\cos\varphi - m(a+b)\dot{\varphi}^2 = mg\cos\varphi - \frac{10}{7}m(a+b)\frac{1-\cos\varphi}{a+b}g$$

$$= mg\left(\frac{17}{7}\cos\varphi - \frac{10}{7}\right) \tag{9}$$

故由(9),知当 $\cos\varphi=\dfrac{10}{17}$时,

$$F_{\mathrm{N}}=0$$

即 $\varphi=\arccos\dfrac{10}{17}$时,$F_{\mathrm{N}}=0$,两球分离.

3.4 一陀螺由半径为 $2a$ 的薄圆盘及一垂直通过盘的中心 C、长为 a 的杆轴组成,杆轴的质量可忽略不计. 将杆轴的另一端 O 放在水平面上,使陀螺作无滑动的转动. 如起始时,杆轴 OC 与竖直线的夹角为 α,而总角速度的量值则为 ω,方向沿着 α 角的平分线. 试证经过

$$t = \int_{\alpha}^{0}\frac{\mathrm{d}\theta}{\omega\sqrt{1-\cos^2\dfrac{\alpha}{2}\sec^2\dfrac{\theta}{2}+k(\cos\alpha-\cos\theta)}}$$

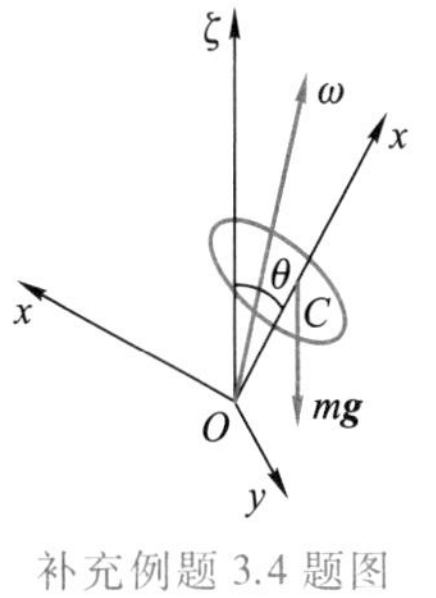

补充例题 3.4 题图

后，杆轴将直立起来，式中 $k=\dfrac{g}{a\omega^2}$，θ 为任一瞬时杆轴与竖直线间的夹角.

［解］ 本题属于拉格朗日-泊松情况，且

$$I_1 = I_2 = \frac{1}{4}m(2a)^2 + ma^2 = 2ma^2$$

$$I_3 = \frac{1}{2}m(2a)^2 = 2ma^2$$

又本题三个第一积分，就是式(3.9.19)、式(3.9.21)及式(3.9.22)三式，即

$$\left.\begin{aligned}&\dot{\varphi}\cos\theta + \dot{\psi} = s = \text{常量}\\&\frac{1}{2}[I_1(\dot{\theta}^2 + \dot{\varphi}^2\sin^2\theta) + I_3 s^2] + mga\cos\theta = E = \text{常量}\\&I_1\dot{\varphi}\sin^2\theta + I_3 s\cos\theta = \alpha' = \text{常量}\end{aligned}\right\}\tag{1}$$

现在由起始条件来定(1)式中的三个积分常量，并设起始时，ω 与 x 轴及 z 轴共面，则

$$\omega_{x_0} = \omega\sin\frac{\alpha}{2},\quad \omega_{y_0} = 0,\quad \omega_{z_0} = \omega\cos\frac{\alpha}{2}\tag{2}$$

又起始时，θ 达其最大值 α，故

$$(\dot{\theta})_0 = 0\tag{3}$$

由式(3.3.3)，得

$$\left.\begin{aligned}&\psi_0 = \frac{\pi}{2},\quad (\dot{\varphi})_0 = \frac{\omega\sin\frac{\alpha}{2}}{\sin\alpha} = \frac{\omega}{2\cos\frac{\alpha}{2}}\\&(\dot{\psi})_0 = \omega\cos\frac{\alpha}{2} - \frac{\omega}{2\cos\frac{\alpha}{2}}\cos\alpha = \omega\left(\frac{2\cos^2\frac{\alpha}{2} - \cos\alpha}{2\cos\frac{\alpha}{2}}\right) = \frac{\omega}{2\cos\frac{\alpha}{2}}\end{aligned}\right\}\tag{4}$$

把 I_1、I_2 及 $(\dot{\theta})_0$、$(\dot{\varphi})_0$ 及 ω_{z_0} 的值代入(1)式中的第一式和第三式后，得

$$\dot{\varphi}\cos\theta + \dot{\psi} = \omega\cos\frac{\alpha}{2} = s$$

$$\dot{\varphi}\sin^2\theta + \omega\cos\frac{\alpha}{2}\cos\theta = \frac{\omega\sin^2\alpha}{2\cos\frac{\alpha}{2}} + \omega\cos\alpha\cos\frac{\alpha}{2}$$

$$= \frac{4\omega\sin^2\frac{\alpha}{2}\cos^2\frac{\alpha}{2}}{2\cos\frac{\alpha}{2}} + \omega\left(\cos^2\frac{\alpha}{2} - \sin^2\frac{\alpha}{2}\right)\cos\frac{\alpha}{2} = \omega\cos\frac{\alpha}{2}\tag{5}$$

又由(1)式中的第二式，得

$$\dot{\theta}^2 + \dot{\varphi}^2\sin^2\theta + s^2 + 2\frac{mga}{2ma^2}\cos\theta = \frac{\omega^2}{4\cos^2\frac{\alpha}{2}}\sin^2\alpha + s^2 + 2\frac{mga}{2ma^2}\cos\alpha$$

即 $$\dot{\theta}^2+\dot{\varphi}^2\sin^2\theta=\omega^2\sin^2\frac{\alpha}{2}+k\omega^2(\cos\alpha-\cos\theta) \tag{6}$$

式中 $$k=\frac{g}{a\omega^2}$$

由(5)式及(6)式得

$$\begin{aligned}\frac{\dot{\theta}^2}{\omega^2}&=-\frac{\cos^2\dfrac{\alpha}{2}(1-\cos\theta)^2}{\sin^2\theta}+\sin^2\frac{\alpha}{2}+k(\cos\alpha-\cos\theta)\\&=k(\cos\alpha-\cos\theta)+1-\cos^2\frac{\alpha}{2}-\cos^2\frac{\alpha}{2}\tan^2\frac{\theta}{2}\\&=k(\cos\alpha-\cos\theta)+1-\cos^2\frac{\alpha}{2}\sec^2\frac{\theta}{2}\end{aligned}$$

所以 $$t=\int_\alpha^0\frac{\mathrm{d}\theta}{\omega\sqrt{1-\cos^2\dfrac{\alpha}{2}\sec^2\dfrac{\theta}{2}+k(\cos\alpha-\cos\theta)}}$$

思考题

3.1 刚体一般由 n(n 是一个很大的数目)个质点系组成. 为什么刚体的独立变量却不是 $3n$ 而是 6 或者更少?

3.2 何谓物体的重心?它和质心是不是总是重合在一起的?

3.3 试讨论图形的几何中心、质心和重心重合在一起的条件.

3.4 简化中心改变时,主矢和主矩是不是也要随着改变?如果要改变,会不会影响刚体的运动?

3.5 已知一均质棒,当它绕过其一端并垂直于棒的轴转动时,转动惯量为$\frac{1}{3}ml^2$,m 为棒的质量,l 为棒长. 问此棒绕通过离棒端为$\frac{1}{4}l$ 且与上述轴线平行的另一轴线转动时,转动惯量是不是等于$\frac{1}{3}ml^2+m\left(\frac{1}{4}l\right)^2$? 为什么?

3.6 如果两条平行线中没有一条是通过质心的,那么平行轴定理式(3.5.12)能否应用?如不能,可否加以修改后再用?

3.7 在平面平行运动中,基点既然可以任意选择,你觉得选用哪些特殊点作为基点比较好?好处在哪里?又在式(3.7.1)及式(3.7.4)两式中,哪些量与基点有关?哪些量与基点无关?

3.8 转动瞬心在无穷远处,意味着什么?

3.9 刚体作平面平行运动时,能否对转动瞬心应用角动量定理写出它的动力学方程?为什么?

3.10 当圆柱体以匀加速度自斜面滚下时,为什么用机械能守恒定律不能求出圆柱体和斜面之间的反作用力?此时摩擦阻力所作的功为什么不列入?是不是我们必须假定没有摩擦力?没有摩擦力,圆柱体能不能滚?

3.11 圆柱体沿斜面无滑动地滚下时,它的线加速度与圆柱体的转动惯量有关,这是为什么？但圆柱体沿斜面既滚且滑向下运动时，它的线加速度则与转动惯量无关？这又是为什么？

3.12 刚体作怎样的运动时，刚体内任一点的线速度才可写为 $\boldsymbol{\omega}\times\boldsymbol{r}$？这时 r 是不是等于该质点到转动轴的垂直距离？为什么？

3.13 刚体绕固定点转动时，$\dfrac{\mathrm{d}\boldsymbol{\omega}}{\mathrm{d}t}\times\boldsymbol{r}$ 为什么叫转动加速度而不叫切向加速度？又 $\boldsymbol{\omega}\times(\boldsymbol{\omega}\times\boldsymbol{r})$ 为什么叫向轴加速度而不叫向心加速度？

3.14 在欧拉动力学方程中，既然坐标轴是固定在刚体上，随着刚体一起转动，为什么我们还可以用这种坐标系来研究刚体的运动？

3.15 欧拉动力学方程中的第二项 $(I_1-I_2)\omega_x\omega_y$ 等是怎样产生的？它的物理意义又是什么？

习题

3.1 半径为 r 的光滑半球形碗，固定在水平面上．一均质棒斜靠在碗缘，一端在碗内，一端则在碗外，在碗内的长度为 c，试证棒的全长为

$$\frac{4(c^2-2r^2)}{c}$$

3.2 长为 $2l$ 的均质棒，一端抵在光滑墙上，而棒身则如图示斜靠在与墙相距为 $d(d\leqslant l\cos\theta)$ 的光滑棱角上．求棒在平衡时与水平面所成的角 θ.

答：$\theta=\arccos\left(\dfrac{d}{l}\right)^{\frac{1}{3}}$

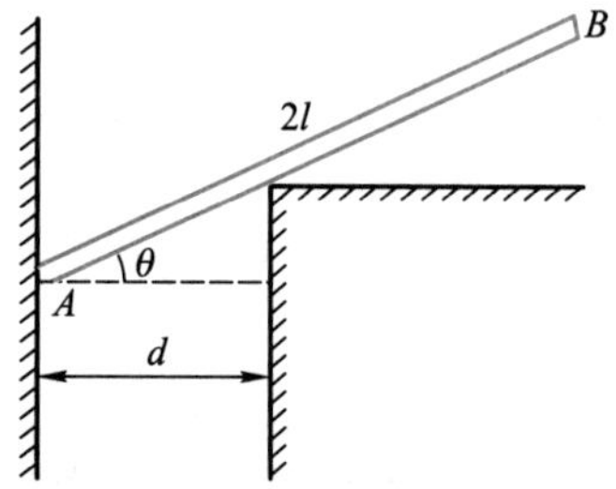

第 3.2 题图

3.3 两根均质棒 AB、BC 在 B 处刚性连接在一起，且 $\angle ABC$ 形成一直角．如将此棒的 A 点用绳系于固定点上，则当平衡时，AB 和竖直直线所成的角 θ_0 满足下列关系：

$$\tan\theta_0=\frac{b^2}{a^2+2ab}$$

式中 a 及 b 为棒 AB 和 BC 的长度，试证明之.

3.4 相同的两个均质光滑球悬在结于定点 O 的两根绳子上，此两球同时又支持一个等重的均质球，求 α 角及 β 角之间的关系.

答：$\tan\beta=3\tan\alpha$

3.5 一均质的梯子，一端置于摩擦因数为 $\dfrac{1}{2}$ 的地板上，另一端则斜靠在摩擦因数为 $\dfrac{1}{3}$

的高墙上，一人的体重为梯子的三倍，爬到梯子的顶端时，梯子尚未开始滑动，则梯与地面的倾角，最小当为若干？

答：$\arctan\dfrac{41}{24}$

3.6 把分子看做相互间距离不变的质点组，试决定以下两种情况下分子的中心主转动惯量：

(1) 二原子分子. 它们的质量分别是 m_1、m_2，距离是 l.

(2) 形状为等腰三角形的三原子分子，三角形的高是 h，底边的长度为 a. 底边上两个原子的质量为 m_1，顶点上的为 m_2.

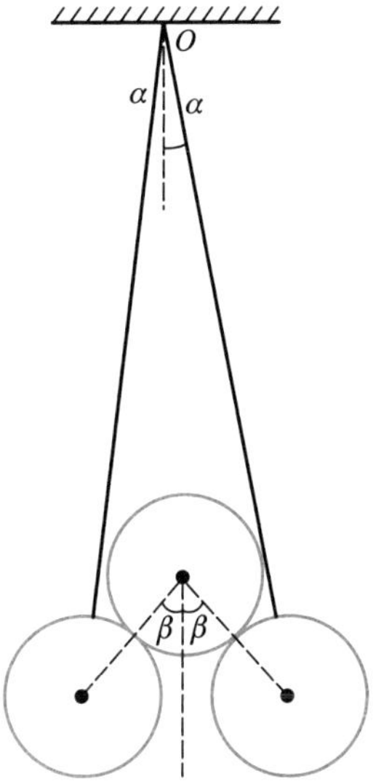

第 3.4 题图

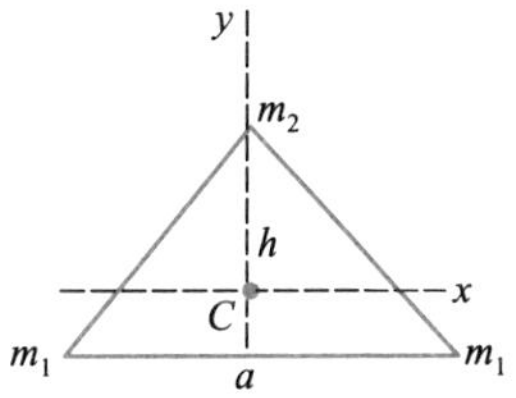

第 3.6(2) 题图

答：(1) 取两原子的连线为 x 轴，而 y 轴与 z 轴则通过它们的质心，于是

$$I_1 = 0,\quad I_2 = I_3 = \frac{m_1 m_2}{m_1 + m_2} l^2$$

(2) 坐标轴的取法如图所示，则

$$I_1 = \frac{2m_1 m_2}{2m_1 + m_2} h^2,\quad I_2 = \frac{1}{2} m_1 a^2,\quad I_3 = I_1 + I_2$$

3.7 如椭球方程为

$$\frac{x^2}{a^2} + \frac{y^2}{b^2} + \frac{z^2}{c^2} = 1$$

试求此椭球绕其三个中心主轴转动时的中心主转动惯量. 设此椭球的质量为 m，并且密度 ρ 是常量.

答：$I_1 = \dfrac{1}{5} m(b^2+c^2)$，　$I_2 = \dfrac{1}{5} m(c^2+a^2)$，　$I_3 = \dfrac{1}{5} m(a^2+b^2)$

3.8 半径为 R 的非均质圆球，在距中心 r 处的密度可以用下式表示：

$$\rho = \rho_0\left(1 - \alpha\frac{r^2}{R^2}\right)$$

式中 ρ_0 及 α 都是常量. 试求此圆球绕直径转动时的回转半径.

答：$k=\sqrt{\dfrac{14-10\alpha}{35-21\alpha}}R$

3.9 立方体绕其对角线转动时的回转半径为

$$k = \frac{d}{3\sqrt{2}}$$

试证明之. 式中 d 为对角线的长度.

3.10 一均质圆盘,半径为 a,放在粗糙水平桌上,绕通过其中心的竖直轴转动,开始时的角速度为 ω_0. 已知圆盘与桌面的摩擦因数为 μ,问经过多少时间后盘将静止？

答：$t=\dfrac{3a\omega_0}{4\mu g}$

式中 g 为重力加速度.

3.11 通风机的转动部分以初角速 ω_0 绕其轴转动. 空气阻力矩与角速成正比,比例常量为 k. 如转动部分对其轴的转动惯量为 I,问经过多少时间后,其转动的角速减为初角速的一半？又在此时间内共转了多少转？

答：$t=\dfrac{I}{k}\ln 2$；$n=\dfrac{I\omega_0}{4\pi k}$

3.12 矩形均质薄片 $ABCD$,边长为 a 与 b,重为 mg,绕竖直轴 AB 以初角速 ω_0 转动. 此时薄片的每一部分均受到空气的阻力,其方向垂直于薄片的平面,其量值与面积及速度平方成正比,比例系数为 k. 问经过多少时间后,薄片的角速减为初角速的一半？

答：$t=\dfrac{4m}{3ka^2b\omega_0}$

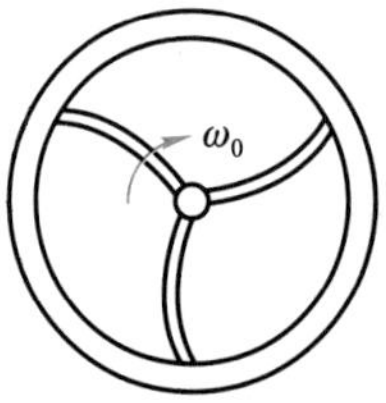

第 3.11 题图

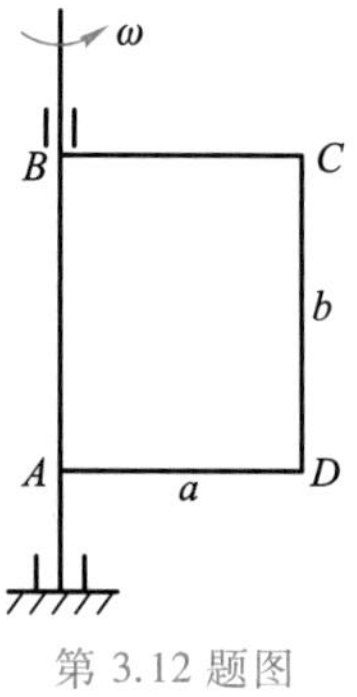

第 3.12 题图

3.13 一段半径 R 为已知的均质圆弧,绕通过弧线中心并与弧面垂直的轴线摆动. 求其作微振动时的周期.

答：$\tau=2\pi\sqrt{\dfrac{2R}{g}}$

3.14 试求复摆悬点上的反作用力在水平方向的投影 F_x 与竖直方向的投影 F_y. 设此摆的重量为 mg,对转动轴的回转半径为 k,转动轴到摆重心的距离为 a,且摆无初速地自离平衡位置为一已知角 θ_0 处下降.

答：$F_x=\dfrac{mga^2}{k^2}(3\cos\theta-2\cos\theta_0)\sin\theta$

$$F_y=\frac{mga^2}{k^2}[(3\cos\theta-2\cos\theta_0)\cos\theta-1]+mg$$

3.15 一轮的半径为 r,以匀速 v_0 无滑动地沿一直线滚动. 求轮缘上任一点的速度及加速度. 又最高点及最低点的速度各等于多少? 哪一点是转动瞬心?

答: $v=2v_0\cos\frac{\theta}{2}$,式中 θ 是所考虑的点相对于轮心的径矢与轮的最高点的径矢间的夹角.

3.16 一矩形板 $ABCD$ 在平行于自身的平面内运动,其角速度为定值 ω. 在某一瞬时,A 点的速度为 v,其方向则沿对角线 AC. 试求此瞬时 B 点的速度,以 v、ω 及矩形的边长等表示之. 假定 $AB=a$,$BC=b$.

答: $v_B=\left(v^2+2v\omega\frac{ab}{\sqrt{a^2+b^2}}+\omega^2a^2\right)^{\frac{1}{2}}$

$\boldsymbol{v}_B$ 和 BC 边的夹角为 $\arctan\frac{va}{\omega a\sqrt{a^2+b^2}+vb}$

3.17 长为 l 的杆 AB 在一固定平面内运动. 其 A 端在半径 $r\left(r\leqslant\frac{l}{2}\right)$ 的圆周里滑动,而杆本身则于任何时刻均通过此圆周的 M 点. 试求杆上任一点的轨迹及转动瞬心的轨迹.

答: 距 A 端为 a 的点 P 的轨迹为蚶线. 如以 M 为极点,而极轴通过 O 点,则其方程为 $\rho=2r\cos\theta-a$,空间极迹为给定圆;本体极迹为半径等于 $2r$ 的圆,圆心在 A 点.

3.18 一圆盘以匀速度 v_0 沿一直线无滑动地滚动. 杆 AB 以铰链固结于盘的边缘上的 B 点,其 A 端则沿上述直线滑动. 求 A 点的速度与盘的转角 φ 的关系,设杆长为 l,盘的半径为 r.

答: $v_A=2v_0\sin^2\frac{\varphi}{2}\left(\frac{r\sin\varphi}{\sqrt{l^2-4r^2\sin^4\frac{\varphi}{2}}}+1\right)$

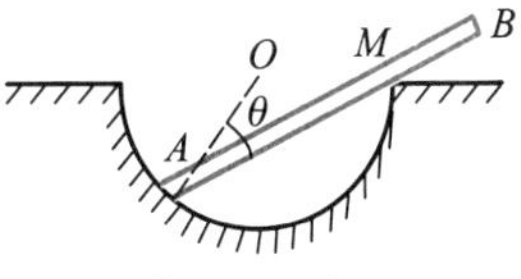

第 3.17 题图

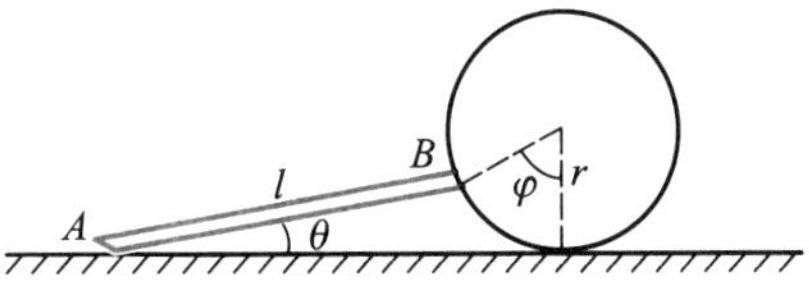

第 3.18 题图

3.19 长为 $2a$ 的均质棒 AB,以铰链悬挂于 A 点上. 如起始时, 棒自水平位置无初速地运动,并且当棒通过竖直位置时,铰链突然松脱,棒成为自由体. 试证在以后的运动中,棒的质心的轨迹是抛物线,并求当棒的质心下降 h 距离后,棒一共转了几转?

答: $\frac{1}{2\pi}\sqrt{\frac{3h}{a}}$

3.20 质量为 m'、半径为 r 的均质圆柱体放在粗糙水平面上. 柱的外面绕有轻绳,绳子跨过一个很轻的滑轮,并悬挂一质量为 m 的物体. 设圆柱体只滚不滑,并且圆柱体与滑轮间的绳子是水平的. 求圆柱体质心的加速度 a_1、物体的加速度 a_2 及绳中张力 F_T.

答: $a_1=\frac{4m}{3m'+8m}g$, $\quad a_2=2a_1$

$$F_T = \frac{3m'm}{3m'+8m} g$$

3.21 一飞轮有一半径为 r 的杆轴. 飞轮及杆轴对于转动轴的总转动惯量为 I. 在杆轴上绕有细而轻的绳子,绳子的另一端挂一质量为 m 的重物. 如飞轮受到阻尼力矩 G 的作用,求飞轮的角加速度. 若飞轮转过 θ 角后,绳子与杆轴脱离,并再转过 φ 角后,飞轮停止转动,求飞轮所受到的阻尼力矩 G 的量值.

答: $\dot{\omega} = \frac{mgr-G}{I+mr^2}$, $G = \frac{mgIr\theta}{I\theta+(I+mr^2)\varphi}$

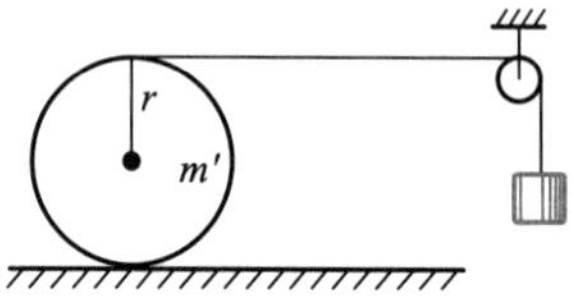

第 3.20 题图

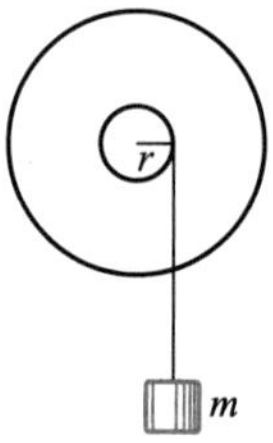

第 3.21 题图

3.22 一面粗糙另一面光滑的平板,质量为 m',将光滑的一面放在水平桌上,木板上放一质量为 m 的球. 若板沿其长度方向突然有一速度 v,问此球经过多少时间后开始滚动而不滑动?

答: $t = \frac{v}{\left(\frac{7}{2}+\frac{m}{m'}\right)\mu g}$,式中 μ 是摩擦因数.

3.23 重为 G_1 的木板受水平力 F 的作用,在一不光滑的平面上运动,板与平面间的摩擦因数为 μ. 在板上放一重为 G_2 的实心圆柱,此圆柱在板上滚动而不滑动,试求木板的加速度 a.

答: $a = \frac{F-\mu(G_1+G_2)}{G_1+\frac{G_2}{3}} g$

3.24 半径为 a 的球,以初速 v 及初角速 ω 抛掷于一倾角为 α 的斜面上,使其沿着斜面向上滚动. 如 $v>a\omega$,其中 ω 的方向使球有向下滚动的趋向,且摩擦因数 $\mu>\frac{2}{7}\tan\alpha$,试证经过 $\frac{5v+2a\omega}{5g\sin\alpha}$ 的时候,球将停止上升.

3.25 均质实心圆球,系于另一固定圆球的顶端. 如使其自此位置发生微小偏离,则将开始滚下. 试证当两球的公共法线与竖直线所成之角 φ 满足下列关系

$$2\sin(\varphi-\lambda) = 5\sin\lambda(3\cos\varphi-2)$$

时,则将开始滑动,式中 λ 为摩擦角.

3.26 棒的一端置于光滑水平面上,另一端则靠在光滑墙上,且棒与地面的倾角为 α. 如任其自此位置开始下滑,则当棒与地面的倾角变为

$$\arcsin\left(\frac{2}{3}\sin\alpha\right)$$

时，棒将与墙分离，试证明之.

3.27 试研究上题中棒与墙分离后的运动. 并求棒落地时的角速度 ω，设棒长为 $2a$.

答：$\omega=\left[\dfrac{3g\sin\alpha}{2a}\left(1-\dfrac{\sin^2\alpha}{9}\right)\right]^{\frac{1}{2}}$

3.28 半径为 r 的均质实心圆柱，放在倾角为 θ 的粗糙斜面上，摩擦因数为 μ.设运动不是纯滚动，试求圆柱体质心加速度 a 及圆柱体的角加速度 α.

答：$a=\dfrac{\sin(\theta-\lambda)}{\cos\lambda}g$，$\alpha=\dfrac{2\mu\cos\theta}{r}g$，式中 $\lambda=\arctan\mu$.

3.29 均质实心圆球和一外形相等的空心球壳沿着一斜面同时自同一高度自由滚下，问哪一个球滚得快些？并证它们经过相等距离所需的时间比是 $\sqrt{21}:5$.

3.30 碾磨机碾轮的边缘沿水平面作纯滚动，轮的水平轴则以匀角速 ω 绕铅垂轴 OB 转动. 如 $OA=c$，$OB=b$，试求轮上最高点 M 的速度及加速度的量值.

答：$v=2c\omega$；$a=\omega^2c\sqrt{9+\left(\dfrac{c}{b}\right)^2}$

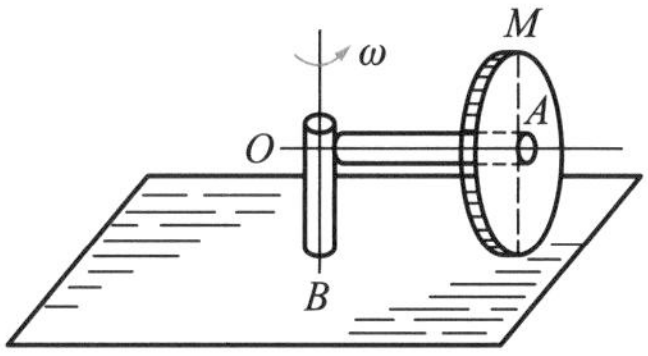

第 3.30 题图

3.31 转轮 AB，绕 OC 轴转动的角速度为 ω_1，而 OC 绕竖直线 OE 转动的角速度则为 ω_2. 如$AD=DB=a$，$OD=b$，$\angle COE=\theta$，试求转轮最低点 B 的速度.

答：$v_B=\omega_1a+\omega_2(a\cos\theta+b\sin\theta)$，方向垂直纸面背离读者.

3.32 高为 h、顶角为 2α 的圆锥在一平面上滚动而不滑动. 如已知此锥以匀角速度 ω 绕 ζ 轴转动，试求圆锥底面上 A 点的转动加速度 a_1 和向轴加速度 a_2 的量值.

答：$a_1=\dfrac{h}{\sin\alpha}\omega^2$，$a_2=2a_1\cos^2\alpha$

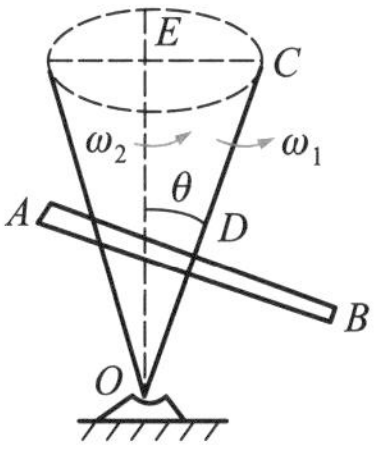

第 3.31 题图

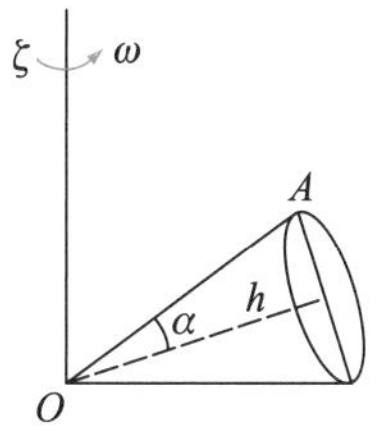

第 3.32 题图

3.33 一个回转仪，$I_1=I_2=2I_3$，依惯性绕重心转动，并作规则进动. 已知此回转仪的自转角速度为 ω_1，并知其自转轴与进动轴间的夹角 $\theta=60°$，求近动角速度 ω_2 的量值.

答：$\omega_2=2\omega_1$

3.34 试用欧拉动力学方程，证明在欧拉-潘索情况中，动量矩 J 及动能 E_k 都是常量.

3.35 对称陀螺的轴位于竖直位置，陀螺以很大的角速度 ω_1 作稳定的自转. 今突然在离开顶点 d 处受到一个与陀螺的对称轴垂直的冲量 I 作用. 试证陀螺在以后的运动中，最大章动角近似地为 $2\arctan\left(\dfrac{Id}{I_3\omega_1}\right)$，式中 I_3 是陀螺绕对称轴转动的转动惯量.

3.36 一个 $I_1=I_2\neq I_3$ 的刚体，绕其重心作定点转动. 已知作用在刚体上的阻尼力是一力偶，位于与转动瞬轴相垂直的平面内，其力偶矩与瞬时角速度成正比，比例常量为 $I_3\lambda$，试证刚体的瞬时角速度在三惯量主轴上的分量为

$$\omega_x=a\mathrm{e}^{-\lambda t I_3/I_1}\sin\left(\frac{n}{\lambda}\mathrm{e}^{-\lambda t}+\varepsilon\right)$$

$$\omega_y=a\mathrm{e}^{-\lambda t I_3/I_1}\cos\left(\frac{n}{\lambda}\mathrm{e}^{-\lambda t}+\varepsilon\right)$$

$$\omega_z=\Omega\mathrm{e}^{-\lambda t}$$

式中 a、ε、Ω 都是常量，而 $n=\dfrac{I_3-I_1}{I_1}\Omega$.

第四章　转动参考系

§4.1 平面转动参考系

设平面参考系（例如平板）S′以角速度 $\boldsymbol{\omega}$ 绕垂直于自身的轴转动，在这参考系（平板）上取坐标系 Oxy，它的原点和静止坐标系 S 原点 O 重合，并且绕着通过 O 点并垂直于平板的直线（即 z 轴）以角速度 $\boldsymbol{\omega}$ 转动（图 4.1.1）. 令单位矢量 $\boldsymbol{i}$、$\boldsymbol{j}$ 固着在平板上的 x 轴及 y 轴上，并以同一角速度 $\boldsymbol{\omega}$ 和平板一同转动. $\boldsymbol{\omega}$ 矢量既然在 z 轴上，所以我们可以把它写为 $\boldsymbol{\omega}=\omega\boldsymbol{k}$. 如果 P 为在平板上运动着的一个质点，则 P 的位矢为

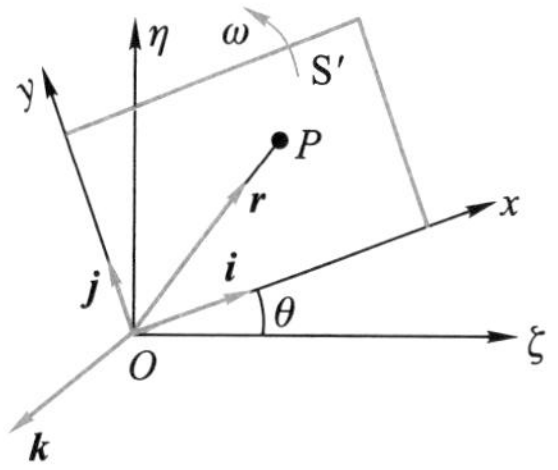

图 4.1.1

$$\boldsymbol{r}=x\boldsymbol{i}+y\boldsymbol{j} \tag{4.1.1}$$

因为质点 P 和坐标轴都随着平板以相同的角速度转动，且 $\boldsymbol{\omega}$ 的量值为 $\dot{\theta}$，所以由式（1.2.8），我们有

$$\frac{\mathrm{d}\boldsymbol{i}}{\mathrm{d}t}=\omega\boldsymbol{j},\quad \frac{\mathrm{d}\boldsymbol{j}}{\mathrm{d}t}=-\omega\boldsymbol{i} \tag{4.1.2}$$

求式（4.1.1）对时间 t 的微商后，得质点 P 对静止坐标系 S 的速度 $\left(\text{不是对平板，因为对平板而言，}\frac{\mathrm{d}\boldsymbol{i}}{\mathrm{d}t}=\frac{\mathrm{d}\boldsymbol{j}}{\mathrm{d}t}=0\right)$ 为

$$\begin{aligned}\boldsymbol{v}&=\frac{\mathrm{d}\boldsymbol{r}}{\mathrm{d}t}=\dot{x}\boldsymbol{i}+\dot{y}\boldsymbol{j}+\dot{z}\boldsymbol{k}+x\frac{\mathrm{d}\boldsymbol{i}}{\mathrm{d}t}+y\frac{\mathrm{d}\boldsymbol{j}}{\mathrm{d}t}+z\frac{\mathrm{d}\boldsymbol{k}}{\mathrm{d}t}\\&=(\dot{x}-\omega y)\boldsymbol{i}+(\dot{y}+\omega x)\boldsymbol{j}\end{aligned} \tag{4.1.3}$$

上式中的 $\dot{x}$ 及 $\dot{y}$ 为 P 对转动参考系（平板）诸轴的分速度，其合成为 $\boldsymbol{v}'$，应为相对速度. 因如 P 在平板上不动，则此项速度即为零. 至于 $-\omega y$ 及 ωx，则系由于平板转动而带着 P 点一同转动所引起的，故应为牵连速度在坐标轴上的分量或称轴向分量，二者的合成就是牵连速度 $\boldsymbol{\omega}\times\boldsymbol{r}$，这是因为

$$\boldsymbol{\omega}\times\boldsymbol{r}=\omega\boldsymbol{k}\times(x\boldsymbol{i}+y\boldsymbol{j})=+\omega x\boldsymbol{j}-\omega y\boldsymbol{i}$$

因此，可以把（4.1.3）式简写成下列形式：

$$\boldsymbol{v}=\boldsymbol{v}'+\boldsymbol{\omega}\times\boldsymbol{r} \tag{4.1.4}$$

亦即绝对速度等于相对速度与牵连速度的矢量和，和 §1.3 中所得到的结果一致，只是由于运动方式不同，牵连速度的表达式也有所不同. 如果把式(4.1.4)和式(3.2.6)相比较，则可发现现在式(4.1.4)中多一相对速度 $\boldsymbol{v}'$项. 这是可以想象的，因在刚体中，组成刚体的各个质点，都只随着刚体一起转动，它们与整个刚体并无所谓相对运动. 而当刚体(平板)上有一相对于刚体运动着的 P 点，那就必须有式(4.1.4)这一关系.

现在来求 P 点对静止坐标系 S 的加速度.

$$\boldsymbol{a}=\frac{\mathrm{d}\boldsymbol{v}}{\mathrm{d}t}=(\ddot{x}-2\omega\dot{y}-\omega^2x)\boldsymbol{i}+(\ddot{y}+2\omega\dot{x}-\omega^2y)\boldsymbol{j}-\dot{\omega}y\boldsymbol{i}+\dot{\omega}x\boldsymbol{j} \tag{4.1.5}$$

上式中的 $\ddot{x}$ 及 $\ddot{y}$ 为质点 P 对转动参考系 S′的轴向加速度分量，其合成为 $\boldsymbol{a}'$，根据上述的同样理由，它是相对加速度. $-\omega^2x\boldsymbol{i}$ 及 $-\omega^2y\boldsymbol{j}$ 的合成为 $-\omega^2\boldsymbol{r}$，沿径矢指向 O 点，是由于平板以角速度 $\boldsymbol{\omega}$ 转动所引起的向心加速度；而 $-\dot{\omega}y\boldsymbol{i}+\dot{\omega}x\boldsymbol{j}=\dot{\boldsymbol{\omega}}\times\boldsymbol{r}$ 则是由于平板作变角速转动所引起的切向加速度，如平板以匀角速转动，则此项加速度为零. 这两种加速度都是由于平板转动所引起的，所以应为牵连加速度.

现在来看看 $-2\omega\dot{y}\boldsymbol{i}$ 及 $2\omega\dot{x}\boldsymbol{j}$ 是怎样产生的？显然，$-2\omega\dot{y}\boldsymbol{i}+2\omega\dot{x}\boldsymbol{j}=2\boldsymbol{\omega}\times\boldsymbol{v}'$，其方向则垂直于 $\boldsymbol{\omega}$ 及 $\boldsymbol{v}'$所决定的平面，并且依右手螺旋法则定其指向. 在平面问题中，$\boldsymbol{\omega}$ 恒沿 $\boldsymbol{k}$ 方向，故 $2\boldsymbol{\omega}\times\boldsymbol{v}'$为位于 xy 平面内的矢量，其指向可将 $\boldsymbol{v}'$随着 S′的转动转一直角即得(图 4.1.2). 这个加速度叫做科里奥利加速度，简称科氏加速度. 可以证明，科氏加速度是由于在 S 系中的观察者看来，牵连运动(即 $\boldsymbol{\omega}$)可使相对速度 $\boldsymbol{v}'$发生改变，而相对运动(即 $\boldsymbol{v}'$)又同时使牵连速度 $\boldsymbol{\omega}\times\boldsymbol{r}$ 中的 $\boldsymbol{r}$ 发生改变，即科里奥利加速度 $2\boldsymbol{\omega}\times\boldsymbol{v}'$是由牵连运动与相对运动相互影响所产生的. 如 $\boldsymbol{\omega}$ 与 $\boldsymbol{v}'$两者中有一为零，则此项加速度即为零. 故在平面转动参考系中，绝对加速度为相对加速度、牵连加速度及科里奥利加速度三者的矢量和，这一点跟作加速平动的参考系的情形不同.

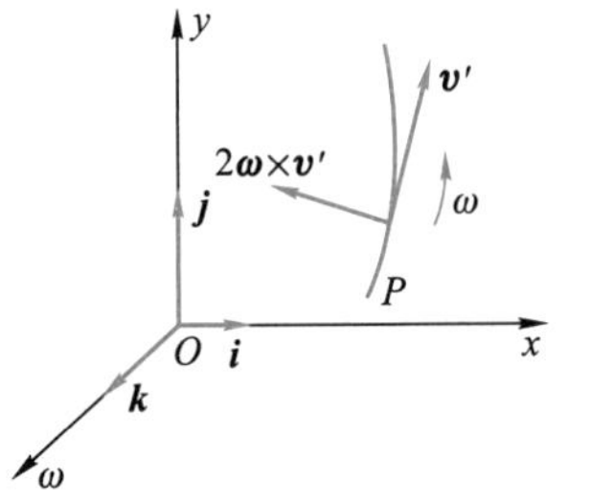

图 4.1.2

我们可以把式(4.1.5)简写成下面的形式：

$$\boldsymbol{a}=\boldsymbol{a}'+\dot{\boldsymbol{\omega}}\times\boldsymbol{r}-\omega^2\boldsymbol{r}+2\boldsymbol{\omega}\times\boldsymbol{v}' \tag{4.1.6}$$

如果令 $\boldsymbol{a}_t=\dot{\boldsymbol{\omega}}\times\boldsymbol{r}-\omega^2\boldsymbol{r}$ 代表牵连加速度，$\boldsymbol{a}_c=2\boldsymbol{\omega}\times\boldsymbol{v}'$代表科里奥利加速度，则式(4.1.6)还可简化为

$$\boldsymbol{a}=\boldsymbol{a}'+\boldsymbol{a}_t+\boldsymbol{a}_c \tag{4.1.7}$$

由于科里奥利加速度在以前课程中很少接触到，读者对它比较陌生，故特再举一例，说明它是怎样产生的.

［例］ 圆盘半径为 R，以匀角速度 ω 绕垂直于盘心 O 的轴线转动. 一质点沿径向槽自盘心以匀速度 v' 向外运动，试求质点加速度各分量的量值(图 4.1.3).

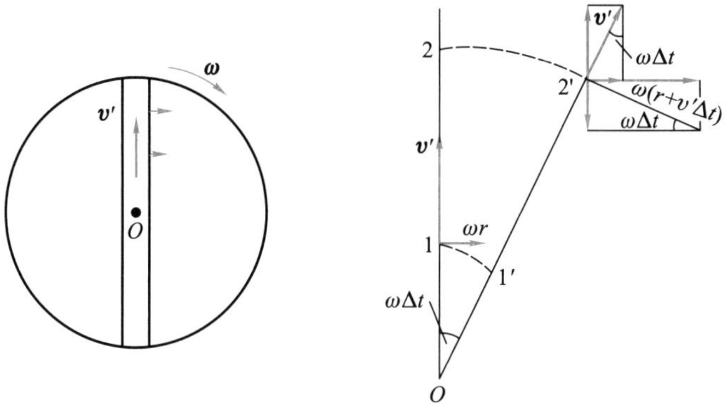

图 4.1.3

［解］ 设在某一瞬时 t，质点运动到图中 1 的位置，它与盘心 O 的距离为 r. 在 $t+\Delta t$ 瞬间，如盘不转，它应运动到图中 2 的位置，它与 O 的距离为 $r+v'\Delta t$. 但圆盘是以匀角速 ω 转动的，在 Δt 时间间隔内，它转了一个角度 $\omega\Delta t$，故质点在 $t+\Delta t$ 瞬间，实际上达到 2′的位置.

假定 Δt 很小，于是 $\cos\omega\Delta t\approx 1$，$\sin\omega\Delta t\approx\omega\Delta t$，$(\Delta t)^2\approx 0$，故在 2′处可仍按原先 $\overrightarrow{O12}$ 的径向及横向进行投影，因此

$$\begin{aligned}\Delta v_r &= [v'\cos\omega\Delta t - \omega(r+v'\Delta t)\sin\omega\Delta t] - v' \\ &= [v' - \omega(r+v'\Delta t)\omega\Delta t] - v' = -\omega^2 r\Delta t \end{aligned} \tag{1}$$

$$\begin{aligned}\Delta v_\theta &= [\omega(r+v'\Delta t)\cos\omega\Delta t + v'\sin\omega\Delta t] - \omega r \\ &= [\omega(r+v'\Delta t) + v'\omega\Delta t] - \omega r = 2\omega v'\Delta t \end{aligned} \tag{2}$$

由此得

$$\left.\begin{aligned} a_r &= \lim_{\Delta t\to 0}\frac{\Delta v_r}{\Delta t} = -\omega^2 r \\ a_\theta &= \lim_{\Delta t\to 0}\frac{\Delta v_\theta}{\Delta t} = 2\omega v' \end{aligned}\right\} \tag{3}$$

故此时质点不但有径向加速度(即向心加速度) $-\omega^2 r$，而且还有横向加速度 $2\omega v'$，此即科里奥利加速度. 从图 4.1.3 及上面的计算可以看出：牵连运动(圆盘转动)改变了相对速度 $\boldsymbol{v}'$ 的方向，因而产生了横向加速度 $\boldsymbol{\omega v}'$；同时，相对运动(质点向外运动)又改变了牵连速度 $\boldsymbol{\omega}\times\boldsymbol{r}$ 的量值，因为这时 r 已变为 $r+v'\Delta t$，故又一次产生了横向加速度 $\boldsymbol{\omega v}'$，因而沿横向的科里奥利加速度为 $2\boldsymbol{\omega v}'$.

如质点在盘上不动，即 $v'=0$，则在 $t+\Delta t$ 瞬间，质点只随着盘转到 1′的位置，它离盘心 O 的距离仍然等于 r，所以只有径向加速度 $-\omega^2 r$.

§ 4.2 空间转动参考系

现在，我们来讨论较为一般的情况，即参考系不是平面的，而是空间的，参考系转动的角速度 $\boldsymbol{\omega}$ 的量值和方向也都可以改变. 至于转动坐标系 S′的原点，暂时还认为它是和静止坐标系 S 的原点 O 重合，因此矢量 $\boldsymbol{\omega}$ 恒通过 O 点.

令单位矢量 $\boldsymbol{i}$、$\boldsymbol{j}$、$\boldsymbol{k}$ 固着在 S′系上的三个坐标轴上，故任一矢量 $\boldsymbol{G}$ 可写为

$$\boldsymbol{G} = G_x\boldsymbol{i} + G_y\boldsymbol{j} + G_z\boldsymbol{k} \tag{4.2.1}$$

因单位矢量 $\boldsymbol{i}$、$\boldsymbol{j}$、$\boldsymbol{k}$ 是随着 S′系以同一角速度 $\boldsymbol{\omega}$ 转动的，故观测者在静止参考系 S 上所看到的 $\boldsymbol{G}$ 的变化率应为

$$\frac{\mathrm{d}\boldsymbol{G}}{\mathrm{d}t} = \frac{\mathrm{d}G_x}{\mathrm{d}t}\boldsymbol{i} + \frac{\mathrm{d}G_y}{\mathrm{d}t}\boldsymbol{j} + \frac{\mathrm{d}G_z}{\mathrm{d}t}\boldsymbol{k} + G_x\frac{\mathrm{d}\boldsymbol{i}}{\mathrm{d}t} + G_y\frac{\mathrm{d}\boldsymbol{j}}{\mathrm{d}t} + G_z\frac{\mathrm{d}\boldsymbol{k}}{\mathrm{d}t} \tag{4.2.2}$$

既然单位矢量 $\boldsymbol{i}$ 是固着在 S′系上，且以角速度 $\boldsymbol{\omega}$ 绕着 O 点转动的，我们就可以认为 $\boldsymbol{i}$ 是距离 O 点为单位长的动点 B（$\boldsymbol{i}$ 的末端）对固定点 O（$\boldsymbol{i}$ 的始端）的位矢，故由式（3.2.6），得

同理

$$\left.\begin{aligned}\frac{\mathrm{d}\boldsymbol{i}}{\mathrm{d}t} &= \boldsymbol{\omega}\times\boldsymbol{i}\\ \frac{\mathrm{d}\boldsymbol{j}}{\mathrm{d}t} &= \boldsymbol{\omega}\times\boldsymbol{j}\\ \frac{\mathrm{d}\boldsymbol{k}}{\mathrm{d}t} &= \boldsymbol{\omega}\times\boldsymbol{k}\end{aligned}\right\} \tag{4.2.3}$$

把这些关系代入式（4.2.2）中，得

$$\frac{\mathrm{d}\boldsymbol{G}}{\mathrm{d}t} = \frac{\mathrm{d}^*\boldsymbol{G}}{\mathrm{d}t} + \boldsymbol{\omega}\times\boldsymbol{G} \tag{4.2.4}$$

式中

$$\frac{\mathrm{d}^*\boldsymbol{G}}{\mathrm{d}t} = \frac{\mathrm{d}G_x}{\mathrm{d}t}\boldsymbol{i} + \frac{\mathrm{d}G_y}{\mathrm{d}t}\boldsymbol{j} + \frac{\mathrm{d}G_z}{\mathrm{d}t}\boldsymbol{k}$$

是 $\boldsymbol{i}$、$\boldsymbol{j}$、$\boldsymbol{k}$ 固定不动时 $\boldsymbol{G}$ 的变化率. 故 $\frac{\mathrm{d}\boldsymbol{G}}{\mathrm{d}t}$ 包含两部分：一为观测者在 S′系所观测出来的 $\boldsymbol{G}$ 的变化率 $\frac{\mathrm{d}^*\boldsymbol{G}}{\mathrm{d}t}$，叫做相对（或地方）变化率，表示相对于转动参考系 S′系的变化；此时把 $\boldsymbol{i}$、$\boldsymbol{j}$、$\boldsymbol{k}$ 看成固定不变，而 $\boldsymbol{G}$ 本身则在 S′系中随着时间改变. 另一部分 $\boldsymbol{\omega}\times\boldsymbol{G}$ 则是由于参考系 S′绕着 O 点以角速度 $\boldsymbol{\omega}$ 转动并带动 $\boldsymbol{G}$ 一起转动所产生的，所以叫做牵连变化率. 故在转动参考系中，一个矢量 $\boldsymbol{G}$ 的绝对变化率（对 S）$\frac{\mathrm{d}\boldsymbol{G}}{\mathrm{d}t}$ 等于相对变化率（对 S′）$\frac{\mathrm{d}^*\boldsymbol{G}}{\mathrm{d}t}$ 和牵连变化率 $\boldsymbol{\omega}\times\boldsymbol{G}$ 两者的矢量和. 在

§3.8 第(2)节中,我们曾经用到过这个关系,只是现在把它推广到任意矢量 $\boldsymbol{G}$.

如空间转动坐标系 S′的原点与固定坐标系 S 的原点 O 重合,并以角速度 $\boldsymbol{\omega}$ 绕着 O 转动,则对 S 系而言,一个在 S′系中运动的质点 P 的绝对速度,由式(4.2.4)知为

$$\boldsymbol{v}=\frac{\mathrm{d}\boldsymbol{r}}{\mathrm{d}t}=\frac{\mathrm{d}^{*}\boldsymbol{r}}{\mathrm{d}t}+\boldsymbol{\omega}\times\boldsymbol{r} \tag{4.2.5}$$

式中 $\boldsymbol{r}=\overrightarrow{OP}$,$\frac{\mathrm{d}^{*}\boldsymbol{r}}{\mathrm{d}t}=\boldsymbol{v}'$是质点 P 相对于 S′系的速度,即相对速度,而 $\boldsymbol{\omega}\times\boldsymbol{r}$ 则是由于 S′系转动所产生的牵连速度,和式(4.1.4)的形式一样,只是此地因为转动不是平面而是空间的,所以物理意义更为普遍.

现在来求质点 P 对 S 系的绝对加速度 $\boldsymbol{a}$. 根据同样方法,我们有

$$\boldsymbol{a}=\frac{\mathrm{d}\boldsymbol{v}}{\mathrm{d}t}=\frac{\mathrm{d}^{*}\boldsymbol{v}}{\mathrm{d}t}+\boldsymbol{\omega}\times\boldsymbol{v} \tag{4.2.6}$$

把式(4.2.5)中的 $\boldsymbol{v}$ 代入式(4.2.6)中,得

$$\begin{aligned}\boldsymbol{a}&=\frac{\mathrm{d}^{2*}\boldsymbol{r}}{\mathrm{d}t^{2}}+\frac{\mathrm{d}^{*}\boldsymbol{\omega}}{\mathrm{d}t}\times\boldsymbol{r}+\boldsymbol{\omega}\times\frac{\mathrm{d}^{*}\boldsymbol{r}}{\mathrm{d}t}+\boldsymbol{\omega}\times\left(\frac{\mathrm{d}^{*}\boldsymbol{r}}{\mathrm{d}t}+\boldsymbol{\omega}\times\boldsymbol{r}\right)\\&=\frac{\mathrm{d}^{2*}\boldsymbol{r}}{\mathrm{d}t^{2}}+\frac{\mathrm{d}^{*}\boldsymbol{\omega}}{\mathrm{d}t}\times\boldsymbol{r}+\boldsymbol{\omega}\times(\boldsymbol{\omega}\times\boldsymbol{r})+2\boldsymbol{\omega}\times\frac{\mathrm{d}^{*}\boldsymbol{r}}{\mathrm{d}t}\end{aligned} \tag{4.2.7}$$

如令 $\boldsymbol{a}'$代表质点 P 对 S′系的加速度(相对加速度),则

$$\boldsymbol{a}'=\frac{\mathrm{d}^{2*}\boldsymbol{r}}{\mathrm{d}t^{2}} \tag{4.2.8}$$

又

$$\left.\begin{aligned}&\frac{\mathrm{d}\boldsymbol{\omega}}{\mathrm{d}t}=\frac{\mathrm{d}^{*}\boldsymbol{\omega}}{\mathrm{d}t}+\boldsymbol{\omega}\times\boldsymbol{\omega}=\frac{\mathrm{d}^{*}\boldsymbol{\omega}}{\mathrm{d}t}\\&\boldsymbol{\omega}\times(\boldsymbol{\omega}\times\boldsymbol{r})=\boldsymbol{\omega}(\boldsymbol{\omega}\cdot\boldsymbol{r})-\omega^{2}\boldsymbol{r}\end{aligned}\right\} \tag{4.2.9}$$

故式(4.2.7)可简写为

$$\boldsymbol{a}=\boldsymbol{a}'+\boldsymbol{a}_{\mathrm{t}}+\boldsymbol{a}_{\mathrm{c}} \tag{4.2.10}$$

式中

$$\left.\begin{aligned}&\boldsymbol{a}_{\mathrm{t}}=\frac{\mathrm{d}\boldsymbol{\omega}}{\mathrm{d}t}\times\boldsymbol{r}+\boldsymbol{\omega}(\boldsymbol{\omega}\cdot\boldsymbol{r})-\omega^{2}\boldsymbol{r}\\&\boldsymbol{a}_{\mathrm{c}}=2\boldsymbol{\omega}\times\frac{\mathrm{d}^{*}\boldsymbol{r}}{\mathrm{d}t}=2\boldsymbol{\omega}\times\boldsymbol{v}'\end{aligned}\right\} \tag{4.2.11}$$

如质点 P 固着在 S′系上不动,则 $\boldsymbol{v}'=0$,故 $\boldsymbol{a}'=0$,$\boldsymbol{a}_{\mathrm{c}}=0$,而 $\boldsymbol{a}$ 与 $\boldsymbol{a}_{\mathrm{t}}$ 相等. 所以 $\boldsymbol{a}_{\mathrm{t}}$ 只和 S′系的转动有关,故称为牵连加速度. 它又包括两部分:一部分是由 $\boldsymbol{\omega}$ 发生改变所产生的$\frac{\mathrm{d}\boldsymbol{\omega}}{\mathrm{d}t}\times\boldsymbol{r}$,如参考系 S′以恒定角速度 $\boldsymbol{\omega}$ 转动,则此部分为零. 另一部分则是由于 S′系以角速度 $\boldsymbol{\omega}$ 转动所产生的 $\boldsymbol{\omega}(\boldsymbol{\omega}\cdot\boldsymbol{r})-\omega^{2}\boldsymbol{r}$. 至于 $\boldsymbol{a}_{\mathrm{c}}$ 则是科

里奥利加速度，此加速度与 $\boldsymbol{\omega}$ 及 $\boldsymbol{v}'$ 垂直，是因为质点 P 对转动的 S′系有相对速度从而 $\boldsymbol{\omega}$ 与 $\boldsymbol{v}'$ 相互影响所产生的（参看 §4.1）. 如果两者有一个为零，或两者不能相互影响（两者平行），则此项加速度为零. 由式（4.2.10）可知，对转动参考系来讲，绝对加速度等于相对加速度、牵连加速度与科里奥利加速度三者的矢量和，也跟式（4.1.7）的形式相同（可与第三章有关公式相比较）. 当然，此式不但物理意义普遍，$\boldsymbol{a}_t$ 的表达式也比式（4.1.6）复杂. 我们在这里应注意的是，绝对速度与绝对加速度都是从静止参考系来观测一个在转动参考系中质点 P 的速度与加速度的；如果从转动参考系中来看，只能看到相对速度与相对加速度.

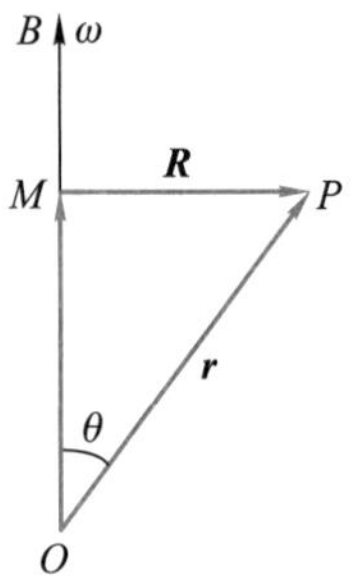

图 4.2.1

如果 S′系以匀角速转动，例如地球的自转，则 $\boldsymbol{\omega}$ 是一个常矢量（量值和方向都不变），可以 $\overrightarrow{OB}$ 表之（图 4.2.1），故 $\dfrac{\mathrm{d}\boldsymbol{\omega}}{\mathrm{d}t}=0$. 如再令 PM 为自质点 P 到 OB 的垂直距离，则

$$\boldsymbol{\omega}\cdot\boldsymbol{r}=\omega r\cos\theta$$

而牵连加速度 $\boldsymbol{a}_t$ 为

$$\begin{aligned}\boldsymbol{a}_t&=\boldsymbol{\omega}(\omega r\cos\theta)-\boldsymbol{r}\omega^2\\&=\overrightarrow{OM}\omega^2-(\overrightarrow{OM}+\overrightarrow{MP})\omega^2\\&=-\omega^2\boldsymbol{R}\end{aligned}$$

式中 $\boldsymbol{R}=\overrightarrow{MP}$，在此情形下，方程（4.2.10）简化为

$$\boldsymbol{a}=\boldsymbol{a}'-\omega^2\boldsymbol{R}+2\boldsymbol{\omega}\times\boldsymbol{v}' \tag{4.2.12}$$

现在推广到更为一般的情况，即 S′系的原点 O' 不与 S 系的原点 O 重合，且 O' 对 O 的速度为 $\boldsymbol{v}_0$，加速度为 $\boldsymbol{a}_0$，则式（4.2.5）及式（4.2.10）的右端应分别加上 $\boldsymbol{v}_0$ 项和 $\boldsymbol{a}_0$ 项，前者是牵连速度的一部分，后者是牵连加速度的一部分，亦即式（4.2.11）中的 $\boldsymbol{a}_t$ 应增添 $\boldsymbol{a}_0$ 项. 另外，上述两式中的位矢 $\boldsymbol{r}$ 应改为相对于 O' 的位矢 $\boldsymbol{r}'$.

§4.3 非惯性系动力学（二）

（1）平面转动参考系

从上两节中可以看到：转动参考系（不管是以匀角速还是以变角速转动）是非惯性参考系，对这种参考系来讲，牛顿运动定律不成立，因 $\boldsymbol{a}'\neq\boldsymbol{a}$. 但是，根据 §1.6 中的讨论，我们知道：对非惯性参考系来讲，只要加上适当的惯性力，牛顿运动定律在形式上就"仍然"可以成立. 当然，惯性力的具体表达式跟参考系运动的方式有关. 本节要研究的,就是在转动参考系中惯性力应当具有何种形式.

先从比较简单的平面参考系讲起. 根据式(4.1.6),我们有

$$\boldsymbol{a}' = \boldsymbol{a} - \dot{\boldsymbol{\omega}} \times \boldsymbol{r} + \omega^2 \boldsymbol{r} - 2\boldsymbol{\omega} \times \boldsymbol{v}' \tag{4.3.1}$$

如果质量为 m 的质点所受到的合外力为 $\boldsymbol{F}$,即 $m\boldsymbol{a} = \boldsymbol{F}$,故把(4.3.1)式乘以 m 后,就得到

$$m\boldsymbol{a}' = \boldsymbol{F} - m\dot{\boldsymbol{\omega}} \times \boldsymbol{r} + m\omega^2 \boldsymbol{r} - 2m\boldsymbol{\omega} \times \boldsymbol{v}' \tag{4.3.2}$$

即对于平面转动参考系 S′而言,如果添上三种惯性力:$-m\dot{\boldsymbol{\omega}} \times \boldsymbol{r}$、$m\omega^2\boldsymbol{r}$ 和 $-2m\boldsymbol{\omega}\times\boldsymbol{v}'$,则牛顿运动定律对 S′系就“仍然”可以成立.

现在来看这三种惯性力的物理意义. 惯性力 $-m\dot{\boldsymbol{\omega}} \times \boldsymbol{r}$ 是由于 S′系作变角速转动所引起的,如果转动是匀速的(即 $\boldsymbol{\omega}$ 的量值也是常量),则此项惯性力即为零.

惯性力 $m\omega^2\boldsymbol{r}$ 叫做惯性离心力,是由于 S′系的转动所引起的. 惯性离心力的量值和 ω 的平方及质点离开坐标轴原点 O 的距离 r 成正比,它的方向则自坐标原点 O 沿矢径向外,如图 4.3.1 所示.

惯性力 $-2m\boldsymbol{\omega}\times\boldsymbol{v}'$ 叫做科里奥利力,是由于参考系 S′的转动及质点对此转动参考系又有相对运动所引起的. 科里奥利力的量值和 S′系转动的角速度 ω 及质点相对于 S′系的速度 v' 成正比,方向垂直于 $\boldsymbol{\omega}$ 及 $\boldsymbol{v}'$ 所确定的平面,并按右手螺旋法则及负号决定指向. 对于平面转动参考系来讲,因为 $\boldsymbol{\omega}$ 恒与 $\boldsymbol{v}'$ 垂直,故将 $\boldsymbol{v}'$ 沿着 S′系转动的反方向转一直角,即可得出科里奥利力的方向(图4.3.1,从 P 点指向读者).

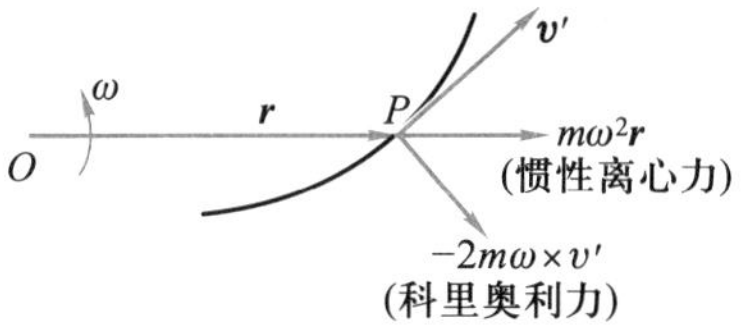

图 4.3.1

［例］ 在一光滑水平直管中,有一质量为 m 的小球. 此管以恒定角速度 ω 绕通过管子一端的竖直轴转动. 如果起始时,球距转动轴的距离为 a,球相对于管子的速度为零,求小球沿管的运动规律及管对小球的约束反作用力.

［解］ 我们先用非惯性参考系来解这个问题.

取管的固定端为坐标原点,x 轴沿管;y 轴竖直向上,并垂直于管;z 轴水平向前,亦与管垂直,如图 4.3.2 所示. 设小球在某一瞬时运动到 P 点,它与原点 O 的距离为 x,速度为 $\dot{x}$,则惯性离心力的量值为 $m\omega^2 x$,方向沿管向右,科里奥利力的量值为 $2m\omega\dot{x}$,在水平面内垂直于管壁向前. 令管对小球反作用在 z 方向上的分力为 F_z,竖直分力为 F_y. 至于主动力则为重力 mg,方向竖直向下.

把式(4.3.2)写成分量形式,得小球的运动微分方程为

$$m\ddot{x} = m\omega^2 x \tag{1}$$

$$m\ddot{y} = 0 = F_y - mg \tag{2}$$

$$m\ddot{z} = 0 = 2m\omega\dot{x} - F_z \tag{3}$$

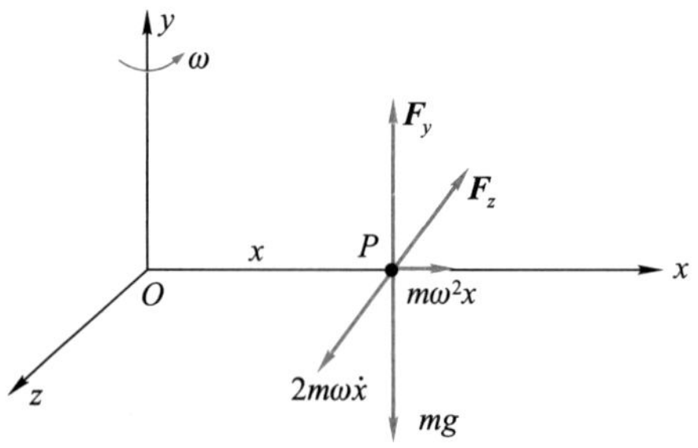

图 4.3.2

(1)式的通解为

$$x=Ae^{\omega t}+Be^{-\omega t} \tag{4}$$

由此又得

$$\dot{x}=A\omega e^{\omega t}-B\omega e^{-\omega t} \tag{5}$$

利用起始条件 $t=0, x=a, \dot{x}=0$,则由(4)及(5)式可得

$$A=B=\frac{a}{2} \tag{6}$$

故小球沿管的运动规律为

$$x=\frac{a}{2}(e^{\omega t}+e^{-\omega t})=a\,\text{ch}\,\omega t \tag{7}$$

由(2)及(3)式得管对小球的竖直反作用力及水平反作用力分别为

$$\left.\begin{aligned} F_y &= mg \\ F_z &= 2m\omega\dot{x}=2m\omega^2\frac{a}{2}(e^{\omega t}-e^{-\omega t}) \\ &= 2ma\omega^2\text{sh}\,\omega t \end{aligned}\right\} \tag{8}$$

现在改用惯性参考系来解此同一问题. 很显然,由于管在水平面内转动,故不宜用直角坐标系,而要改用极坐标系. 如取管的起始位置为极轴,管子的一端 O(即转动轴通过的那一点)为极点,则由式(1.5.3),知当小球 P 运动到离极点 O 为 r 的时候(图 4.3.3),小球的运动微分方程为

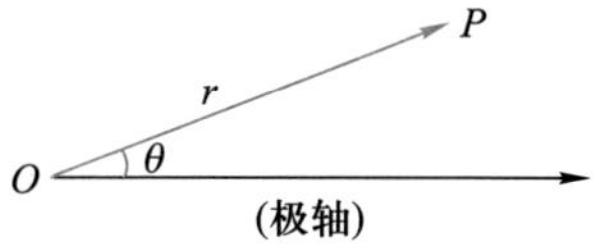

图 4.3.3

$$m(\ddot{r}-r\dot{\theta}^2)=F_r=0 \tag{9}$$

$$m(r\ddot{\theta}+2\dot{r}\dot{\theta})=F_\theta \tag{10}$$

因 $\dot{\theta}=\omega=$常量,故 $\ddot{\theta}=0$ 把这些关系代入(9)及(10)两式后,它们就简化为

$$m\ddot{r}-mr\omega^2=0 \tag{11}$$

$$2m\dot{r}\omega=F_\theta \tag{12}$$

这和上法中的(1)、(3)两式完全一样,故无需再演算下去. 如果改用柱面坐标系,我们还能求出竖直方向的反作用力,它也跟(2)式完全一样,读者可自行验证.

(2) 空间转动参考系

空间转动参考系当然也是非惯性参考系,所以要加上适当的惯性力后,才能使牛顿运动定律"仍然"成立. 由式(4.2.10),当 S′系的原点 O' 和 S 系的原点 O 重合,并且 S′系绕 O 点以角速度 $\boldsymbol{\omega}$ 转动,且 $\boldsymbol{\omega}$ 不一定是常矢量,则

$$\boldsymbol{a}' = \boldsymbol{a} - \boldsymbol{a}_{\mathrm{t}} - \boldsymbol{a}_{\mathrm{c}} \tag{4.3.3}$$

故如质量为 m 的质点所受到的作用力为 $\boldsymbol{F}$,则因 $\boldsymbol{F}=m\boldsymbol{a}$,故把式(4.3.3)的各项遍乘以 m 后,得

$$m\boldsymbol{a}' = \boldsymbol{F} - m\boldsymbol{a}_{\mathrm{t}} - m\boldsymbol{a}_{\mathrm{c}} \tag{4.3.4}$$

或

$$m\boldsymbol{a}' = \boldsymbol{F} - m\dot{\boldsymbol{\omega}} \times \boldsymbol{r} - m\boldsymbol{\omega}(\boldsymbol{\omega} \cdot \boldsymbol{r}) + m\omega^2\boldsymbol{r} - 2m\boldsymbol{\omega} \times \boldsymbol{v}' \tag{4.3.5}$$

即因 S′系的转动,产生了三种惯性力:惯性力 $-m\dot{\boldsymbol{\omega}}\times\boldsymbol{r}$ 与 $\dot{\boldsymbol{\omega}}$ 及 $\boldsymbol{r}$ 垂直,当 $\boldsymbol{\omega}$ 为常矢量时,此项惯性力为零. $-m\boldsymbol{\omega}(\boldsymbol{\omega}\cdot\boldsymbol{r})+m\omega^2\boldsymbol{r}$ 与熟知的惯性离心力有关,在任一瞬时它都与该时刻的转动轴垂直,并离开转动轴向外. 至于 $-2m\boldsymbol{\omega}\times\boldsymbol{v}'$ 仍为科里奥利力,和 $\boldsymbol{\omega}$ 及 $\boldsymbol{v}'$ 所决定的平面垂直.

如果 S′系以恒定角速度 $\boldsymbol{\omega}$ 转动,则由式(4.2.12),可得

$$m\boldsymbol{a}' = \boldsymbol{F} + m\omega^2\boldsymbol{R} - 2m\boldsymbol{\omega} \times \boldsymbol{v}' \tag{4.3.6}$$

式中 R 为质点到转动轴的垂直距离(参看图 4.2.1). 此时惯性力 $m\omega^2\boldsymbol{R}$ 就是通常的惯性离心力,它恒与 $\boldsymbol{\omega}$ 垂直,和平面转动系的情形相仿,只是以 $\boldsymbol{R}$ 代替 $\boldsymbol{r}$. 这种情况,在实际问题中用得较多,例如地球的自转就多被认为是属于这一类的问题.

如果 S′系的原点 O' 不和 S 系的原点 O 重合,且 O' 对 O 的加速度为 $\boldsymbol{a}_0$,则由上节的讨论,知

$$m\boldsymbol{a}' = \boldsymbol{F} - m\boldsymbol{a}_0 - m\dot{\boldsymbol{\omega}} \times \boldsymbol{r}' - m\boldsymbol{\omega}(\boldsymbol{\omega} \cdot \boldsymbol{r}') + m\omega^2\boldsymbol{r}' - 2m\boldsymbol{\omega} \times \boldsymbol{v}' \tag{4.3.7}$$

亦即式(4.3.4)中的($-m\boldsymbol{a}_{\mathrm{t}}$)项中,应增加($-m\boldsymbol{a}_0$)一项,同时把式(4.3.5)中的 $\boldsymbol{r}$ 改为相对于 O' 的位矢 $\boldsymbol{r}'$.

(3) 相对平衡

在§4.2 中已经讲过:如果质点 P 固着在 S′系中不动,则 $\boldsymbol{v}'=0$,故 $\boldsymbol{a}'=0$, $\boldsymbol{a}_{\mathrm{c}}=0$,而 $\boldsymbol{a}$ 与 $\boldsymbol{a}_{\mathrm{t}}$ 相等. 由式(4.3.4),当 $\boldsymbol{a}'=0$, $\boldsymbol{a}_{\mathrm{c}}=0$ 时,

$$\boldsymbol{F} - m\boldsymbol{a}_{\mathrm{t}} = 0 \tag{4.3.8}$$

即当质点在非惯性系中处于平衡时,主动力、约束反作用力和由牵连运动而引起的惯性力的矢量和等于零. 我们通常把这种平衡叫做相对平衡. 如§1.6 中的例题,在火车中(S′系)的观察者看悬挂在车厢中的小球,就是一个相对平衡问题.

§4.4 地球自转所产生的影响

(1) 惯性离心力

地球既有自转又有公转,所以是非惯性参考系①. 公转的角速度很小,且所产生的惯性离心力,几乎与太阳的引力相抵消. 自转的角速度约为 7.3×10^{-5} rad/s,虽然也比较小,但却产生了一些可以观察到的现象.

考虑地球绕地轴自转时,可以认为它的角速度是沿着地轴的一个常矢量,即 $\dot{\boldsymbol{\omega}}=0$,因而只要考虑惯性离心力和科里奥利力所产生的影响. 如果质点相对于地球是静止的,即 $\boldsymbol{v}'=0$,则只需考虑惯性离心力的影响.

由于惯性离心力的作用,重力常小于引力. 重力随着纬度发生变化,在纬度越低的地方,重力越小. 只有在两极的地方,重力和引力才相等. 另外,除两极外,重力的方向也不与引力的方向一致. 引力的作用线通过地球的球心,而重力的作用线一般并不通过地球的球心. 这些问题,在普通物理课上已经讲过,这里就不再重复了.

(2) 科里奥利力

上面谈到,由于惯性离心力的作用,重力的量值与引力有差别,重力的方向也随着纬度变化,但是这种差别和变化都比较小,当我们研究质点相对于地球的运动时,本应同时考虑惯性离心力和科里奥利力的作用. 但当质点相对于地球有相对运动时,质点离地轴的距离的变化,一般都并不太大,故惯性离心力的效应,只要用重力来代替引力就可以了. 因此,在研究质点相对于地球的运动时,可以只考虑科里奥利力的效应.

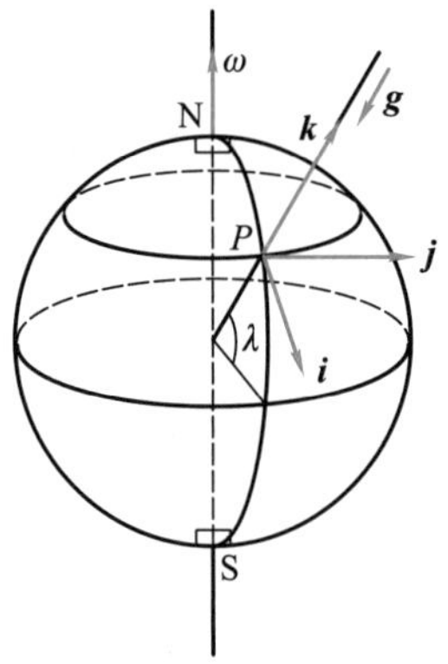

图 4.4.1

在图 4.4.1 中的圆球代表地球. 一质点在北半球的某点 P 上以速度 $\boldsymbol{v}'$ 相对于地球运动,P 点的纬度为 λ. 图中 SN 是地轴,地球自转的角速度 $\boldsymbol{\omega}$ 就沿着该轴. 单位矢量 $\boldsymbol{i}$、$\boldsymbol{j}$、$\boldsymbol{k}$ 则固着在地球表面上. 且 $\boldsymbol{i}$ 水平向南,$\boldsymbol{j}$ 水平向东,$\boldsymbol{k}$ 竖直向上,如图所示. 根据上面的讨论,可略去含有 ω^2 项的惯性离心力,即认为重力 $m\boldsymbol{g}$

① 这并不是说不能把地球当做惯性参考系. 地球自转的角速度很小,公转的角速度更小,所以在很多实际问题中,还可以把地球看做近似程度相当好的惯性参考系.

通过地球球心，则由式(4.3.6)，得

$$m\boldsymbol{a}' = \boldsymbol{F} - mg\boldsymbol{k} - 2m\boldsymbol{\omega} \times \boldsymbol{v}' \qquad (4.4.1)$$

式中 $\boldsymbol{F}$ 代表重力以外的作用力(图上 $\boldsymbol{F}$、$\boldsymbol{v}'$、$m\boldsymbol{g}$ 均未画出).

令转动坐标轴 x、y、z 与 $\boldsymbol{i}$、$\boldsymbol{j}$、$\boldsymbol{k}$ 重合，即 x 轴指向南方，y 轴指向东方，z 轴竖直向上. 因为 $\boldsymbol{\omega}$ 与 $\boldsymbol{i}$、$\boldsymbol{k}$ 共面，所以得

$$\boldsymbol{\omega} \times \boldsymbol{v}' = \begin{vmatrix} \boldsymbol{i} & \boldsymbol{j} & \boldsymbol{k} \\ -\omega\cos\lambda & 0 & \omega\sin\lambda \\ \dot{x} & \dot{y} & \dot{z} \end{vmatrix}$$

$$= -\omega\dot{y}\sin\lambda\boldsymbol{i} + (\omega\dot{z}\cos\lambda + \omega\dot{x}\sin\lambda)\boldsymbol{j} - \omega\dot{y}\cos\lambda\boldsymbol{k} \qquad (4.4.2)$$

因此，由式(4.4.1)，即得质点 P 在 x、y、z 三个方向的运动微分方程为

$$\left.\begin{aligned} m\ddot{x} &= F_x + 2m\omega\dot{y}\sin\lambda \\ m\ddot{y} &= F_y - 2m\omega(\dot{x}\sin\lambda + \dot{z}\cos\lambda) \\ m\ddot{z} &= F_z - mg + 2m\omega\dot{y}\cos\lambda \end{aligned}\right\} \qquad (4.4.3)$$

利用式(4.4.3)，我们可以定性地或定量地研究科里奥利力的影响，先对两个常见的现象作定性的解释.

Ⅰ. 信风

在地球上，热带部分的空气，因热上升，并在高空向两极推进；而两极附近的空气，则因冷下降，并在地面附近向赤道附近推进，形成一种对流，彼此交易，故称信风，但由于受到科里奥利力的作用，南北向的气流，却发生了东西向的偏转. 由式(4.4.3)很容易看出：如果气流自北向南推进，即气流的速度为 $\dot{x}$，则所受到科里奥利力为 $-2m\omega\dot{x}\sin\lambda$，沿东西方向. 故北半球($\sin\lambda>0$)地面附近自北向南的气流，有朝西的偏向，成为东北信风；而在南半球($\sin\lambda<0$)地面附近自南向北的气流，也有朝西的偏向，而成为东南信风. 大气上层的反信风，在北半球为西南信风，在南半球则为西北信风.

Ⅱ. 轨道的磨损和河岸的冲刷

由式(4.4.3)还可看出，当物体在地面上运动时，在北半球上科里奥利力的水平分量总是指向运动的右侧，即指向相对速度 $\dot{x}$、$\dot{y}$ 的右方. 例如 $\dot{x}$ 自北向南，科里奥利力则指向西方. 这种长年累月的作用，使得北半球河流右岸比左岸受到更多的冲刷，因而比较陡峭. 双轨单行铁路的情形也是这样. 由于右轨所受到的压力大于左轨，因而磨损较严重. 南半球的情况与此相反，河流左岸被冲刷得比较厉害，而双线铁路的左轨磨损较严重.

现在，我们再用式(4.4.3)来定量地研究落体偏东的问题.

假定质点从有限的高度 h 处自由下落，那么我们可以认为 g 值不变，且重力以外的 $F_x=F_y=F_z=0$. 因当 $t=0$ 时，质点的初速度也等于零，故其初始条件为 $t=0$，$\dot{x}=\dot{y}=\dot{z}=0$；又当 $t=0$ 时，$x=y=0$，$z=h$，故对式(4.4.3)积分一次并代入初始条件后，得

$$\left.\begin{aligned}\dot{x}&=2\omega y\sin\lambda\\ \dot{y}&=-2\omega[x\sin\lambda+(z-h)\cos\lambda]\\ \dot{z}&=-gt+2\omega y\cos\lambda\end{aligned}\right\}\tag{4.4.4}$$

把式(4.4.4)代入式(4.4.3),得

$$\left.\begin{aligned}\ddot{x}&=-4\omega^2\sin\lambda[x\sin\lambda+(z-h)\cos\lambda]\\ \ddot{y}&=2gt\omega\cos\lambda-4\omega^2y\\ \ddot{z}&=-g-4\omega^2\cos\lambda[x\sin\lambda+(z-h)\cos\lambda]\end{aligned}\right\}\tag{4.4.5}$$

在式(4.4.5)中又出现了 ω^2 项. 但如果质点自离地面 200 m 以上的高处自由下落,则 ω^2 项的值不会超过 $10^{-6}\,\mathrm{m/s^2}$,即 $\omega^2\cdot h\approx(7.3\times10^{-5}\ \mathrm{s^{-1}})^2\times200\ \mathrm{m}\approx10^{-6}\ \mathrm{m/s^2}$;而如质点运动速度在 1 m/s 的数量级时,科里奥利加速度 $2\omega v'$ 的数量级约为 $7.3\times10^{-5}\ \mathrm{s^{-1}}\times2\ \mathrm{m/s}\approx10^{-4}\ \mathrm{m/s^2}$,相差 100 倍左右. 因此,可以在式(4.4.5)中再度略去含 ω^2 项. 这样,式(4.4.5)就简化为

$$\left.\begin{aligned}\ddot{x}&=0\\ \ddot{y}&=2gt\omega\cos\lambda\\ \ddot{z}&=-g\end{aligned}\right\}\tag{4.4.6}$$

再积分两次,并利用初始条件,得

$$\left.\begin{aligned}x&=0\\ y&=\frac{1}{3}gt^3\omega\cos\lambda\\ z-h&=-\frac{1}{2}gt^2\end{aligned}\right\}\tag{4.4.7}$$

消去 t,得轨道方程为

$$y^2=-\frac{8}{9}\frac{\omega^2\cos^2\lambda}{g}(z-h)^3\tag{4.4.8}$$

这是位于东西竖直面内的半立方抛物线.

如质点自高度为 h 的地方自由下落,则当它抵达地面时,其偏东的数值为

$$y=\frac{1}{3}\sqrt{\frac{8h^3}{g}}\,\omega\cos\lambda\quad(z=0)\tag{4.4.9}$$

这个数值很小,在 $\lambda=40°$,$h=200$ m 时,约为 4.75×10^{-2} m,故难于察觉. 由此式可看出,在赤道处($\lambda=0$)偏东的数值最为显著;而在两极$\left(\lambda=\frac{\pi}{2}\right)$则为零.

*§4.5 傅科摆

单摆振动时,振动面依理应保持不变. 但因为地球在自转,在地面上的观察

者,不能发觉地球在转,但在相当长的时期内,却发现摆的振动面不断偏转. 从力学的观点来看,这也是由于受到了科里奥利力的缘故. 这个显示地球自转的装置,是 1851 年傅科在巴黎首先制成的. 虽然早在 1650 年,已有人观察到摆的振动面在缓慢地旋转,但却未能对此现象作出正确的解释. 所以我们现在把用来显示地球自转的这种装置叫傅科摆.

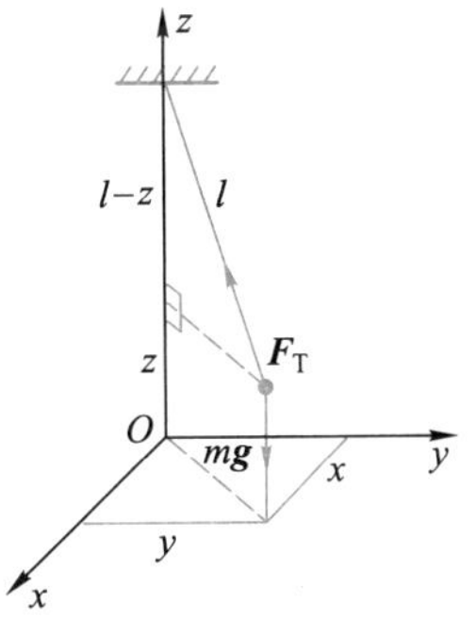

图 4.5.1

现在,让我们再用式(4.4.3)来详细分析傅科摆的运动. 对傅科摆来讲,重力以外的作用力就是绳中张力 F_T(图 4.5.1). 如绳长为 l,摆锤在某一瞬时的动坐标为 x、y、z,则

$$\left.\begin{aligned}F_x &= -\frac{x}{l}F_T\\F_y &= -\frac{y}{l}F_T\\F_z &= \frac{l-z}{l}F_T\end{aligned}\right\}\qquad(4.5.1)$$

我们现在从两方面来求式(4.4.3)的近似解.

(a) ω 很小,所以包含 ω^2 的项可以略去.

(b) 摆的振幅角很小,特别在 z 方向上振动更微,故 z 及其对时间的微商都是二阶微量,可以略去. 又因为

$$l-z=\sqrt{l^2-(x^2+y^2)}=l\left(1-\frac{x^2+y^2}{2l^2}+\cdots\right)\approx l$$

故由式(4.5.1),知

$$F_z=F_T$$

这样,式(4.4.3)中的最后一式变为

$$F_T=mg-2m\omega\dot{y}\cos\lambda\approx mg\qquad(4.5.2)$$

这是因为后一项比前一项小得多. 而式(4.4.3)中的其余两式则为

$$\left.\begin{aligned}\ddot{x}-2\omega\dot{y}\sin\lambda+p^2x=0\\\ddot{y}+2\omega\dot{x}\sin\lambda+p^2y=0\end{aligned}\right\}\qquad(4.5.3)$$

式中 $p^2=\dfrac{g}{l}$. 将式(4.5.3)中第二式乘以 i(i=$\sqrt{-1}$),再与第一式相加,得复变数方程

$$\ddot{\xi}+2\mathrm{i}\omega\dot{\xi}\sin\lambda+p^2\xi=0\quad(\xi=x+\mathrm{i}y)\qquad(4.5.4)$$

这个方程式的通解可写为

$$\xi=A\mathrm{e}^{n_1t}+B\mathrm{e}^{n_2t}\qquad(4.5.5)$$

式中 A、B 是两个积分常量，都是复数，其值可由初始条件决定. n_1 及 n_2 则为方程

$$n^2 + 2\mathrm{i}\omega n\sin\lambda + p^2 = 0 \tag{4.5.6}$$

的根，其值为

$$\left.\begin{aligned} n_1 &= -\mathrm{i}\omega\sin\lambda + \mathrm{i}\sqrt{\omega^2\sin^2\lambda + p^2} \\ n_2 &= -\mathrm{i}\omega\sin\lambda - \mathrm{i}\sqrt{\omega^2\sin^2\lambda + p^2} \end{aligned}\right\} \tag{4.5.7}$$

略去 ω^2 项，得

$$\xi = \mathrm{e}^{-\mathrm{i}\omega t\sin\lambda}(A\mathrm{e}^{\mathrm{i}pt} + B\mathrm{e}^{-\mathrm{i}pt}) \tag{4.5.8}$$

如 $\omega=0$，即地球无自转，则

$$\begin{aligned} \xi = \xi_1 &= x_1 + \mathrm{i}y_1 = A\mathrm{e}^{\mathrm{i}pt} + B\mathrm{e}^{-\mathrm{i}pt} \\ &= (A+B)\cos pt + \mathrm{i}(A-B)\sin pt \end{aligned} \tag{4.5.9}$$

故

$$\left.\begin{aligned} x_1 &= (A+B)\cos pt \\ y_1 &= (A-B)\sin pt \end{aligned}\right\} \tag{4.5.10}$$

而由式(4.5.8)

$$\begin{aligned} \xi &= x + \mathrm{i}y \\ &= [\cos(\omega\sin\lambda)t - \mathrm{i}\sin(\omega\sin\lambda)t] \times [(A+B)\cos pt + \mathrm{i}(A-B)\sin pt] \\ &= [(A+B)\cos pt\cos(\omega\sin\lambda)t + (A-B)\sin pt\sin(\omega\sin\lambda)t] + \\ &\quad \mathrm{i}[-(A+B)\cos pt\sin(\omega\sin\lambda)t + (A-B)\sin pt\cos(\omega\sin\lambda)t] \\ &= [x_1\cos(\omega\sin\lambda)t + y_1\sin(\omega\sin\lambda)t] + \\ &\quad \mathrm{i}[-x_1\sin(\omega\sin\lambda)t + y_1\cos(\omega\sin\lambda)t] \end{aligned} \tag{4.5.11}$$

于是，得

$$\left.\begin{aligned} x &= x_1\cos(\omega\sin\lambda)t + y_1\sin(\omega\sin\lambda)t \\ y &= -x_1\sin(\omega\sin\lambda)t + y_1\cos(\omega\sin\lambda)t \end{aligned}\right\} \tag{4.5.12}$$

由此可以看出：这时，摆作两种周期运动，一种周期为

$$\tau = \frac{2\pi}{p} = 2\pi\sqrt{\frac{l}{g}} \tag{4.5.13}$$

和通常的单摆相同，其轨迹一般为椭圆，也可能是直线；另一种周期则为

$$\tau' = \frac{2\pi}{\omega\sin\lambda} \tag{4.5.14}$$

当 $\sin\lambda>0$（北半球），椭圆长短轴以角速度 $\omega\sin\lambda$ 作顺时针旋转（图 4.5.2）. 或者说，我们看到摆的振动面以角速度 $\omega\sin\lambda$ 作顺时针旋转.

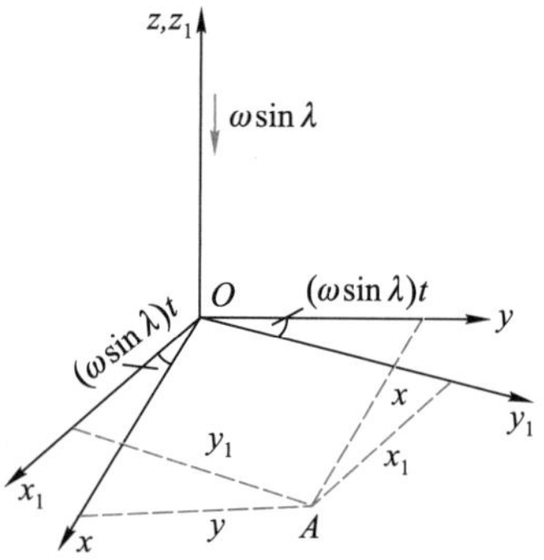

图 4.5.2

因为 ω 很小，所以 $\tau'\gg\tau$. 因此，在短时期

内，就很难觉察到摆的振动面在旋转. 为了观察这种现象，则摆锤应重，悬线应长，以使振动能够维持长久. 1851 年，傅科在巴黎（$\lambda \approx 49°$，$\sin\lambda \approx 0.75$）第一次做此实验时，$l=67$ m，摆锤为直径 30 cm 的铁球，质量为 28 kg，所画出的椭圆的长轴等于 3 m，摆的振动周期 τ 为 16 s，而椭圆旋转的周期 τ'则为 32 h.

—小　结—

Ⅰ. 平面转动参考系

1. 平板上一运动质点的绝对速度

$\boldsymbol{v}=\boldsymbol{v}'+\boldsymbol{\omega}\times\boldsymbol{r}$（绝对速度＝相对速度＋牵连速度）

2. 平板上一运动质点的绝对加速度

$\boldsymbol{a}=\boldsymbol{a}'+\dot{\boldsymbol{\omega}}\times\boldsymbol{r}-\omega^2\boldsymbol{r}+2\boldsymbol{\omega}\times\boldsymbol{v}'$

（绝对加速度＝相对加速度＋牵连加速度＋科里奥利加速度）

Ⅱ. 空间转动参考系

1. 在转动参考系 S′中任一矢量 $\boldsymbol{G}$ 对固定参考系 S 的时间变化率为 $\dfrac{\mathrm{d}\boldsymbol{G}}{\mathrm{d}t}=\dfrac{\mathrm{d}^*\boldsymbol{G}}{\mathrm{d}t}+\boldsymbol{\omega}\times\boldsymbol{G}$（绝对变化率＝相对变化率＋牵连变化率）

2. 在 S′系中运动质点的绝对速度

$$\boldsymbol{v}=\frac{\mathrm{d}\boldsymbol{r}}{\mathrm{d}t}=\frac{\mathrm{d}^*\boldsymbol{r}}{\mathrm{d}t}+\boldsymbol{\omega}\times\boldsymbol{r}=\boldsymbol{v}'+\boldsymbol{\omega}\times\boldsymbol{r}$$

3. 在 S′系中运动质点的绝对加速度

$$\boldsymbol{a}=\frac{\mathrm{d}\boldsymbol{v}}{\mathrm{d}t}=\frac{\mathrm{d}^{2*}\boldsymbol{r}}{\mathrm{d}t^2}+\frac{\mathrm{d}^*\boldsymbol{\omega}}{\mathrm{d}t}\times\boldsymbol{r}+\boldsymbol{\omega}\times(\boldsymbol{\omega}\times\boldsymbol{r})+2\boldsymbol{\omega}\times\frac{\mathrm{d}^*\boldsymbol{r}}{\mathrm{d}t}$$

$$=\boldsymbol{a}'+\frac{\mathrm{d}\boldsymbol{\omega}}{\mathrm{d}t}\times\boldsymbol{r}+\boldsymbol{\omega}(\boldsymbol{\omega}\cdot\boldsymbol{r})-\boldsymbol{r}\omega^2+2\boldsymbol{\omega}\times\boldsymbol{v}'$$

4. 如 $\boldsymbol{\omega}$ 是常矢量，则

$$\boldsymbol{a}=\boldsymbol{a}'-\omega^2\boldsymbol{R}+2\boldsymbol{\omega}\times\boldsymbol{v}'$$

式中 $\boldsymbol{R}$ 的量值是质点到转动轴的垂直距离.

Ⅲ. 转动参考系动力学

1. 转动参考系是非惯性参考系，要添上适当的惯性力，才能运用牛顿运动定律.

2. 匀速转动的平面参考系要添上两种惯性力：$m\omega^2\boldsymbol{r}$（惯性离心力）及 $-2m\boldsymbol{\omega}\times\boldsymbol{v}'$（科里奥利力，垂直于 $\boldsymbol{\omega}$ 及 $\boldsymbol{v}'$所确定的平面，其指向可将 $\boldsymbol{v}'$沿着 S′系转动的反方向转一直角即得）. 即

$$m\boldsymbol{a}'=\boldsymbol{F}-2m\boldsymbol{\omega}\times\boldsymbol{v}'+m\omega^2\boldsymbol{r}$$

3. 空间转动参考系（S′系的原点与 S 系的原点重合）

$$m\boldsymbol{a}' = \boldsymbol{F} - m\dot{\boldsymbol{\omega}} \times \boldsymbol{r} - m\boldsymbol{\omega}(\boldsymbol{\omega}\cdot\boldsymbol{r}) + m\omega^2\boldsymbol{r} - 2m\boldsymbol{\omega}\times\boldsymbol{v}'$$

如 ω 是常矢量，则

$$m\boldsymbol{a}' = \boldsymbol{F} + m\omega^2\boldsymbol{R} - 2m\boldsymbol{\omega}\times\boldsymbol{v}'$$

4. 相对平衡

$$\boldsymbol{F} - m\boldsymbol{a}_t = 0 \quad (\text{式中 } \boldsymbol{a}_t \text{ 为牵连加速度})$$

Ⅳ. 地球自转所产生的影响

1. 惯性离心力

使重力 $\boldsymbol{g}$ 与引力 $\boldsymbol{g}'$ 在量值和方向上都有差别，但比较微小，因惯性离心力与 ω^2 成正比.

2. 科里奥利力

a. 运动方程

$$m\ddot{x} = F_x + 2m\omega\dot{y}\sin\lambda$$

$$m\ddot{y} = F_y - 2m\omega(\dot{x}\sin\lambda + \dot{z}\cos\lambda)$$

$$m\ddot{z} = F_z - mg + 2m\omega\dot{y}\cos\lambda$$

b. 信风——使南北方向气流产生了东西向的偏转.

c. 轨道磨损和河岸冲刷——在北半球，运动方向的右方比较严重.

d. 落体偏东

$$y = \frac{1}{3}\sqrt{\frac{8h^3}{g}}\,\omega\cos\lambda$$

*e. 傅科摆——摆的振动面以周期

$$\tau' = \frac{2\pi}{\omega\sin\lambda} \text{ 转动（北半球为顺时针方向）}$$

补充例题

4.1 P 点在一半径为 R 的球上以速度 $\boldsymbol{v}'$ 沿球的经线作匀速运动，球以匀角速 ω 绕其竖直直径转动，求 P 点的绝对加速度.

［**解**］ 取单位矢量 $\boldsymbol{j}$、$\boldsymbol{k}$ 在经圈面内，单位矢量 $\boldsymbol{i}$ 则垂直经圈面，如图所示，则 P 点沿 $\boldsymbol{j}$ 方向的牵连加速度 $\boldsymbol{a}_t$ 为

$$\boldsymbol{a}_t = -\omega^2\boldsymbol{r} = -\omega^2 R\cos\varphi\boldsymbol{j} \tag{1}$$

P 点的相对加速度 $\boldsymbol{a}'$ 量值为 $a' = \dfrac{v'^2}{R}$，其方向沿 $\overrightarrow{PO}$，即由 P 点指向球心 O. 用它在 $\boldsymbol{j}$、$\boldsymbol{k}$ 方向的分量表示，则为

$$\boldsymbol{a}' = -\frac{v'^2}{R}\cos\varphi\boldsymbol{j} - \frac{v'^2}{R}\sin\varphi\boldsymbol{k} \tag{2}$$

P 点的科里奥利加速度 $2\boldsymbol{\omega}\times\boldsymbol{v}'$ 为

$$\begin{aligned}\boldsymbol{a}_c &= 2\boldsymbol{\omega}\times\boldsymbol{v}' = 2\omega\boldsymbol{k}\times(v'\sin\varphi\boldsymbol{j} - v'\cos\varphi\boldsymbol{k})\\ &= -2\omega v'\sin\varphi\boldsymbol{i}\end{aligned} \tag{3}$$

因为

$$\boldsymbol{a} = \boldsymbol{a}' + 2\boldsymbol{\omega}\times\boldsymbol{v}' - \omega^2\boldsymbol{r}$$

按 $\boldsymbol{i}$、$\boldsymbol{j}$、$\boldsymbol{k}$ 分量求和,得

$$\begin{aligned}\boldsymbol{a} &= \sqrt{(-2\omega v'\sin\varphi)^2 + \left(-\omega^2R\cos\varphi - \frac{v'^2}{R}\cos\varphi\right)^2 + \left(-\frac{v'^2}{R}\sin\varphi\right)^2}\\ &= \frac{1}{R}\sqrt{v'^4 + 2\omega^2R^2(1+\sin^2\varphi)v'^2 + R^4\omega^4\cos^2\varphi}\end{aligned} \tag{4}$$

4.2 一个用金属丝做成的半径为 a 的光滑圆圈,以匀角速 ω 绕竖直直径转动,圈上套着一个质量为 m 的小环. 起始时,小环自圈面的最高点无初速地沿着圆圈滑下,试求当环与圈中心的连线和竖直向上的直径成 θ 角时,小环运动微分方程及圈对环的约束反作用力.

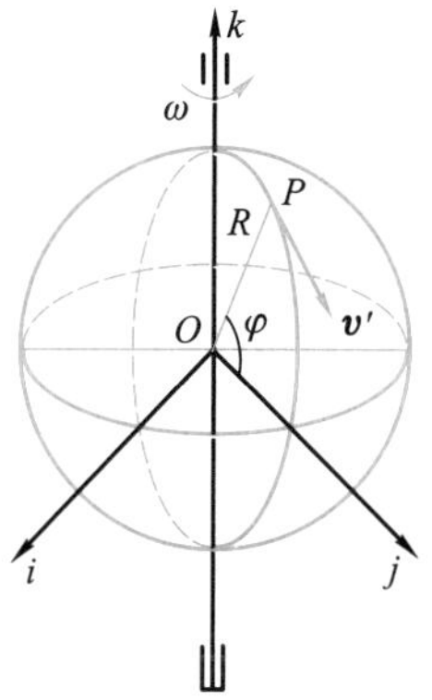

补充例题 4.1 题图

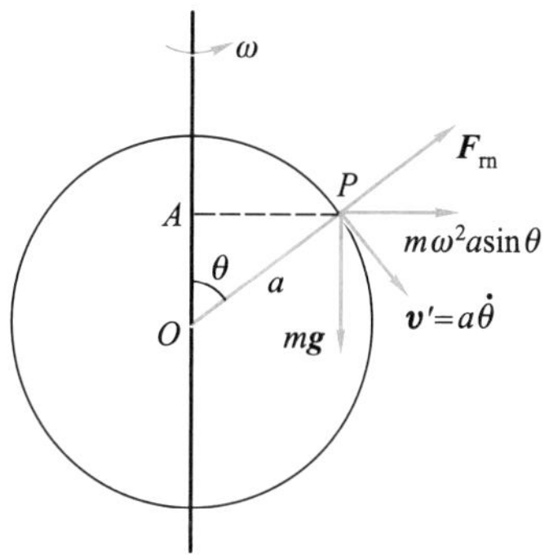

补充例题 4.2 题图

［解］ 惯性离心力 $= m\omega^2 a\sin\theta$(沿 AP)

科里奥利力 $= 2m\omega a\dot{\theta}\cos\theta$(垂直于圈面指向读者) (1)

故小环运动微分方程为

$$ma\ddot{\theta} = ma\omega^2\sin\theta\cos\theta + mg\sin\theta \text{(沿切线)} \tag{2}$$

$$ma\dot{\theta}^2 = -ma\omega^2\sin^2\theta + mg\cos\theta - F_{rn} \text{(沿主法线,即沿半径)} \tag{3}$$

$$0 = F_{rb} - 2m\omega a\dot{\theta}\cos\theta \text{(垂直于圈指向纸面,即沿副法线)} \tag{4}$$

式(2)即为小环的运动微分方程.

又由(2)式,得

$$a\dot{\theta}^2 = \omega^2 a\sin^2\theta - 2g\cos\theta + C \tag{5}$$

因为

$$\theta = 0, \dot{\theta} = 0, \text{故 } C = 2g$$

把 C 的值代入(5)式,得

$$a\dot{\theta}^2 = \omega^2 a\sin^2\theta + 2g(1-\cos\theta) \tag{6}$$

由(3)式及(4)式得圈对小环的约束反作用力为

$$F_{rn} = -ma\omega^2\sin^2\theta - ma\dot{\theta}^2 + mg\cos\theta$$
$$= -2ma\omega^2\sin^2\theta + mg(3\cos\theta - 2) \tag{7}$$
$$F_{rb} = 2m\omega a\dot{\theta}\cos\theta = 2m\omega\cos\theta\sqrt{\omega^2a^2\sin^2\theta + 2ga(1-\cos\theta)} \tag{8}$$

式中 F_{rn} 及 F_{rb} 为约束反作用力沿主法线及副法线方向的分量.

思考题

4.1 为什么在以角速度 ω 转动的参考系中,一个矢量 $\boldsymbol{G}$ 的绝对变化率应当写成 $\frac{\mathrm{d}\boldsymbol{G}}{\mathrm{d}t}=\frac{\mathrm{d}^*\boldsymbol{G}}{\mathrm{d}t}+\boldsymbol{\omega}\times\boldsymbol{G}$? 在什么情况下 $\frac{\mathrm{d}^*\boldsymbol{G}}{\mathrm{d}t}=0$? 在什么情况下,$\boldsymbol{\omega}\times\boldsymbol{G}=0$? 又在什么情况下,$\frac{\mathrm{d}\boldsymbol{G}}{\mathrm{d}t}=0$?

4.2 式(4.1.2)和式(4.2.3)都是求单位矢量 $\boldsymbol{i}$、$\boldsymbol{j}$、$\boldsymbol{k}$ 对时间 t 的微商,它们有何区别? 你能否由式(4.2.3)推出式(4.1.2)?

4.3 在卫星式宇宙飞船中,宇航员发现身体轻飘飘的,这是什么缘故?

4.4 惯性离心力和离心力有哪些不同的地方?

4.5 圆盘以匀角速度 ω 绕竖直轴转动. 离盘心为 r 的地方安装着一根竖直管,管中有一物体沿管下落,问此物体受到哪些惯性力的作用?

4.6 对于单线铁路来讲,两条铁轨磨损的程度有无不同? 为什么?

4.7 自赤道沿水平方向朝北或朝南射出的炮弹,落地是否发生东西偏差? 如以仰角 40°朝北射出,或垂直向上射出,则又如何?

4.8 在南半球,傅科摆的振动面,沿什么方向旋转? 如把它安装在赤道上某处,它旋转的周期是多大?

4.9 在刚体运动中,我们也常采用动坐标系,但为什么不出现科里奥利加速度?

习题

4.1 一等腰直角三角形 OAB 在其自身平面内以匀角速 ω 绕顶点 O 转动. 某一点 P 以匀相对速度沿 AB 边运动,当三角形转了一周时,P 点走过了 AB. 如已知 $AB=b$,试求 P 点在 A 时的绝对速度与绝对加速度.

答:$v=\frac{b\omega}{2\pi}\sqrt{8\pi^2+4\pi+1}$,与斜边成 $\alpha=\arctan[-(4\pi+1)]$ 的角度

$a=\frac{b\omega^2}{\pi}\sqrt{2\pi^2+2\pi+1}$,与斜边成 $\beta=\arctan\frac{1}{2\pi+1}$ 的角度

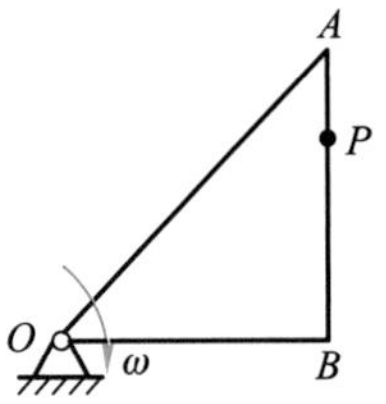

第 4.1 题图

4.2 一直线以匀角速度 ω 在一固定平面内绕其一端 O 转动. 当直线位于 x 轴的位置时,有一质点 P 开始从 O 点沿该直线运动. 如欲使此点的绝对速度 $\boldsymbol{v}$ 的量值为常量,问此点应按何种规律沿此直线运动?

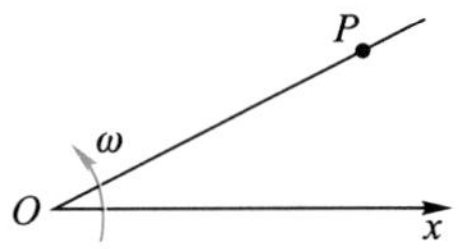

第 4.2 题图

答：$OP=r=\frac{v}{\omega}\sin\omega t$

4.3 P 点离开圆锥顶点 O，以速度 $\boldsymbol{v}'$沿母线作匀速运动，此圆锥则以匀角速度 ω 绕其轴转动．求开始 t 时间后 P 点绝对加速度的量值，假定圆锥体的半顶角为 α.

答：$a=\omega v'\sin\alpha\sqrt{\omega^2t^2+4}$

4.4 小环重 G，穿在曲线形 $y=f(x)$ 的光滑钢丝上，此曲线通过坐标原点，并绕竖直轴 y 以匀角速度 ω 转动．如欲使小环在曲线上任何位置均处于相对平衡状态，求此曲线的形状及曲线对小环的约束反作用力．

答：抛物线 $y=\frac{\omega^2}{2g}x^2$；$F_r=G\sqrt{1+\frac{2\omega^2}{g}y}$

4.5 在一光滑水平直管中有一质量为 m 的小球．此管以匀角速度 ω 绕通过其一端的竖直轴转动．如开始时，球距转动轴的距离为 a，球相对于管的速率为零，而管的总长则为 $2a$．求球刚要离开管口时的相对速度与绝对速度，并求小球从开始运动到离开管口所需的时间．

答：$v'=\sqrt{3}a\omega$，$v=\sqrt{7}a\omega$，$t=\frac{1}{\omega}\ln(2+\sqrt{3})$

4.6 一光滑细管可在竖直平面内绕通过其一端的水平轴以匀角速度 ω 转动，管中有一质量为 m 的质点．开始时，细管取水平方向，质点距转动轴的距离为 a，质点相对于管的速度为 v_0，试求质点相对于管的运动规律．

答：$x=\left[\frac{1}{2}\left(a+\frac{v_0}{\omega}\right)-\frac{g}{4\omega^2}\right]e^{\omega t}+\left[\frac{1}{2}\left(a-\frac{v_0}{\omega}\right)+\frac{g}{4\omega^2}\right]e^{-\omega t}+\frac{g}{2\omega^2}\sin\omega t$

4.7 质量分别为 m 及 m'的两个质点，用一固有长度为 a 的弹性绳相联，绳的劲度系数为 $k=\frac{2mm'\omega^2}{m+m'}$．如将此系统放在光滑的水平管中，管子绕管上某点以匀角速度 ω 转动，试求任一瞬时两质点间的距离 s．设开始时，质点相对于管子是静止的．

答：$s=a(2-\cos\omega t)$

4.8 轴为竖直而顶点向下的抛物线形金属丝，以匀角速度 ω 绕竖直轴转动．另有一质量为 m 的小环套在此金属丝上，并沿着金属丝滑动．试求小环运动微分方程．已知抛物线的方程为 $x^2=4ay$，式中 a 为常量．计算时可忽略摩擦阻力．

答：$m\left(1+\frac{x^2}{4a^2}\right)\ddot{x}+m\dot{x}^2\frac{x}{4a^2}-m\omega^2x+mg\frac{x}{2a}=0$

4.9 在上题中，试用两种方法求小环相对平衡的条件．

答：$\omega^2=\frac{g}{2a}$

4.10 质量为 m 的小环 M，套在半径为 a 的光滑圆圈上，并可沿着圆圈滑动．如圆圈在水平面内以匀角速度 ω 绕圈上某点 O 转动，试求小环沿圆圈切线方向的运动微分方程．

答：$\ddot{\theta}+\omega^2\sin\theta=0$

式中 θ 为 M 与圆心 C 的连线和通过 O 点的直径间所夹的角．

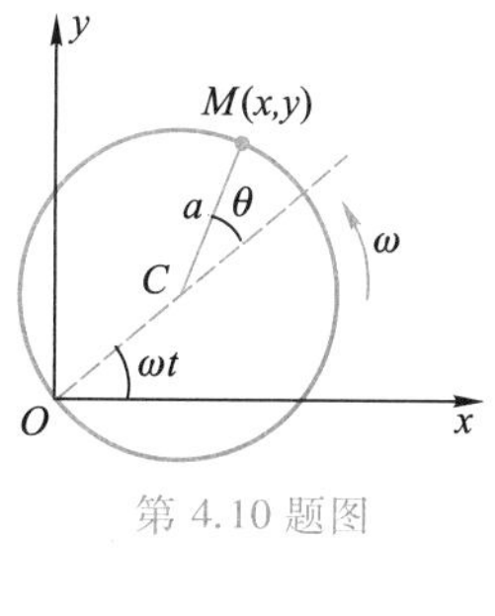

第 4.10 题图

4.11 如自北纬为 λ 的地方，以仰角 α 自地面向东方发射一炮弹，炮弹的膛口速度为 v．考虑地球自转，试证此炮弹落地时的横向偏离为

$$d = \frac{4v^3}{g^2}\omega\sin\lambda\sin^2\alpha\cos\alpha$$

式中 ω 为地球自转的角速度. 计算时可忽略 ω^2 项.

4.12 一质点如以初速 v_0 在纬度为 λ 的地方竖直向上射出,达到 h 高后,复落至地面. 假定空气阻力可以忽略不计,试求落至地面时的偏差.

答: $\frac{4}{3}\sqrt{\frac{8h^3}{g}}\omega\cos\lambda$(偏西)

第五章　分析力学

到现在为止，我们所研究的力学问题，基本上是以牛顿运动定律来求解的. 但前面曾讲过：用牛顿运动定律来求质点系的运动问题时，常常要解算大量的微分方程组. 如果质点系受到约束，则因约束反力都是未知的，所以并不能因此减少而且甚至是增加了问题的复杂性. 18—19世纪，随着工业革命的迅速发展，在工程技术上人们迫切需要解决的又正好是这一类问题. 因此，人们迫切需要寻求另外的方法来处理这一类问题.

1788年，拉格朗日写了一部大型著作《分析力学》. 在该书中，他完全用数学分析的方法来解决所有的力学问题，而无需借助以往常用的几何方法，全书一幅插图也没有. 在此基础上，逐步发展出一系列处理力学问题的新方法，称之为分析力学.

拉格朗日是用 s 个独立变量来描述力学体系的运动，所以和牛顿运动方程一样，是二阶常微分方程组，我们通常把这组方程叫做拉格朗日方程. 后来，哈密顿在1834年又提出：如果用坐标和动量作为独立变量，则虽方程式的数目增加了一倍，即由 s 个变为 $2s$ 个，但微分方程式却都由二阶降为一阶. 这组方程叫做哈密顿正则方程. 哈密顿正则方程在理论上有着更重要的意义，在理论物理各分支中得到了广泛的应用. 他在1843年，又运用变分法提出了另一个和牛顿运动定律及上述诸方程组等价的哈密顿原理，用来描述力学体系的运动. 这样，分析力学就变得更为完整了. 在分析力学方面作出过贡献的，还有莫培督、欧拉、泊松、高斯和雅可比等人. 他们所提出的某些原理和方法，有的比拉格朗日出版《分析力学》一书的时间还早. 例如最小作用量原理就是莫培督在1744年提出的.

分析力学所注重的不是力和加速度，而是具有更广泛意义的能量，同时又扩大了坐标的概念，因而使这种方法和结论便于运用到物理学的其他领域.

§5.1 约束与广义坐标

(1) 约束的概念和分类

大量质点的组成的体系，如果其中有相互作用，以至其中每一质点的运动，都和其他质点的位置和运动有关,则这种体系叫做力学体系,或简称为体系,也就是第二章中所讲的质点系. 如 n 为力学体系中质点的数目,则因任一质点 P_i 的位置,取决于它的三个坐标 x_i、y_i 和 z_i,所以我们要确切知道整个力学体系的位置(位形),就应知道体系中所有质点的坐标. 这些坐标的数目,一共是 $3n$ 个.

事实上,在一个力学体系中,常存在着一些限制各质点自由运动的条件,我们把这些条件叫做约束,这在第一章就已介绍过. 因此,$3n$ 个坐标并不相互独立,而是有一些关系把它们联系着.

约束对各质点位置限制的条件通常可以表为力学体系中质点的坐标、速度和时间的方程. 如果 n 个质点所形成的力学体系受有 k 个限制其位置的约束,那么就有 k 个表示这种约束的方程,因此 $3n$ 个坐标中就只有 $3n-k$ 个是独立的. 譬如一个质点原有 3 个独立的坐标,如果受有曲面

$$f(x,y,z)=0 \tag{5.1.1}$$

的约束,那么独立坐标的数目就减为两个. 因为已知 x、y 和 t 的关系,所以 z 和 t 的关系,就可由式(5.1.1)求出.

如果限制系统位置的约束不是时间 t 的函数,则约束方程中不显含时间 t,如式(5.1.1)所表示的那样,这种约束叫做稳定约束. 反之,如果约束是时间 t 的函数,则约束方程就将显含时间 t,例如方程

$$f(x,y,z,t)=0^{①} \tag{5.1.2}$$

那么这种约束就称为不稳定约束.

例如,当一质点和长为 l 的刚性杆相连时,如刚性杆的上端固定不动,取此点为坐标原点,则约束方程是

$$x^2+y^2+z^2=l^2$$

这就是稳定约束. 如杆的上端沿水平直线以匀速 c 运动,并取该直线上某定点为坐标原点,则约束方程将是

$$(x-ct)^2+y^2+z^2=l^2$$

这就是不稳定约束.

约束又可分为可解的与不可解的. 质点始终不能脱离的那种约束,叫不可解约束. 例如质点被约束在曲面

$$f(x,y,z)=0 \quad 或 \quad f(x,y,z,t)=0 \tag{5.1.3}$$

上,并且始终不能脱离这个曲面,那么这种约束就是不可解约束. 如果质点虽然被约束在某一曲面上,但在某一方向可以脱离,那种约束就叫可解约束. 例如,在有下列约束时

$$f(x,y,z)\leqslant c \tag{5.1.4}$$

质点可以在曲面 $f(x,y,z)=c$ 上,也可以在 $f(x,y,z)<c$ 的方向离开这一曲面. 因

① 对于不止一个质点的约束方程,有时我们仍用和式(5.1.1)或式(5.1.2)类似的形式来表示,不过那时 x、y、z 将是广义的,它们可以代表所有质点的坐标.

此，不可解约束以等式表示，而可解约束则同时以等式和不等式来表示.

当质点被一根柔软的绳连在一个定点 O 上而作任意运动时，所受的约束是可解约束. 因为这时质点只被限制不能离开定点 O 超过 l 的距离，但可以往里面运动，使距离小于 l. 取定点 O 为坐标原点，则约束方程是

$$x^2+y^2+z^2\leqslant l^2$$

但如果质点是用刚性杆和定点 O 相连，则质点所受的约束是不可解约束，约束方程将是

$$x^2+y^2+z^2=l^2$$

约束也可分为几何约束和运动约束. 几何约束又叫完整约束，它只限制质点在空间的位置，因而表现为质点坐标的函数，例如

$$f(x,y,z)=0 \quad \text{或} \quad f(x,y,z,t)=0 \tag{5.1.5}$$

就都是几何约束. 至于运动约束，则除了限制质点的坐标外，还要限制质点速度的投影，例如

$$f(x,y,z;\dot{x},\dot{y},\dot{z};t)=0 \tag{5.1.6}$$

这就是运动约束. 运动约束又叫微分约束，因约束方程中除含有坐标本身外，还含有坐标的微分（当约束方程的各项遍乘以 $\mathrm{d}t$ 后）. 微分约束有时经过积分后可变为几何约束. 倘若它不能积分时，就被称为不完整约束. 不能用等式表示的可解约束，是另一种不完整约束. 除了这两种而外，其他约束都是完整约束.

凡只受有完整约束的力学体系叫完整系. 同时受有完整约束与不完整约束的力学体系，或只受有不完整约束的力学体系，都叫不完整系.

在 §3.7 的例 2 中，我们曾经讲过，当圆柱体沿斜面滚下时，约束方程是

$$x_C-a\theta=0$$

这是不含有微分或速度投影的方程，所以这种约束是几何约束或完整约束. 今后我们将主要研究受完整约束的力学体系，即研究完整系的力学问题.

在 §1.5 中，我们已经讲过：加在一个力学体系上的约束，限制了力学体系中各质点的运动，使各质点的运动和原来在同样的力作用下而不受约束时的运动有所不同. 约束所以能产生这样的效果，是通过质点间相互的机械作用来实现的，这就是我们在 §1.5 中所讲的约束反作用力，简称约束力或约束反力. 在分析力学中，主要的课题是求力学体系的运动，而不是求这些约束反力.

(2) 广义坐标

前已提到，对于 n 个质点所形成的力学体系，如果有 k 个几何约束

$$f_\alpha(x,y,z,t)=0 \qquad (\alpha=1,2,\cdots,k) \tag{5.1.7}$$

那么独立坐标就减少为 $3n-k$ 个. 这些独立坐标，也就是力学体系的坐标. 在力学体系只受有几何约束的情形下，这些独立坐标的数目叫做力学体系的自由度. 但对微分约束来讲，自由度的数目则可能小于独立坐标的数目.

既然只有 $3n-k$ 个坐标是独立的，如果我们令 $3n-k=s$，那么我们就可通过式(5.1.7)，把 $3n$ 个不独立的坐标用 s 个独立参数 $q_1,q_2,\cdots,q_s$ 及 t 表出，即

$$\left.\begin{aligned}x_i=x_i(q_1,q_2,\cdots,q_s,t)\\y_i=y_i(q_1,q_2,\cdots,q_s,t)\\z_i=z_i(q_1,q_2,\cdots,q_s,t)\end{aligned}\right\}\quad(i=1,2,\cdots,n,s<3n)\tag{5.1.8}$$

或

$$\boldsymbol{r}_i=\boldsymbol{r}_i(q_1,q_2,\cdots,q_s,t)\quad(i=1,2,\cdots,n,s<3n)\tag{5.1.9}$$

式中 $q_1,q_2,\cdots q_s$ 叫做拉格朗日广义坐标，它不一定是长度，可以是角度或其他物理量，例如面积 S、体积 V、电极化强度 P、磁化强度 M 等. 在几何约束的情况下，广义坐标的数目和自由度的数目相等. 此 s 个广义坐标，就足以规定力学体系的位置. 例如一质点被约束在圆周 $x^2+y^2=R^2$ 上运动时，可令 $x=R\cos\theta$，$y=R\sin\theta$，式中 θ 是质点某时刻所在处的位矢和 x 轴间的夹角，θ 就是这一问题的广义坐标. 这时质点在一平面上运动，原应有两个坐标（即 x,y），但因圆周是一个约束，所以只有一个是独立的，即这个问题是一个自由度的问题. 约束方程 $x^2+y^2=R^2$ 相当于式(5.1.7)，而 $x=R\cos\theta$，$y=R\sin\theta$ 则相当于式(5.1.8). θ 就是这个问题的广义坐标.

§5.2 虚功原理

(1) 实位移与虚位移

设质点按规律

$$x=f_1(t),\quad y=f_2(t),\quad z=f_3(t)\tag{5.2.1}$$

运动，那么在无限短的时间 $\mathrm{d}t$ 内，质点的位移为 $\mathrm{d}\boldsymbol{r}(\mathrm{d}x,\mathrm{d}y,\mathrm{d}z)$，而且 $\mathrm{d}\boldsymbol{r}=\dot{\boldsymbol{r}}\,\mathrm{d}t$，或 $\mathrm{d}x=\dot{x}\,\mathrm{d}t$，$\mathrm{d}y=\dot{y}\,\mathrm{d}t$，$\mathrm{d}z=\dot{z}\,\mathrm{d}t$. 在这种情形下，质点的位矢 $\boldsymbol{r}$ 或坐标 (x,y,z) 由于参数 t 改变 $\mathrm{d}t$ 而发生变化. 如 $\mathrm{d}t=0$，即时间没有变化，则 $\mathrm{d}\boldsymbol{r}=0$，或 $\mathrm{d}x=\mathrm{d}y=\mathrm{d}z=0$. 质点由于运动实际上所发生的位移，叫做实位移，并以 $\mathrm{d}\boldsymbol{r}$ 表示.

现在让我们想象在某一时刻 t，质点 P 在约束所许可的情况下，发生了一个无限小的变更. 这一变更，不是由于质点的运动而实际发生的，而只是想象中可能发生的位移，它只取决于质点在此时刻的位置和加在它上面的约束，而不是由于时间的改变所引起的. 这种位移叫做虚位移，并用 $\delta\boldsymbol{r}$ 表示. 由于时间 t 没有改变，故 $\delta t=0$.

一般来讲，在任一时刻 t，在约束所许可的情况下，质点的虚位移可以不止一个. 例如质点被约束在一曲面或一平面上时，那么只要不离开此曲面或平面，

质点可以在各个方向发生虚位移. 实位移则不同,它除受到约束的限制外,还要受到运动规律式(5.2.1)的限制. 当时间改变 dt 后,实位移一般只能有一个,因为质点的坐标(x,y,z)通常都是时间 t 的单值函数.

在稳定约束下,实位移 d$\boldsymbol{r}$ 是许多虚位移 $\delta\boldsymbol{r}$ 里面的一个. 但对不稳定约束来讲,实位移与虚位移并不一致. 例如质点被约束在运动着的曲面

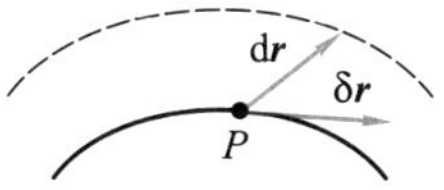

图 5.2.1

$$f(x,y,z,t)=0$$

上,则在某一时刻 t,无限小虚位移 $\delta\boldsymbol{r}$ 将通过质点在该时刻所占据的 P 点的切平面,而实位移 d$\boldsymbol{r}$,由于曲面移动,即由图 5.2.1 的实线位置移动到图中虚线所示的位置,故并不在这个切平面内.

(2) 理想约束

作用在质点上的力(包括约束反力)$\boldsymbol{F}$ 在任意虚位移 $\delta\boldsymbol{r}$ 中所作的功,叫做虚功. 如果作用在一力学体系上诸约束反力在任意虚位移 $\delta\boldsymbol{r}$ 中所作的虚功之和为零,即

$$\sum_{i=1}^{n}\boldsymbol{F}_{\mathrm{r}i}\cdot\delta\boldsymbol{r}_i=0 \tag{5.2.2}$$

那么这种约束叫做理想约束. 光滑面、光滑曲线、光滑铰链、刚性杆、不可伸长的绳等都是理想约束. 引入虚位移的目的,就在于利用式(5.2.2)来消去这些约束反力.

(3) 虚功原理

以下我们只讨论不可解约束的情况. 设受有 k 个几何约束的某力学体系处于平衡状态. 取体系中任一质点 P_i,并设作用在此质点上主动力的合力为 $\boldsymbol{F}_i$,约束反力的合力为 $\boldsymbol{F}_{\mathrm{r}i}$,则因在此体系中每一质点都必须处于平衡状态中,故此时必有

$$\boldsymbol{F}_i+\boldsymbol{F}_{\mathrm{r}i}=0\qquad(i=1,2,\cdots,n) \tag{5.2.3}$$

现在让每一质点自它的平衡位置发生一虚位移 $\delta\boldsymbol{r}_i$,则由式(5.2.3),得

$$\boldsymbol{F}_i\cdot\delta\boldsymbol{r}_i+\boldsymbol{F}_{\mathrm{r}i}\cdot\delta\boldsymbol{r}_i=0\qquad(i=1,2,\cdots,n) \tag{5.2.4}$$

把式(5.2.4)中各等式相加,就得到

$$\sum_{i=1}^{n}\boldsymbol{F}_i\cdot\delta\boldsymbol{r}_i+\sum_{i=1}^{n}\boldsymbol{F}_{\mathrm{r}i}\cdot\delta\boldsymbol{r}_i=0 \tag{5.2.5}$$

但如为理想约束,则根据式(5.2.2),$\sum\limits_{i=1}^{n}\boldsymbol{F}_{\mathrm{r}i}\cdot\delta\boldsymbol{r}_i=0$,因此,如果这样的力学体系处于平衡状态,则其平衡条件是

$$\delta W=\sum_{i=1}^{n}\boldsymbol{F}_i\cdot\delta\boldsymbol{r}_i=0 \tag{5.2.6}$$

或

$$\delta W=\sum_{i=1}^{n}(F_{ix}\delta x_i+F_{iy}\delta y_i+F_{iz}\delta z_i)=0 \tag{5.2.7}$$

反之,我们也可证明,如果平衡位置是约束所允许的位置,则当(5.2.6)式对任意 $\delta\boldsymbol{r}_i$ 都成立时,系统在该位置必保持平衡. 由此可知,受有理想约束的力学体系平衡的充要条件是此力学体系的诸主动力在任意虚位移中所作的元功之和等于零. 这个关系是 1717 年伯努利首先发现的,叫做虚功原理,也叫虚位移原理.

利用虚功原理解理想约束的力学体系的平衡问题时,由于约束反力自动消去,故可很简单地用它去求主动力在平衡时所应满足的条件,即所谓平衡条件,这是它很大的一个优点. 但从另一方面来看,它也有缺点,因为无法用它来求出约束反力.

由于约束关系,$3n$ 个坐标 x_i、y_i、z_i($i=1,2,\cdots,n$)并不完全独立,故式(5.2.7)诸虚位移前的乘数,即作用在任一质点上的合外力在虚位移方向上的投影,一般不会全令之为零. 因为全令之为零,就可能变成 n 个自由质点的平衡方程,这将与原来受有约束的假设矛盾. 如果我们利用式(5.1.8),把 $3n$ 个不独立的坐标改用 s 个独立的广义坐标 q_α($\alpha=1,2,\cdots,s$)表出,然后令 s 个独立的虚位移(即诸独立的 δq_α)前的乘数等于零,则可得出所求的平衡条件. 如果除了求平衡条件外,还要求约束力,则要利用拉格朗日未定乘数. 关于未定乘数法,我们将在本节(4)中再作介绍.

现在让我们求出一个力学体系用 s 个独立的广义坐标 q_α($\alpha=1,2,\cdots,s$)表示的平衡方程,亦即在广义坐标下力学体系的平衡条件. 由式(5.1.9),我们知 $\boldsymbol{r}_i$ 的虚位移为

$$\delta\boldsymbol{r}_i=\sum_{\alpha=1}^{s}\frac{\partial\boldsymbol{r}_i}{\partial q_\alpha}\delta q_\alpha. \tag{5.2.8}$$

所以由式(5.2.6)及式(5.2.8)知在广义坐标下的平衡方程是

$$\begin{aligned}\delta W&=\sum_{i=1}^{n}\boldsymbol{F}_i\cdot\delta\boldsymbol{r}_i=\sum_{i=1}^{n}\left[\boldsymbol{F}_i\cdot\left(\sum_{\alpha=1}^{s}\frac{\partial\boldsymbol{r}_i}{\partial q_\alpha}\delta q_\alpha\right)\right]\\&=\sum_{\alpha=1}^{s}\left(\sum_{i=1}^{n}\boldsymbol{F}_i\cdot\frac{\partial\boldsymbol{r}_i}{\partial q_\alpha}\right)\delta q_\alpha=\sum_{\alpha=1}^{s}(Q_\alpha\delta q_\alpha)=0\end{aligned} \tag{5.2.9}$$

式中 Q_α 应是 q_α($\alpha=1,2,\cdots,s$)的函数. 现在,诸虚位移 δq_α 已是互相独立的了,因而得出

$$Q_\alpha=0\quad(\alpha=1,2,\cdots,s) \tag{5.2.10}$$

这就是受有理想完整约束的力学体系在广义坐标系中的平衡方程,它和力学体系自由度的数目相等. Q_α 叫广义力,我们在 §5.3 中还要详细讨论它的物理意

义. 和 $\boldsymbol{F}_i$ 一样,它也不包含约束力. 至于 Q_α 的详细表达式则为

$$Q_\alpha = \sum_{i=1}^{n}\left(\boldsymbol{F}_i \cdot \frac{\partial \boldsymbol{r}_i}{\partial q_\alpha}\right) = \sum_{i=1}^{n}\left(F_{ix}\frac{\partial x_i}{\partial q_\alpha} + F_{iy}\frac{\partial y_i}{\partial q_\alpha} + F_{iz}\frac{\partial z_i}{\partial q_\alpha}\right) \quad (\alpha = 1,2,\cdots,s) \tag{5.2.11}$$

[例 1] 均匀杆 OA,重 $\boldsymbol{G}_1$,长为 l_1,能在竖直平面内绕固定铰链 O 转动. 此杆的 A 端,用铰链连另一重 $\boldsymbol{G}_2$、长为 l_2 的均匀杆 AB. 在 AB 杆的 B 端加一水平力 $\boldsymbol{F}$. 求平衡时此二杆与水平线所成的角度 α 及 β(图 5.2.2).

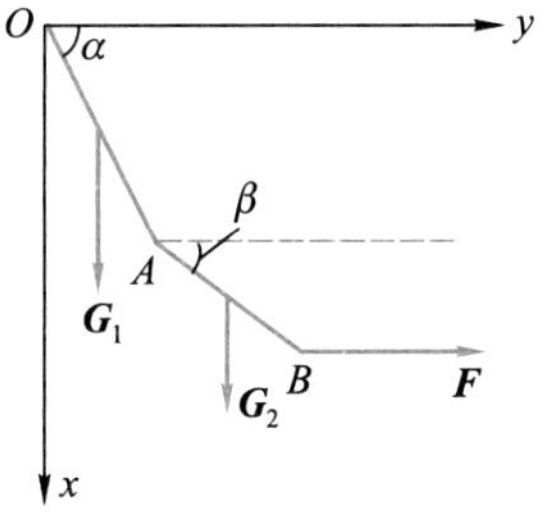

图 5.2.2

[解] 我们如能确定 A、B 两点的位置,本问题即告解决. 由于 OA 和 AB 杆都位于 Oxy 平面内,故系一平面问题,只要四个坐标,就能确定 A、B 两点的位置. 但因 $OA=l_1$,$AB=l_2$ 是两个约束方程,所以自由度只有两个,现在选 α 及 β 为两个广义坐标.

如果令 $\boldsymbol{G}_1$ 的作用点(即 OA 的中点)的坐标为 (x_1,y_1),$\boldsymbol{G}_2$ 的作用点(即 AB 的中点)的坐标为 (x_2,y_2),$\boldsymbol{F}$ 的作用点(即 B 点)的坐标为 (x_3,y_3),则由虚功原理式(5.2.7),得

$$G_1\delta x_1 + G_2\delta x_2 + F\delta y_3 = 0 \tag{1}$$

但

$$\left.\begin{aligned} x_1 &= \frac{1}{2}l_1\sin\alpha \\ x_2 &= l_1\sin\alpha + \frac{1}{2}l_2\sin\beta \\ y_3 &= l_1\cos\alpha + l_2\cos\beta \end{aligned}\right\} \tag{2}$$

把(2)式代入(1)式,得

$$G_1\delta\left(\frac{1}{2}l_1\sin\alpha\right) + G_2\delta\left(l_1\sin\alpha + \frac{1}{2}l_2\sin\beta\right) + F\delta(l_1\cos\alpha + l_2\cos\beta) = 0 \tag{3}$$

即

$$\left(\frac{1}{2}G_1l_1\cos\alpha + G_2l_1\cos\alpha - Fl_1\sin\alpha\right)\delta\alpha + \left(\frac{1}{2}G_2l_2\cos\beta - Fl_2\sin\beta\right)\delta\beta = 0 \tag{4}$$

因 $\delta\alpha$ 及 $\delta\beta$ 都是相互独立的,故得

$$\left.\begin{aligned} &\frac{1}{2}G_1l_1\cos\alpha + G_2l_1\cos\alpha - Fl_1\sin\alpha = 0 \\ &\frac{1}{2}G_2l_2\cos\beta - Fl_2\sin\beta = 0 \end{aligned}\right\} \tag{5}$$

所以

$$\left.\begin{aligned} \tan\alpha &= \frac{G_1+2G_2}{2F} \\ \tan\beta &= \frac{G_2}{2F} \end{aligned}\right\} \tag{6}$$

这就是我们欲求的两个关系.

顺便指出,本例题的广义坐标是 α 和 β.(4)式中 $\delta\alpha$ 前的乘数,即(5)式的第一式是 Q_1,而(4)式中 $\delta\beta$ 前的乘数,即(5)式中的第二式,则是 Q_2. 所以正文中所讲的两种方法是一样的. 在这里,广义坐标 α 和 β 都是角度,所以广义力 Q_1 和 Q_2 都是力矩而不是力[参看(5.3.14)式后的说明].

*(4) 拉格朗日未定乘数与约束力

前面我们曾一再提过,利用虚功原理可以很方便地求出在广义坐标下的平衡条件,但却不能求出约束力. 为了弥补这个缺陷,可以采用拉格朗日未定乘数法,它可以同时求出平衡位置与约束力.

设有一由 n 个质点所组成的力学体系,此力学体系有 k 个完整约束(不完整约束也可以,但静力学中比较少见)

$$f_\beta(x,y,z)=0 \quad (\beta=1,2,\cdots,k) \tag{5.2.12}$$

式中 x、y、z 是力学体系中所有各点的坐标(缩写),因而是 $3n$ 个坐标的函数,至于此力学体系独立坐标的数目则为 $3n-k$ 个.

我们可以直接用原有的 $3n$ 个坐标来解算,也可用广义坐标 $q_\alpha(\alpha=1,2,\cdots,s;s=3n-k)$ 来解算,结果是一样的. 我们现在先用上面所讲的第一种方法.

根据虚功原理,力学体系的平衡条件是

$$\sum_{i=1}^{n}(F_{ix}\delta x_i+F_{iy}\delta y_i+F_{iz}\delta z_i)=0$$

力学体系各点坐标的虚位移,应当满足下列关系:

$$\sum_{i=1}^{n}\left(\frac{\partial f_\beta}{\partial x_i}\delta x_i+\frac{\partial f_\beta}{\partial y_i}\delta y_i+\frac{\partial f_\beta}{\partial z_i}\delta z_i\right)=0 \quad (\beta=1,2,\cdots,k) \tag{5.2.13}$$

把式(5.2.13)中各等式分别乘以 λ_β,然后和(5.2.7)式相加,得

$$\sum_{i=1}^{n}\left[\left(F_{ix}+\sum_{\beta=1}^{k}\lambda_\beta\frac{\partial f_\beta}{\partial x_i}\right)\delta x_i+\left(F_{iy}+\sum_{\beta=1}^{k}\lambda_\beta\frac{\partial f_\beta}{\partial y_i}\right)\delta y_i+\left(F_{iz}+\sum_{\beta=1}^{k}\lambda_\beta\frac{\partial f_\beta}{\partial z_i}\right)\delta z_i\right]=0 \tag{5.2.14}$$

选择 λ_β,使 k 个不独立虚位移前的乘数等于零,因而余下的 $3n-k$ 个独立虚位移前的乘数也等于零了,于是得

$$\left.\begin{aligned}F_{ix}+\sum_{\beta=1}^{k}\lambda_\beta\frac{\partial f_\beta}{\partial x_i}=0\\F_{iy}+\sum_{\beta=1}^{k}\lambda_\beta\frac{\partial f_\beta}{\partial y_i}=0\\F_{iz}+\sum_{\beta=1}^{k}\lambda_\beta\frac{\partial f_\beta}{\partial z_i}=0\end{aligned}\right\} \quad (i=1,2,\cdots,n) \tag{5.2.15}$$

把它们和 k 个约束方程(5.2.12)合并起来,就有完整的一组 $3n+k$ 个方程,可用来决定 $3n+k$ 个量 x_i、y_i、z_i($i=1,2,\cdots,n$)及 λ_β($\beta=1,2,\cdots,k$). λ_β 叫拉格朗日未定乘数.

如果一个质点约束在一曲面 $f(x,y,z)=0$ 上,则根据式(5.2.12)及(5.2.15)可知,由

$$\left.\begin{aligned}&F_x+\lambda\frac{\partial f}{\partial x}=0\\&F_y+\lambda\frac{\partial f}{\partial y}=0\\&F_z+\lambda\frac{\partial f}{\partial z}=0\\&f(x,y,z)=0\end{aligned}\right\}\tag{5.2.16}$$

四式可求出 x、y、z 及 λ 四个量.

如一质点约束在一曲线 $f_1(x,y,z)=0$ 及 $f_2(x,y,z)=0$ 上,则依据同样理由,可由

$$\left.\begin{aligned}&F_x+\lambda_1\frac{\partial f_1}{\partial x}+\lambda_2\frac{\partial f_2}{\partial x}=0\\&F_y+\lambda_1\frac{\partial f_1}{\partial y}+\lambda_2\frac{\partial f_2}{\partial y}=0\\&F_z+\lambda_1\frac{\partial f_1}{\partial z}+\lambda_2\frac{\partial f_2}{\partial z}=0\\&f_1(x,y,z)=0,\\&f_2(x,y,z)=0\end{aligned}\right\}\tag{5.2.17}$$

五式,求出 x、y、z、λ_1 及 λ_2 五个量.

现在,让我们来看一看未定乘数 λ 的物理意义. 在面约束的情形下,将式(5.2.16)中前三式分别乘以单位矢量 $\boldsymbol{i}$、$\boldsymbol{j}$、$\boldsymbol{k}$,并相加,得

$$F_x\boldsymbol{i}+F_y\boldsymbol{j}+F_z\boldsymbol{k}+\lambda\left(\frac{\partial f}{\partial x}\boldsymbol{i}+\frac{\partial f}{\partial y}\boldsymbol{j}+\frac{\partial f}{\partial z}\boldsymbol{k}\right)=0$$

或

$$\boldsymbol{F}+\lambda\nabla f=0\tag{5.2.18}$$

但质点在曲面上平衡时,

$$\boldsymbol{F}+\boldsymbol{F}_{\mathrm{r}}=0$$

式中 $\boldsymbol{F}_{\mathrm{r}}$ 是曲面对质点的约束反作用力. 由此得

$$\lambda=\frac{R}{|\nabla f|}=\frac{R}{\sqrt{\left(\dfrac{\partial f}{\partial x}\right)^2+\left(\dfrac{\partial f}{\partial y}\right)^2+\left(\dfrac{\partial f}{\partial z}\right)^2}}\tag{5.2.19}$$

或

$$\boldsymbol{F}_{\mathrm{r}}=\lambda\ \nabla f \tag{5.2.20}$$

同理,在线约束的情况下,

$$\boldsymbol{F}_{\mathrm{r1}}=\lambda\ \nabla f_1,\quad \boldsymbol{F}_{\mathrm{r2}}=\lambda\ \nabla f_2 \tag{5.2.21}$$

所以拉格朗日未定乘数是和约束反作用力成比例的标量. 如果 λ 可以求出,那么约束反作用力就可以决定了. 推广到更一般的情况也是这样. 甚至线性依赖于速度的不完整约束也可以用.

现在再讲用广义坐标来解此同一问题的方法. 首先,应当利用式(5.1.8)把式(5.2.12)中 $3n$ 个 x、y、z 改用 s 个广义坐标 $q_\alpha(\alpha=1,2,\cdots,s)$ 表出,则约束方程将变为

$$\varphi_\beta(q_1,q_2,\cdots,q_s)=0\quad(\beta=1,2,\cdots,k) \tag{5.2.22}$$

k 为体系所受到完整约束的数目,而虚位移 δq_α 则应满足下列关系:

$$\sum_{\alpha=1}^{s}\frac{\partial\varphi_\beta}{\partial q_\alpha}\delta q_\alpha=0\quad(\beta=1,2,\cdots,k) \tag{5.2.23}$$

把式(5.2.23)中每一式乘以 λ_β,并和式(5.2.9)相加,得

$$\sum_{\alpha=1}^{s}\left[Q_\alpha+\sum_{\beta=1}^{k}\left(\lambda_\beta\frac{\partial\varphi_\beta}{\partial q_\alpha}\right)\right]\delta q_\alpha=0 \tag{5.2.24}$$

如上所述,由于约束关系,诸 δq_α 也并不完全独立. 但我们可以选择 λ_β,使不独立虚位移前的乘数等于零,那么剩下的独立虚位移前的乘数也就等于零了. 这样,我们就得到

$$Q_\alpha+\sum_{\beta=1}^{k}\left(\lambda_\beta\frac{\partial\varphi_\beta}{\partial q_\alpha}\right)=0\quad(\alpha=1,2,\cdots,s) \tag{5.2.25}$$

联合式(5.2.22)和式(5.2.25),我们就有 $s+k$ 个方程,可用来决定 k 个未定乘数 λ_β 和 s 个广义坐标 q_α. k 个未定乘数 λ_β 仍然是和约束力成比例的标量,而 Q_α 则是以广义坐标 q_α 所表出的主动力.

一般说来,用拉格朗日未定乘数法来求约束力,并不比用牛顿运动定律所求出的平衡方程简便,甚至反使问题复杂化. 不过,未定乘数法是一种重要的数学方法,在理论物理中用途很广,有重要的理论意义. 我们应当对它有所了解.

[**例 2**] 两条长为 l_1 与 l_2 的无弹性轻绳,系着一个物体,如图 5.2.3 所示. 绳的另外两端挂在一水平墙的两点 A 与 B 上,AB 间的距离为 $a=(l_1^2+l_2^2)^{1/2}$. 已知重物的重量为 $\boldsymbol{G}$,试用拉格朗日未定乘数法,求绳子中的张力 $\boldsymbol{F}_{\mathrm{T1}}$ 与 $\boldsymbol{F}_{\mathrm{T2}}$ 的量值.

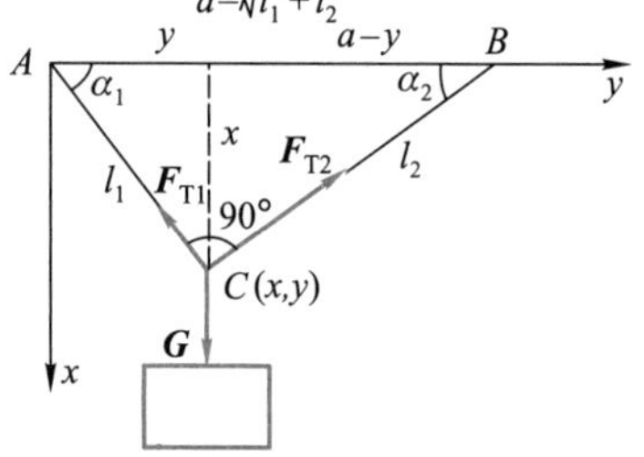

图 5.2.3

[**解**] 本题是平面问题,故在约束(水平墙)取消后,有两个自由度. 在图 5.2.3 中,取 A 点为坐标原点,x 轴竖直向下,y 轴沿直线 AB,物体的作用点 C 在此系中的坐标为

(x,y). 两条绳中的张力 $\boldsymbol{F}_{T1}$ 和 $\boldsymbol{F}_{T2}$ 是约束力（即前面所讲的 $\boldsymbol{F}_i$），而物体的重量 $\boldsymbol{G}$ 则是主动力.

本题如绘出力三角形，并由正弦定律（常称为拉密方程），很容易求出 $\boldsymbol{F}_{T1}$ 和 $\boldsymbol{F}_{T2}$ 的量值. 用平面共点力系的平衡方程，也容易得出同样结果. 这里为了和正文印证，采用未定乘数法来解.

由虚功原理式(5.2.7)，得

$$\delta W = w\delta x = 0 \tag{1}$$

又由式(5.2.12)，知本题的约束方程是

$$\left.\begin{aligned} f_1(x,y) &= l_1^2 - x^2 - y^2 = 0, \\ f_2(x,y) &= l_2^2 - x^2 - (a-y)^2 = 0 \end{aligned}\right\} \tag{2}$$

微分(2)式，并引入未定乘数 λ_1 和 λ_2，则由式(5.2.14)，得

$$[w - 2(\lambda_1 + \lambda_2)x]\delta x - [2\lambda_1 y - 2\lambda_2(a-y)]\delta y = 0 \tag{3}$$

由此得[即(5.2.17)式]

$$\left.\begin{aligned} w - 2(\lambda_1 + \lambda_2)x = 0 \\ -\lambda_1 y + \lambda_2(a-y) = 0 \end{aligned}\right\} \tag{4}$$

(2)式与(4)式共有四个方程，可用来定出 λ_1、λ_2、x 及 y 四个量. 由(4)式得

$$\left.\begin{aligned} \lambda_2 &= \frac{w}{2a}\frac{y}{x} \\ \lambda_1 &= \frac{w}{2a}\frac{a-y}{x} \end{aligned}\right\} \tag{5}$$

由(2)式，我们又得

$$\left.\begin{aligned} y &= \frac{l_1^2}{a} \\ x &= \frac{l_1 l_2}{a} \end{aligned}\right\} \tag{6}$$

求出 λ_1、λ_2、x 及 y 后，我们再由式(5.2.21)，即得所求的绳中张力的量值为

$$\left.\begin{aligned} F_{T1} &= \lambda_1 |\nabla f_1| = \frac{w}{2a}\frac{a-y}{x}(2l_1) = \frac{wl_2}{a} = \frac{wl_2}{(l_1^2 + l_2^2)^{1/2}} \\ F_{T2} &= \lambda_2 |\nabla f_2| = \frac{w}{2a}\frac{y}{x}(2l_2) = \frac{wl_1}{a} = \frac{wl_1}{(l_1^2 + l_2^2)^{1/2}} \end{aligned}\right\} \tag{7}$$

§5.3 拉格朗日方程

(1) 基本形式的拉格朗日方程

现在要从牛顿运动定律出发,求出用广义坐标表示的完整系的动力学方程,它是分析力学中极为重要的方程组之一,从推导过程也可看出,它是在达朗贝尔等前人的工作基础上发展起来的.

由 n 个质点所形成的力学体系的动力学方程,根据牛顿运动定律的表达式(1.5.4)可写为

$$m_i \ddot{r}_i = F_i + \boldsymbol{F}_{ri} \quad (i = 1,2,\cdots,n)$$

或

$$-m_i \ddot{r}_i + F_i + \boldsymbol{F}_{ri} = 0 \quad (i = 1,2,\cdots,n) \tag{5.3.1}$$

这个方程和上式在数学上虽然只是移项手续的不同,但在物理意义上却很有意义. 式(5.3.1)是一个力学体系的平衡方程,代表主动力 $\boldsymbol{F}_i$、约束反力 $\boldsymbol{F}_{ri}$ 和质点因有加速度而产生的有效力(惯性力)的平衡. 通过这种办法就可把动力学问题化为静力学问题来处理. 式(5.3.1)反映的这种平衡关系,通常叫做达朗贝尔原理.

若用虚位移 $\delta\boldsymbol{r}_i$ 标乘式(5.3.1),并对 i 求和,在理想约束的条件下,则得

$$\sum_{i=1}^{n}(\boldsymbol{F}_i - m_i \ddot{\boldsymbol{r}}_i)\cdot\delta\boldsymbol{r}_i = 0 \tag{5.3.2}$$

这个方程和表示虚功原理的式(5.2.6)颇为类似. 这是和力学体系的静止条件式(5.3.1)相应的虚功原理. 即达朗贝尔原理和虚功原理的结合,有时又称为达朗贝尔-拉格朗日方程.

由于存在约束关系,我们不能令式(5.3.2)中 $\delta\boldsymbol{r}_i$ 前面所有的乘数都等于零,否则,就成为自由质点的运动微分方程了. 因此,可以利用式(5.1.9),把不独立的 $\boldsymbol{r}_i$ 等改用广义坐标 q_α 等来表示. 当然,$\boldsymbol{F}_i$ 及 $\ddot{\boldsymbol{r}}_i$ 等也要相应地用广义坐标及其微商等来表示. 如果力学体系受有 k 个几何约束,那么只要 $s=3n-k$ 个广义坐标 $q_1, q_2, \cdots, q_s$,就能表明此力学体系的运动状态了. 现在让我们来进行这种变换.

由式(5.1.9),知 $\boldsymbol{r}_i$ 是 s 个 $q_\alpha(\alpha=1,2,\cdots,s)$ 及 t 的函数. 显然,

$$\begin{aligned} \mathrm{d}\boldsymbol{r}_i &= \frac{\partial \boldsymbol{r}_i}{\partial q_1}\mathrm{d}q_1 + \frac{\partial \boldsymbol{r}_i}{\partial q_2}\mathrm{d}q_2 + \cdots + \frac{\partial \boldsymbol{r}_i}{\partial q_s}\mathrm{d}q_s + \frac{\partial \boldsymbol{r}_i}{\partial t}\mathrm{d}t \\ &= \sum_{\alpha=1}^{s}\frac{\partial \boldsymbol{r}_i}{\partial q_\alpha}\mathrm{d}q_\alpha + \frac{\partial \boldsymbol{r}_i}{\partial t}\mathrm{d}t \end{aligned} \tag{5.3.3}$$

如果把实位移 $\mathrm{d}\boldsymbol{r}_i$ 改成虚位移 $\delta\boldsymbol{r}_i$，则因 $\delta t=0$，故由式(5.3.3)，就立即得出

$$\delta\boldsymbol{r}_i=\sum_{\alpha=1}^{s}\frac{\partial\boldsymbol{r}_i}{\partial q_\alpha}\delta q_\alpha \tag{5.3.4}$$

因此，式(5.3.2)可改写为

$$\sum_{i=1}^{n}(\boldsymbol{F}_i-m_i\ddot{\boldsymbol{r}}_i)\cdot\sum_{\alpha=1}^{s}\frac{\partial\boldsymbol{r}_i}{\partial q_\alpha}\delta q_\alpha=0$$

即

$$-\sum_{i=1}^{n}\sum_{\alpha=1}^{s}m_i\ddot{\boldsymbol{r}}_i\cdot\frac{\partial\boldsymbol{r}_i}{\partial q_\alpha}\delta q_\alpha+\sum_{i=1}^{n}\sum_{\alpha=1}^{s}\boldsymbol{F}_i\cdot\frac{\partial\boldsymbol{r}_i}{\partial q_\alpha}\delta q_\alpha=0 \tag{5.3.5}$$

在这里，我们把两个求和号写在一起，因为它们是互不相关的，一个是对指标 i 求和，而另一个是对指标 α 求和.

令

$$\begin{aligned}\sum_{i=1}^{n}\sum_{\alpha=1}^{s}m_i\ddot{\boldsymbol{r}}_i\cdot\frac{\partial\boldsymbol{r}_i}{\partial q_\alpha}\delta q_\alpha&=\sum_{\alpha=1}^{s}\left[\sum_{i=1}^{n}\left(m_i\ddot{\boldsymbol{r}}_i\cdot\frac{\partial\boldsymbol{r}_i}{\partial q_\alpha}\right)\delta q_\alpha\right]\\&=\sum_{\alpha=1}^{s}P_\alpha\delta q_\alpha\end{aligned} \tag{5.3.6}$$

又令

$$\sum_{i=1}^{n}\sum_{\alpha=1}^{s}\boldsymbol{F}_i\cdot\frac{\partial\boldsymbol{r}_i}{\partial q_\alpha}\delta q_\alpha=\sum_{\alpha=1}^{s}\left[\sum_{i=1}^{n}\left(\boldsymbol{F}_i\cdot\frac{\partial\boldsymbol{r}_i}{\partial q_\alpha}\right)\delta q_\alpha\right]=\sum_{\alpha=1}^{s}Q_\alpha\delta q_\alpha \tag{5.3.7}$$

现在来计算 P_α. 由式(5.3.6)，知

$$P_\alpha=\sum_{i=1}^{n}m_i\ddot{\boldsymbol{r}}_i\cdot\frac{\partial\boldsymbol{r}_i}{\partial q_\alpha}=\frac{\mathrm{d}}{\mathrm{d}t}\sum_{i=1}^{n}m_i\left(\dot{\boldsymbol{r}}_i\cdot\frac{\partial\boldsymbol{r}_i}{\partial q_\alpha}\right)-\sum_{i=1}^{n}m_i\left(\dot{\boldsymbol{r}}_i\cdot\frac{\mathrm{d}}{\mathrm{d}t}\frac{\partial\boldsymbol{r}_i}{\partial q_\alpha}\right) \tag{5.3.8}$$

现在先求 $\dot{\boldsymbol{r}}_i$的表达式. 由式(5.3.3)$\boldsymbol{r}_i$ 的微分表示式，可立即列出 $\boldsymbol{r}_i$ 的微商表达式，即

$$\dot{\boldsymbol{r}}_i=\frac{\mathrm{d}\boldsymbol{r}_i}{\mathrm{d}t}=\sum_{\alpha=1}^{s}\frac{\partial\boldsymbol{r}_i}{\partial q_\alpha}\dot{q}_\alpha+\frac{\partial\boldsymbol{r}_i}{\partial t} \tag{5.3.9}$$

由式(5.1.9)知 $\boldsymbol{r}_i$ 是 $q_1,q_2,\cdots,q_s$ 及 t 的函数，而$\dfrac{\partial\boldsymbol{r}_i}{\partial q_\alpha}$($\alpha=1,2,\cdots,s$)一般也仍然是 $q_1,q_2,\cdots,q_s$ 及 t 的函数，除非这些独立变数在 $\boldsymbol{r}_i$ 中都是线性的. 因此，$\dot{\boldsymbol{r}}_i$ 在一般情况下，是 $q_1,q_2,\cdots,q_s;\dot{q}_1,\dot{q}_2,\cdots,\dot{q}_s$及 t 的函数. 同时，$\dfrac{\partial\boldsymbol{r}_i}{\partial t}$和每个$\dfrac{\partial\boldsymbol{r}_i}{\partial q_\alpha}$都不是 $\dot{q}_\alpha$的函数. 且因 $\dot{q}_1,\dot{q}_2,\cdots,\dot{q}_s$ 也是互相独立的，这样由式(5.3.9)，就可得出：

$$\frac{\partial\dot{\boldsymbol{r}}_i}{\partial\dot{q}_\alpha}=\frac{\partial\boldsymbol{r}_i}{\partial q_\alpha} \tag{5.3.10}$$

再求$\dfrac{\partial\boldsymbol{r}_i}{\partial q_\alpha}$对 t 的微商，得

$$\frac{\mathrm{d}}{\mathrm{d}t}\frac{\partial \boldsymbol{r}_i}{\partial q_\alpha}=\sum_{\beta=1}^{s}\left(\frac{\partial^2 \boldsymbol{r}_i}{\partial q_\beta \partial q_\alpha}\dot{q}_\beta\right)+\frac{\partial^2 \boldsymbol{r}_i}{\partial t\partial q_\alpha}=\frac{\partial}{\partial q_\alpha}\left(\sum_{\beta=1}^{s}\frac{\partial \boldsymbol{r}_i}{\partial q_\beta}\dot{q}_\beta+\frac{\partial \boldsymbol{r}_i}{\partial t}\right)$$

$$=\frac{\partial \dot{\boldsymbol{r}}_i}{\partial q_\alpha}=\frac{\partial}{\partial q_\alpha}\left(\frac{\mathrm{d}\boldsymbol{r}_i}{\mathrm{d}t}\right) \tag{5.3.11}$$

即 $\boldsymbol{r}_i$ 对时间 t 的微商和对广义坐标 q_α 的偏微商可以对易. 利用(5.3.10)及(5.3.11)两式的关系,式(5.3.8)变为

$$P_\alpha=\frac{\mathrm{d}}{\mathrm{d}t}\sum_{i=1}^{n}m_i\left(\dot{\boldsymbol{r}}_i\cdot\frac{\partial \dot{\boldsymbol{r}}_i}{\partial \dot{q}_\alpha}\right)-\sum_{i=1}^{n}m_i\left(\dot{\boldsymbol{r}}_i\cdot\frac{\partial \dot{\boldsymbol{r}}_i}{\partial q_\alpha}\right) \tag{5.3.12}$$

式(5.3.12)右方含有求和号的两项,恰为体系动能

$$T=\frac{1}{2}\sum_{i=1}^{n}m_i\dot{\boldsymbol{r}}_i^2$$

对 $\dot{q}_\alpha$ 及 q_α 的偏微商,因此式(5.3.12)可改写为

$$P_\alpha=\frac{\mathrm{d}}{\mathrm{d}t}\frac{\partial T}{\partial \dot{q}_\alpha}-\frac{\partial T}{\partial q_\alpha}$$

通过式(5.3.6)与式(5.3.7)的代换,动力学方程式(5.3.5)变为

$$\sum_{\alpha=1}^{s}\left[\left(-\frac{\mathrm{d}}{\mathrm{d}t}\frac{\partial T}{\partial \dot{q}_\alpha}+\frac{\partial T}{\partial q_\alpha}+Q_\alpha\right)\delta q_\alpha\right]=0 \tag{5.3.13}$$

由于 δq_α 是互相独立的,故得

$$\frac{\mathrm{d}}{\mathrm{d}t}\left(\frac{\partial T}{\partial \dot{q}_\alpha}\right)-\frac{\partial T}{\partial q_\alpha}=Q_\alpha \quad (\alpha=1,2,\cdots,s) \tag{5.3.14}$$

这就是**基本形式的拉格朗日方程**. 它们是广义坐标 q_α 以时间 t 作自变量的 s 个二阶常微分方程. 此组方程的好处是,只要知道一力学体系用广义坐标 $q_1,q_2,\cdots,q_s$ 所表出的动能 T,及作用在此力学体系上的力 $Q_1,Q_2,\cdots,Q_s$(也是用 q_α 及 t 表出的),就可写出这力学体系的动力学方程. $\dfrac{\partial T}{\partial \dot{q}_\alpha}$叫做**广义动量**,可为线动量亦可为角动量等. $\dot{q}_\alpha$叫做**广义速度**(线速度、角速度或其他). 因为动量对时间的微商等于力,故 Q_α 叫做**广义力**,在§5.2 中已经出现过. $Q_\alpha\delta q_\alpha$ 的量纲跟功的量纲一样,故 Q_α 的量纲将随 q_α 的选择而定. Q_α 可以是力,也可以是力矩或其他的物理量,如压强 P、表面张力 σ、电场强度 E 或磁场强度 H 等. 广义力 Q_α 中一般不包含约束反作用力. 所以利用基本形式的拉格朗日方程一般也不能直接求出约束反作用力.

由式(5.3.7),广义力 Q_α 可以用

$$Q_\alpha=\sum_{i=1}^{n}\boldsymbol{F}_i\cdot\frac{\partial \boldsymbol{r}_i}{\partial q_\alpha}\quad(\alpha=1,2,\cdots,s)$$

的关系求出,但比较麻烦. 通常情况下,我们还是直接用式(5.3.7)来计算广义

力 Q_α 比较方便. 由式(5.3.7)及式(5.3.4),知

$$\sum_{i=1}^{n}\boldsymbol{F}_i\cdot\delta\boldsymbol{r}_i=\sum_{\alpha=1}^{s}Q_\alpha\delta q_\alpha=\delta W$$

对非平衡问题来讲,主动力所作元功之和并不为零. 因此,欲求 Q_1,可求出除 δq_1 外其余诸 $\delta q_\alpha(\alpha=2,3,\cdots s)$ 均为零时主动力所作元功之和,再以 δq_1 除之即得. $Q_2,Q_3,\cdots,Q_s$ 的求法照此类推.

(2) 保守系的拉格朗日方程

对保守力系来讲,基本形式的拉格朗日方程(5.3.14),还能再加简化. 根据§1.7 中的讨论,保守力系中必存在势能 E_p,它是坐标的函数,且

$$\left.\begin{aligned}&\boldsymbol{F}_i=-\nabla_iE_\mathrm{p}\\&F_{ix}=-\frac{\partial E_\mathrm{p}}{\partial x_i},F_{iy}=-\frac{\partial E_\mathrm{p}}{\partial y_i},F_{iz}=-\frac{\partial E_\mathrm{p}}{\partial z_i}\end{aligned}\right\}\quad(i=1,2,\cdots,n)$$

它和式(1.7.6)不同之处在于 E_p 是所有点坐标的函数,即 $x_i,y_i,z_i(i=1,2,\cdots n)$ 的函数①. 如果把变换方程式(5.1.8)代入,则 E_p 成为 $q_1,q_2,\cdots,q_s;t$ 的函数;于是

$$\begin{aligned}Q_\alpha&=\sum_{i=1}^{n}\boldsymbol{F}_i\cdot\frac{\partial\boldsymbol{r}_i}{\partial q_\alpha}=\sum_{i=1}^{n}\left(F_{ix}\frac{\partial x_i}{\partial q_\alpha}+F_{iy}\frac{\partial y_i}{\partial q_\alpha}+F_{iz}\frac{\partial z_i}{\partial q_\alpha}\right)\\&=\sum_{i=1}^{n}\left(-\frac{\partial E_\mathrm{p}}{\partial x_i}\frac{\partial x_i}{\partial q_\alpha}-\frac{\partial E_\mathrm{p}}{\partial y_i}\frac{\partial y_i}{\partial q_\alpha}-\frac{\partial E_\mathrm{p}}{\partial z_i}\frac{\partial z_i}{\partial q_\alpha}\right)=-\frac{\partial E_\mathrm{p}}{\partial q_\alpha}\end{aligned}\tag{5.3.15}$$

这样一来,基本形式的拉格朗日方程式(5.3.14)就可改写为

$$\frac{\mathrm{d}}{\mathrm{d}t}\left(\frac{\partial T}{\partial\dot{q}_\alpha}\right)-\frac{\partial T}{\partial q_\alpha}=-\frac{\partial E_\mathrm{p}}{\partial q_\alpha}\quad(\alpha=1,2,\cdots,s)\tag{5.3.16}$$

因为势能 E_p 中一般并不包含广义速度 $\dot{q}_\alpha$,故如令

$$L=T-E_\mathrm{p}\tag{5.3.17}$$

代表体系的动能与势能之差,则

$$\frac{\partial L}{\partial\dot{q}_\alpha}=\frac{\partial T}{\partial\dot{q}_\alpha},\quad\frac{\partial L}{\partial q_\alpha}=\frac{\partial T}{\partial q_\alpha}-\frac{\partial E_\mathrm{p}}{\partial q_\alpha}$$

而基本形式的拉格朗日方程式(5.3.14)则变为

$$\frac{\mathrm{d}}{\mathrm{d}t}\left(\frac{\partial L}{\partial\dot{q}_\alpha}\right)-\frac{\partial L}{\partial q_\alpha}=0\quad(\alpha=1,2,\cdots,s)\tag{5.3.18}$$

这就是**保守力系的拉格朗日方程**,因为用得较多,有时也直接把它叫做**拉格朗**

① 有时,势能还是时间的显函数,即 E_p 中显含 t.

日方程或拉氏方程. 式中 L 叫拉格朗日函数,简称拉氏函数. 拉氏函数 L 等于力学体系动能和势能之差,见式(5.3.17). 它是力学体系的一个特性函数,表征着约束、运动状态、相互作用等性质.

(3) 循环积分

拉格朗日方程是 s 个二阶常微分方程组,在某些特殊情况下,部分的第一积分很容易获得. 这些第一积分有循环积分和能量积分. 现在,我们先讲循环积分.

在 § 1.9 讨论质点在有心力场中运动时,我们已经用极坐标表出它的动能与势能. 如质点的质量是 m,则动能

$$E_k = \frac{1}{2}m(\dot{r}^2 + r^2\dot{\theta}^2)$$

而平方反比引力的势能 $E_p = -\frac{k^2 m}{r}$,故

$$L = E_k - E_p = \frac{1}{2}m(\dot{r}^2 + r^2\dot{\theta}^2) + \frac{k^2 m}{r}$$

我们知道,有心力是两个自由度的问题,故径矢 r 及极角 θ 就是有心力问题在极坐标系中的两个广义坐标,所以拉氏函数 L 中应含有四个变量,即 r、θ 和它们对时间的微商. 可是现在所求出的 L 中却不出现 θ,这种在 L 中不出现的坐标就叫循环坐标.

一般地讲,如果拉氏函数 L 中不显含某一坐标 q_i,则因 $\frac{\partial L}{\partial q_i} = 0$,故由式(5.3.18)得

$$\frac{\mathrm{d}}{\mathrm{d}t}\left(\frac{\partial L}{\partial \dot{q}_i}\right) = 0, \quad 即\frac{\partial L}{\partial \dot{q}_i} = b_i = 常量 \tag{5.3.19}$$

在此情形下,q_i 常被称为循环坐标或可遗坐标(因它不包含在 L 中). 对于任一循环坐标,都有一对应的积分,叫做循环积分. 在上面所讲的有心力问题中,极角 θ 就是一个循环坐标,故质点相对于力心的动量矩 $mr^2\dot{\theta}$ $\left(它等于\frac{\partial L}{\partial \dot{\theta}}\right)$ 是一常量.

L 中不含某一广义坐标 q_i,并不意味着也不包含广义速度 $\dot{q}_i$,例如有心力的 L 中不包含 θ,但却含 $\dot{\theta}$. 而且,不包含某一广义坐标 q_i 时,对应的广义动量 $\frac{\partial L}{\partial \dot{q}_i}$ 为常量,但广义速度 $\dot{q}_i$ 一般并不为常量. 仍以有心力为例,L 中不含 θ,故 $mr^2\dot{\theta}$

为常量,但 $\dot{\theta}$ 并不为常量.

(4) 能量积分

现在来说明在什么条件下,可以由拉格朗日方程得出能量积分. 假设有一个完整的、保守的力学体系,体系有 s 个自由度,先求出用广义坐标及广义速度所表达的动能. 由式(5.3.9),我们有

$$\dot{\boldsymbol{r}}_i = \sum_{\alpha=1}^{s} \frac{\partial \boldsymbol{r}_i}{\partial q_\alpha} \dot{q}_\alpha + \frac{\partial \boldsymbol{r}_i}{\partial t}$$

于是

$$\begin{aligned} E_k &= \frac{1}{2} \sum_{i=1}^{n} m_i \left(\sum_{\alpha=1}^{s} \frac{\partial \boldsymbol{r}_i}{\partial q_\alpha} \dot{q}_\alpha + \frac{\partial \boldsymbol{r}_i}{\partial t} \right)^2 \\ &= \frac{1}{2} \sum_{\substack{\alpha=1 \\ \beta=1}}^{s} \sum_{i=1}^{n} m_i \frac{\partial \boldsymbol{r}_i}{\partial q_\alpha} \cdot \frac{\partial \boldsymbol{r}_i}{\partial q_\beta} \dot{q}_\alpha \dot{q}_\beta + \sum_{\alpha=1}^{s} \sum_{i=1}^{n} m_i \frac{\partial \boldsymbol{r}_i}{\partial q_\alpha} \cdot \frac{\partial \boldsymbol{r}_i}{\partial t} \dot{q}_\alpha + \\ &\quad \frac{1}{2} \sum_{i=1}^{n} m_i \left(\frac{\partial \boldsymbol{r}_i}{\partial t} \right)^2 \\ &= \frac{1}{2} \sum_{\substack{\alpha=1 \\ \beta=1}}^{s} a_{\alpha\beta} \dot{q}_\alpha \dot{q}_\beta + \sum_{\alpha=1}^{s} a_\alpha \dot{q}_\alpha + \frac{1}{2} a \end{aligned} \tag{5.3.20}$$

即

$$E_k = E_{k2} + E_{k1} + E_{k0}$$

式中 E_{k2}、E_{k1} 和 E_{k0} 分别是广义速度 $\dot{q}_\alpha$ 的二次、一次和零次的函数,即式(5.3.20)中的第一项、第二项和第三项. 系数 $a_{\alpha\beta}$、a_α 和 a 一般都是 $q_\alpha(\alpha=1,2,\cdots,s)$ 及 t 的函数.

如果力学体系是稳定的,则式(5.1.9)中可不含有 t,因而 $\frac{\partial \boldsymbol{r}_i}{\partial t}=0$,即 $a_\alpha=0$,$a=0$,于是动能 E_k 将仅为广义速度的二次齐次函数,即 $E_k=E_{k2}$. 如果 $E_k=E_{k2}$,而且 $E_p=E_p(q_1,q_2,\cdots,q_s)$ 也不显含 t,那么把式(5.3.16)各项乘以 $\dot{q}_\alpha$ 并相加,就得到

$$\sum_{\alpha=1}^{s} \frac{\mathrm{d}}{\mathrm{d}t}\left(\frac{\partial E_k}{\partial \dot{q}_\alpha} \right) \dot{q}_\alpha - \sum_{\alpha=1}^{s} \frac{\partial E_k}{\partial q_\alpha} \dot{q}_\alpha = \sum_{\alpha=1}^{s} - \frac{\partial E_p}{\partial q_\alpha} \dot{q}_\alpha \tag{5.3.21}$$

我们把式(5.3.21)左端的第一项变成下列形式:

$$\sum_{\alpha=1}^{s} \frac{\mathrm{d}}{\mathrm{d}t}\left(\frac{\partial E_k}{\partial \dot{q}_\alpha} \right) \dot{q}_\alpha = \sum_{\alpha=1}^{s} \frac{\mathrm{d}}{\mathrm{d}t}\left(\frac{\partial E_k}{\partial \dot{q}_\alpha} \dot{q}_\alpha \right) - \sum_{\alpha=1}^{s} \frac{\partial E_k}{\partial \dot{q}_\alpha} \ddot{q}_\alpha$$

再代入式(5.3.21)中,得

$$\frac{\mathrm{d}}{\mathrm{d}t} \sum_{\alpha=1}^{s} \frac{\partial E_k}{\partial \dot{q}_\alpha} \dot{q}_\alpha - \sum_{\alpha=1}^{s} \left(\frac{\partial E_k}{\partial q_\alpha} \dot{q}_\alpha + \frac{\partial E_k}{\partial \dot{q}_\alpha} \ddot{q}_\alpha \right) = - \sum_{\alpha=1}^{s} \frac{\partial E_p}{\partial q_\alpha} \dot{q}_\alpha \tag{5.3.22}$$

因为已假设 E_k 是广义速度的二次齐次函数，故根据欧拉关于齐次函数的定理，知

$$\sum_{\alpha=1}^{s}\frac{\partial E_k}{\partial \dot{q}_\alpha}\dot{q}_\alpha = 2E_k \tag{5.3.23}$$

此外，因为 E_k 和 E_p 都不是时间 t 的显函数，所以我们有

$$\left.\begin{aligned}\sum_{\alpha=1}^{s}\left(\frac{\partial E_k}{\partial q_\alpha}\dot{q}_\alpha+\frac{\partial E_k}{\partial \dot{q}_\alpha}\ddot{q}_\alpha\right)&=\frac{dE_k}{dt}\\ \sum_{\alpha=1}^{s}\frac{\partial E_p}{\partial q_\alpha}\dot{q}_\alpha&=\frac{dE_p}{dt}\end{aligned}\right\} \tag{5.3.24}$$

把式(5.3.23)和式(5.3.24)的结果代入式(5.3.22)，得

$$\frac{d}{dt}(2E_k)-\frac{dE_k}{dt}=-\frac{dE_p}{dt}$$

由式

$$\frac{dE_k}{dt}=-\frac{dE_p}{dt}$$

把它积分，就得到

$$E_k+E_p=E \tag{5.3.25}$$

这就是力学体系的**能量积分**.

如动能 E_k 虽不是时间的显函数，但为广义速度的二次非齐次函数，亦即 $E_k=E_{k2}+E_{k1}+E_{k0}$，那么，代替式(5.3.23)是

$$\sum_{\alpha=1}^{s}\frac{\partial E_k}{\partial \dot{q}_\alpha}\dot{q}_\alpha=\sum_{\alpha=1}^{s}\left(\frac{\partial E_{k2}}{\partial \dot{q}_\alpha}\dot{q}_\alpha+\frac{\partial E_{k1}}{\partial \dot{q}_\alpha}\dot{q}_\alpha+\frac{\partial E_{k0}}{\partial \dot{q}_\alpha}\dot{q}_\alpha\right)=2E_{k2}+E_{k1} \tag{5.3.26}$$

代入式(5.3.22)中，并假定 E_p 也不是 t 的显函数，则得

$$\frac{d}{dt}(2E_{k2}+E_{k1})-\frac{dE_k}{dt}=-\frac{dE_p}{dt}$$

积分，得

$$2E_{k2}+E_{k1}-E_k=-E_p+h$$

即

$$E_{k2}-E_{k0}+E_p=h \tag{5.3.27}$$

$E_{k2}-E_{k0}$并不代表动能，h 虽然是常量，但也并不代表总能量，与 E 不同. 所以式(5.3.27)就物理意义说来，不是能量积分. 可是因为它和能量积分有些类似，所以它被称为**广义能量积分**. 由此可见，即使主动力都是保守力，拉格朗日方程也并不一定给出能量积分，除非约束是稳定的. 因为在不稳定约束的情况下，约束反力可以作功，而在拉格朗日方程中并不含有约束反力，这就产生了上述的差异.

(5) 拉格朗日方程的应用

前面讲过：一般不能用拉格朗日方程来求约束力，但用来写出力学体系的动力学方程，却是比较简便的，只要知道这力学体系用广义坐标和广义速度所表出的动能及广义力 Q_1，Q_2，…，Q_s 就可以了. 而且，对于有相对运动的问题来讲，如果用牛顿运动定律，就必须求出绝对加速度，或在非惯性系中引入适当的惯性力. 但如果用拉格朗日方程，则只需求出相对于静止参考系的动能，亦即求出绝对速度即可，因而问题比较简单. 下面，我们用自由质点相对于转动参考系的运动来说明这个问题.

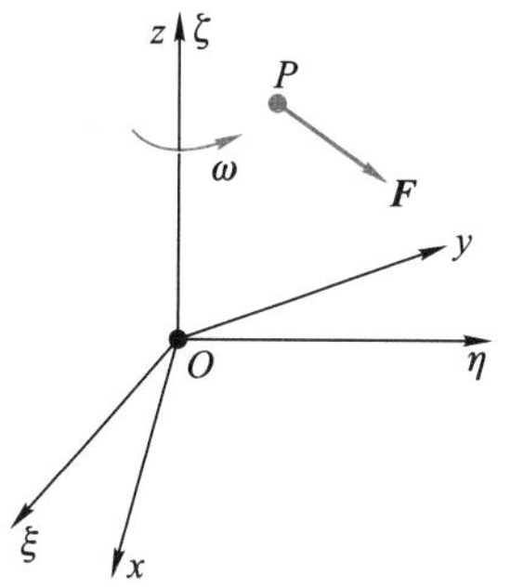

图 5.3.1

质点 P 在力 $\boldsymbol{F}$ 的作用下，对于以恒定角速度 $\boldsymbol{\omega}$ 绕竖直轴转动的坐标系 $Oxyz$ 运动着，现在要求此质点相对于坐标系 $Oxyz$ 的动力学方程.

我们取 $O\xi\eta\zeta$ 为静止坐标系，并令转动坐标系在 z 轴与静止坐标系的 ζ 轴重合的情况下，以恒定角速度 $\boldsymbol{\omega}$ 绕 ζ 轴转动（图 5.3.1）. 如质点 P 相对于转动坐标系的坐标为 (x, y, z)，则由 §4.1，知此质点的绝对速度在三个动坐标轴上的分量是

$$\left.\begin{aligned} v_x &= \dot{x} - \omega y \\ v_y &= \dot{y} + \omega x \\ v_z &= \dot{z} \end{aligned}\right\} \tag{5.3.28}$$

因而质点 P 相对于静止坐标系的动能是

$$\begin{aligned} E_{\mathrm{k}} &= \frac{1}{2}m\left[(\dot{x} - \omega y)^2 + (\dot{y} + \omega x)^2 + \dot{z}^2\right] \\ &= \frac{1}{2}m(\dot{x}^2 + \dot{y}^2 + \dot{z}^2) + m\omega(x\dot{y} - y\dot{x}) + \\ &\quad \frac{1}{2}m\omega^2(x^2 + y^2) \end{aligned} \tag{5.3.29}$$

式中 m 为质点的质量. 如果 $\boldsymbol{F}$ 在转动坐标轴上的三个分量分别为 F_x、F_y 及 F_z，则由式（5.3.14），得

$$\left.\begin{aligned} m(\ddot{x} - 2\omega\dot{y} - \omega^2 x) &= F_x \\ m(\ddot{y} + 2\omega\dot{x} - \omega^2 y) &= F_y \\ m\ddot{z} &= F_z \end{aligned}\right\} \tag{5.3.30}$$

故质点在非惯性参考系中的运动方程为

$$
\left.\begin{aligned}
m\ddot{x} &= F_x + 2m\omega\dot{y} + m\omega^2 x\\
m\ddot{y} &= F_y - 2m\omega\dot{x} + m\omega^2 y\\
m\ddot{z} &= F_z
\end{aligned}\right\} \tag{5.3.31}
$$

与用第四章中的方法所得的结果相同. 此时科里奥利力与惯性离心力都可由拉格朗日方程直接给出,这显然是一个很大的优点.

在前几章里,我们有意回避了用球面坐标系来解题,因为用那时已知的方法来求在球面坐标系中质点的加速度的分量,是非常繁难的. 现在有了拉格朗日方程,我们就可解除这种束缚,进一步熟悉有关球面坐标系的计算问题.

在球面坐标系中,任一质点 P 的位置,由 r、θ、φ 三个量决定,如图 5.3.2 所示. 其中 $\boldsymbol{r}=\overrightarrow{OP}$,是 P 点的径矢,θ 是 OP 与 z 轴间的夹角,叫做**极角**,它的余角 $\dfrac{\pi}{2}-\theta$(即 OP 与 OM 间的夹角)叫**纬度**,而 φ 则叫**方位角**. 由图 5.3.2 可以看出,球面坐标 r、θ、φ 与直角坐标 x、y、z 之间的关系为

$$
\left.\begin{aligned}
x &= r\sin\theta\cos\varphi\\
y &= r\sin\theta\sin\varphi\\
z &= r\cos\theta
\end{aligned}\right\} \tag{5.3.32}
$$

现在,我们来求在球面坐标系中质点 P 的速度. 在半径为 r 的球面(包含 P 点)上截取一个微小六面体,则由图 5.3.3 可以看出,此六面体三个边的长分别为 $\mathrm{d}r$、$r\mathrm{d}\theta$ 和 $r\sin\theta\mathrm{d}\varphi$,故此微小六面体对角线的长 $\mathrm{d}s$ 可由下式求出:

$$
(\mathrm{d}s)^2 = (\mathrm{d}r)^2 + r^2(\mathrm{d}\theta)^2 + r^2\sin^2\theta(\mathrm{d}\varphi)^2
$$

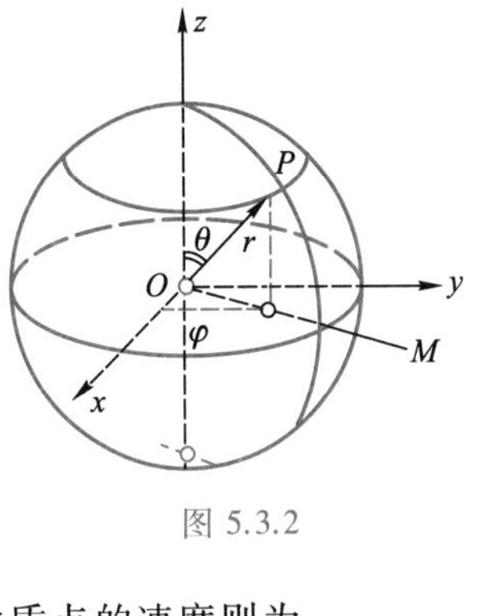

图 5.3.2

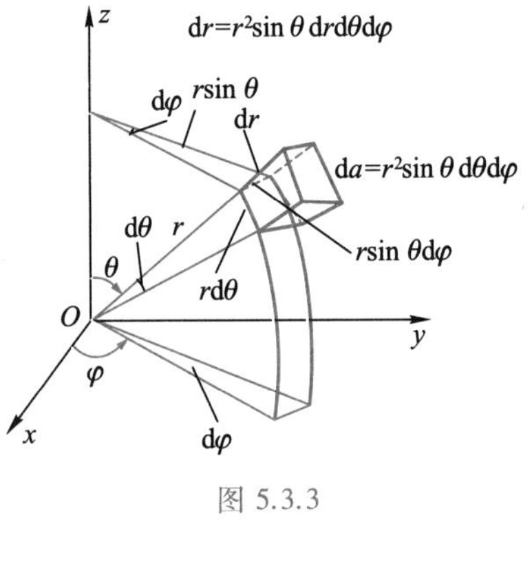

图 5.3.3

而此质点的速度则为

$$
\dot{s}^2 = \dot{r}^2 + r^2\dot{\theta}^2 + r^2\sin^2\theta\,\dot{\varphi}^2 \tag{5.3.33}
$$

当质点 P 以速度 v 运动时,它的动能 E_k 为 $\dfrac{1}{2}mv^2=\dfrac{1}{2}m\dot{s}^2$,$m$ 是此质点的质量.

由式(5.3.33),我们可立即得出质点的动能 E_k 为

$$E_k=\frac{m}{2}(\dot{r}^2+r^2\dot{\theta}^2+r^2\sin^2\theta\,\dot{\varphi}^2)$$

用拉格朗日方程式(5.3.14)来写出自由质点在球面坐标系中的运动微分方程是非常简便的. 现在,我们已经知道了用球面坐标所表出的动能,就可把 r、θ、φ 作为本问题的三个广义坐标. 这里要注意的是,如果令 F_r、F_θ 和 F_φ 为作用在质点 P 上的合外力 $\boldsymbol{F}$ 的三个分量,则广义力 Q_r、Q_θ 和 Q_φ 并不完全是 F_r、F_θ 和 F_φ. 因为对应于它们的广义坐标 θ、φ 都是角度,所以 $Q_r=F_r$, $Q_\theta=rF_\theta$, $Q_\varphi=(r\sin\theta)F_\varphi$,后两者都是力矩. 式(5.3.14)可变为

$$\left.\begin{aligned}&\frac{1}{2}m\left[\frac{\mathrm{d}}{\mathrm{d}t}\left(\frac{\partial\dot{s}^2}{\partial\dot{r}}\right)-\frac{\partial\dot{s}^2}{\partial r}\right]=F_r\\&\frac{1}{2r}m\left[\frac{\mathrm{d}}{\mathrm{d}t}\left(\frac{\partial\dot{s}^2}{\partial\dot{\theta}}\right)-\frac{\partial\dot{s}^2}{\partial\theta}\right]=F_\theta\\&\frac{1}{2r\sin\theta}m\left[\frac{\mathrm{d}}{\mathrm{d}t}\left(\frac{\partial\dot{s}^2}{\partial\dot{\varphi}}\right)-\frac{\partial\dot{s}^2}{\partial\varphi}\right]=F_\varphi\end{aligned}\right\}\tag{5.3.34}$$

由此即得

$$\left.\begin{aligned}&m(\ddot{r}-r\dot{\theta}^2-r\sin^2\theta\,\dot{\varphi}^2)=F_r\\&m(r\ddot{\theta}+2\dot{r}\dot{\theta}-r\sin\theta\cos\theta\dot{\varphi}^2)=F_\theta\\&m(r\sin\theta\ddot{\varphi}+2\sin\theta\dot{r}\dot{\varphi}+2r\cos\theta\dot{\theta}\dot{\varphi})=F_\varphi\end{aligned}\right\}\tag{5.3.35}$$

这样,我们就得出了在球面坐标系中自由质点的运动微分方程,比用坐标变换式(5.3.32)要简便多了.

上面所讨论的两个问题,都属于自由质点的运动问题. 但在很多问题中,我们都是研究受有约束的力学体系的运动问题. 因此,作为示例,我们在这里也像§1.5 所讲的那样,列出几条解题步骤给初学者作为参考. 在已经熟练掌握以后,读者就应根据具体情况,灵活运用,不要硬套. 由于今后所研究的问题,大部分是属于保守力系的问题,所以以这类问题为代表,可把解题分为如下步骤:① 确定力学体系的自由度;② 适当选取描写体系运动的广义坐标;③ 写出力学体系的动能 E_k 及势能 E_p,并进而写出体系的拉格朗日函数 L;④ 把 L 代入拉格朗日方程[式(5.3.18)],得出力学体系的运动微分方程;⑤ 解方程并讨论. 现以滑轮组为例来加以说明.

两个滑轮及三个砝码组成一个滑轮组,如图 5.3.4

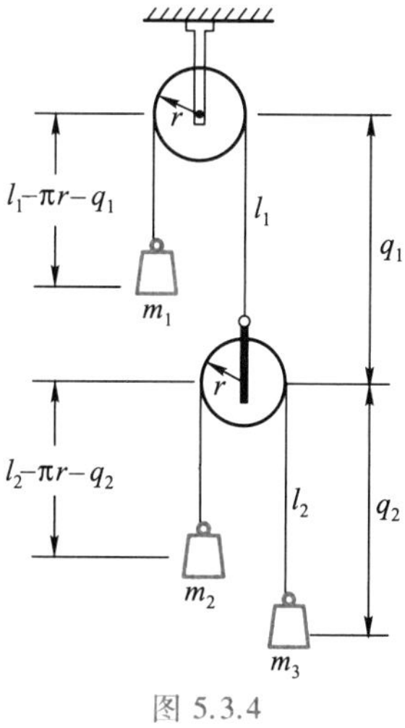

图 5.3.4

所示. 略去摩擦及滑轮本身的重量,求每个砝码的加速度.

(a) 确定体系的自由度. 在本问题中,每个砝码都作直线运动,故每个砝码都只需要一个坐标就能确定它的运动. 但因绳长一定,故只有两个坐标是独立的,即本问题的自由度为 2.

(b) 选广义坐标. 根据题意及图 5.3.4,选 q_1、q_2 为本问题的两个广义坐标.

(c) 写出体系的动能 E_k、势能 E_p 及拉氏函数 L. 在图 5.3.4 中,令 r 为每一滑轮的半径,l_1 为上面一根绳子的长度,l_2 为下面一根绳子的长度,则从图上可以看出,在任一瞬时,砝码 m_1、m_2 和 m_3 低于上面那个固定滑轮轴的距离分别为 $(l_1-\pi r-q_1)$、$(q_1+l_2-\pi r-q_2)$ 及 (q_1+q_2). 我们如果把坐标原点就取在上面那个固定滑轮轴上,则上述三个距离就是任一瞬时三个砝码的位置坐标. 至于三个砝码的速度及加速度,则分别为

砝码 m_1	$-\dot{q}_1,\ -\ddot{q}_1$
砝码 m_2	$\dot{q}_1-\dot{q}_2,\ddot{q}_1-\ddot{q}_2$
砝码 m_3	$\dot{q}_1+\dot{q}_2,\ddot{q}_1+\ddot{q}_2$

故动能 E_k 为

$$E_k=\frac{1}{2}[(m_1+m_2+m_3)\dot{q}_1^2+(m_2+m_3)\dot{q}_2^2+2(m_3-m_2)\dot{q}_1\dot{q}_2] \tag{5.3.36}$$

在不计摩擦的情况下,重力是唯一的外力,故势能

$$E_p=-[m_1(l_1-\pi r-q_1)+m_2(q_1+l_2-\pi r-q_2)+m_3(q_1+q_2)]g \tag{5.3.37}$$

至于拉格朗日函数 L 则为

$$\begin{aligned}L=E_k-E_p=&\frac{1}{2}[(m_1+m_2+m_3)\dot{q}_1^2+(m_2+m_3)\dot{q}_2^2+\\&2(m_3-m_2)\dot{q}_1\dot{q}_2]+[m_1(l_1-\pi r-q_1)+\\&m_2(q_1+l_2-\pi r-q_2)+m_3(q_1+q_2)]g\end{aligned} \tag{5.3.38}$$

(d) 把 L 代入拉格朗日方程,求出体系的运动微分方程. 由式(5.3.38),可求出 L 对 q 及 $\dot{q}$ 的偏微商如下:

$$\frac{\partial L}{\partial \dot{q}_1}=(m_1+m_2+m_3)\dot{q}_1+(m_3-m_2)\dot{q}_2$$

$$\frac{\partial L}{\partial \dot{q}_2}=(m_2+m_3)\dot{q}_2+(m_3-m_2)\dot{q}_1$$

$$\frac{\partial L}{\partial q_1}=(-m_1+m_2+m_3)g$$

$$\frac{\partial L}{\partial q_2}=(m_3-m_2)g$$

把这些偏微商的表示式代入拉格朗日方程[式(5.3.18)]中,就得到

$$\left.\begin{aligned}(m_1+m_2+m_3)\ddot{q}_1+(m_3-m_2)\ddot{q}_2+(m_1-m_2-m_3)g=0\\(m_3-m_2)\ddot{q}_1+(m_2+m_3)\ddot{q}_2+(m_2-m_3)g=0\end{aligned}\right\}\tag{5.3.39}$$

(e) 解方程并讨论. 解上面的联立方程,就可得出 $\ddot{q}_1$ 和 $\ddot{q}_2$,进而就可以求出每一砝码的加速度,我们不再继续进行下去,只以一个特例作出具体演算.

如 $m_1=3\ \text{kg}, m_2=2\ \text{kg}, m_3=1\ \text{kg}$,代入数值,式(5.3.39)就简化为

$$\left.\begin{aligned}6\ddot{q}_1-\ddot{q}_2=0\\-\ddot{q}_1+3\ddot{q}_2=-g\end{aligned}\right\}\tag{5.3.40}$$

解之,得
$$\ddot{q}_1=-\frac{1}{17}g,\quad \ddot{q}_2=-\frac{6}{17}g$$

因我们取 q 的方向向下为正,故

3 kg 砝码的加速度为 $-\ddot{q}_1=\frac{1}{17}g$(方向向下);

2 kg 砝码的加速度为 $\ddot{q}_1-\ddot{q}_2=\frac{5}{17}g$(方向向下);

1 kg 砝码的加速度为 $\ddot{q}_1+\ddot{q}_2=-\frac{7}{17}g$(方向向上).

若给出初始条件,就可进一步由此求出全部运动情况.

(6) 冲击运动的拉格朗日方程

一个力学体系在冲力作用下的拉格朗日方程,一般是把在广义力 Q_α 作用下力学体系的基本形式的拉格朗日方程式(5.3.14)自时间 t_1 积分到时间 t_2,其中 t_2-t_1 为冲力作用的时间,通常是十分短促的.

将式(5.3.14)自时间 t_1 积分到时间 t_2 后,得

$$\int_{t_1}^{t_2}\frac{\mathrm{d}}{\mathrm{d}t}\left(\frac{\partial T}{\partial \dot{q}_\alpha}\right)\mathrm{d}t-\int_{t_1}^{t_2}\frac{\partial T}{\partial q_\alpha}\mathrm{d}t=\int_{t_1}^{t_2}Q_\alpha\mathrm{d}t\quad(\alpha=1,2,\cdots,s)\tag{5.3.41}$$

但

$$\int_{t_1}^{t_2}\frac{\mathrm{d}}{\mathrm{d}t}\left(\frac{\partial T}{\partial \dot{q}_\alpha}\right)=\left(\frac{\partial T}{\partial \dot{q}_\alpha}\right)_{t_2}-\left(\frac{\partial T}{\partial \dot{q}_\alpha}\right)_{t_1}\quad(\alpha=1,2,\cdots,s)\tag{5.3.42}$$

又函数 $\frac{\partial T}{\partial q_\alpha}$ 是有限的(通常与惯性力有关),而且因为 t_2-t_1 甚为微小,所以 $\int_{t_1}^{t_2}\frac{\partial T}{\partial q_\alpha}\mathrm{d}t$ 的数值比其他项的积分要小得多,可以略去不计. 至于 Q_α 对时间的积

分$\int_{t_1}^{t_2} Q_\alpha \mathrm{d}t$,则由 §1.8,知为广义冲量 I_α,它的数值也是有限的,故最后冲击运动的拉格朗日方程为

$$\left(\frac{\partial T}{\partial \dot{q}_\alpha}\right)_{t_2} - \left(\frac{\partial T}{\partial \dot{q}_\alpha}\right)_{t_1} = I_\alpha \quad (\alpha = 1,2,\cdots,s) \tag{5.3.43}$$

上述方程是力学体系受冲力作用后的广义速度 $\dot{q}_\alpha(t_2)$ 与未受冲力作用前的广义速度 $\dot{q}_\alpha(t_1)$ 及广义冲量 I_α 之间的线性关系式. 在一般情况下,有确定的解.

*(7) 不完整约束

我们在本节(1)中推导拉格朗日方程时,是假定力学体系只受有 k 个几何约束(完整约束). 如果力学体系还受不完整的约束,就必须对拉格朗日方程作一些修正. 对于线性依赖于速度的不完整约束来讲,通常是引入拉格朗日未定乘数,并选择未定乘数,使诸不独立的 δq_α 前面的乘数等于零,因而诸独立的 δq_α 前面的乘数也就等于零了. 换句话说,把未定乘数法和拉格朗日方程结合起来,就可以解决这类不完整约束力学体系的运动问题.

设力学体系除受 k 个完整约束外,还受下列 r 个线性依赖于速度的微分约束

$$\sum_{i=1}^{n} (a_{\rho i}\dot{x}_i + b_{\rho i}\dot{y}_i + c_{\rho i}\dot{z}_i) + a_\rho = 0 \quad (\rho = 1,2,\cdots,r) \tag{5.3.44}$$

或

$$\sum_{i=1}^{n} (a_{\rho i}\mathrm{d}x_i + b_{\rho i}\mathrm{d}y_i + c_{\rho i}\mathrm{d}z_i) + a_\rho \mathrm{d}t = 0 \quad (\rho = 1,2,\cdots,r) \tag{5.3.45}$$

由于 $a_{\rho i}$、$b_{\rho i}$、$c_{\rho i}$及 a_ρ 都是 x_i、y_i、$z_i(i=1,2,\cdots,n)$的函数,故由式(5.1.8)的变换关系,把 $a_{\rho i}$、$b_{\rho i}$、$c_{\rho i}$及 a_ρ 连同 $\mathrm{d}x_i$、$\mathrm{d}y_i$、$\mathrm{d}z_i$ 统统换为 $q_\alpha(a=1,2,\cdots,s)$的函数,则式(5.3.45)可以写为

$$\sum_{\alpha=1}^{s} (A_{\rho\alpha}\mathrm{d}q_\alpha) + A_\rho \mathrm{d}t = 0 \quad (\rho = 1,2,\cdots,r) \tag{5.3.46}$$

式中 $A_{\rho\alpha}(\alpha=1,2,\cdots,s)$及 A_ρ 都是 $q_\alpha(\alpha=1,2,\cdots,s)$及 t 的函数,而 $3n-k=s$ 个 q_α 的虚位移,还要受到下列条件的限制[参看 §5.2 中的式(5.2.9)]

$$\sum_{\alpha=1}^{s} A_{\rho\alpha}\delta q_\alpha = 0 \quad (\rho = 1,2,\cdots,r) \tag{5.3.47}$$

因而其中又有 r 个 δq_α 是不独立的.

把式(5.3.47)中每一个方程乘以 μ_ρ,对 ρ 求和后再与式(5.3.13)相加,就得到

$$\sum_{\alpha=1}^{s}\left[-\frac{\mathrm{d}}{\mathrm{d}t}\left(\frac{\partial E_{\mathrm{k}}}{\partial \dot{q}_{\alpha}}\right)+\frac{\partial E_{\mathrm{k}}}{\partial q_{\alpha}}+Q_{\alpha}+\sum_{\rho=1}^{r}\mu_{\rho}A_{\rho\alpha}\right]\delta q_{\alpha}=0 \tag{5.3.48}$$

选择未定乘数 μ_ρ，使 r 个不独立虚位移前的乘数等于零，因而剩下的 $s-r$ 个独立虚位移前的乘数也就等于零了. 这样，我们就得出下列 s 个方程：

$$\frac{\mathrm{d}}{\mathrm{d}t}\left(\frac{\partial E_{\mathrm{k}}}{\partial \dot{q}_{\alpha}}\right)-\frac{\partial E_{\mathrm{k}}}{\partial q_{\alpha}}=Q_{\alpha}+\sum_{\rho=1}^{r}\mu_{\rho}A_{\rho\alpha} \quad (\alpha=1,2,\cdots,s) \tag{5.3.49}$$

把约束方程式(5.3.46)和式(5.3.49)合并起来，就得 $s+r$ 个方程，可以确定 $s+r$ 未知变量 $q_1,q_2,\cdots,q_s;\mu_1,\mu_2,\cdots,\mu_r$，因而问题完全解决. 可以证明，$\mu_\rho$ 也是和约束力成比例的标量. 我们通常把式(5.3.49)叫做罗斯方程.

如果还要求与 k 个完整约束相联系的约束力，则可引入另一组拉格朗日未定乘数 λ_β，并仿 §5.2(4) 中的同样方法，在式(5.3.49) 中再加上一组 $\sum_{\beta=1}^{k}\lambda_\beta\frac{\partial \varphi_\beta}{\partial q_\alpha}$，就可由修正后的 s 个式(5.3.49) 及两组 $k+r$ 个约束方程式(5.2.22) 与式(5.3.46)，定出 $\lambda_\beta(\beta=1,2,\cdots,k)$，$\mu_\rho(\rho=1,2,\cdots,r)$ 和 $q_\alpha(\alpha=1,2,\cdots,s)$，因而问题亦完全解决，详细演算从略.

§5.4 小振动

(1) 保守系在广义坐标系中的平衡方程

根据式(5.2.9)，我们知道：在广义坐标系中的平衡条件是所有广义力在任意虚位移下所作元功之和为零，即

$$\sum_{\alpha=1}^{s}Q_\alpha\delta q_\alpha=0$$

因为诸 δq_α 是互相独立的，因而得出广义坐标系中的平衡方程是所有的广义力等于零，即

$$Q_\alpha=0 \quad (\alpha=1,2,\cdots,s)$$

如果作用在力学体系上的力都是保守力，由式(5.3.15)，则

$$Q_\alpha=-\frac{\partial E_{\mathrm{p}}}{\partial q_\alpha} \quad (\alpha=1,2,\cdots,s)$$

式中 E_{p} 是力学体系的势能. 故保守力系平衡时的条件是势能具有稳定值，亦即

$$\frac{\partial E_{\mathrm{p}}}{\partial q_\alpha}=0 \quad (\alpha=1,2,\cdots,s) \tag{5.4.1}$$

（2）多自由度力学体系的小振动

我们在普通物理中已经研究过一个自由度的谐振动问题，例如弹簧振子. 对摆长为 l、摆锤的质量为 m 的单摆，只有当它的幅角（即振幅）很小时，才能作谐振动. 现在，让我们进一步用拉格朗日方程来研究多自由度振动的小振动问题. 这个问题，在物理学很多领域里都会碰到，例如分子物理中的分子光谱，固体物理中的晶格振动，以及电磁学中的耦合振动等. 至于声学所研究的对象，则几乎全是振动问题. 本节将只讨论有限自由度的振动问题，而不涉及无限自由度的声振动问题.

设一个完整、稳定、保守的力学体系在平衡位置时的广义坐标 $q_\alpha(\alpha=1,2,\cdots,s)$ 均等于零①. 如果力学体系自平衡位置发生微小偏移，那么该力学体系的运动情况应当怎样？为此，可将力学体系的势能在平衡位形区域内展成泰勒级数，就得到

$$E_{\mathrm{p}}=E_{\mathrm{p}0}+\sum_{\alpha=1}^{s}\left(\frac{\partial E_{\mathrm{p}}}{\partial q_\alpha}\right)_0 q_\alpha+\frac{1}{2}\sum_{\substack{\alpha=1\\ \beta=1}}^{s}\left(\frac{\partial^2 E_{\mathrm{p}}}{\partial q_\alpha \partial q_\beta}\right)_0 q_\alpha q_\beta+\text{高级项}$$

利用我们上面的假设及式（5.4.1），在讨论平衡位置附近的小振动问题时，即假定对一切时间 t，所有 $q(t)$ 始终很小，则可略去二次以上的高级项并令 $E_{\mathrm{p}0}=0$，就得到

$$E_{\mathrm{p}}=\frac{1}{2}\sum_{\substack{\alpha=1\\ \beta=1}}^{s} c_{\alpha\beta} q_\alpha q_\beta \tag{5.4.2}$$

式中系数 $c_{\alpha\beta}=\left(\dfrac{\partial^2 E_{\mathrm{p}}}{\partial q_\alpha \partial q_\beta}\right)_0$ 是常量. 下标“0”代表在平衡位置时所具有的值.

再将动能的表示式也加以变换. 因为在稳定约束的情形下，动能 E_{k} 只是速度的二次齐次函数，即

$$E_{\mathrm{k}}=\frac{1}{2}\sum_{\substack{\alpha=1\\ \beta=1}}^{s} a_{\alpha\beta}\dot{q}_\alpha \dot{q}_\beta$$

式中系数 $a_{\alpha\beta}$ 是坐标 $q_\alpha(t)$ 等的显函数. 把 $a_{\alpha\beta}$ 在力学体系平衡位形的区域内展开成泰勒级数，就得到

$$a_{\alpha\beta}=(a_{\alpha\beta})_0+\sum_{r=1}^{s}\left(\frac{\partial a_{\alpha\beta}}{\partial q_r}\right)_0 q_r+\text{高级项}$$

由于 $q_r(t)$ 的值很小，因此在 $a_{\alpha\beta}$ 的展开式中只需保留头一项 $(a_{\alpha\beta})_0$，于是动能 E_{k} 变为

---

① 一般来讲，我们总可通过线性变换做到这一点.

$$E_k = \frac{1}{2}\sum_{\substack{\alpha=1\\\beta=1}}^{s} a_{\alpha\beta}\dot{q}_\alpha\dot{q}_\beta \tag{5.4.3}$$

现在,式中系数 $a_{\alpha\beta}$ 已略去下标“0”,并可当做是不变的. E_p、E_k 展开式中的系数,具有特别名称,即 $c_{\alpha\beta}$ 称为恢复系数或准弹性系数,而 $a_{\alpha\beta}$ 则称为惯性系数.

由式(5.4.3),得

$$\frac{\partial E_k}{\partial \dot{q}_\alpha} = \sum_{\beta=1}^{s} a_{\alpha\beta}\dot{q}_\beta$$

$$\frac{d}{dt}\left(\frac{\partial E_k}{\partial \dot{q}_\alpha}\right) = \sum_{\beta=1}^{s} a_{\alpha\beta}\ddot{q}_\beta$$

$$\frac{\partial E_k}{\partial q_\alpha} = 0$$

另外,由式(5.4.2),我们又有

$$\frac{\partial E_p}{\partial q_\alpha} = \sum_{\beta=1}^{s} c_{\alpha\beta}q_\beta$$

把这些表达式代入拉格朗日方程式(5.3.16)中,就得到力学体系在平衡位置附近的动力学方程:

$$\sum_{\beta=1}^{s}(a_{\alpha\beta}\ddot{q}_\beta + c_{\alpha\beta}q_\beta) = 0 \quad (\alpha = 1,2,\cdots,s) \tag{5.4.4}$$

这是线性齐次常微分方程组,它的解答具有

$$q_\beta = A_\beta e^{\lambda t}$$

的形式,式中 A_β 及 λ 是常量. 把这个表达式代入式(5.4.4)中,得

$$\sum_{\beta=1}^{s} A_\beta(a_{\alpha\beta}\lambda^2 + c_{\alpha\beta}) = 0 \quad (\alpha = 1,2,\cdots,s) \tag{5.4.5}$$

从行列式

$$\begin{vmatrix} a_{11}\lambda^2 + c_{11} & a_{12}\lambda^2 + c_{12} & \cdots & a_{1s}\lambda^2 + c_{1s} \\ a_{21}\lambda^2 + c_{21} & a_{22}\lambda^2 + c_{22} & \cdots & a_{2s}\lambda^2 + c_{2s} \\ \vdots & \vdots & & \vdots \\ a_{s1}\lambda^2 + c_{s1} & a_{s2}\lambda^2 + c_{s2} & \cdots & a_{ss}\lambda^2 + c_{ss} \end{vmatrix} = 0 \tag{5.4.6}$$

中,可以求出 $2s$ 个 λ 的本征值 $\lambda_l(l=1,2,\cdots,2s)$. 将每一个 λ_l 代入式(5.4.5),可求出一组 $A_\beta^{(l)}(\beta=1,2,\cdots,s)$. $2s$ 个 λ_l 对应着 $2s$ 组 $A_\beta^{(l)}$. 方程式(5.4.4)的解是所有的 $A_\beta^{(l)}e^{\lambda_l t}$ 的线性组合,即

$$q_\beta = \sum_{l=1}^{2s} A_\beta^{(l)}e^{\lambda_l t} \quad (\beta = 1,2,\cdots,s) \tag{5.4.7}$$

我们只考虑力学体系在平衡位置附近的小振动问题. 显然,所有的 λ_l 均应为纯虚数. 因为如果某些 λ_l 有实数部分,则由于从行列式中解出时该 λ_l 的正负根必同时出现,由式(5.4.7)看出对有正实数部分的根而言,某些广义坐标将随 t 的

增大而无限制的增大，显然不是我们讨论的振动.

怎样才能使所有的 λ_l 都为纯虚数呢？我们知道：动能 E_k 恒为正，而势能 E_p 则可正可负，因为已取平衡位置时的势能为零. 如果平衡位置时的势能取极小值，则当体系受扰动而偏离平衡位置时，势能 E_p 将增大而动能 E_k（或速度 $\dot{q}$ 等）则减小，故系统无论向哪个方向偏离，都只能作往复式的振动. 一个质点处在球壳内的最低点时就是这种情况. 反之，如果平衡位置时的势能取极大值，例如质点处在球壳外的最高点时，则无论它朝哪个方向偏离，势能 E_p 将减小而动能 E_k（或速度 $\dot{q}$ 等）则增大，体系将越来越偏离平衡位置，平衡是不稳定的. 这种情况可参看一个自由度的势能曲线图（图 1.8.4）. 自由度增加时，道理是一样的.

根据上面的讨论，我们可以得出这样的结论：在平衡位置附近，力学体系的势能 $E_p>0$（即平衡位置 $E_p=0$ 是极小值）是保证所有的根 λ_l 为纯虚数的充要条件，我们只研究这种情况.

既然 λ_l 是纯虚数，因此可令 $\lambda_l=\pm i\nu_l$，式中 $i=\sqrt{-1}$. 这样，式(5.4.7)变为

$$q_\beta=\sum_{l=1}^{s}\left(A_\beta^{(l)}e^{i\nu_l t}+A_\beta'^{(l)}e^{-i\nu_l t}\right)\quad(\beta=1,2,\cdots,s)\tag{5.4.8}$$

q_β 的实数解可表示为

$$q_\beta=\sum_{l=1}^{s}\left(a_\beta^{(l)}\cos\nu_l t+b_\beta^{(l)}\sin\nu_l t\right)\quad(\beta=1,2,\cdots,s)\tag{5.4.9}$$

因此，体系将在平衡位置附近作复杂的振动，不会远离平衡位置.

实际上，我们把 λ 的某一本征值 λ_l 代入式(5.4.5)后，并不能得出 s 个互相独立的常数 $A_\beta(\beta=1,2,\cdots,s)$，而只能得出它们的比，因为式(5.4.5)的系数行列式等于零. 如果行列式(5.4.6)的$(s-1)$阶代数余式中有一个不等于零，则在一组解 $A_1^{(l)},A_2^{(l)},\cdots,A_s^{(l)}$（即把 λ 代以 λ_l 后所求得的 A_β）中，只有一个数是可以任意取的. 即对应于一个本征值 λ_l 只有一个任意常量. 如果设此常量为 $A^{(l)}$，则 $A_\beta^{(l)}$ 可改写为

$$\left.\begin{aligned}&A_\beta^{(l)}=A^{(l)}\Delta_{1\beta}(\lambda_l^2)\\ \text{即}\qquad&A_1^{(l)}=A^{(l)}\Delta_{11}(\lambda_l^2),A_2^{(l)}=A^{(l)}\Delta_{12}(\lambda_l^2),\cdots\\&A_s^{(l)}=A^{(l)}\Delta_{1s}(\lambda_l^2)\end{aligned}\right\}\tag{5.4.10}$$

式中 $\Delta_{1\beta}(\lambda_l^2)$ 是行列式(5.4.6)削去第一行和第 β 列后的代数余式代入 λ_l^2 后所得的值. 在式(5.4.8)或式(5.4.9)中共有 $2s^2$ 个常量，因为每个 λ_l 对应着一个任意常量，而 λ_l 共有 $2s$ 个，所以 $2s^2$ 个常量中只有 $2s$ 个常量是独立的. 这 $2s$ 个常量，可由起始条件决定，即 $t=0$ 时，q_β 及 $\dot{q}_\beta$之值应为已知.

关于常量间的这种关系，我们可用一个比较简单的例子来说明. 例如，假设我们有下列这样一个三元一次方程组：

$$a_1x+b_1y+c_1z=0$$

$$a_2x+b_2y+c_2z=0$$

$$a_3x+b_3y+c_3z=0$$

这里的 x、y、z 相当于我们上面讨论的一组待求常量 $A_1^{(l)}$、$A_2^{(l)}$、$A_3^{(l)}$($s=3$ 的情况). 它们的系数行列式是

$$\Delta=\begin{vmatrix} a_1 & b_1 & c_1 \\ a_2 & b_2 & c_2 \\ a_3 & b_3 & c_3 \end{vmatrix}$$

如果从上面所给方程组中第二式和第三式先后消去 z 及 x,则得

$$(a_2c_3-a_3c_2)x+(b_2c_3-b_3c_2)y=0$$

$$(b_3a_2-b_2a_3)y+(a_2c_3-a_3c_2)z=0$$

由此即得

$$\frac{x}{\begin{vmatrix} b_2 & c_2 \\ b_3 & c_3 \end{vmatrix}}=-\frac{y}{\begin{vmatrix} a_2 & c_2 \\ a_3 & c_3 \end{vmatrix}}=\frac{z}{\begin{vmatrix} a_2 & b_2 \\ a_3 & b_3 \end{vmatrix}}=A$$

即
$$x=A\Delta_{11},\quad y=A\Delta_{12},\quad z=A\Delta_{13}$$

式中 $\Delta_{1\beta}$是消去对应的行列后的代数余式. 因此 x、y、z 中只有一个是任意的. 读者可以用此例和式(5.4.10)比较.

现在回到原来的问题上来. 根据式(5.4.10)的关系,我们可把式(5.4.8)改写为

$$q_\beta=\sum_{l=1}^{s}\left[A^{(l)}\Delta_{1\beta}(-\nu_l^2)\mathrm{e}^{\mathrm{i}\nu_l t}+A'^{(l)}\Delta_{1\beta}(-\nu_l^2)\mathrm{e}^{-\mathrm{i}\nu_l t}\right]\quad(\beta=1,2,\cdots,s)\tag{5.4.11}$$

而其实数解则为

$$q_\beta=\sum_{l=1}^{s}\left[a^{(l)}\Delta_{1\beta}(-\nu_l^2)\cos\nu_l t+b^{(l)}\Delta_{1\beta}(-\nu_l^2)\sin\nu_l t\right]=\sum_{l=1}^{s}c^{(l)}\Delta_{1\beta}(-\nu_l^2)\cos(\nu_l t+\varepsilon_l)\quad(\beta=1,2,\cdots,s)\tag{5.4.12}$$

故一共只有 $2s$ 个常量. 这里的 ν_l 叫做简正频率①,它的数目共有 s 个,和力学体系的自由度数相等.

(3) 简正坐标

从上面的解算可以看出:多自由度体系的小振动问题之所以比较复杂,在于式(5.4.2)和式(5.4.3)中的势能 E_p 和动能 E_k 中都含有交叉项 $q_\alpha q_\beta$ 和 $\dot{q}_\alpha\dot{q}_\beta$.

---

① 此处的 ν_l,实际上相当于习惯上所讲的角频率(又称圆频率)ω. 所以这里的 ν_l 和通常的频率 ν 相差 2π 倍,即 $\nu_l=\omega=2\pi\nu$.

如果我们能设法使这些交叉项不出现,那问题就要简单得多. 根据线性代数理论,这是可以办到的.

因为在多自由度体系的小振动问题中,动能 E_k 是正定的,即对不全为零的广义速度来说,E_k 恒为正值,根据线性代数理论,总可以找到这样的线性变换

$$q_\beta = \sum_{l=1}^{s} g_{\beta l}\xi_l \tag{5.4.13}$$

使得 E_k 和 E_p 同时变成正则形式,即没有相乘的项 $\xi_\alpha\xi_\beta$ 和 $\dot{\xi}_\alpha\dot{\xi}_\beta$. 有时,要做两次这样的变换,才能达到目的. 在变换后

$$\left.\begin{aligned} E_k &= \frac{1}{2}\sum_{l=1}^{s} a_l^0 \dot{\xi}_l^2 \\ E_p &= \frac{1}{2}\sum_{l=1}^{s} c_l^0 \xi_l^2 \end{aligned}\right\} \tag{5.4.14}$$

因这时变量由 q_α 变为 ξ_l,故拉格朗日方程也应改为

$$\frac{d}{dt}\left(\frac{\partial E_k}{\partial \dot{\xi}_l}\right) - \frac{\partial E_k}{\partial \xi_l} + \frac{\partial E_p}{\partial \xi_l} = 0 \quad (l = 1,2,\cdots,s) \tag{5.4.15}$$

再将式(5.4.14)中的 E_k 及 E_p 的表达式代入式(5.4.15)中,则得

$$a_l^0 \ddot{\xi}_l + c_l^0 \xi_l = 0 \quad (l = 1,2,\cdots,s) \tag{5.4.16}$$

将这些方程积分,就得到

$$\begin{aligned} \xi_l &= A_l\cos(\nu_l t) + B_l\sin(\nu_l t) \\ &= C_l\cos(\nu_l t + \varepsilon_l) \quad (l = 1,2,\cdots,s) \end{aligned} \tag{5.4.17}$$

式中
$$\nu_l = \sqrt{\frac{c_l^0}{a_l^0}} \tag{5.4.18}$$

坐标 ξ_l 叫做简正坐标,比较式(5.4.4)与式(5.4.16),可知 ν_l 仍为简正频率. 由所得的 ξ_l 的表达式,知每一简正坐标将作具有自己的固有频率(即简正频率)ν_l 的谐振动. 而其他 q 坐标,作为简正坐标的线性函数,将具有由 s 个谐振动叠加而成的复杂振动,和前面所得的结果一样. 所以先经过一个线性变换,后面的计算就要简单得多. 但线性变换和求本征值一样,也不是很简便的,特别是自由度较多的情况下.

[例] **耦合摆** 两相同的单摆,长为 a,摆锤的质量为 m,用劲度系数(即伸长单位长度所需的力)为 k 且其自然长度等于两摆悬点之间距离的无重弹簧相耦合. 略去阻尼作用,试求此体系的运动.

[解] 本问题是两个摆在同一平面内的振动问题. 如果取振动平面为 xy 平面,并且令两个摆锤的坐标为 (x_1,y_1) 及 (x_2,y_2),则由于约束关系(两摆的摆长一定),四个坐标中只有两个是独立的,所以是两个自由度的振动问题. 今选 x_1 及 x_2 作为本问题的两个广义坐标,而 x_1 及 x_2 等于零时相当于耦合摆的平衡状态(图 5.4.1).

耦合摆的势能等于弹簧的弹性势能与摆锤重力势能两者之和,即

$$E_{p}=\frac{1}{2}k(x_{1}-x_{2})^{2}+mgy_{1}+mgy_{2} \quad (1)$$

而耦合摆的动能则为

$$E_{k}=\frac{1}{2}m(\dot{x}_{1}^{2}+\dot{y}_{1})+\frac{1}{2}m(\dot{x}_{2}^{2}+\dot{y}_{2}^{2}) \quad (2)$$

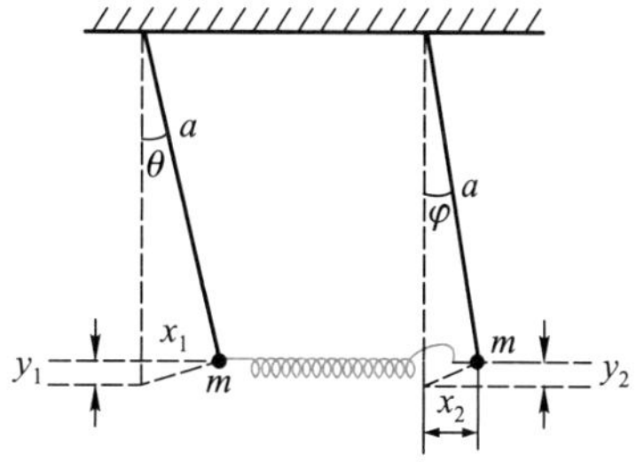

图 5.4.1

因为

$$a-y_{1}=\sqrt{a^{2}-x_{1}^{2}}$$

$$a-y_{2}=\sqrt{a^{2}-x_{2}^{2}}$$

$$\dot{y}_{1}=\frac{x_{1}}{\sqrt{a^{2}-x_{1}^{2}}}\dot{x}_{1}$$

$$\dot{y}_{2}=\frac{x_{2}}{\sqrt{a^{2}-x_{2}^{2}}}\dot{x}_{2}$$

故

$$\left.\begin{aligned}E_{p}&=\frac{k}{2}(x_{1}-x_{2})^{2}+mg\left(a-\sqrt{a^{2}-x_{1}^{2}}\right)+mg\left(a-\sqrt{a^{2}-x_{2}^{2}}\right)\\E_{k}&=\frac{1}{2}m\left(1+\frac{x_{1}^{2}}{a^{2}-x_{1}^{2}}\right)\dot{x}_{1}^{2}+\frac{1}{2}m\left(1+\frac{x_{2}^{2}}{a^{2}-x_{2}^{2}}\right)\dot{x}_{2}^{2}\end{aligned}\right\} \quad (3)$$

根据式(5.4.2)及式(5.4.3),为了算出在平衡位置附近的势能 E_p 及动能 E_k,先算出按泰勒级数展开后的低次项系数 $c_{\alpha\beta}$ 与 $a_{\alpha\beta}$,即

$$c_{11}=\left(\frac{\partial^{2}E_{p}}{\partial x_{1}^{2}}\right)_{x_{1}=0}=\left[k+\frac{mgx_{1}^{2}}{(a^{2}-x_{1}^{2})^{3/2}}+\frac{mg}{(a^{2}-x_{1}^{2})^{\frac{1}{2}}}\right]_{x_{1}=0}=k+\frac{mg}{a}$$

$$c_{12}=c_{21}=\left(\frac{\partial^{2}E_{p}}{\partial x_{1}\partial x_{2}}\right)_{x_{1}=x_{2}=0}=-k$$

$$c_{22}=\left(\frac{\partial^{2}E_{p}}{\partial x_{2}^{2}}\right)_{x_{2}=0}=\left[k+\frac{mgx_{2}^{2}}{(a^{2}-x_{2}^{2})^{\frac{3}{2}}}+\frac{mg}{(a^{2}-x_{2}^{2})^{\frac{1}{2}}}\right]_{x_{2}=0}=k+\frac{mg}{a}$$

又

$$(a_{11})_{0}=m,\quad (a_{22})_{0}=m$$

故在平衡位置附近,E_p 与 E_k 简化为

$$\left.\begin{aligned}E_{p}&=\frac{1}{2}kx_{1}^{2}+\frac{1}{2}\frac{mg}{a}x_{1}^{2}-kx_{1}x_{2}+\frac{1}{2}kx_{2}^{2}+\frac{1}{2}\frac{mg}{a}x_{2}^{2}\\&=\frac{k}{2}(x_{1}-x_{2})^{2}+\frac{1}{2}\frac{mg}{a}x_{1}^{2}+\frac{1}{2}\frac{mg}{a}x_{2}^{2}\\E_{k}&=\frac{1}{2}m(\dot{x}_{1}^{2}+\dot{x}_{2}^{2})\end{aligned}\right\} \quad (4)$$

把(4)式中的 E_p 及 E_k 代入拉格朗日方程(5.3.16)中,得耦合摆的动力学方程为

$$\left.\begin{aligned} m\ddot{x}_1 &= -k(x_1 - x_2) - \frac{mg}{a}x_1 \\ m\ddot{x}_2 &= k(x_1 - x_2) - \frac{mg}{a}x_2 \end{aligned}\right\} \tag{5}$$

这是二阶常系数线性齐次方程组,具有

$$x_1 = A_1 e^{\lambda t}, \quad x_2 = A_2 e^{\lambda t}$$

形式的解. 代入(5)式,得

$$\left.\begin{aligned} A_1\left(m\lambda^2 + \frac{mg}{a} + k\right) - A_2 k = 0 \\ -A_1 k + A_2\left(m\lambda^2 + \frac{mg}{a} + k\right) = 0 \end{aligned}\right\} \tag{6}$$

此方程组非零解的充要条件是

$$\begin{vmatrix} m\lambda^2 + \dfrac{mg}{a} + k & -k \\ -k & m\lambda^2 + \dfrac{mg}{a} + k \end{vmatrix} = 0 \tag{7}$$

由此得四个本征值如下:

$$\lambda_1 = \pm \mathrm{i}\sqrt{\frac{g}{a}} = \pm \mathrm{i}\nu_1, \quad \lambda_2 = \pm \mathrm{i}\sqrt{\frac{g}{a} + \frac{2k}{m}} = \pm \mathrm{i}\nu_2 \tag{8}$$

而(5)式的通解则为

$$\left.\begin{aligned} x_1 = A_1^{(1)} e^{\mathrm{i}\nu_1 t} + A_1^{(-1)} e^{-\mathrm{i}\nu_1 t} + A_1^{(2)} e^{\mathrm{i}\nu_2 t} + A_1^{(-2)} e^{-\mathrm{i}\nu_2 t} \\ x_2 = A_2^{(1)} e^{\mathrm{i}\nu_1 t} + A_2^{(-1)} e^{-\mathrm{i}\nu_1 t} + A_2^{(2)} e^{\mathrm{i}\nu_2 t} + A_2^{(-2)} e^{-\mathrm{i}\nu_2 t} \end{aligned}\right\} \tag{9}$$

乍一看,(9)式里好像有 $2s^2 = 2 \cdot 2^2 = 8$ 个(s=自由度)任意常量,其实只有 $2s$ 个(4 个)是独立的. 因为如果以 $\lambda = \lambda_1$ 代入(7)式中,依次求出(7)式中削去第 1 行及第 β 列后的代数余式 $\Delta_{1\beta}$,则有

$$\Delta_{11} = k, \quad \Delta_{12} = k$$

故可令

$$A_1^{(1)} = A_2^{(1)} = A^{(1)}, \quad A_1^{(-1)} = A_2^{(-1)} = A^{(-1)} \tag{10}$$

同理,如果以 $\lambda = \lambda_2$ 代入(7)式中,则有

$$\Delta_{11} = -k, \quad \Delta_{12} = k$$

故可令

$$A_1^{(2)} = -A_2^{(2)} = A^{(2)}, \quad A_1^{(-2)} = -A_2^{(-2)} = A^{(-2)} \tag{11}$$

这样,(9)式变为

$$\left.\begin{aligned} x_1 = A^{(1)} e^{\mathrm{i}\nu_1 t} + A^{(-1)} e^{-\mathrm{i}\nu_1 t} + A^{(2)} e^{\mathrm{i}\nu_2 t} + A^{(-2)} e^{-\mathrm{i}\nu_2 t} \\ x_2 = A^{(1)} e^{\mathrm{i}\nu_1 t} + A^{(-1)} e^{-\mathrm{i}\nu_1 t} - A^{(2)} e^{\mathrm{i}\nu_2 t} - A^{(-2)} e^{-\mathrm{i}\nu_2 t} \end{aligned}\right\} \tag{12}$$

式中四个任意常量 $A^{(1)}$、$A^{(-1)}$、$A^{(2)}$ 及 $A^{(-2)}$ 由起始条件确定，即由 $t=0$ 时 x_1、x_2、$\dot{x}_1$ 及 $\dot{x}_2$ 之值确定.

由(12)式可以看出，如果令 $\xi_1=\frac{1}{\sqrt{2}}(x_1+x_2)$，$\xi_2=\frac{1}{\sqrt{2}}(x_1-x_2)$，则 ξ_1、ξ_2 将以单一的频率 ν_1 或 ν_2 振动. 因此，ξ_1、ξ_2 就是本问题的简正坐标. 用一般的线性变换，亦可得出同样结果，但计算较繁，读者可自行加以验证.

如果 $\xi_2=0$，则 $x_1=x_2$，故 ξ_1 代表两摆按同一步调振动，这时两摆中间的弹簧既不伸长也不缩短，根本失去作用. 反之，如 $\xi_1=0$，则 $x_1=-x_2$，两摆振动的位相恰好相反，弹簧两端以同等程度伸长或缩短.

§5.5 哈密顿正则方程

(1) 勒让德变换

在 §5.3 中，我们已经指出，拉氏函数 L 是 q_α、$\dot{q}_\alpha(\alpha=1,2,\cdots,s)$ 及 t 的函数，并可由此得出拉格朗日方程式(5.3.18). 但拉格朗日方程是二阶常微分方程组. 如果我们把 L 中的广义速度 $\dot{q}_\alpha$ 等换成广义动量 p_α 等就可使方程组降阶，即由二阶变为一阶，而且还可具有其他的一些优点. 我们现在就来进行这种变换.

在式(5.3.18)中，如果令

$$p_\alpha=\frac{\partial L}{\partial \dot{q}_\alpha}=\frac{\partial T}{\partial \dot{q}_\alpha}\quad(\alpha=1,2,\cdots,s)\tag{5.5.1}$$

作为独立变量，则由式(5.3.18)，可得

$$\dot{p}_\alpha=\frac{\partial L}{\partial q_\alpha}\quad(\alpha=1,2,\cdots,s)\tag{5.5.2}$$

而由式(5.5.1)，又可解出 $\dot{q}_\alpha$，使 $\dot{q}_\alpha$ 是 p_β、$q_\beta(\beta=1,2,\cdots,s)$ 及 t 的函数，即

$$\dot{q}_\alpha=\dot{q}_\alpha(p_1,p_2,\cdots,p_s;q_1,q_2,\cdots,q_s;t)\tag{5.5.3}$$

这是因为 L 原是 q_α、$\dot{q}_\alpha$、t 的函数，而 $\frac{\partial L}{\partial \dot{q}_\alpha}$ 也仍然是 q_α、$\dot{q}_\alpha$、t 的函数.

如果把式(5.5.3)中的 $\dot{q}_\alpha$ 代入拉氏函数 L 中，则 L 也将变为 p,q,t 的函数，兹以 $\overline{L}$ 表之，即

$$\overline{L}=\overline{L}(p_1,p_2,\cdots,p_s;q_1,q_2,\cdots,q_s;t)\tag{5.5.4}$$

这时方程式(5.5.2)及(5.5.3)一共是 $2s$ 个一阶微分方程组，是拉格朗日方程式(5.3.18)的另一表达形式. 但这两组方程形式并不对称，计算也不方便. 进一步

的研究表明，当独立变量改变时，函数本身随之改变为另一种形式的函数才好计算. 在今后的热力学及其他学科中，还要经常碰到这种情况. 这种由一组独立变量变为另一组独立变量的变换，在数学上叫做勒让德变换.

先考虑两个变量的勒让德变换. 设 $f=f(x,y)$，则

$$df = u dx + v dy$$

式中

$$u = \frac{\partial f}{\partial x}, \quad v = \frac{\partial f}{\partial y} \tag{5.5.5}$$

我们在这里是用 x、y 作为独立变量的. 实际上，根据问题的需要，x、y、u、v 中任何两个都可作为独立变量看待. 如果我们把 u、y 当做独立变量，则由式(5.5.5)，可得

$$x = x(u,y), \quad v = v(u,y) \tag{5.5.6}$$

这时函数 f 亦可改用 u、y 表示，记为 $\bar{f}(u,y)$，即

$$\bar{f}(u,y) = f[x(u,y),y] \tag{5.5.7}$$

而

$$\left.\begin{aligned} \frac{\partial \bar{f}}{\partial y} &= \frac{\partial f}{\partial y} + \frac{\partial f}{\partial x}\frac{\partial x}{\partial y} = v + u\frac{\partial x}{\partial y} \\ \frac{\partial \bar{f}}{\partial u} &= \frac{\partial f}{\partial x}\frac{\partial x}{\partial u} = u\frac{\partial x}{\partial u} \end{aligned}\right\} \tag{5.5.8}$$

我们也可把式(5.5.8)写成（注意下面求偏导时把 u、y 看成自变量）：

$$\left.\begin{aligned} v &= -\frac{\partial}{\partial y}(-\bar{f} + ux) = -\frac{\partial g}{\partial y} \\ x &= \frac{\partial}{\partial u}(-\bar{f} + ux) = \frac{\partial g}{\partial u} \end{aligned}\right\} \tag{5.5.9}$$

式中 $g(u,y) = -\bar{f}+ux = \left(-f+\dfrac{\partial f}{\partial x}x\right)_{x=x(u,y)}$. 由此可见，当独立变量由 x、y 变为 u、y 时，如果仍用函数 $\bar{f}$，则 x、v 不能像式(5.5.5)那样直接用 $\bar{f}$ 对 u 及 $\bar{f}$ 对 y 的偏微商表出，而应换成函数 g，这时 x、v 才可用 g 对 u 及 g 对 y 的偏微商表出，这就是勒让德变换的基本法则，它可以从两个变量推广到多个变量. 新的函数（如 g 或 H）等于不要的变量（例如 x 或 $\dot{q}_\alpha$）乘以原来的函数对该变量的偏微商 $\left(\text{例如 } u=\dfrac{\partial f}{\partial x} \text{或 } p_\alpha=\dfrac{\partial L}{\partial \dot{q}_\alpha}\right)$ 再减去原来的函数（例如 f 或 L）.

（2）正则方程

现在回到我们原来所讨论的问题上来. 如果通过勒让德变换，要使拉氏函

数 L 中的一种独立变量由 $\dot{q}_\alpha(\alpha=1,2,\cdots,s)$ 变为 $p_\alpha(\alpha=1,2,\cdots,s)$，其中 $p_\alpha=\dfrac{\partial T}{\partial \dot{q}_\alpha}=\dfrac{\partial L}{\partial \dot{q}_\alpha}$，则应引入新函数 H，使

$$H(p,q,t)=-L+\sum_{\alpha=1}^{s}p_\alpha\dot{q}_\alpha \tag{5.5.10}$$

而

$$\mathrm{d}H=-\mathrm{d}L+\sum_{\alpha=1}^{s}(p_\alpha\mathrm{d}\dot{q}_\alpha+\dot{q}_\alpha\mathrm{d}p_\alpha) \tag{5.5.11}$$

因为我们现在仍把 L 认为是 q、$\dot{q}$ 及 t 的函数，故根据高等数学中多元函数求微分的法则，有

$$\begin{aligned}\mathrm{d}L&=\sum_{\alpha=1}^{s}\left(\frac{\partial L}{\partial q_\alpha}\mathrm{d}q_\alpha+\frac{\partial L}{\partial \dot{q}_\alpha}\mathrm{d}\dot{q}_\alpha\right)+\frac{\partial L}{\partial t}\mathrm{d}t\\&=\sum_{\alpha=1}^{s}(\dot{p}_\alpha\mathrm{d}q_\alpha+p_\alpha\mathrm{d}\dot{q}_\alpha)+\frac{\partial L}{\partial t}\mathrm{d}t\end{aligned} \tag{5.5.12}$$

这里利用了(5.5.1)及(5.5.2)两式. 把式(5.5.12)中的 $\mathrm{d}L$ 代入式(5.5.11)中，得

$$\mathrm{d}H=\sum_{\alpha=1}^{s}(-\dot{p}_\alpha\mathrm{d}q_\alpha+\dot{q}_\alpha\mathrm{d}p_\alpha)-\frac{\partial L}{\partial t}\mathrm{d}t \tag{5.5.13}$$

因为经过变换后，H 已是 p、q、t 的函数，故根据上面所讲的同样理由，知

$$\mathrm{d}H=\sum_{\alpha=1}^{s}\left(\frac{\partial H}{\partial q_\alpha}\mathrm{d}q_\alpha+\frac{\partial H}{\partial p_\alpha}\mathrm{d}p_\alpha\right)+\frac{\partial H}{\partial t}\mathrm{d}t \tag{5.5.14}$$

比较式(5.5.13)及式(5.5.14)，并因为 $\mathrm{d}p_\alpha$、$\mathrm{d}q_\alpha$ 及 $\mathrm{d}t$ 都是独立的，故得

$$\left.\begin{aligned}\dot{q}_\alpha&=\frac{\partial H}{\partial p_\alpha}\\\dot{p}_\alpha&=-\frac{\partial H}{\partial q_\alpha}\end{aligned}\right\}\quad(\alpha=1,2,\cdots,s) \tag{5.5.15}$$

又

$$\frac{\partial H}{\partial t}=-\frac{\partial L}{\partial t} \tag{5.5.16}$$

方程式(5.5.15)通常叫做哈密顿正则方程，简称正则方程，而式(5.5.10)所定义的函数 H，则叫哈密顿函数，它是 $2s+1$ 个变量即 p_α、$q_\alpha(\alpha=1,2,\cdots,s)$ 及 t 的函数. 哈密顿正则方程是包含 $2s$ 个一阶常微分方程的方程组，它们的形式简单而对称，故称为正则方程. 在理论物理学中，以 p、q 作为独立变量比用 q 及 $\dot{q}$ 作独立变量要广泛和方便得多，广义动量 p_α(动量或动量矩)在物理学中也比广义速度 $\dot{q}_\alpha$ 要重要得多，这些在统计物理及量子力学中常常用到. 由经典物理学过渡到近代物理学，正则方程也常被认为是最方便的形式. 我们通常把 p_α、$q_\alpha(\alpha=1,2,\cdots,s)$ 叫做正则变量，并用它们代表由广义坐标和广义动量所组成的 $2s$ 维相宇(或相空间)中的一个相点.

(3) 能量积分与循环积分

在一定条件下,哈密顿正则方程也跟拉格朗日方程一样,可以给出能量积分与循环积分,现在先讲能量积分. 我们知道,哈密顿函数 H 中的宗量 p_α、q_α ($\alpha=1,2,\cdots,s$)都是时间 t 的函数,故求 H 对时间 t 的微商时,应按照高等数学中复合函数求微商的法则来进行,即

$$\frac{\mathrm{d}H}{\mathrm{d}t}=\sum_{\alpha=1}^{s}\left(\frac{\partial H}{\partial q_\alpha}\dot{q}_\alpha+\frac{\partial H}{\partial p_\alpha}\dot{p}_\alpha\right)+\frac{\partial H}{\mathrm{d}t} \tag{5.5.17}$$

把式(5.5.15)的关系代入式(5.5.17)中,得

$$\frac{\mathrm{d}H}{\mathrm{d}t}=\sum_{\alpha=1}^{s}\left(\frac{\partial H}{\partial q_\alpha}\frac{\partial H}{\partial p_\alpha}-\frac{\partial H}{\partial p_\alpha}\frac{\partial H}{\partial q_\alpha}\right)+\frac{\partial H}{\partial t}=\frac{\partial H}{\partial t} \tag{5.5.18}$$

故如函数 H 中不显含 t,则因 $\frac{\partial H}{\partial t}=0$,故 $\frac{\mathrm{d}H}{\mathrm{d}t}$ 也等于零,因而正则方程有一积分

$$H=h \tag{5.5.19}$$

此处 h 是积分常量. 如为稳定约束,可将动能 E_k 表示为广义速度的二次齐次函数,则由本节中的式(5.5.10)及§5.3中的式(5.3.23),得

$$\begin{aligned}H&=-L+\sum_{\alpha=1}^{s}p_\alpha\dot{q}_\alpha=-(E_\mathrm{k}-E_\mathrm{p})+\sum_{\alpha=1}^{s}\frac{\partial E_\mathrm{k}}{\partial\dot{q}_\alpha}\dot{q}_\alpha\\&=-(E_\mathrm{k}-E_\mathrm{p})+2E_\mathrm{k}=E_\mathrm{k}+E_\mathrm{p}\end{aligned} \tag{5.5.20}$$

可见式(5.5.19)代表能量积分,在稳定约束时 H 就等于力学体系的总能量 E. 如果动能 E_k 不是广义速度的二次齐次函数,即体系所受的约束是不稳定约束,则式(5.5.19)将代表广义能量积分,与§5.3中式(5.3.27)所讨论过的情形相同. 因此,哈密顿函数也是力学体系的特性函数. 如果是稳定约束,它就是力学体系的动能和势能之和;如果是不稳定约束,则它等于 $E_{\mathrm{k}2}-E_{\mathrm{k}0}+E_\mathrm{p}$.

从上面的计算可以看出:由正则方程得出能量积分,比由拉格朗日方程得出的要简便得多. 由于正则方程是 p、q 的一阶常微分方程,故这积分也就是正则方程的一个积分.

现在再来讲循环积分. 由式(5.5.15)可以看出,哈密顿函数 H 中如果有循环坐标,则也可立即得出积分,这些积分叫做**循环积分**. 和§5.3中所讲的情况是一样的. 可以看出,不含某个广义坐标 q_i 时,对应的广义动量 p_i 即为常量. 因 H 为 p、q、t 的函数,故比用拉氏方程更为简便,更富有物理意义,这显然是一个很大的优点. 由于哈密顿正则方程具有上述的这些优点,所以发展了很多求解正则方程的方法,我们将在§5.6、§5.8及§5.9中简要介绍其中最主要的几种.

[例] **电子的运动** 设电荷为 $-e$ 的电子,在电荷为 Ze 的核力场中运动,Z 为原子序数,试用正则方程研究电子的运动.

[解] 在本问题中,我们采用球面坐标 r、θ、φ 为广义坐标,如图5.5.1所

示，并设电子的质量为 m.

根据式(5.3.33)，我们知道，在球面坐标系中，质点速度的平方为

$$v^2=\dot{s}^2=\dot{r}^2+r^2\dot{\theta}^2+r^2\sin^2\theta\,\dot{\varphi}^2 \tag{1}$$

故质量为 m 的电子在核力场中以速度 v 运动时，它的动能

$$E_k=\frac{1}{2}mv^2=\frac{1}{2}m(\dot{r}^2+r^2\dot{\theta}^2+r^2\sin^2\theta\,\dot{\varphi}^2) \tag{2}$$

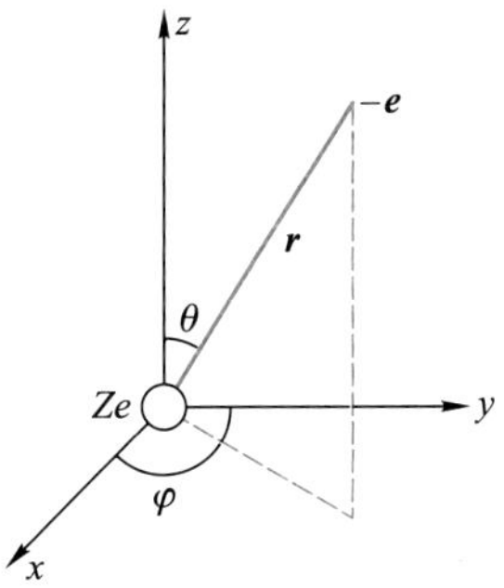

图 5.5.1

因电荷间相互作用的库仑力是保守力，故势能

$$E_p=-\frac{1}{4\pi\varepsilon_0}\frac{Ze^2}{r}=-\frac{\alpha}{r} \tag{3}$$

而拉格朗日函数则为

$$\begin{aligned}L&=E_k-E_p\\&=\frac{1}{2}m(\dot{r}^2+r^2\dot{\theta}^2+r^2\sin^2\theta\,\dot{\varphi}^2)+\frac{\alpha}{r}\end{aligned} \tag{4}$$

现在来计算 p_α，并进而求哈密顿函数 H：

$$\left.\begin{aligned}p_r&=\frac{\partial L}{\partial\dot{r}}=m\dot{r}\\p_\theta&=\frac{\partial L}{\partial\dot{\theta}}=mr^2\dot{\theta}\\p_\varphi&=\frac{\partial L}{\partial\dot{\varphi}}=mr^2\sin^2\theta\,\dot{\varphi}\end{aligned}\right\} \tag{5}$$

$$\begin{aligned}H&=-L+p_r\dot{r}+p_\theta\dot{\theta}+p_\varphi\dot{\varphi}\\&=\frac{1}{2}m(\dot{r}^2+r^2\dot{\theta}^2+r^2\sin^2\theta\,\dot{\varphi}^2)-\frac{\alpha}{r}\\&=\frac{1}{2m}\left(p_r^2+\frac{p_\theta^2}{r^2}+\frac{p_\varphi^2}{r^2\sin^2\theta}\right)-\frac{\alpha}{r}\end{aligned} \tag{6}$$

把 H 的表达式代入正则方程式(5.5.15)中，得

$$\left.\begin{aligned}&\dot{p}_r=-\frac{\partial H}{\partial r}=\frac{p_\theta^2}{mr^3}+\frac{p_\varphi^3}{mr^3\sin^2\theta}-\frac{\alpha}{r^2}, &&\dot{r}=\frac{\partial H}{\partial p_r}=\frac{p_r}{m}\\&\dot{p}_\theta=-\frac{\partial H}{\partial\theta}=\frac{p_\varphi^2\cos\theta}{mr^2\sin^3\theta}, &&\dot{\theta}=\frac{\partial H}{\partial p_\theta}=\frac{p_\theta}{mr^2}\\&\dot{p}_\varphi=-\frac{\partial H}{\partial\varphi}=0, &&\dot{\varphi}=\frac{\partial H}{\partial p_\varphi}=\frac{p_\varphi}{mr^2\sin^2\theta}\end{aligned}\right\} \tag{7}$$

这就是由哈密顿正则方程求出的电子在核力场中的运动方程. 因 H 中不含 φ, $\dot{p}_\varphi=0$, 故 $p_\varphi=c=$常量, 而 $\dot{\varphi}=\dfrac{c}{mr^2\sin^2\theta}$. 由(7)式第一对方程及(5)式, 可得

$$m\ddot{r}-mr\dot{\theta}^2-\frac{c^2}{mr^3\sin^2\theta}+\frac{\alpha}{r^2}=0 \tag{8}$$

由(7)式的第二对方程, 得

$$\frac{\mathrm{d}}{\mathrm{d}t}(mr^2\dot{\theta})=\frac{c^2\cos\theta}{mr^2\sin^3\theta} \tag{9}$$

(8)式和(9)式都不含 φ, 故知电子是在一平面内运动, 这正是我们所预期的, 因电子所受的力是有心力. 如果我们令此平面为 $\varphi=0$ 的平面, 则 $\dot{\varphi}=0$, $c=0$, 而电子在此平面内的运动方程变为

$$\left.\begin{aligned}&m\ddot{r}-mr\dot{\theta}^2+\frac{\alpha}{r^2}=0\\&\frac{\mathrm{d}}{\mathrm{d}t}(mr^2\dot{\theta})=0\end{aligned}\right\} \tag{10}$$

这是我们很熟悉的结果, 这里只是作为一个范例, 说明用正则方程解题的一般步骤. 当然, 用正则方程来解这类简单问题, 可能反而迂回, 但在较复杂的问题中, 却能显示出它的优越性.

§5.6 泊松括号与泊松定理

(1) 泊松括号

在上节中, 我们曾经提到, 哈密顿正则方程具有许多优点, 因此它在分析力学中就占有很重要的地位, 并发展了一些不同的求解方法. 本节所要介绍的泊松定理, 就是其中之一. 在推导泊松定理之前, 我们先介绍泊松括号的定义及其一些主要性质. 因为它不但在推证泊松定理的过程中要用到, 而且也是理论物理学(例如量子力学)中经常碰到的一种符号.

假如函数 φ 是正则变量 p_α、q_α $(\alpha=1,2,\cdots,s)$ 及时间 t 的函数, 即

$$\varphi=\varphi(p_1,p_2,\cdots,p_s;q_1,q_2,\cdots,q_s;t) \tag{5.6.1}$$

则因 p、q 又都是时间 t 的函数, 故根据前述的复合函数求微商的法则, 得 φ 对 t 的微商为

$$\frac{\mathrm{d}\varphi}{\mathrm{d}t}=\frac{\partial\varphi}{\partial t}+\sum_{\alpha=1}^{s}\left(\frac{\partial\varphi}{\partial q_\alpha}\dot{q}_\alpha+\frac{\partial\varphi}{\partial p_\alpha}\dot{p}_\alpha\right) \tag{5.6.2}$$

我们已经知道 H 同样也是正则变量 $\dot{p}_\alpha$、$q_\alpha(\alpha=1,2,\cdots,s)$ 及时间 t 的函数，因此可以把 § 5.5 中的式(5.5.15)的 $\dot{q}_\alpha$ 和 $\dot{p}_\alpha$ 代入，则$\frac{\mathrm{d}\varphi}{\mathrm{d}t}$可写为

$$\frac{\mathrm{d}\varphi}{\mathrm{d}t}=\frac{\partial\varphi}{\partial t}+[\varphi,H] \tag{5.6.3}$$

此处的$[\varphi,H]$叫做泊松括号，它的定义是

$$[\varphi,H]=\sum_{\alpha=1}^{s}\left(\frac{\partial\varphi}{\partial q_\alpha}\frac{\partial H}{\partial p_\alpha}-\frac{\partial\varphi}{\partial p_\alpha}\frac{\partial H}{\partial q_\alpha}\right) \tag{5.6.4}$$

所以也可以说，它是一种缩写的符号.

使用泊松括号时，要注意所有的 p、q 都是相互独立的，任意一个对另外一个的偏微商都等于零，例如

$$\frac{\partial p_\alpha}{\partial q_\alpha}=0,\quad \frac{\partial p_\alpha}{\partial p_\beta}=0,\quad \frac{\partial q_\alpha}{\partial p_\alpha}=0,\quad \frac{\partial q_\alpha}{\partial q_\beta}=0$$

而相同的 p、q 相互取偏微商则等于 1，例如

$$\frac{\partial p_\alpha}{\partial p_\alpha}=1,\quad \frac{\partial q_\alpha}{\partial q_\alpha}=1$$

这样，正则方程也可用泊松括号表示，即

$$\left.\begin{aligned}\dot{p}_\alpha&=[p_\alpha,H]\\ \dot{q}_\alpha&=[q_\alpha,H]\end{aligned}\right\}\quad(\alpha=1,2,\cdots,s) \tag{5.6.5}$$

应当注意：当力学体系运动时，如由正则变量 p_α、$q_\alpha(\alpha=1,2,\cdots,s)$ 及时间 t 所组成的某一函数 φ[即式(5.6.1)中的 φ]保持为常量，则此函数就是正则方程的一个第一积分，$\varphi(p_\alpha,q_\alpha,t)=C$ 可以反映该体系的运动规律，所以也称之为运动积分，例如 § 5.5 中的式(5.5.19)就是一个运动积分，如 $\varphi=C$ 是运动积分，则由式(5.6.3)，必有

$$\frac{\partial\varphi}{\partial t}+[\varphi,H]=0 \tag{5.6.6}$$

反之，如 φ 满足式(5.6.6)，则 $\varphi=C$(C 为常量)是正则方程的一个运动积分，因为对应于式(5.6.6)的常微分方程组是

$$\mathrm{d}t=\frac{\mathrm{d}q_1}{\frac{\partial H}{\partial p_1}}=\frac{\mathrm{d}q_2}{\frac{\partial H}{\partial p_2}}=\cdots=\frac{\mathrm{d}q_s}{\frac{\partial H}{\partial p_s}}=\frac{\mathrm{d}p_1}{-\frac{\partial H}{\partial q_1}}=\frac{\mathrm{d}p_2}{-\frac{\partial H}{\partial q_2}}$$
$$=\cdots=\frac{\mathrm{d}p_s}{-\frac{\partial H}{\partial q_s}}$$

正好和正则方程式(5.5.15)相同①.

---

① 可参看高等数学中的一阶偏微分方程部分.

如另一函数 ψ 也是正则变量及时间的函数,则类似于式(5.6.4),泊松括号 $[\varphi,\psi]$ 的定义是

$$[\varphi,\psi]=\sum_{\alpha=1}^{s}\left(\frac{\partial\varphi}{\partial q_\alpha}\frac{\partial\psi}{\partial p_\alpha}-\frac{\partial\varphi}{\partial p_\alpha}\frac{\partial\psi}{\partial q_\alpha}\right) \tag{5.6.7}$$

泊松括号具有下列几种特性:

(a) $[c,\psi]=0$ (c 为常量); (5.6.8)

(b) $[\varphi,\psi]+[\psi,\varphi]=0$; (5.6.9)

(c) 如 $\psi=\sum_{j=1}^{n}\psi_j$,则 $[\varphi,\psi]=\sum_{j=1}^{n}[\varphi,\psi_j]$; (5.6.10)

(d) $[-\varphi,\psi]=-[\varphi,\psi]$; (5.6.11)

(e) $\frac{\partial}{\partial t}[\varphi,\psi]=\left[\frac{\partial\varphi}{\partial t},\psi\right]+\left[\varphi,\frac{\partial\psi}{\partial t}\right]$; (5.6.12)

(f) $[\theta,[\varphi,\psi]]+[\varphi,[\psi,\theta]]+[\psi,[\theta,\varphi]]=0$; (5.6.13)

(g) $[q_\alpha,p_\beta]=\delta_{\alpha\beta}=\begin{cases}1 & (\alpha=\beta)\\ 0 & (\alpha\neq\beta).\end{cases}$ (5.6.14)

以上的一些性质,除式(5.6.13)外,都是显而易见的. 方程(5.6.13)是双重的泊松括号,叫做泊松恒等式,也叫雅可比恒等式,式中 θ 也是正则变量和时间的函数. 直接计算双重泊松括号,可以证明式(5.6.13)成立. 读者如有兴趣,可自行验证.

(2) 泊松定理

利用泊松括号,我们可以从正则方程的两个积分,求出另外一个积分,因如

$$\left.\begin{aligned}\varphi(p_1,p_2,\cdots,p_s;q_1,q_2,\cdots,q_s;t)=C_1\\ \psi(p_1,p_2,\cdots,p_s;q_1,q_2,\cdots,q_s;t)=C_2\end{aligned}\right\} \tag{5.6.15}$$

是正则方程的两个积分,则类似于式(5.6.6),ψ 也必满足下列关系:

$$\frac{\partial\psi}{\partial t}+[\psi,H]=0 \tag{5.6.16}$$

用 H 代替泊松恒等式(5.6.13)中的 θ,则由式(5.6.6)、式(5.6.16)及式(5.6.9)诸式,我们有

$$[H,[\varphi,\psi]]-\left[\varphi,\frac{\partial\psi}{\partial t}\right]+\left[\psi,\frac{\partial\varphi}{\partial t}\right]=0 \tag{5.6.17}$$

再利用式(5.6.9)、式(5.6.12)及式(5.6.3)等的关系,最后得到

$$\frac{\partial}{\partial t}[\varphi,\psi]+[[\varphi,\psi],H]=\frac{\mathrm{d}}{\mathrm{d}t}[\varphi,\psi]=0 \tag{5.6.18}$$

故

$$[\varphi,\psi]=C_3 \tag{5.6.19}$$

也是正则方程的一个积分,式中 C_3 是另一个积分常量,这个关系叫做泊松定理.

利用泊松定理,似乎只要知道正则方程的两个积分,就可以求出其余的积分,但实际上,它常常只能给出原有积分的线性组合或者恒等式,不能提供新的积分,所以在求正则方程的积分时,并不能完全依靠它.

在 H 不是 t 的显函数的情形下,$H=h$ 是正则方程的一个积分,参看 §5.5. 因此,如果知道正则方程的另一积分

$$\varphi(p_1,p_2,\cdots,p_s;q_1,q_2,\cdots,q_s;t)=C_1$$

那么根据泊松定理

$$[\varphi,H]=C_1'$$

也是正则方程的积分. 但

$$[\varphi,H]=-\frac{\partial\varphi}{\partial t}=C_1'$$

故

$$\frac{\partial\varphi}{\partial t}=C_2'$$

也是正则方程的积分. 依此类推,$\dfrac{\partial^2\varphi}{\partial t^2}=C_3'$,$\dfrac{\partial^3\varphi}{\partial t^3}=C_4'$ 等也都是正则方程的积分. 但如 φ 不是时间 t 的显函数,则

$$\frac{\partial\varphi}{\partial t}=0$$

而 $[\varphi,H]=0$ 变成一恒等式,不能提供任何新的积分.

泊松括号和量子力学有密切的关系. 方程式(5.6.14)是和量子条件相合的. 正则方程用泊松括号表示的形式,即式(5.6.5),在量子力学中也常用到.

[例] 一组质点只在保守内力作用下运动. 如 x、y 方向的两分动量矩为常量,则 z 方向的分动量矩也必定是一个常量,试用泊松定理加以证明.

[解] 根据第二章 §2.3 中的公式,我们知道:

$$\left.\begin{aligned}J_x&=\sum_{i=1}^{n}m_i(y_i\dot{z}_i-z_i\dot{y}_i)=\sum_{i=1}^{n}(y_ip_{iz}-z_ip_{iy})\\J_y&=\sum_{i=1}^{n}m_i(z_i\dot{x}_i-x_i\dot{z}_i)=\sum_{i=1}^{n}(z_ip_{ix}-x_ip_{iz})\\J_z&=\sum_{i=1}^{n}m_i(x_i\dot{y}_i-y_i\dot{x}_i)=\sum_{i=1}^{n}(x_ip_{iy}-y_ip_{ix})\end{aligned}\right\}\tag{1}$$

式中 J_x、J_y、J_z 是动量矩 $\boldsymbol{J}$ 在三坐标轴 x、y、z 上的分量,而 p_{ix}、p_{iy}、p_{iz} 则是动量 $\boldsymbol{p}_i$ 的三个分量. 由题给条件,知

$$J_x=C_1,\quad J_y=C_2\tag{2}$$

故根据泊松定理,应有

$$[J_x,J_y]=C_3=\text{常量}\tag{3}$$

现在来计算 J_x、J_y 所组成的泊松括号 $[J_x,J_y]$ 的表达式,看看它和 J_z 有什么关系?

$$
\begin{aligned}
[J_x, J_y] = \sum_{i=1}^{n} \Bigg[& \left(\frac{\partial J_x}{\partial x_i} \frac{\partial J_y}{\partial p_{ix}} - \frac{\partial J_x}{\partial p_{ix}} \frac{\partial J_y}{\partial x_i} \right) + \\
& \left(\frac{\partial J_x}{\partial y_i} \frac{\partial J_y}{\partial p_{iy}} - \frac{\partial J_x}{\partial p_{iy}} \frac{\partial J_y}{\partial y_i} \right) + \\
& \left(\frac{\partial J_x}{\partial z_i} \frac{\partial J_y}{\partial p_{iz}} - \frac{\partial J_x}{\partial p_{iz}} \frac{\partial J_y}{\partial z_i} \right) \Bigg] \\
= \sum_{i=1}^{n} & (x_i p_{iy} - y_i p_{ix}) = J_z
\end{aligned}
\tag{4}
$$

这是因为 x_i、y_i、z_i、p_{ix}、p_{iy} 和 p_{iz} 都是互相独立的变量，只有自己对自己的偏微商，如 $\frac{\partial z_i}{\partial z_i}$ 才等于 1，而任一变量对另一变量的偏微商均等于零. 故 $[J_x, J_y]$ 中的前两个大项均为零，只剩下最后一个大项，而它恰等于 J_z. 这样，由 (3) 及 (4) 式，我们就证明了

$$
J_z = C_3 = \text{常量} \tag{5}
$$

§5.7 哈密顿原理

(1) 变分运算的几个法则

我们已经讲了分析力学中的拉格朗日方程和正则方程，现在让我们再来介绍一个要用到变分运算①的力学原理，叫做**哈密顿原理**，它也是分析力学中很重要的一个原理.

凡力学原理用到变分运算的，叫做**力学变分原理**. 力学变分原理有微分形式，也有积分形式. 虚功原理是力学变分原理的微分形式，而本节的哈密顿原理，则是力学变分原理的积分形式.

哈密顿原理中要用到变分运算，这里我们从介绍变分运算的几个法则入手. 变分符号用 δ 表示，在虚功原理中实际上曾经用过. 有些变分运算法则和微分相同，例如，假设有两个变量 A 和 B，它们一般是 p、q、t 的函数，则

$$
\left.
\begin{aligned}
\delta(A+B) &= \delta A + \delta B \\
\delta(AB) &= A\delta B + B\delta A \\
\delta\left(\frac{A}{B}\right) &= \frac{B\delta A - A\delta B}{B^2}
\end{aligned}
\right\} \tag{5.7.1}
$$

① 变分问题即泛函的极值问题，关于变分运算可详细参阅：[苏] Л. э. 艾利斯哥尔兹. 变分法. 李世晋译. 北京：人民教育出版社，1958.

为了看出变分和微分运算某些不同的地方，以及同时进行微分、微商和变分时的对易规则，我们来说明变分的概念.

假定 C 是 s 维空间的一条曲线，且为质点遵循运动定律运行时的轨道，即动力轨道或真实轨道. C'为邻近 C 的一条曲线，但不是质点的动力轨道，唯 C 及 C'的两端点 P_1 和 P_2 相同(图 5.7.1). 设一质点 M 沿曲线 C 运动，而想象另一质点 M'沿曲线 C'运动，它们同时自 P_1 出发，并同时到达 P_2.

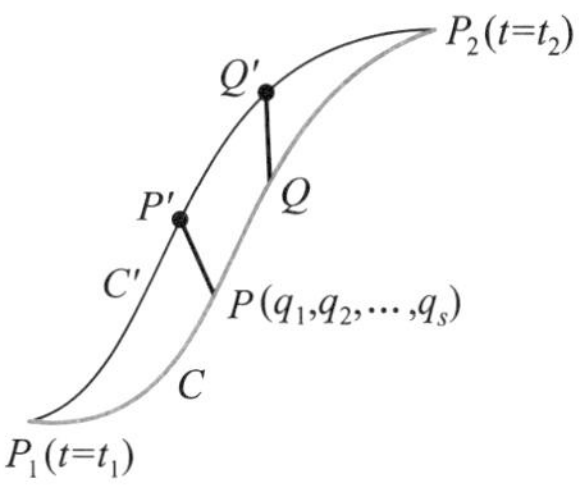

图 5.7.1

我们把相差甚微的轨道曲线 C 与 C'[亦即相差甚微的函数 $C(q_1,q_2,\cdots,q_s,t)$和 $C'(q_1',q_2',\cdots,q_s',t)$]之间的差异称为变分，并用变分符号 δ 来表示，以区别于表示在同一曲线轨道上由于自变量微小变化而引起的差异的微分符号 d. 则在 P_1 及 P_2 点上，有

$$\left.\begin{aligned}&\delta t=0\\&\delta q_\alpha\big|_{P_1}=\delta q_\alpha\big|_{P_2}=0\qquad(\alpha=1,2,\cdots,s)\end{aligned}\right\}\tag{5.7.2}$$

另一方面，如果 P 及 P'是 C 及 C'上两对应点，即 M 和 M'同时自 P_1 出发，分别沿着 C 及 C'运动，当 M 到达 P 时，M'达到 P'. Q 是 P 点附近的一点，并且和 P 在同一轨道 C 上. 如果 P 点的坐标为 $q_\alpha(\alpha=1,2,\cdots,s)$，$P'$点的坐标为 $q_\alpha+\delta q_\alpha(\alpha=1,2,\cdots,s)$，$Q$ 点的坐标则为 $q_\alpha+\mathrm{d}q_\alpha(\alpha=1,2,\cdots,s)$. 至于在 C'上和 Q 对应的 Q'点，则可从两方面来考虑：

(a) 质点自 P 至 Q 然后到 Q'；

(b) 质点由 P 至 P'然后至 Q'.

因此，我们有

$$q_\alpha+\mathrm{d}q_\alpha+\delta(q_\alpha+\mathrm{d}q_\alpha)=q_\alpha+\delta q_\alpha+\mathrm{d}(q_\alpha+\delta q_\alpha)$$

即

$$\delta(\mathrm{d}q_\alpha)=\mathrm{d}(\delta q_\alpha)\tag{5.7.3}$$

可见 d 与 δ 的先后次序可以对易.

但

$$\begin{aligned}\delta\left(\frac{\mathrm{d}q_\alpha}{\mathrm{d}t}\right)&=\frac{\delta(\mathrm{d}q_\alpha)}{\mathrm{d}t}-\frac{\mathrm{d}q_\alpha\delta(\mathrm{d}t)}{\mathrm{d}t^2}\\&=\frac{\mathrm{d}(\delta q_\alpha)}{\mathrm{d}t}-\frac{\mathrm{d}q_\alpha\mathrm{d}(\delta t)}{\mathrm{d}t^2}\end{aligned}\tag{5.7.4}$$

故应该注意 δ 与$\frac{\mathrm{d}}{\mathrm{d}t}$的先后次序，一般来讲不能对易. 若 $\delta t=0$，则

$$\delta\left(\frac{\mathrm{d}q_\alpha}{\mathrm{d}t}\right)=\frac{\mathrm{d}}{\mathrm{d}t}(\delta q_\alpha)\tag{5.7.5}$$

可见在 $\delta t=0$ 的假设下，δ 与$\frac{\mathrm{d}}{\mathrm{d}t}$的先后次序也是可以对易的，这种变分叫做等时

变分. 至于 δ 与$\frac{\mathrm{d}}{\mathrm{d}t}$的先后次序不能对易的那种变分,则叫不等时变分或全变分. 为了区别起见,有时用 Δ 来代表不等时变分,这时式(5.7.4)应写为

$$\Delta\left(\frac{\mathrm{d}q_\alpha}{\mathrm{d}t}\right)=\frac{\mathrm{d}}{\mathrm{d}t}(\Delta q_\alpha)-\frac{\mathrm{d}q_\alpha}{\mathrm{d}t}\frac{\mathrm{d}}{\mathrm{d}t}(\Delta t) \tag{5.7.6}$$

知道了这些运算法则以后,我们就可以叙述并推证哈密顿原理了.

(2) 哈密顿原理

设 n 个质点所形成的力学体系受有 k 个几何约束,则这力学体系的自由度是 $s=3n-k$. 因此,我们如果能够做到把 s 个广义坐标 $q_\alpha(\alpha=1,2,\cdots,s)$ 作为时间 t 的函数加以确定,我们也就确定了这个力学体系的运动. 因运动方程是 s 个二阶微分方程,故有 $2s$ 个积分常数,兹以 $c_1,c_2,\cdots,c_{2s}$表示. 另外,我们也可以认为 s 个确定的 q_α 代表着 s 维空间的一个点,而描写力学体系运动状态的积分

$$q_\alpha=q_\alpha(t,c_1,c_2,\cdots,c_{2s})\qquad(\alpha=1,2,\cdots,s) \tag{5.7.7}$$

由于时间 t 的推移则在 s 维空间中描出一条曲线.

为了寻求力学体系的运动规律,哈密顿提出可以从具有相同端点并为约束所许可的许多条可能的运动轨道即 s 维空间曲线中,挑出一条真实轨道. 为此,可以采用变分法来挑选这条真实轨道. 既然可以从许多约束所许可的轨道中选出真实轨道,当然也就确定了力学体系沿着这条真实轨道运动时的运动规律.

我们现在用拉格朗日方程来推导在保守力系作用下的哈密顿原理. 关于在任意力系作用下的哈密顿原理,由于用得不太多,这里从略.

把拉格朗日方程(5.3.18)中的各项乘以 δq_α,对 α 求和. 然后沿着一条可能的运动轨道即 s 维空间一条曲线(如图 5.7.1)自两曲线共同端点 $P_1(t=t_1)$ 至 $P_2(t=t_2)$ 对 t 积分,则得

$$\int_{t_1}^{t_2}\sum_{\alpha=1}^{s}\left\{\left[\frac{\mathrm{d}}{\mathrm{d}t}\left(\frac{\partial L}{\partial\dot{q}_\alpha}\right)-\frac{\partial L}{\partial q_\alpha}\right]\delta q_\alpha\right\}\mathrm{d}t=0 \tag{5.7.8}$$

但

$$\begin{aligned}\frac{\mathrm{d}}{\mathrm{d}t}\left(\frac{\partial L}{\partial\dot{q}_\alpha}\right)\delta q_\alpha&=\frac{\mathrm{d}}{\mathrm{d}t}\left(\frac{\partial L}{\partial\dot{q}_\alpha}\delta q_\alpha\right)-\frac{\partial L}{\partial\dot{q}_\alpha}\frac{\mathrm{d}}{\mathrm{d}t}(\delta q_\alpha)\\&=\frac{\mathrm{d}}{\mathrm{d}t}\left(\frac{\partial L}{\partial\dot{q}_\alpha}\delta q_\alpha\right)-\frac{\partial L}{\partial\dot{q}_\alpha}\delta\dot{q}_\alpha\end{aligned} \tag{5.7.9}$$

因哈密顿用的是等时变分,故这里也用了式(5.7.5)的对易关系,把式(5.7.9)代入式(5.7.8),得

$$\sum_{\alpha=1}^{s}\frac{\partial L}{\partial \dot{q}_\alpha}\delta q_\alpha\Bigg|_{t_1}^{t_2}-\int_{t_1}^{t_2}\sum_{\alpha=1}^{s}\left(\frac{\partial L}{\partial \dot{q}_\alpha}\delta\dot{q}_\alpha+\frac{\partial L}{\partial q_\alpha}\delta q_\alpha\right)\mathrm{d}t=0 \tag{5.7.10}$$

因为 $L=L(q_1,q_2,\cdots,q_s;\dot{q}_1,\dot{q}_2,\cdots,\dot{q}_s;t)$，而 $\delta q_\alpha\big|_{t=t_1}=\delta q_\alpha\big|_{t=t_2}=0$，故式(5.7.10)简化为

$$\int_{t_1}^{t_2}\delta L\mathrm{d}t=0 \tag{5.7.11}$$

又因 $\delta t=0$，故式(5.7.11)中积分号内的 δ 可移至积分号外，即

$$\delta\int_{t_1}^{t_2}L\mathrm{d}t=0 \tag{5.7.12}$$

这就是在保守力系作用下的哈密顿原理的数学表达式. 哈密顿称 $\int_{t_1}^{t_2}L\mathrm{d}t$ 为作用函数，当它表示为端点时间和位置的函数时，也叫主函数，并以 S 表示.

我们已经讲过：描写力学体系运动状态的积分式(5.7.7)是代表 s 维空间的一条曲线(图 5.7.1)，时间 t 是此曲线的参数. 假定此曲线 C 通过 s 维空间的两个定点 P_1 和 P_2. 若以式(5.7.7)代入拉氏函数 L 中，然后沿 C 自 $P_1(t=t_1)$ 至 $P_2(t=t_2)$ 对 t 积分，则积分有一确定的值 S. 如果我们沿着一条约束所许可的邻近轨道 C'，将拉氏函数 L 对 t 积分，C'也通过 P_1 和 P_2 两点，而代表 C'的参数方程是

$$\left.\begin{aligned}&q'_\alpha=q_\alpha(t,c_1,c_2,\cdots,c_{2s})+\delta q_\alpha\\&\delta q_\alpha\big|_{t=t_1}=\delta q_\alpha\big|_{t=t_2}=0\end{aligned}\right\}\quad(\alpha=1,2,\cdots,s) \tag{5.7.13}$$

其中 δq_α 是一组任意小的函数. 这新积分的值将是

$$S'=\int_{t_1}^{t_2}L(q'_1,q'_2,\cdots,q'_s;\dot{q}'_1,\dot{q}'_2,\cdots,\dot{q}'_s;t)\mathrm{d}t \tag{5.7.14}$$

可见式(5.7.12)左端就是 δS 即 S'与 S 的差，而哈密顿原理(5.7.12)式 $\delta S=0$ 就表示 S 具有稳定值. 因此哈密顿原理就是用变分法中求稳定值的办法来挑选真实轨道，并由此来确定力学体系的运动规律. 哈密顿原理的文字表述如下：保守的、完整的力学体系在相同时间内，由某一初位形转移到另一已知位形的一切可能运动中，真实运动的主函数具有稳定值，即对于真实运动来讲，主函数的变分等于零.

哈密顿原理是和牛顿运动定律等价的原理，并且常广泛地被人们用来推导其他原理、定律和方程. 我们前面是用拉格朗日方程推出哈密顿原理的. 如果反过来，当然也可以从哈密顿原理推出拉格朗日方程. 此外，正则方程也可从哈密顿原理导出(参看下面的例题). 甚至牛顿运动定律也可认为是哈密顿原理的必然结果.

除了虚功原理与哈密顿原理外，力学中还有用到变分法的其他一些原理，例如最小作用量原理等. 最小作用量原理用的是不等时变分，在历史上起过一定的作用，但计算较烦琐，现在已经用得不多了.

［例］ 试由哈密顿原理导出正则方程.

［解］ 由式(5.5.10),知

$$H=-L+\sum_{\alpha=1}^{s}p_\alpha\dot{q}_\alpha$$

故

$$L=\sum_{\alpha=1}^{s}p_\alpha\dot{q}_\alpha-H \tag{1}$$

把(1)式中的 L 代入哈密顿原理式(5.7.12)中,得

$$\delta\int_{t_1}^{t_2}\left(\sum_{\alpha=1}^{s}p_\alpha\dot{q}_\alpha-H\right)\mathrm{d}t=0 \tag{2}$$

因 H 是 p、q、t 的函数,故算出(2)式中的变分,并记住 $\delta t=0$,就得到

$$\int_{t_1}^{t_2}\sum_{\alpha=1}^{s}\left(p_\alpha\delta\dot{q}_\alpha+\dot{q}_\alpha\delta p_\alpha-\frac{\partial H}{\partial p_\alpha}\delta p_\alpha-\frac{\partial H}{\partial q_\alpha}\delta q_\alpha\right)\mathrm{d}t=0 \tag{3}$$

但

$$\sum_{\alpha=1}^{s}(p_\alpha\delta\dot{q}_\alpha)=\sum_{\alpha=1}^{s}\left[p_\alpha\frac{\mathrm{d}}{\mathrm{d}t}(\delta q_\alpha)\right]=\frac{\mathrm{d}}{\mathrm{d}t}\left(\sum_{\alpha=1}^{s}p_\alpha\delta q_\alpha\right)-\sum_{\alpha=1}^{s}\dot{p}_\alpha\delta q_\alpha \tag{4}$$

把(4)式代入(3)式,得

$$\sum_{\alpha=1}^{s}p_\alpha\delta q_\alpha\Big|_{t_1}^{t_2}+\int_{t_1}^{t_2}\sum_{\alpha=1}^{s}\left[\left(\dot{q}_\alpha-\frac{\partial H}{\partial p_\alpha}\right)\delta p_\alpha-\left(\dot{p}_\alpha+\frac{\partial H}{\partial q_\alpha}\right)\delta q_\alpha\right]\mathrm{d}t=0 \tag{5}$$

因两端点相同,故

$$\delta q_\alpha\big|_{t=t_1}=\delta q_\alpha\big|_{t=t_2}=0\quad(\alpha=1,2,\cdots,s)$$

故(5)式中的第一项为零,而(5)式则简化为

$$\int_{t_1}^{t_2}\sum_{\alpha=1}^{s}\left[\left(\dot{q}_\alpha-\frac{\partial H}{\partial p_\alpha}\right)\delta p_\alpha-\left(\dot{p}_\alpha+\frac{\partial H}{\partial q_\alpha}\right)\delta q_\alpha\right]\mathrm{d}t=0 \tag{6}$$

因 δp_α 及 $\delta q_\alpha(\alpha=1,2,\cdots,s)$ 在积分范围内是任意的,而且是相互独立的,故得

$$\left.\begin{aligned}\dot{q}_\alpha&=\frac{\partial H}{\partial p_\alpha}\\ \dot{p}_\alpha&=-\frac{\partial H}{\partial q_\alpha}\end{aligned}\right\}\quad(\alpha=1,2,\cdots,s) \tag{7}$$

这就是所要求的正则方程.

§5.8 正则变换

(1) 正则变换的目的和条件

在 §5.5 中,我们已经指出,哈密顿函数是 p_α、$q_\alpha(\alpha=1,2,\cdots,s)$ 及 t 的函数,而哈密顿正则方程则是 $2s$ 个一阶微分方程. 如果 H 中不出现某个 q,例如 q_i,则这个不出现的 q_i 就是循环坐标,而我们也将由正则方程式(5.5.15)得出一个对

应的积分. 换句话说,如 H 中不出现 q_i,则对应的 p_i,就是常量,所以只要 H 中能多出现一些循环坐标,我们就能多得出一些积分,这当然是我们在求解正则方程时所希望的.

但是,力学体系的哈密顿函数 H 中,有没有循环坐标,与我们所选用的坐标系有关. 在某种坐标系中没有循环坐标,在另一种坐标系中却可以有一个或几个循环坐标. 有心力就是一个最明显的例子. 在极坐标系中,如质点的质量是 m,则动能 $E_k=\frac{1}{2}m(\dot{r}^2+r^2\dot{\theta}^2)$. 对平方反比引力问题来讲,势能 $E_p=-\frac{k^2m}{r}$,故 $H=E_k+E_p$(因动能是广义速度的二次齐次式). 很显然,这里极角 θ 是一个循环坐标,故对应的广义动量的微分 $\dot{p}_\theta=-\frac{\partial H}{\partial \theta}=0$,即

$$p_\theta=\frac{\partial L}{\partial \dot{\theta}}=m\dot{r}^2\dot{\theta}=\text{常量}$$

即对应的广义动量是守恒的[参看 §5.3 及式(5.5.1)]. 在这一节里,我们将介绍坐标和动量的变换,使新的哈密顿函数中能出现一些循环坐标. 如果通过某种变量的变换,能够找到新的函数,设为 H^*,使正则方程的形式不变,这种变换就叫正则变换. 很显然,我们进行变量变换来获取循环坐标时,必须使这种变换是正则变换. 否则,变换后的方程若不像式(5.5.15)那样简单,即使有循环坐标,也不一定能得出积分.

通过变量变换后,是要使原有的正则变量 p_β、q_β($\beta=1,2,\cdots,s$)变为新的正则变量 P_α、Q_α. 如果它们的变换关系是

$$\left.\begin{aligned}P_\alpha&=P_\alpha(p_1,p_2,\cdots,p_s;q_1,q_2,\cdots,q_s;t)\\Q_\alpha&=Q_\alpha(p_1,p_2,\cdots,p_s;q_1,q_2,\cdots,q_s;t)\end{aligned}\right\}\quad(\alpha=1,2,\cdots,s)\tag{5.8.1}$$

则因为这 $2s$ 个代数方程必须是互相独立的,故解上列诸方程,可得 p_α、q_α 为 P_β、Q_β($\beta=1,2,\cdots,s$)及时间 t 的函数.

设式(5.8.1)及哈密顿函数 H 中皆明显地含有 t,则正则变换的条件是

$$\sum_{\alpha=1}^{s}(p_\alpha\mathrm{d}q_\alpha-P_\alpha\mathrm{d}Q_\alpha)+(H^*-H)\mathrm{d}t=\mathrm{d}U\tag{5.8.2}$$

式中 $\mathrm{d}U$ 为一恰当微分,而 H^* 可称之为用新变量 P_α、Q_α 所表示的“哈密顿函数”,现在证明如下.

设我们使 p_α、q_α 有任意的变分 δp_α、δq_α($\alpha=1,2,\cdots,s$). 当正则变换满足式(5.8.2)的条件时,因 $\delta t=0$,故式(5.8.2)变为

$$\sum_{\alpha=1}^{s}(p_\alpha\delta q_\alpha-P_\alpha\delta Q_\alpha)=\delta U\tag{5.8.3}$$

在式(5.8.2)中取 U 对时间的微商得

$$\sum_{\alpha=1}^{s}(p_\alpha\dot{q}_\alpha-P_\alpha\dot{Q}_\alpha)+(H^*-H)=\dot{U}\tag{5.8.4}$$

根据§5.7的式(5.7.5),当$\delta t=0$时,算符δ与$\frac{\mathrm{d}}{\mathrm{d}t}$的先后次序可以对易,即

$$\left.\begin{array}{l}\frac{\mathrm{d}}{\mathrm{d}t}\delta q_\alpha=\delta\dot{q}_\alpha,\quad \frac{\mathrm{d}}{\mathrm{d}t}\delta Q_\alpha=\delta\dot{Q}_\alpha\quad(\alpha=1,2,\cdots,s)\\ \frac{\mathrm{d}}{\mathrm{d}t}\delta U=\delta\dot{U}\end{array}\right\}\tag{5.8.5}$$

于是由式(5.8.3)和式(5.8.4)分别取对时间微商和取变分后,得

$$\begin{aligned}&\delta\left(\sum_{\alpha=1}^{s}P_\alpha\dot{Q}_\alpha\right)-\frac{\mathrm{d}}{\mathrm{d}t}\left(\sum_{\alpha=1}^{s}P_\alpha\delta Q_\alpha\right)-\delta H^*\\&=\delta\left(\sum_{\alpha=1}^{s}p_\alpha\dot{q}_\alpha\right)-\frac{\mathrm{d}}{\mathrm{d}t}\left(\sum_{\alpha=1}^{s}p_\alpha\delta q_\alpha\right)-\delta H\end{aligned}\tag{5.8.6}$$

但由正则方程式(5.5.15)及式(5.8.5)等关系,知式(5.8.6)右端

$$\begin{aligned}&\sum_{\alpha=1}^{s}\left[\delta(p_\alpha\dot{q}_\alpha)-\frac{\mathrm{d}}{\mathrm{d}t}(p_\alpha\delta q_\alpha)\right]-\delta H=\sum_{\alpha=1}^{s}(\dot{q}_\alpha\delta p_\alpha-\dot{p}_\alpha\delta q_\alpha)-\delta H\\&=\sum_{\alpha=1}^{s}\left(\frac{\partial H}{\partial p_\alpha}\delta p_\alpha+\frac{\partial H}{\partial q_\alpha}\delta q_\alpha\right)-\delta H=\delta H-\delta H=0\end{aligned}\tag{5.8.7}$$

因此

$$\delta H^*=\sum_{\alpha=1}^{s}\left(\frac{\partial H^*}{\partial P_\alpha}\delta P_\alpha+\frac{\partial H^*}{\partial Q_\alpha}\delta Q_\alpha\right)=\sum_{\alpha=1}^{s}(\dot{Q}_\alpha\delta P_\alpha-\dot{P}_\alpha\delta Q_\alpha)$$

即

$$\sum_{\alpha=1}^{s}\left[\left(\dot{Q}_\alpha-\frac{\partial H^*}{\partial P_\alpha}\right)\delta P_\alpha-\left(\dot{P}_\alpha+\frac{\partial H^*}{\partial Q_\alpha}\right)\delta Q_\alpha\right]=0\tag{5.8.8}$$

因δP_α和δQ_α都是互相独立的,故由式(5.8.8),得

$$\left.\begin{array}{l}\dot{Q}_\alpha=\frac{\partial H^*}{\partial P_\alpha}\\ \dot{P}_\alpha=-\frac{\partial H^*}{\partial Q_\alpha}\end{array}\right\}\quad(\alpha=1,2,\cdots,s)\tag{5.8.9}$$

即$H^*=H^*(P,Q,t)$所满足的方程不改变正则方程的形式. 故由正则变量p_β、q_β变为P_α、Q_α时,如适合式(5.8.2)所给出的关系,则这种变换就是一个正则变换,而经过这种变换后,正则方程的形式不变.

回到式(5.8.2),我们知道U可写为(q,Q,t)的函数,即

$$\begin{aligned}&\sum_{\alpha=1}^{s}(p_\alpha\mathrm{d}q_\alpha-P_\alpha\mathrm{d}Q_\alpha)+(H^*-H)\mathrm{d}t=\mathrm{d}U(q,Q,t)\\&=\sum_{\alpha=1}^{s}\left(\frac{\partial U}{\partial q_\alpha}\mathrm{d}q_\alpha+\frac{\partial U}{\partial Q_\alpha}\mathrm{d}Q_\alpha\right)+\frac{\partial U}{\partial t}\mathrm{d}t\end{aligned}\tag{5.8.10}$$

由此得

$$\left.\begin{array}{l}p_{\alpha}=\dfrac{\partial U}{\partial q_{\alpha}},\quad P_{\alpha}=-\dfrac{\partial U}{\partial Q_{\alpha}}\quad(\alpha=1,2,\cdots,s)\\H^{*}-H=\dfrac{\partial U}{\partial t}\end{array}\right\}\tag{5.8.11}$$

从式(5.8.11)可以看出：正则变换有赖于函数 $U(q,Q,t)$ 的选择，这个函数叫做母函数. 故可设一个母函数 $U(q,Q,t)$，那么由式(5.8.11)的第一和第二两式，就可求出变换方程(5.8.1)，而且这种变换一定是正则变换，可使正则方程的形式不变. 至于 H^{*}，则可由式(5.8.11)中第三式求出.

如果变换方程式(5.8.1)及哈密顿函数 H 中皆不明显地含有 t，则正则变换的条件式(5.8.2)简化为

$$\sum_{\alpha=1}^{s}(p_{\alpha}\mathrm{d}q_{\alpha}-P_{\alpha}\mathrm{d}Q_{\alpha})=\mathrm{d}U\tag{5.8.12}$$

即适合这种关系的变换，不改变正则方程的形式. 此时母函数 U 也将不是 t 的显函数，即 $U=U(q,Q)$，故 $\dfrac{\partial U}{\partial t}=0$，因而 $H^{*}=H$.

(2) 几种不同形式的正则变换

由于母函数规定得不同，正则变换还可以有下列三种不同的形式，兹分述于下：

(a) 在式(5.8.2)

$$\sum_{\alpha=1}^{s}(p_{\alpha}\mathrm{d}q_{\alpha}-P_{\alpha}\mathrm{d}Q_{\alpha})+(H^{*}-H)\mathrm{d}t=\mathrm{d}U$$

中，变换 $\sum\limits_{\alpha=1}^{s}p_{\alpha}\mathrm{d}q_{\alpha}$ 项，即

$$\sum_{\alpha=1}^{s}p_{\alpha}\mathrm{d}q_{\alpha}=\mathrm{d}\Big(\sum_{\alpha=1}^{s}p_{\alpha}q_{\alpha}\Big)-\sum_{\alpha=1}^{s}q_{\alpha}\mathrm{d}p_{\alpha}$$

代入式(5.8.2)中，得

$$\begin{aligned}&\sum_{\alpha=1}^{s}(-q_{\alpha}\mathrm{d}p_{\alpha}-P_{\alpha}\mathrm{d}Q_{\alpha})+(H^{*}-H)\mathrm{d}t\\&=\mathrm{d}\Big[U(q,Q,t)-\sum_{\alpha=1}^{s}p_{\alpha}q_{\alpha}\Big]\\&=\mathrm{d}U_{1}(p,Q,t)\end{aligned}\tag{5.8.13}$$

此时母函数 U_{1} 是 p、Q、t 的函数，且

$$P_{\alpha}=-\frac{\partial U_{1}}{\partial Q_{\alpha}},\quad q_{\alpha}=-\frac{\partial U_{1}}{\partial p_{\alpha}}\quad(\alpha=1,2,\cdots,s)$$

$$H^* - H = \frac{\partial U_1}{\partial t} \tag{5.8.14}$$

(b) 如果在式(5.8.2)中变换 $\sum_{\alpha=1}^{s} P_\alpha \mathrm{d}Q_\alpha$ 项,则用同样方法,可得

$$\begin{aligned}
&\sum_{\alpha=1}^{s}(p_\alpha \mathrm{d}q_\alpha + Q_\alpha \mathrm{d}P_\alpha) + (H^* - H)\mathrm{d}t \\
&= \mathrm{d}\left[U(q,Q,t) + \sum_{\alpha=1}^{s} P_\alpha Q_\alpha\right] \\
&= \mathrm{d}U_2(q,P,t)
\end{aligned} \tag{5.8.15}$$

且

$$p_\alpha = \frac{\partial U_2}{\partial q_\alpha}, \quad Q_\alpha = \frac{\partial U_2}{\partial P_\alpha} \quad (\alpha = 1,2,\cdots,s)$$

$$H^* - H = \frac{\partial U_2}{\partial t} \tag{5.8.16}$$

(c) 如果在式(5.8.2)中同时变换 $\sum_{\alpha=1}^{s} p_\alpha \mathrm{d}q_\alpha$ 和 $\sum_{\alpha=1}^{s} P_\alpha \mathrm{d}Q_\alpha$ 两项,则得

$$\begin{aligned}
&\sum_{\alpha=1}^{s}(Q_\alpha \mathrm{d}P_\alpha - q_\alpha \mathrm{d}p_\alpha) + (H^* - H)\mathrm{d}t \\
&= \mathrm{d}\left[U(q,Q,t) + \sum_{\alpha=1}^{s} P_\alpha Q_\alpha - \sum_{\alpha=1}^{s} p_\alpha q_\alpha\right] \\
&= \mathrm{d}U_3(P,p,t)
\end{aligned} \tag{5.8.17}$$

且

$$Q_\alpha = \frac{\partial U_3}{\partial P_\alpha}, \quad q_\alpha = -\frac{\partial U_3}{\partial p_\alpha} \quad (\alpha = 1,2,\cdots,s)$$

$$H^* - H = \frac{\partial U_3}{\partial t} \tag{5.8.18}$$

实际上,这四种不同的变换,是由于母函数中的独立变量规定得不同所致. 亦即后三种变换可以看做是从式(5.8.2)经过一个勒让德变换得出来的. 因为在式(5.8.2)两侧同时减去 $\mathrm{d}\left(\sum_{\alpha=1}^{s} p_\alpha q_\alpha\right)$,即得式(5.8.13). 同理,如在式(5.8.2)两侧同时加上 $\mathrm{d}\left(\sum_{\alpha=1}^{s} P_\alpha Q_\alpha\right)$,即得式(5.8.15). 如在两侧同时加上 $\mathrm{d}\sum_{\alpha=1}^{s}(P_\alpha Q_\alpha - p_\alpha q_\alpha)$, 即得式(5.8.17).

(3) 正则变换的关键

假如经过变换后,新的哈密顿函数 H^* 只是变量 $P_1, P_2, \cdots, P_s$ 及时间 t 的函数,即

$$H^* = H^*(P_1, P_2, \cdots, P_s; t) \tag{5.8.19}$$

则自式(5.8.9),知 $\dot{P}_\alpha=0(\alpha=1,2,\cdots,s)$,因此得力学体系 s 个积分 $P_\alpha=$常量 $(\alpha=1,2,\cdots,s)$,而 Q_α 亦可利用(5.8.9)中的另一组方程经过积分而求得,即

$$Q_\alpha=\int\frac{\partial H^*}{\partial P_\alpha}\mathrm{d}t \qquad (\alpha=1,2,\cdots,s)$$

于是力学体系的运动问题就完全解决了. 力学体系此时能否有 $2s$ 个积分,全靠母函数 U 规定得如何而定. 所以力学体系运动微分方程的积分,从正则变换的角度看来,就变成如何找合适的母函数 U 的问题了. 如果母函数 U 规定得适当,使变换后能有很多循环坐标出现,问题即可大为简化.

[例] 用正则变换法求平面谐振子的运动.

[解] 以 x、y 代表谐振子的直角坐标,p_x、p_y 为它们的动量,ω_1、ω_2 为谐振子沿 x 轴及 y 轴的振动频率,m 为振子的质量,于是此谐振子的哈密顿函数为

$$H=E_\mathrm{k}+E_\mathrm{p}=\frac{1}{2m}(p_x^2+p_y^2)+\frac{1}{2}m(\omega_1^2x^2+\omega_2^2y^2) \tag{1}$$

如规定本题的母函数 U 为

$$U=\frac{1}{2}m(\omega_1x^2\cot Q_1+\omega_2y^2\cot Q_2)=U(q,Q) \tag{2}$$

则由式(5.8.11),得

$$\left.\begin{aligned}&p_x=\frac{\partial U}{\partial x}=m\omega_1x\cot Q_1,\quad p_y=\frac{\partial U}{\partial y}=m\omega_2y\cot Q_2\\&P_1=-\frac{\partial U}{\partial Q_1}=\frac{1}{2}m\omega_1x^2\csc^2Q_1,\quad P_2=-\frac{\partial U}{\partial Q_2}=\frac{1}{2}m\omega_2y^2\csc^2Q_2\end{aligned}\right\} \tag{3}$$

将(3)式中的 p_x 及 p_y 的表达式代入(1)式中,得

$$\begin{aligned}H&=\frac{1}{2}m(\omega_1^2x^2\cot^2Q_1+\omega_2^2y^2\cot^2Q_2)+\frac{1}{2}m(\omega_1^2x^2+\omega_2^2y^2)\\&=\frac{1}{2}m\omega_1^2x^2(1+\cot^2Q_1)+\frac{1}{2}m\omega_2^2y^2(1+\cot^2Q_2)\end{aligned} \tag{4}$$

再利用(3)式中 P_1 及 P_2 的表达式,即可得出用新变量表示的哈密顿函数

$$H^*=\omega_1P_1+\omega_2P_2 \tag{5}$$

而用新变量表示的谐振子的运动方程根据式(5.8.9)

$$\left.\begin{aligned}&\dot{P}_1=0,\quad \dot{P}_2=0\\&\dot{Q}_1=\omega_1,\quad \dot{Q}_2=\omega_2\end{aligned}\right\} \tag{6}$$

积分,得

$$\left.\begin{aligned}&P_1=C_1,\qquad P_2=C_2\\&Q_1=\omega_1t+\delta_1,\quad Q_2=\omega_2t+\delta_2\end{aligned}\right\} \tag{7}$$

式中 C_1、C_2、δ_1 及 δ_2 是四个积分常量，由起始条件决定.

再回到原来的坐标上来，根据(3)式下面两式即得谐振子在 Oxy 平面上的运动方程为

$$\left.\begin{aligned} x &= \sqrt{\frac{2C_1}{m\omega_1}}\sin(\omega_1 t+\delta_1) \\ y &= \sqrt{\frac{2C_2}{m\omega_2}}\sin(\omega_2 t+\delta_2) \end{aligned}\right\} \tag{8}$$

由此可以看出，本问题利用正则变换后之所以有解，在于(2)式中的母函数 U 规定得适当. 在本问题中，用新变量表示的哈密顿函数 H^*，只是变量 P_1、P_2 的函数，而变量 Q_1、Q_2 皆为循环坐标，但用旧变量表示的 H，则没有循环坐标. 故我们不能由(1)式直接解出(8)式，而要通过一个恰当的变换，这正是引入正则变换的目的(参看下节).

*§ 5.9 哈密顿-雅可比理论

(1) 哈密顿-雅可比偏微分方程

我们在前面已经讨论了利用泊松定理和正则变换两种求解正则方程的方法，它们在某些情况下，可以给出我们所需要的积分或运动积分，但也不总是很有效的. 我们知道，利用正则变换，固然可以得出一些循环坐标，而使正则方程立即有解，但母函数的适当选择，却往往很困难. 利用泊松定理，虽可由两个已知的运动积分，求出其余的运动积分，但又往往得出一些已知解的线性组合或者是恒等式，并未能提供新的积分. 现在，我们来介绍另一种特殊的正则变换，它往往使我们能彻底求解正则方程.

如果我们通过一个特殊的正则变换，使得用新变量 P_α、Q_α 表示的哈密顿函数 $H^*=0$，则由式(5.8.9)，可知新变量 P_α、$Q_\alpha(\alpha=1,2,\cdots,s)$ 这时全部变为常量 α_i、$\beta_i(i=1,2,\cdots,s)$，而如根据习惯，我们选用主函数 S 来作为式(5.8.15)中我们要寻找的母函数 U_2，则由式(5.8.16)中的第三式，得

$$\frac{\partial S}{\partial t}+H(t;q_1,q_2,\cdots,q_s;p_1,p_2,\cdots,p_s)=0 \tag{5.9.1}$$

但由式(5.8.16)中的第一式，我们有

$$p_\alpha=\frac{\partial S}{\partial q_\alpha}\quad(\alpha=1,2,\cdots,s) \tag{5.9.2}$$

故如把式(5.9.1)中的 p_α 全部代以它的等式$\dfrac{\partial S}{\partial q_\alpha}$，则式(5.9.1)变为

$$\frac{\partial S}{\partial t}+H\left(t;q_1,q_2,\cdots,q_s;\frac{\partial S}{\partial q_1},\frac{\partial S}{\partial q_2},\cdots,\frac{\partial S}{\partial q_s}\right)=0 \tag{5.9.3}$$

这是一阶二次偏微分方程(因为 H 是 $p_1,p_2,\cdots,p_s$ 的二次式),叫做哈密顿-雅可比偏微分方程,哈密顿的主函数 S 作为母函数正好满足这个偏微分方程. 这个关系是哈密顿与雅可比分别用不同方法导出并给予解释的. 式(5.9.3)有时也简称为哈-雅方程.

哈-雅方程是一阶偏微分方程,时间和坐标是独立变量,因此对 s 个自由度的力学体系而言,它的全解包含 $s+1$ 个积分常量. 但在现在式(5.9.3)的情况下,由于函数本身仅仅以自己的偏微商形式存在于方程中,S 本身并不存在,因此 $s+1$ 个常量中有一个应该以相加的形式出现,也就是说,从哈-雅方程求出的运动积分应具有下列形式:

$$S=S(t;q_1,q_2,\cdots,q_s;\alpha_1,\alpha_2,\cdots,\alpha_s)+C \tag{5.9.4}$$

其中 $\alpha_1,\alpha_2,\cdots,\alpha_s$ 是任意常量,亦即新的广义动量,而 C 则为可加常量.

哈-雅方程亦可按下法导出. 如主函数(5.9.4)的具体形式已知,则求 S 对 t 的全微商,并利用式(5.9.2),得

$$\frac{\mathrm{d}S}{\mathrm{d}t}=\frac{\partial S}{\partial t}+\sum_{\alpha=1}^{s}\frac{\partial S}{\partial q_\alpha}\dot{q}_\alpha=\frac{\partial S}{\partial t}+\sum_{\alpha=1}^{s}p_\alpha\dot{q}_\alpha \tag{5.9.5}$$

式(5.7.12)下面的两行内容,知$\frac{\mathrm{d}S}{\mathrm{d}t}=L$,而由式(5.5.10)又知 $H=-L+\sum_{\alpha=1}^{s}p_\alpha\dot{q}_\alpha$,把这些关系代入式(5.9.5),即可同样得出哈-雅方程(5.9.3).

由此可见,如果主函数 S 已经求出,则主函数 S 必定满足哈-雅方程,这就是哈密顿当时推证时所用的方法. 但实际上我们现在都是用雅可比的方法,即从哈-雅方程求出 S,然后由式(5.9.2)求 $p_\alpha(\alpha=1,2,\cdots,s)$,用

$$\frac{\partial S}{\partial \alpha_i}=\beta_i\quad(i=1,2,\cdots,s) \tag{5.9.6}$$

求 $Q_\alpha(\alpha=1,2,\cdots,s)$,就可以得出正则方程的全部积分了. 这样,正则方程的求解问题,就归结为如何从哈-雅方程求 S 的问题. 式(5.9.6)实际上就是式(5.8.16)中的第二式,只是由于正则变换,现在是以 α_i 代 P_α,以 β_i 代 Q_α.

如果一个力学体系的哈密顿函数 H 中不显含时间 t,并且约束又是稳定的,则由式(5.5.20),知 $H=E$,E 是力学体系的总能量. 如为不稳定的约束,则以 h 代 E,h 仍为常量. 由式(5.9.3),可知$\frac{\partial S}{\partial t}=-H$;在稳定约束情形下,$\frac{\partial S}{\partial t}=-E$. 对 t 积分,并因式(5.9.3)是包含 s 个自变量 q 和变量 t 的偏微分方程,t 仅仅是其中一个变量,故积分后,得

$$S=-Et+W(q_1,q_2,\cdots,q_s,\alpha_2,\alpha_3,\cdots,\alpha_s,E)+C \tag{5.9.7}$$

式中 α_1 已用 E 代替,α_i 等的物理意义同前. W 是一个新函数,不包含 t,常被称为哈密顿-雅可比特性函数. 根据式(5.9.7),有$\frac{\partial S}{\partial q_\alpha}=\frac{\partial W}{\partial q_\alpha}(\alpha=1,2,\cdots,s)$. 这样,

式(5.9.3)就变为

$$H\left(q_1,q_2,\cdots,q_s,\frac{\partial W}{\partial q_1},\frac{\partial W}{\partial q_2},\cdots,\frac{\partial W}{\partial q_s}\right)=E^{①} \tag{5.9.8}$$

这样,正则方程的求解问题就又变为从偏微分方程(5.9.8)求 W 的问题.

(2)分离变量法

在某些情况下,我们可用分离变量法来解式(5.9.8). 因如 W(它往往和动能有关)和 V(它和势能有关)都可分为 s 个 W_α 及 V_α 之和,而每一个 W_α 和 V_α 都只与一个坐标 q_α 有关,则一阶二次偏微分方程式(5.9.8)可分为 s 个一阶二次常微分方程. 即在此情形下,式(5.9.8)可写为

$$\begin{aligned}\frac{1}{2}\left[A_1(q_1)\left(\frac{\mathrm{d}W_1}{\mathrm{d}q_1}\right)^2+A_2(q_2)\left(\frac{\mathrm{d}W_2}{\mathrm{d}q_2}\right)^2+\cdots+A_s(q_s)\left(\frac{\mathrm{d}W_s}{\mathrm{d}q_s}\right)^2\right]+\\ V_1(q_1)+V_2(q_2)+\cdots+V_s(q_s)=E\end{aligned} \tag{5.9.9}$$

因此

$$\left.\begin{array}{l}\dfrac{1}{2}A_\alpha(q_\alpha)\left(\dfrac{\mathrm{d}W_\alpha}{\mathrm{d}q_\alpha}\right)^2+V_\alpha(q_\alpha)=\alpha_\alpha\quad(\alpha=1,2,\cdots,s)\\ a_1+a_2+\cdots+a_s=E\end{array}\right\} \tag{5.9.10}$$

如每一 W_α 均已求出,则

$$W=W_1+W_2+\cdots+W_s \tag{5.9.11}$$

而由式(5.9.2)及式(5.9.6),得

$$\left.\begin{array}{l}\dfrac{\partial W}{\partial q_i}=\dfrac{\partial S}{\partial q_i}=p_i\quad(i=1,2,\cdots,s)\\ \dfrac{\partial W}{\partial E}=t+\dfrac{\partial S}{\partial E}=t-t_0\\ \dfrac{\partial W}{\partial \alpha_i}=\dfrac{\partial S}{\partial \alpha_i}=\beta_i\quad(i=1,2,\cdots,s)\end{array}\right\} \tag{5.9.12}$$

上式中的第二式显含 t,是运动积分,可用以求出运动规律;第三组 $(s-1)$ 个方程称为几何积分,可用来确定轨道,而第一组 s 个方程则可用来确定广义动量 p_i. 由此可见,正则方程的优越性在于利用哈-雅方程后,所得的结果十分普遍,可同时得出运动规律、轨道及动量,这是拉格朗日方程所不及的.

在具体问题中,式(5.9.3)并不一定就能立即分成像式(5.9.10)那样很简易的形式,而是要采用逐步分离的办法来进行. 我们现在就来介绍这种方法.

设在哈-雅方程中只有某一坐标 q_i 和它相对应的微商 $\dfrac{\partial S}{\partial q_i}$ 以某种形式的组

① 如为不稳定约束,则只需以 h 代 E 即可,余不变.

合$\varphi\left(q_i,\dfrac{\partial S}{\partial q_i}\right)$的形式出现，其他坐标（或时间）和它们的微商依旧，也就是说，方程(5.9.3)具有如下形式：

$$\Phi\left[t;q_1,\cdots,q_{i-1},q_{i+1},\cdots,q_s;\frac{\partial S}{\partial t};\frac{\partial S}{\partial q_1},\cdots,\frac{\partial S}{\partial q_{i-1}},\frac{\partial S}{\partial q_{i+1}},\cdots,\frac{\partial S}{\partial q_s};\varphi\left(q_i,\frac{\partial S}{\partial q_i}\right)\right]=0 \tag{5.9.13}$$

在这种情况下，我们将寻找下列形式的解：

$$S=S_i(q_i)+S'(t;q_1,\cdots,q_{i-1},q_{i+1},\cdots,q_s). \tag{5.9.14}$$

把它代入式(5.9.13)中，便得到

$$\Phi\left[t;q_1,\cdots,q_{i-1},q_{i+1},\cdots,q_s;\frac{\partial S'}{\partial t},\frac{\partial S'}{\partial q_1},\cdots,\frac{\partial S'}{\partial q_{i-1}},\frac{\partial S'}{\partial q_{i+1}},\cdots,\frac{\partial S'}{\partial q_s};\varphi\left(q_i,\frac{\partial S_i}{\partial q_i}\right)\right]=0 \tag{5.9.15}$$

如解式(5.9.14)为已知，则把它代入式(5.9.15)后，式(5.9.15)就变成恒等式，而这一恒等式在q_i为任何值时都是正确的. 但当q_i变化时，只有函数φ可能变化. 因此式(5.9.15)的恒等性，要求φ本身必须是常量，故得

$$\left.\begin{aligned}&\varphi\left(q_i,\frac{\partial S_i}{\partial q_i}\right)=\alpha_i\\&\Phi\left(t;q_1,\cdots,q_{i-1},q_{i+1},\cdots,q_s;\frac{\partial S'}{\partial t},\frac{\partial S'}{\partial q_1},\cdots,\frac{\partial S'}{\partial q_{i-1}},\frac{\partial S'}{\partial q_{i+1}},\cdots,\frac{\partial S'}{\partial q_s};\alpha_i\right)=0\end{aligned}\right\} \tag{5.9.16}$$

式中α_i是常量. 上面的第一个方程是常微分方程，函数$S_i(q_i)$可由它经过简单的积分求出. 剩下的第二个方程，虽然还是偏微分方程，但其中独立变量的数目已经减少了一个.

如继续运用这种方法，能够分离出所有的坐标和时间，那么求哈密顿-雅可比偏微分方程的解就全部化为求积了.

循环坐标的情况，可以说是分离变量法的特殊情况. 循环坐标q_i不显含在哈密顿函数H中，因而也就不显含在哈密顿-雅可比方程中，这时函数$\varphi\left(q_i,\dfrac{\partial S}{\partial q_i}\right)$变为只含$\dfrac{\partial S}{\partial q_i}$，而由式(5.9.16)中的第一式，很容易得出

$$S_i=\alpha_i q_i,$$

于是

$$S=\alpha_i q_i+S'(t;q_1,\cdots,q_{i-1},q_{i+1},\cdots,q_s). \tag{5.9.17}$$

由式(5.9.12)中的第一式，知$\alpha_i=\dfrac{\partial S}{\partial q_i}=p_i$是和循环坐标$q_i$相对应的广义动量. 对保守系来讲，把时间分离成$-Et$的形式，也是对“循环变量”$t$的分离方法. 由此可见，哈密顿-雅可比理论是求正则方程普遍积分最有效的方法.

为了在哈密顿-雅可比方程中能够分离变量，适当地选择坐标系具有决定性的意义. 现在举几个常用的坐标系，它们和质点在各种不同外场中的运动问

题有关，因此具有明显的物理意义.

Ⅰ. 球坐标

在 §5.5 中，我们已用了球坐标 (r,θ,φ) 来研究电子的运动问题. 动能 E_k 已用 p、q 表示，它是

$$E_k=\frac{1}{2m}\left(p_r^2+\frac{p_\theta^2}{r^2}+\frac{p_\varphi^2}{r^2\sin^2\theta}\right)$$

而在一般情况下，具有物理意义的势能可表示为

$$E_p=a(r)+\frac{b(\theta)}{r^2}$$

在这种情况下，函数 W 的哈-雅方程是

$$\frac{1}{2m}\left(\frac{\partial W}{\partial r}\right)^2+a(r)+\frac{1}{2mr^2}\left[\left(\frac{\partial W}{\partial\theta}\right)^2+2mb(\theta)\right]+\frac{1}{2mr^2\sin^2\theta}\left(\frac{\partial W}{\partial\varphi}\right)^2=E \tag{5.9.18}$$

因为 φ 是循环坐标，故所求的解具有下列形式：

$$S=-Et+p_\varphi\varphi+W_1(r)+W_2(\theta)$$

对于函数 $W_1(r)$ 和 $W_2(\theta)$，我们得到下列两个方程：

$$\left.\begin{aligned}&\left(\frac{\mathrm{d}W_2}{\mathrm{d}\theta}\right)^2+2mb(\theta)+\frac{p_\varphi^2}{\sin^2\theta}=\alpha_2\\&\frac{1}{2m}\left(\frac{\mathrm{d}W_1}{\mathrm{d}r}\right)^2+a(r)+\frac{\alpha_2}{2mr^2}=E\end{aligned}\right\} \tag{5.9.19}$$

积分这两个方程，最后可得

$$S=-Et+p_\varphi\varphi+\int\sqrt{\alpha_2-2mb(\theta)-\frac{p_\varphi^2}{\sin^2\theta}}\,\mathrm{d}\theta+\int\sqrt{2m[E-a(r)]-\frac{\alpha_2}{r^2}}\,\mathrm{d}r \tag{5.9.20}$$

式中 p_φ、α_2、E 是积分常量. 利用式(5.9.12)，我们就可以求出运动方程的普遍积分.

Ⅱ. 抛物线坐标

从柱坐标 (r,θ,z) 变换到抛物线坐标 (ξ,η,θ)，我们可根据下列公式

$$z=\frac{1}{2}(\xi-\eta),\quad r=\sqrt{\xi\eta} \tag{5.9.21}$$

来进行. 坐标 ξ 和 η 可取 0 到 ∞ 的一切值，而 ξ 和 η 等于常量的曲面是两族以 z 轴为对称轴的旋转抛物面.

在柱坐标中，质量为 m 的质点的拉格朗日函数

$$L=\frac{1}{2}m(\dot{r}^2+r^2\dot{\theta}^2+\dot{z}^2)-E_p(r,\theta,z) \tag{5.9.22}$$

从式(5.9.21)中求出 $\dot{r}$、$\dot{z}$，然后连同 r、z 本身的表达式，代入式(5.9.22)中，就得到

$$L=\frac{1}{8}m(\xi+\eta)\left(\frac{\dot{\xi}^2}{\xi}+\frac{\dot{\eta}^2}{\eta}\right)+\frac{1}{2}m\xi\eta\dot{\theta}^2-E_p(\xi,\eta,\theta) \tag{5.9.23}$$

动量

$$p_\xi=\frac{\partial L}{\partial\dot{\xi}}=\frac{1}{4}\frac{m}{\xi}(\xi+\eta)\dot{\xi},\quad p_\eta=\frac{\partial L}{\partial\dot{\eta}}=\frac{1}{4}\frac{m}{\eta}(\xi+\eta)\dot{\eta},$$

$$p_\theta=\frac{\partial L}{\partial\dot{\theta}}=m\xi\eta\dot{\theta}$$

而哈密顿函数

$$H=E_k+E_p=\frac{2}{m}\frac{\xi p_\xi^2+\eta p_\eta^2}{\xi+\eta}+\frac{p_\theta^2}{2m\xi\eta}+E_p(\xi,\eta,\theta) \tag{5.9.24}$$

在这种坐标系中,物理上有意义的分离变量的情况相当于下列形式的势能:

$$E_p=\frac{a(\xi)+b(\eta)}{\xi+\eta} \tag{5.9.25}$$

在这种情况下,函数 W 的哈-雅方程为

$$\frac{2}{m(\xi+\eta)}\left[\xi\left(\frac{\partial W}{\partial\xi}\right)^2+\eta\left(\frac{\partial W}{\partial\eta}\right)^2\right]+\frac{1}{2m\xi\eta}\left(\frac{\partial W}{\partial\theta}\right)^2+\frac{a(\xi)+b(\eta)}{\xi+\eta}=E \tag{5.9.26}$$

和以前一样,θ 是循环坐标,可以 $p_\theta\theta$ 的形式分出,故所求的解具有下列形式:

$$S=-Et+p_\theta\theta+W_1(\xi)+W_2(\eta).$$

用 $m(\xi+\eta)$ 乘式(5.9.26),则对函数 $W_1(\xi)$ 和 $W_2(\eta)$,我们有

$$\left.\begin{aligned}&2\xi\left(\frac{dW_1}{d\xi}\right)^2+ma(\xi)-mE\xi+\frac{p_\theta^2}{2\xi}=\alpha_2\\&2\eta\left(\frac{dW_2}{d\eta}\right)^2+mb(\eta)-mE\eta+\frac{p_\theta^2}{2\eta}=-\alpha_2\end{aligned}\right\} \tag{5.9.27}$$

积分这两个方程,最后可得

$$S=-Et+p_\theta\theta+\int\sqrt{\frac{mE}{2}+\frac{\alpha_2}{2\xi}-\frac{ma(\xi)}{2\xi}-\frac{p_\theta^2}{4\xi^2}}\,d\xi+\int\sqrt{\frac{mE}{2}-\frac{\alpha_2}{2\eta}-\frac{mb(\eta)}{2\eta}-\frac{p_\theta^2}{4\eta^2}}\,d\eta \tag{5.9.28}$$

式中 α_2、E、p_θ 是任意常量.

Ⅲ. 椭圆坐标

从柱坐标变换到椭圆坐标(ξ,η,θ)的变换关系是

$$r=\sigma\sqrt{(\xi^2-1)(1-\eta^2)},\quad z=\sigma\xi\eta \tag{5.9.29}$$

式中常量 σ 是变换参量. 坐标 ξ 的数值可以从 1 到∞,而坐标 η 的数值则从-1

到+1.

在势能 E_p 为

$$E_p=\frac{a(\xi)+b(\eta)}{\xi^2-\eta^2} \tag{5.9.30}$$

的情况下，可用分离变量法求出哈-雅方程的解. 因和前面所讲的方法完全一样，所以我们只写出最后的结果：

$$H=\frac{1}{2m\sigma^2(\xi^2-\eta^2)}\left[(\xi^2-1)p_\xi^2+(1-\eta^2)p_\eta^2+\left(\frac{1}{\xi^2-1}+\frac{1}{1-\eta^2}\right)p_\theta^2\right]+\frac{a(\xi)+b(\eta)}{\xi^2-\eta^2} \tag{5.9.31}$$

而

$$S=-Et+p_\theta\theta+\int\sqrt{2m\sigma^2E+\frac{\alpha_2-2m\sigma^2a(\xi)}{\xi^2-1}-\frac{p_\theta^2}{(\xi^2-1)^2}}\,\mathrm{d}\xi+\int\sqrt{2m\sigma^2E-\frac{\alpha_2+2m\sigma^2b(\eta)}{1-\eta^2}-\frac{p_\theta^2}{(1-\eta^2)^2}}\,\mathrm{d}\eta \tag{5.9.32}$$

式中 p_θ、E、α_2 是任意常量. 至于详细的运算过程，读者可自行完成.

［例］ **电子的运动** 设电荷为 $-e$ 的电子，绕电荷为 Ze 的原子核旋转，试用哈-雅方程求电子的轨道方程.

［解］ 本问题在§5.5 的例题中，已经用正则方程求出电子的运动微分方程. 但如要求轨道方程，则还要像§1.9 中所讲的那样，要由比耐公式或由能量积分才能求出. 此处如用哈-雅方程，则可由它直接求出轨道方程，还可同时求出广义动量和运动规律. 所以是一个较好的解题方法.

在§5.5 中，我们是先用球坐标来解题的. 但在解题过程中，发现它是一个平面问题，故只需用平面极坐标就行了. 由§5.5，知动能 E_k 和势能 E_p 分别为

$$E_k=\frac{1}{2}m(\dot r^2+r^2\dot\theta^2),\quad E_p=-\frac{a}{r} \tag{1}$$

故

$$p_r=\frac{\partial T}{\partial\dot r}=m\dot r,\quad p_\theta=mr^2\dot\theta \tag{2}$$

而

$$H=-L+p_r\dot r+p_\theta\dot\theta=\frac{1}{2m}\left(p_r^2+\frac{1}{r^2}p_\theta^2\right)-\frac{a}{r} \tag{3}$$

因 H 中不显含 t，故可令

$$S=-Et+W(r,\theta) \tag{4}$$

而哈-雅方程则取式(5.9.8)的形式：

$$\frac{1}{2m}\left[\left(\frac{\partial W}{\partial r}\right)^2+\frac{1}{r^2}\left(\frac{\partial W}{\partial\theta}\right)^2\right]-\frac{\alpha}{r}=E \tag{5}$$

我们可用分离变量法来解(5)式. 令 $W(r,\theta)=W_1(r)+W_2(\theta)$,于是

$$\frac{\partial W_2}{\partial\theta}=\sqrt{2Emr^2+2m\alpha r-r^2\left(\frac{\partial W_1}{\partial r}\right)^2}=\alpha_2 \tag{6}$$

这样,就分开了变量,而得到两个常微分方程式:[1]

$$\left.\begin{aligned}\frac{\mathrm{d}W_2}{\mathrm{d}\theta}&=\alpha_2\\ \frac{\mathrm{d}W_1}{\mathrm{d}r}&=\sqrt{2mE+\frac{2m\alpha}{r}-\frac{\alpha_2^2}{r^2}}\end{aligned}\right\} \tag{7}$$

前者告诉我们动量矩(广义动量)p_θ 是一个常量,而 θ 为循环坐标. 将(7)式中的两式相加,得

$$W=\alpha_2\theta+\int\sqrt{2mE+\frac{2m\alpha}{r}-\frac{\alpha_2^2}{r^2}}\,\mathrm{d}r \tag{8}$$

而据式(5.9.12),

$$\frac{\partial W}{\partial E}=t-t_0 \tag{9}$$

$$\frac{\partial S}{\partial\alpha_2}=\frac{\partial W}{\partial\alpha_2}=\beta_2 \tag{10}$$

由(9)式可求运动规律,我们留给读者自行计算. 由(10)式及(8)式则得

$$\theta-\alpha_2\int\frac{\mathrm{d}r}{r\sqrt{-\alpha_2^2+2m\alpha r+2mEr^2}}=\beta_2 \tag{11}$$

这个积分和 §1.9 中求行星轨道时的积分极为类似,故根据该处所给出的公式进行积分后,得

$$\frac{1}{r}=\frac{m\alpha}{\alpha_2^2}+\sqrt{\frac{m^2\alpha^2}{\alpha_2^4}+\frac{2mE}{\alpha_2^2}}\cos(\theta-\beta_2')\left(\beta_2'=\beta_2-\frac{\pi}{2}\right) \tag{12}$$

或

$$r=\frac{\alpha_2^2/m\alpha}{1+\sqrt{1+2E\alpha_2^2/m\alpha^2}\,[\cos(\theta-\beta_2')]}$$

这也是圆锥曲线方程,与式(1.9.23)相仿. 此圆锥曲线的偏心率 ε 为

$$\varepsilon=\sqrt{1+\frac{2E\alpha_2^2}{m\alpha^2}} \tag{13}$$

这表明轨道是椭圆、抛物线或双曲线,依 ε 小于、等于或大于零而定.

---

① 令式(5.9.19)中的 $b(\theta)=0$,$p_\varphi=c=0$,$a(r)=-\dfrac{\alpha}{r}$,亦能得出同样结果.

*§ 5.10

相积分与角变数

我们现在对 § 5.9 中所介绍的方法加以引申，使其更适宜于解周期运动这一类问题. 设哈-雅方程中的变量已分离，则由式(5.9.2)，我们有

$$p_i=\frac{\partial S}{\partial q_i}=f_i(q_i,\alpha_1,\alpha_2,\cdots,\alpha_s)\quad(i=1,2,\cdots,s)$$

现定义与广义坐标 q_i 共轭的相积分 J_i①，即

$$J_i=\oint p_i\mathrm{d}q_i=\oint f_i(q_i,\alpha_1,\alpha_2,\cdots,\alpha_s)\mathrm{d}q_i\tag{5.10.1}$$

上式积分号上的圆圈，表示就一个周期进行积分.

因我们现研究的限于周期运动，故 q_i 一般代表某一角度. 如 q_i 为循环坐标，则 p_i 为常量. 而上述积分的极限为从 0 到 2π. 如 q_i 不是循环坐标，则应对 q_i 的周期积分. 例如，如 q_i 为椭圆运动的径矢 r，则其值由近日点的 r_1 逐渐增加到远日点的 r_2，然后又逐渐减小到 r_1，故函数 f 具有下列形式：

$$f=\pm a\sqrt{(r_2-r)(r-r_1)}\tag{5.10.2}$$

式中 a 为常量，而 f 即式(5.10.1)中的 f_i，因这时 $i=1$. 从式(5.10.2)可以看出，p_r 仅当 r 在极限 r_1 及 r_2 之间始为实数. 此处当 r 增加时，根号前取正号，而当 r 减小时，根号前取负号，以使 $p_r\mathrm{d}r$ 恒为正.

积分式(5.10.1)，得

$$J_i=J_i(\alpha_1,\alpha_2,\cdots,\alpha_s)\qquad(i=1,2,\cdots,s)\tag{5.10.3}$$

我们也可用 J 来表示 α，即

$$\alpha_k=\alpha_k(J_1,J_2,\cdots,J_s)\qquad(k=1,2,\cdots,s)\tag{5.10.4}$$

而式(5.9.4)则可改写为

$$S=S(t;q_1,q_2,\cdots,q_s;J_1,J_2,\cdots,J_s)+C\tag{5.10.5}$$

利用式(5.9.7)及式(5.9.12)，并令 $\alpha_1=E$，则可得

$$\frac{\partial W(q,J)}{\partial J_i}=\sum_{k=1}^{s}\frac{\partial W(q,J)}{\partial\alpha_k}\frac{\partial\alpha_k}{\partial J_i}=(t+\beta_1)\frac{\partial\alpha_1}{\partial J_i}+\beta_2\frac{\partial\alpha_2}{\partial J_i}+\cdots+\beta_s\frac{\partial\alpha_s}{\partial J_i}\tag{5.10.6}$$

式中 $\beta_i(i=1,2,\cdots,s)$ 为常量，而 β_1 则相当于式(5.9.12)中的 $-t_0$.

因 α 对 J 的微商为常量，故式(5.10.6)的右方为 t 的线性函数. 把 $W(q,J)$

---

① J 的量纲是能量 × 时间，与 § 5.7 中主函数 $\int_{t_1}^{t_2}L\mathrm{d}t$ 相同.

简写为 W,则

$$\frac{\partial W}{\partial J_i}=\omega_i t+\delta_i \quad (i=1,2,\cdots,s) \tag{5.10.7}$$

式中 $\omega_i\equiv\frac{\partial\alpha_1}{\partial J_i}=\frac{\partial E}{\partial J_i}$,而 δ_i 是常量. 因 W 对 J 的微商是 $q_1,q_2,\cdots,q_s$ 及 t 的函数,故

$$q_i=q_i(\omega_1,\omega_2,\cdots,\omega_s;\delta_1,\delta_2,\cdots,\delta_s;t) \tag{5.10.8}$$

由于 $\alpha_1=E$ 为系统的总能量,故可写为相积分 J 的函数,即

$$E=E(J_1,J_2,\cdots,J_s)$$

此外,在式(5.10.7)中,令 $\frac{\partial W}{\partial J_i}=w_i$,则

$$w_i=\omega_i t+\delta_i \qquad (i=1,2,\cdots,s) \tag{5.10.9}$$

因 $\dot{w}_i=\omega_i$,而 $E=\alpha_1$,故

$$\dot{w}_i=\frac{\partial E}{\partial J_i} \quad (i=1,2,\cdots,s) \tag{5.10.10}$$

另外,因 E 不是 $w_1,w_2,\cdots,w_s$ 的函数,而 J 不是 t 的函数,故又有

$$\dot{J}_i=-\frac{\partial E}{\partial w_i} \qquad (i=1,2,\cdots,s) \tag{5.10.11}$$

这是因为上式两侧均等于零. 可以看到,式(5.10.10)和式(5.10.11)一起正好与正则方程(5.5.15)具有相同的形式,E 像 H 一样代表总能量,J 代替动量,而 w 则代替坐标. 故它们也是一种正则变换,即把 $p_1,p_2,\cdots,p_s;q_1,q_2,\cdots,q_s$ 换成参数 $J_1,J_2,\cdots,J_s;w_1,w_2,\cdots,w_s$.

前面已经讲过,E 是体系的总能量,而 J 的量纲是能量×时间,故 $\frac{\partial E}{\partial J_i}$ 是时间倒数的量纲,而由式(5.10.10)及式(5.10.9),知 ω_i 也必定是时间倒数的量纲. 为了更加明确起见,让我们计算当 q_i 增加一个周期之值时所导致 w_i 的增加. 为此可计算 $\oint \mathrm{d}w_i$ 之值:

$$\begin{aligned}\Delta w_i&=\oint \mathrm{d}w_i=\oint\frac{\partial w_i}{\partial q_i}\mathrm{d}q_i=\oint\frac{\partial^2 W}{\partial q_i\partial J_i}\mathrm{d}q_i=\frac{\partial}{\partial J_i}\oint\frac{\partial W}{\partial q_i}\mathrm{d}q_i\\&=\frac{\partial}{\partial J_i}\oint\frac{\partial S}{\partial q_i}\mathrm{d}q_i=\frac{\partial}{\partial J_i}\oint p_i\mathrm{d}q_i=\frac{\partial J_i}{\partial J_i}=1\end{aligned} \tag{5.10.12}$$

由此可见,当 q_i 经过一个周期回复到原有之值时,w_i 增加 1,而所有其他的 w 均保持不变. 因此,q_i 是 w_i 的周期函数,其周期为 1,而 ω_i 则因是时间倒数的量纲,所以是运动的真正基本频率(不是角频率). 如

$$q_i=a\sin 2\pi w_i=a\sin 2\pi(\omega_i t+\delta_i) \tag{5.10.13}$$

当 w_i 增加 1 时,q_i 回复其起始值. 由于这种性质,w 必为量纲为 1 的量,亦即代

表角度，所以我们把所有的 $w_i(i=1,2,\cdots,s)$ 叫做角变数，它是相积分 J_i 的共轭变数.

现在让我们回来研究 §5.9 的电子运动问题中的相积分与基本频率. 由该例题中的(7)式，并根据本节中所给出的符号，我们有

$$J_\theta = \oint p_\theta \mathrm{d}\theta = \oint \alpha_2 \mathrm{d}\theta = 2\pi\alpha_2 \tag{5.10.14}$$

$$J_r = \oint p_r \mathrm{d}r = \oint \frac{1}{r}\sqrt{2mEr^2 + 2m\alpha r - \alpha_2^2}\,\mathrm{d}r \tag{5.10.15}$$

式(5.10.15)的积分，可由标准积分表查出. 至于 r 的积分限，对椭圆运动，为由 r_1 到 r_2，r_1 及 r_2，又为 $2mEr^2+2m\alpha r-\alpha_2^2=0$ 的根. 积分后，整理得

$$J_r = \frac{2\pi m\alpha}{\sqrt{-2mE}} - 2\pi\alpha_2 \tag{5.10.16}$$

从式(5.10.14)及式(5.10.16)中消去 α_2，并解出 E，得

$$E(J_r, J_\theta) = -\frac{2\pi^2 m\alpha^2}{(J_r + J_\theta)^2} \tag{5.10.17}$$

其基本频率为

$$\omega_\theta = \frac{\partial E}{\partial J_\theta} = \frac{4\pi^2 m\alpha^2}{(J_r + J_\theta)^3} = \frac{\partial E}{\partial J_r} = \omega_r \tag{5.10.18}$$

因此两基本频率相同，故此系统称为简并系. 把式(5.10.14)中的 α_2 及式(5.10.17)中的 E 代入 §5.9 例题中的(13)式，得其偏心率为

$$\varepsilon = \sqrt{1 - \frac{J_\theta^2}{(J_r + J_\theta)^2}} \tag{5.10.19}$$

恒小于 1，证实了前面所作的假定.

仿照式(1.9.29)，如椭圆轨道的半长轴为 a，则

$$2a = -\frac{\alpha}{E} = \frac{(J_\theta + J_r)^2}{2\pi^2 m\alpha} \tag{5.10.20}$$

如从(5.10.20)及(5.10.18)两式中消去 J_r+J_θ，则得

$$\omega_r = \omega_\theta = \frac{1}{2\pi a^{3/2}}\sqrt{\frac{\alpha}{m}} \tag{5.10.21}$$

对于行星运动来讲，$k^2 m=\alpha$，故频率的倒数，即周期 τ 为

$$\tau = \frac{2\pi a^{3/2}}{k} \tag{5.10.22}$$

这个结果和式(1.9.27)是一致的.

式(5.10.17)用相积分 J_r 和 J_θ 来表示能量,它的重要性从玻尔原子理论中提出的量子化条件可以看出来. 他认为原子定态的 J_r 和 J_θ 都只能是普朗克常量 h($h=6.626\ 070\ 15\times10^{-34}$ J·s)的整数倍,即

$$J_r=n_r h,\quad J_\theta=n_\theta h\quad (n_r,n_\theta=0,1,2,\cdots) \tag{5.10.23}$$

式中 n_r 叫做径量子数,n_θ 叫做角量子数. 于是,由式(5.10.17)知能量 E 也是不连续的,即

$$E=-\frac{2\pi^2 m\alpha^2}{(n_r+n_\theta)^2h^2}=\frac{2\pi^2 m\alpha^2}{n^2h^2} \tag{5.10.24}$$

式中 $n=n_r+n_\theta$ 叫做总量子数[①]. 但玻尔原子理论只能解释少量的实验结果,直到十年以后的 1924 年,德布罗意提出了微观粒子具有波粒二象性,一个描写微观粒子运动规律的物理学分支——量子物理学才逐渐建立起来,其弥补了玻尔理论的不足,波粒二象性是近代物理学中一个基本的理论.

*§ 5.11 刘维尔定理

用本章所介绍的分析力学的方法来解宏观机械运动这类问题,有时并不一定就比牛顿定律更为简便. 但它是从较高的观点来处理问题,也为从经典物理转入近代物理打下必要的基础.

在经典力学中,我们可以从已给的起始条件,由运动方程决定系统以后的运动. 但对复杂系统来讲,这种准确解却常常无法获得. 例如,如一个容器中含有 10^{23} 个气体分子,显然我们无法对它们的运动一一确定,特别是它们的起始条件,我们也不能完全了解. 我们可知在 t_0 时一定质量的气体所具有的能量,但不能决定每一个气体分子的起始坐标与起始速度. 统计力学与此相反,它并不要求含有大数目粒子系统的完全解,而只要判断大数目全同系统运动的平均性质,这种全同系统按统计力学的说法,叫做系综.

我们知道:哈密顿正则方程是用 $2s$ 个独立变量 p_α、q_α($\alpha=1,2,\cdots,s$)来描写自由度为 s 的力学体系的运动问题. 而 $2s$ 个这种变量则组成 $2s$ 维相宇中的一个代表点,相宇中每一个点对应于系综中某一个力学体系的运动状态. 当时间改变时,力学体系的运动状态改变,因此代表点将在相宇中运动,它的运动轨道,则由正则方程式(5.5.15)唯一地确定. 所以当力学体系从不同的起始状态出发而运动时,在相宇中的代表点就沿着不同的轨道运动. 这些不同的轨道组成一群互不相交的相轨道. 因为通过相交的代表点. 就将有两个不同的相轨道,

---

① 参看原子物理学方面有关章节.

而这是不可能的.

若我们研究的对象是大数目质点(分子)所组成的力学体系,就必须用统计方法来处理,刘维尔定理就是其中之一.

刘维尔定理:保守力学体系在相宇中代表点的密度,在运动过程中保持不变.

这个定理中所说的代表点,是指同一力学体系在不同的起始状态所构成的不同的代表点,它们各自独立地沿正则方程所规定的轨道运动. 当这代表点由相宇中的一个区域开始运动,在一定的时间以后,将移到另一区域. 刘维尔定理说,在新区域中,代表点的密度,等于在出发区域中的密度.

设相宇的"体元"$\mathrm{d}\tau$ 为

$$\mathrm{d}\tau = \mathrm{d}q_1\mathrm{d}q_2\cdots\mathrm{d}q_s\mathrm{d}p_1\mathrm{d}p_2\cdots\mathrm{d}p_s \tag{5.11.1}$$

如在此"体元"中代表点的数目为 $\mathrm{d}N$,代表点的密度为 ρ,则

$$\mathrm{d}N = \rho\mathrm{d}\tau \tag{5.11.2}$$

在最普遍的情况下,密度随时随地不同,故 ρ 应为 $\rho(p,q,t)$ 的函数,即

$$\rho = \rho(t;q_1,q_2,\cdots,q_s;p_1,p_2,\cdots,p_s) \tag{5.11.3}$$

至于 ρ 的变化率则显然等于

$$\frac{\mathrm{d}\rho}{\mathrm{d}t} = \frac{\partial\rho}{\partial t} + \sum_{\alpha=1}^{s}\left(\frac{\partial\rho}{\partial q_\alpha}\dot{q}_\alpha + \frac{\partial\rho}{\partial p_\alpha}\dot{p}_\alpha\right) \tag{5.11.4}$$

这是我们熟悉的公式[参看式(5.6.2)].

为了证明刘维尔定理,让我们来考虑代表点的运动怎样引起密度 ρ 的改变. 考虑一个固定在相宇中的"体元"$\mathrm{d}\tau$,$\mathrm{d}\tau$ 的表达式由式(5.11.1)给出,它是由下列各"曲面"所组成的:

$$q_\alpha, q_\alpha + \mathrm{d}q_\alpha; p_\alpha, p_\alpha + \mathrm{d}p_\alpha \quad (\alpha = 1,2,\cdots,s)$$

在时间 $\mathrm{d}t$ 后,有一些代表点走出这个"体元",而另一些代表点则走进这个"体元",使这个固定"体元"中的代表点由 $\rho\mathrm{d}\tau$ 变为

$$\left(\rho + \frac{\partial\rho}{\partial t}\right)\mathrm{d}\tau$$

即增加了

$$\mathrm{d}(\mathrm{d}N) = \frac{\partial\rho}{\partial t}\mathrm{d}t\mathrm{d}\tau \tag{5.11.5}$$

另外,我们也可从代表点在运动中出入这个固定"体元"的边界的数目来计算在 $\mathrm{d}t$ 时间内代表点的增加数. 先考虑通过一对"曲面"q_α、$q_\alpha+\mathrm{d}q_\alpha$ 进出 $\mathrm{d}\tau$ 代表点的增加. 把"体元"$\mathrm{d}\tau$ 的表达式(5.11.1)改写为

$$\mathrm{d}\tau = \mathrm{d}A_\alpha\mathrm{d}q_\alpha \quad (\mathrm{d}\boldsymbol{A}_\alpha = \mathrm{d}q_1\cdots\mathrm{d}q_{\alpha-1}\mathrm{d}q_{\alpha+1}\cdots\mathrm{d}q_s\mathrm{d}p_1\cdots\mathrm{d}p_s)$$

在 $\mathrm{d}t$ 时间内通过 $\mathrm{d}A_\alpha$ 进入 $\mathrm{d}\tau$ 的代表点必定位于一个"柱体"内,这个"柱体"的

“底”为 dA_α，高为 $\dot{q}_\alpha dt$，$\dot{q}_\alpha$ 为相空间中代表点垂直于曲面 q_α 的速度分量. 故在 dt 时间内通过曲面 q_α 进入 $d\tau$ 的代表点数为

$$[\rho\dot{q}_\alpha dt dA_\alpha]_{q_\alpha}$$

同理，在 dt 时间内通过“曲面” $q_\alpha+dq_\alpha$ 而离开 $d\tau$ 的代表点数则为

$$[\rho\dot{q}_\alpha dt dA_\alpha]_{q_\alpha+dq_\alpha}=\left[(\rho\dot{q}_\alpha)_{q_\alpha}+\frac{\partial}{\partial q_\alpha}(\rho\dot{q}_\alpha)dq_\alpha\right]dt dA_\alpha$$

两者相减，得通过这一对“曲面” q_α 及 $q_\alpha+dq_\alpha$ 进入 $d\tau$ 的代表点的净增加数为

$$-\frac{\partial}{\partial q_\alpha}(\rho\dot{q}_\alpha)dq_\alpha dt dA_\alpha=-\frac{\partial(\rho\dot{q}_\alpha)}{\partial q_\alpha}dt d\tau$$

同理，知在 dt 时间内通过一对“曲面” p_α 及 $p_\alpha+dp_\alpha$ 进入 $d\tau$ 的代表点的净增加数为

$$-\frac{\partial(\rho\dot{p}_\alpha)}{\partial p_\alpha}dt d\tau$$

把上面两式相加，并对 α 求和，则得在 dt 时间内由于代表点的运动，穿过 $d\tau$ 的边界进入 $d\tau$ 的代表点的净增加数，它也是式(5.11.5)中的 $d(dN)$，即

$$d(dN)=-\sum_{\alpha=1}^{s}\left[\frac{\partial(\rho\dot{q}_\alpha)}{\partial q_\alpha}+\frac{\partial(\rho\dot{p}_\alpha)}{\partial p_\alpha}\right]dt d\tau \tag{5.11.6}$$

令(5.11.5)及(5.11.6)两式相等，并消去 $dt d\tau$，得

$$\frac{\partial\rho}{\partial t}+\sum_{\alpha=1}^{s}\left[\frac{\partial(\rho\dot{q}_\alpha)}{\partial q_\alpha}+\frac{\partial(\rho\dot{p}_\alpha)}{\partial p_\alpha}\right]=0 \tag{5.11.7}$$

把式(5.11.7)代入式(5.11.4)，并稍加整理，就得到

$$\frac{d\rho}{dt}=-\rho\sum_{\alpha=1}^{s}\left(\frac{\partial\dot{q}_\alpha}{\partial q_\alpha}+\frac{\partial\dot{p}_\alpha}{\partial p_\alpha}\right) \tag{5.11.8}$$

利用 §5.5 中的式(5.5.15)，式(5.11.8)即可简化为

$$\frac{d\rho}{dt}=-\rho\sum_{\alpha=1}^{s}\left(\frac{\partial}{\partial q_\alpha}\frac{\partial H}{\partial p_\alpha}-\frac{\partial}{\partial p_\alpha}\frac{\partial H}{\partial q_\alpha}\right)=0 \tag{5.11.9}$$

这就是刘维尔定理，即保守系的代表点在相宇中运动时，密度 ρ 不随时间变.

由式(5.11.4)及式(5.5.15)，我们又可以把刘维尔定理表示为

$$\frac{\partial\rho}{\partial t}+\sum_{\alpha=1}^{s}\left(\frac{\partial\rho}{\partial q_\alpha}\frac{\partial H}{\partial p_\alpha}-\frac{\partial\rho}{\partial p_\alpha}\frac{\partial H}{\partial q_\alpha}\right)=0 \tag{5.11.10}$$

如再利用式(5.6.4)，我们可用泊松括号把刘维尔定理简写为

$$\frac{\partial\rho}{\partial t}+[\rho,H]=0 \tag{5.11.11}$$

这是刘维尔定理的另一种数学表达式，它是一群代表点所遵循的运动方程.

根据刘维尔定理，可以推知相宇中的代表点在运动中没有集中或分散的倾向，而保持原来的密度不变. 如果起始时刻代表点的密度是均匀的，那么在任何时刻密度都是均匀的.

当系统的系综处于统计平衡时，在相宇中的给定点的密度将不随时间变化，即$\frac{\partial \rho}{\partial t}=0$. 由式(5.11.11)，知统计平衡条件可表示为

$$[\rho,H]=0 \tag{5.11.12}$$

刘维尔定理是 $2s$ 维相空间中的定理，在 s 维位形空间中并不存在类似的定理. 刘维尔定理是统计力学中的一个基本定理. 由此可再一次说明，以 p、q 作为独立变量的哈密顿正则方程，比只以广义坐标 q 作为独立变量的拉格朗日方程更为有用.

—小　结—

Ⅰ. 约束的类别与广义坐标

1. 约束的类别

a. 稳定约束与不稳定约束——由几何约束方程中是否显含时间 t 而定. 不含 t 的为稳定约束，含 t 的则为不稳定约束.

b. 可解约束与不可解约束——由约束方程能否用等式就足以表示而定. 除等式外还需要用不等式来表示的是可解约束，用等式就足以表示的是不可解约束.

c. 几何约束与微分约束——由约束方程中是否含有速度投影而定. 凡只含有坐标和时间的是几何约束，而同时含有坐标、时间和速度投影的是微分约束，又叫运动约束.

d. 凡只受几何约束的力学体系叫完整系，凡同时受有几何约束与微分约束的力学体系或受有可解约束的力学体系都叫不完整系.

2. 广义坐标与自由度

对完整系而言，力学体系由于约束的存在而使独立坐标数减少. 这些独立坐标的数目叫力学体系的自由度. 用来表示这些独立变量的参数则叫广义坐标，通常用 q 表示，它不一定是长度，可以是角度或其他物理量.

Ⅱ. 虚功原理

1. 实位移与虚位移

a. 实位移——质点由于运动实际上发生的位移(由于时间 t 发生变化所致).

b. 虚位移——想象中可能发生的位移，取决于质点所在的位置及加于其上的约束($\delta t=0$).

2. 理想约束——诸约束反力在任意虚位移上所作的虚功之和为零时的约束为理想约束$\left(\sum_{i=1}^{n}\boldsymbol{F}_{ri}\cdot\delta r_i=0\right)$. 光滑面、光滑曲线、光滑铰链、刚性杆、不可伸长的绳等都是理想约束.

3. 虚功原理

a. 力学体系如受 n 个外力作用而平衡，则对理想、不可解约束来讲，此 n 个外力所作的虚功之和等于零，即

$$\delta W=\sum_{i=1}^{n}\boldsymbol{F}_i\cdot\delta r_i=0$$

b. 利用虚功原理不能求约束反作用力，但用未定乘数法可求.

Ⅲ. 拉格朗日方程（只限于完整系）

1. 变换方程 $\boldsymbol{r}_i=\boldsymbol{r}_i(q_1,q_2,\cdots,q_s,t)\ (i=1,2,\cdots,n)$，式中 $q_1,q_2,\cdots,q_s$ 为力学体系的广义坐标. $s=3n-k$，$k=$约束度，$s=$自由度.

2. 基本形式的拉格朗日方程

$$\frac{\mathrm{d}}{\mathrm{d}t}\left(\frac{\partial E_{\mathrm{k}}}{\partial\dot{q}_\alpha}\right)-\frac{\partial E_{\mathrm{k}}}{\partial q_\alpha}=Q_\alpha\quad(\alpha=1,2,\cdots,s)$$

式中 E_{k} 为体系的动能，$\dfrac{\partial E_{\mathrm{k}}}{\partial\dot{q}_\alpha}$为广义动量，$Q_\alpha$ 为广义力.

3. 保守系的拉格朗日方程（最常用）

$$\frac{\mathrm{d}}{\mathrm{d}t}\left(\frac{\partial L}{\partial\dot{q}_\alpha}\right)-\frac{\partial L}{\partial q_\alpha}=0\quad(\alpha=1,2,3,\cdots,s)$$

式中 $L=E_{\mathrm{k}}-E_{\mathrm{p}}$（$E_{\mathrm{p}}$ 为体系的势能）称为拉格朗日函数.

4. 循环坐标——如 L 中不显含某一坐标 q_i、q_i 就叫循环坐标. 有一循环坐标，则

$$\frac{\partial L}{\partial\dot{q}_i}=b_i=\text{常量}$$

即有一对应的积分，因此问题可简化.

5. 能量积分与广义能量积分

如拉格朗日函数不显含时间，则稳定约束在保守力系作用下，可由拉氏方程得出能量积分 $E_{\mathrm{k}}+E_{\mathrm{p}}=E$；但如为不稳定约束，则只能得广义能量积分 $E_{\mathrm{k}2}-E_{\mathrm{k}0}+E_{\mathrm{p}}=h$.

Ⅳ. 多自由度力学体系的小振动（不计阻尼）

1. 在广义坐标系中的平衡方程

a. $Q_\alpha=0\quad(\alpha=1,2,3,\cdots,s)$

b. 如为保守力系，则 $Q_\alpha=-\dfrac{\partial E_{\mathrm{p}}}{\partial q_\alpha}=0\quad(\alpha=1,2,\cdots,s)$

2. 平衡位置附近的小振动

a. 如果在平衡位置处势能有极小值，则系统在该处受微扰后将作复杂的无阻尼振动，平衡是稳定的. 如在平衡位置处势能有极大值，则小运动可逐渐变为大运动，平衡是不稳定的.

b. 振动方程——先将动能 E_k 中 $\dot{q}_\alpha\dot{q}_\beta$ 前的系数及势能 E_p 的表达式在平衡区域附近展开，并只保留前一项. 取平衡位置时的势能为零，则由拉氏方程，知体系在平衡位置附近的运动微分方程为

$$\sum_{\beta=1}^{s}(a_{\alpha\beta}\ddot{q}_\beta + c_{\alpha\beta}q_\beta) = 0 \qquad (\alpha = 1,2,\cdots,s)$$

式中 $a_{\alpha\beta}$ 及 $c_{\alpha\beta}$ 等都是常量. 这个方程的解是一系列简谐运动的叠加，简谐运动的频率称为简正频率 ν_i. ν_i 的数目和体系自由度的数目相同.

c. 简正坐标——因动能是正定的，故总可以经过一个线性变换，使 E_k 和 E_p 同时变成正则形式，即没有相乘的项，这样的坐标叫简正坐标. 每一简正坐标都作单一频率的简谐振动，而原有坐标则作复杂的振动.

Ⅴ. 哈密顿正则方程

1. 勒让德变换

以 $\dfrac{\partial E_k}{\partial \dot{q}_\alpha}=\dfrac{\partial L}{\partial \dot{q}_\alpha}$ 当做一个变量，记为 p_α，叫做广义动量. 该式表示由 q_α、$\dot{q}_\alpha(\alpha=1,2,\cdots,s)$ 到 p_α、q_α 的变换，这时，拉氏函数 L 也相应变为哈密顿函数 H，且

$$H = -L + \sum_{\alpha=1}^{s} p_\alpha \dot{q}_\alpha$$

这里所运用的变换就是勒让德变换.

2. 正则方程

$$\dot{q}_\alpha = \frac{\partial H}{\partial p_\alpha}, \quad \dot{p}_\alpha = -\frac{\partial H}{\partial q_\alpha} \qquad (\alpha = 1,2,\cdots,s)$$

3. 如为保守力系，且约束是稳定的，则 $H=E_k+E_p=E$.

4. 循环积分与能量积分

a. 循环积分——H 中不显含某个 q_i，则对应的 p_i 即为常量.

b. 能量积分——H 中不显含 t，则 $H=E$（稳定约束）或 $H=h$（不稳定约束）.

Ⅵ. 泊松括号与泊松定理

1. 泊松括号

a. $[\varphi,H] = \sum_{\alpha=1}^{s}\left(\dfrac{\partial\varphi}{\partial q_\alpha}\dfrac{\partial H}{\partial p_\alpha} - \dfrac{\partial\varphi}{\partial p_\alpha}\dfrac{\partial H}{\partial q_\alpha}\right)$ 叫做泊松括号.

b. 如 $\varphi(p_1,p_2,\cdots,p_s;q_1,q_2,\cdots,q_s,t)=C$ 是正则方程的运动积分，则

$$\frac{\partial\varphi}{\partial t} + [\varphi,H] = 0$$

反之亦然.

2. 泊松定理

如 $\varphi=C_1$,$\psi=C_2$ 是正则方程的两个积分,则 $[\varphi,\psi]=C_3$ 也是正则方程的积分. 但通常只能给出原有积分的线性组合或者恒等式,不能提供新的积分.

Ⅶ. 哈密顿原理

1. 变分运算的几个法则

a. 变分符号用 δ 表示,它和微分运算有许多类似之处,如

$$\delta(A+B)=\delta A+\delta B,\quad \delta(AB)=A\delta B+B\delta A$$

$$\delta\left(\frac{A}{B}\right)=\frac{B\delta A-A\delta B}{B^2},\quad \mathrm{d}(\delta r)=\delta(\mathrm{d}r)$$

b. 对于等时变分(即 $\delta t=0$)来讲,δ 与 $\frac{\mathrm{d}}{\mathrm{d}t}$ 的先后次序也可对易,即 $\delta\left(\frac{\mathrm{d}r}{\mathrm{d}t}\right)=\frac{\mathrm{d}}{\mathrm{d}t}(\delta r)$.

c. 对于不等时变分,δ 改为 Δ,但 Δ 与 $\frac{\mathrm{d}}{\mathrm{d}t}$ 的先后次序不能对易.

2. 哈密顿原理(保守力系适用)

$\delta\int_{t_1}^{t_2}(E_\mathrm{k}-E_\mathrm{p})\mathrm{d}t=0$ 或 $\delta\int_{t_1}^{t_2}L\mathrm{d}t=0$. 哈密顿称 $\int_{t_1}^{t_2}L\mathrm{d}t$ 为主函数,用 S 表示. 哈密顿原理是用变分法求稳定值的办法,从一些约束所许可的轨道中挑选出真实轨道,进而求出运动规律. 即对真实轨道来讲,主函数 S 具有稳定值.

Ⅷ. 正则变换

1. 目的——希望通过变数变换,能得出较多的循环坐标,以使问题简化.

2. 条件——$\sum_{\alpha=1}^{s}(p_\alpha\mathrm{d}q_\alpha-P_\alpha\mathrm{d}Q_\alpha)+(H^*-H)\mathrm{d}t=\mathrm{d}U(q,Q,t)$. 当变量由 p、q 变为 P、Q 时,H 变为 H^*,如能使上式成立,即 $\mathrm{d}U(q,Q,t)$ 为一恰当微分,这时正则方程的形式不变,这种变换叫正则变换,式中 H^* 为用新变量 P、Q、t 所表示的"哈密顿函数",而 U 则叫母函数.

3. 如变换后,H^* 中有很多循环坐标,问题就可大为简化.

4. 其他形式的正则变换

a. $\sum_{\alpha=1}^{s}(-q_\alpha\mathrm{d}p_\alpha-P_\alpha\mathrm{d}Q_\alpha)+(H^*-H)\mathrm{d}t=\mathrm{d}U_1(p,Q,t)$

b. $\sum_{\alpha=1}^{s}(p_\alpha\mathrm{d}q_\alpha+Q_\alpha\mathrm{d}P_\alpha)+(H^*-H)\mathrm{d}t=\mathrm{d}U_2(q,P,t)$

c. $\sum_{\alpha=1}^{s}(Q_\alpha\mathrm{d}P_\alpha-q_\alpha\mathrm{d}p_\alpha)+(H^*-H)\mathrm{d}t=\mathrm{d}U_3(P,p,t)$

d. 如变换方程及哈密顿函数都不含 t,以上诸式的 $(H^*-H)\mathrm{d}t$ 项等于 0.

* Ⅸ. 哈密顿-雅可比理论

1. 哈密顿-雅可比偏微分方程

$$\frac{\partial S}{\partial t}+H\left(t;q_1,q_2,\cdots,q_s;\frac{\partial S}{\partial q_1},\frac{\partial S}{\partial q_2},\cdots,\frac{\partial S}{\partial q_s}\right)=0$$

2. 如 $S=S(t,q_1,q_2,\cdots,q_s,\alpha_1,\alpha_2,\cdots,\alpha_s)+C$

是从上述哈-雅方程求出的全解，则由

$$\frac{\partial S}{\partial q_i}=p_i \qquad (i=1,2,\cdots,s)$$

$$\frac{\partial S}{\partial \alpha_i}=\beta_i \qquad (i=1,2,\cdots,s)$$

可求出正则方程的全部积分.

3. 如为稳定约束，且 H 中不显含 t，则

$$S=-Et+W(q_1,q_2,\cdots,q_s;E,\alpha_2,\alpha_3,\cdots,\alpha_s)+C$$

而哈-雅方程变为

$$H\left(q_1,q_2,\cdots,q_s;\frac{\partial W}{\partial q_1},\frac{\partial W}{\partial q_2},\cdots,\frac{\partial W}{\partial q_s}\right)=E$$

4. 分离变量法

a. 在某些情形下，变数可分离而成常微分方程组，即

$$W=W_1(q_1)+W_2(q_2)+\cdots+W_s(q_s)$$

哈-雅方程简化为

$$\frac{1}{2}A_\alpha(q_\alpha)\left(\frac{\mathrm{d}W_\alpha}{\mathrm{d}q_\alpha}\right)^2+V_\alpha(q_\alpha)=a_\alpha \quad (\alpha=1,2,\cdots,s)$$

于是由

$\dfrac{\partial W}{\partial E}=t-t_0$ 可求运动规律；

$\dfrac{\partial W}{\partial \alpha_i}=\beta_i(i=2,3,\cdots,s)$ 可求轨道；

$\dfrac{\partial W}{\partial q_i}=p_i(i=1,2,\cdots,s)$ 可求动量.

b. 在许多具体问题中，常采用逐步分离的办法来进行，并且还要根据外场的情况，选用适宜的坐标. 常用的坐标有球坐标、抛物线坐标和椭圆坐标等.

* Ⅹ. 相积分与角变量

1. 解周期运动问题时，常引用相积分 J 与角变量 w 以代替动量与坐标，它们的定义是

$$J_i=\oint p_i\mathrm{d}q_i,\quad w_i=\frac{\partial W}{\partial J_i} \quad (i=1,2,\cdots,s)$$

2. 相应的正则方程这时变为

$$\dot{w}_i=\frac{\partial E}{\partial J_i},\quad \dot{J}_i=\frac{\partial E}{\partial w_i}\quad (i=1,2,\cdots,s)$$

式中 E 为力学体系的总能量,相当于哈密顿函数 H.

*XI. 刘维尔定理

1. 保守力学体系在相宇中代表点的密度,在运动过程中保持不变.

2. 几种数学表达形式

a. $\frac{\mathrm{d}\rho}{\mathrm{d}t}=0$

b. $\frac{\partial\rho}{\partial t}+\sum_{\alpha=1}^{s}\left(\frac{\partial\rho}{\partial q_\alpha}\frac{\partial H}{\partial p_\alpha}-\frac{\partial\rho}{\partial p_\alpha}\frac{\partial H}{\partial q_\alpha}\right)=0$

c. $\frac{\partial\rho}{\partial t}+[\rho,H]=0$

补充例题

5.1 试用拉格朗日方程推出§3.9中对称陀螺的三个第一积分.

[解] 用拉格朗日方程解比较复杂的问题,常比用牛顿定律方便,特别是拉氏函数 L 中含有较多的循环坐标时就更为简便. 本例就是用来说明这一问题的.

对称陀螺是三个自由度的问题. 在第三章中,我们曾用三个欧拉角 θ、φ、ψ 来描述它的运动. 现在,我们仍然用这三个角度作为描写它的运动的三个广义坐标,因为它们是相互独立的.

解这类问题时,根据第三章中的讨论,总是要选用惯量主轴为动坐标轴,才能使惯量系数都是常量. 因现在我们所研究的对象是对称陀螺,故如取对称轴为 z 轴,则三个主转动惯量可用 I_1、I_2 及 I_3 表示. 由式(3.5.21),知其转动动能为

$$E_k=\frac{1}{2}I_1(\omega_x^2+\omega_y^2)+\frac{1}{2}I_3\omega_z^2 \tag{1}$$

如果把式(3.3.3)中的 ω_x、ω_y 和 ω_z 的表达式,即欧拉运动学方程代入(1)式中,则得

$$E_k=\frac{1}{2}I_1(\dot{\theta}^2+\sin^2\theta\,\dot{\varphi}^2)+\frac{1}{2}I_3(\cos\theta\,\dot{\varphi}+\dot{\psi})^2 \tag{2}$$

而由图3.9.3,知势能 E_p 为

$$E_p=mgl\cos\theta \tag{3}$$

式中 m 是陀螺的质量,g 为重力加速度,而 l 则为陀螺的重心 G 到定点 O 的距离,参看图3.9.3.

有了动能 E_k 和势能 E_p 的表达式,我们就可写出拉格朗日函数 L:

$$L=\frac{1}{2}I_1(\dot{\theta}^2+\sin^2\theta\,\dot{\varphi}^2)+\frac{1}{2}I_3(\cos\theta\,\dot{\varphi}+\dot{\psi})^2-mgl\cos\theta \tag{4}$$

因为 L 中不显含 φ 和 ψ,即 φ 和 ψ 都是循环坐标,故由式(5.3.19),得

$$\left.\begin{aligned}\frac{\partial L}{\partial\dot\varphi}&=I_1\sin^2\theta\,\dot\varphi+I_3(\cos\theta\,\dot\varphi+\dot\psi)\cos\theta=\text{常量}=\alpha\\ \frac{\partial L}{\partial\dot\psi}&=I_3(\cos\theta\,\dot\varphi+\dot\psi)=I_3s=\text{常量}=\beta\end{aligned}\right\}\tag{5}$$

即

$$\left.\begin{aligned}\cos\theta\,\dot\varphi+\dot\psi&=s\\ I_1\sin^2\theta\,\dot\varphi+\beta\cos\theta&=\alpha\end{aligned}\right\}\tag{6}$$

又因为动能 E_k 是广义速度 $\dot\theta$、$\dot\varphi$ 及 $\dot\psi$ 的二次齐次函数,所以能量积分成立,即

$$E_k+E_p=E$$

或

$$\frac{1}{2}I_1(\dot\theta^2+\sin^2\theta\,\dot\varphi^2)+\frac{1}{2}I_3(\cos\theta\,\dot\varphi+\dot\psi)^2+mgl\cos\theta=E$$

或
$$I_1(\dot\theta^2+\sin^2\theta\,\dot\varphi^2)+\frac{\beta^2}{I_3}=2(E-mgl\cos\theta)\tag{7}$$

方程(6)及(7)就是对称陀螺绕固定点转动的三个第一积分. 虽然用欧拉动力学方程式(3.8.7)能够得出同样的结果,但运算过程则较繁.

5.2 线对称三原子分子的振动:设两个质量为 m 的原子,对称地位于质量为 m'的原子的两侧,三者皆处于一直线上,其间的相互作用可近似地认为是准弹性的,即相当于用劲度系数为 k 的两个相同弹簧把它们连接起来. 如平衡时,m'与每一个 m 间的距离均等于 b,求三者沿连线振动时的简正频率.

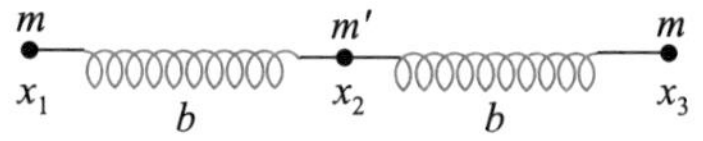

补充例题 5.2 题图

[解] 由图可知,若以水平轴 x 上某处 O 为原点,系统的势能 E_p 为

$$E_p=\frac{k}{2}(x_2-x_1-b)^2+\frac{k}{2}(x_3-x_2-b)^2\tag{1}$$

而动能 E_k 则为

$$E_k=\frac{1}{2}m(\dot x_1^2+\dot x_3^2)+\frac{1}{2}m'\dot x_2^2\tag{2}$$

令
$$q_1=x_1,\quad q_2=x_2-b,\quad q_3=x_3-2b\tag{3}$$

则
$$E_p=\frac{1}{2}k(q_2-q_1)^2+\frac{1}{2}k(q_3-q_2)^2=\frac{k}{2}(q_1^2+2q_2^2+q_3^2-2q_1q_2-2q_2q_3)\tag{4}$$

$$E_k=\frac{1}{2}m(\dot q_1^2+\dot q_3^2)+\frac{1}{2}m'\dot q_2^2\tag{5}$$

本问题是三个自由度的问题,故 q_1、q_2、q_3 就是本问题的广义坐标,把(4)、(5)两式代入拉格朗日方程式(5.3.16)中,得

$$\left.\begin{aligned} m\ddot{q}_1 + kq_1 - kq_2 &= 0 \\ m'\ddot{q}_2 - kq_1 + 2kq_2 - kq_3 &= 0 \\ m\ddot{q}_3 - kq_2 + kq_3 &= 0 \end{aligned}\right\} \tag{6}$$

我们现在把解直接写为正弦函数(余弦函数当然也可以),而不像以前那样先写成指数函数,再取其实数部分,这当然是一样的. 即在本问题中,设(6)式的解,具有

$$q_\beta = c_\beta \sin(\nu t + \varepsilon) \tag{7}$$

的形式,则把它代入(6)式后,得

$$\left.\begin{aligned} c_1(k - m\nu^2) - c_2 k + 0 &= 0 \\ -c_1 k + c_2(2k - m'\nu^2) - c_3 k &= 0 \\ 0 - c_2 k + c_3(k - m\nu^2) &= 0 \end{aligned}\right\} \tag{8}$$

(8) 式这组方程有异于零解的条件是系数行列式等于零,即

$$\begin{vmatrix} k - m\nu^2 & -k & 0 \\ -k & 2k - m'\nu^2 & -k \\ 0 & -k & k - m\nu^2 \end{vmatrix} = 0 \tag{9}$$

由此,得

$$(k-m\nu^2)^2(2k-m'\nu^2)-2k^2(k-m\nu^2)=0$$

$$(k - m\nu^2)[(k - m\nu^2)(2k - m'\nu^2) - 2k^2] = 0$$

$$(k - m\nu^2)(\nu^4 mm' - 2km\nu^2 - km'\nu^2) = 0$$

即

$$\nu^2(k - m\nu^2)(\nu^2 mm' - 2km - km') = 0 \tag{10}$$

得

$$\nu_1 = 0, \quad \nu_2 = \sqrt{\frac{k}{m}}, \quad \nu_3 = \sqrt{\frac{k}{m}\left(1 + \frac{2m}{m'}\right)} \tag{11}$$

这就是我们所要求的三个简正频率. 请读者想一想 $\nu = 0$ 的物理意义是什么?

5.3 轴为竖直而顶点在下的抛物线形金属丝,以匀角速 ω 绕轴转动. 一质量为 m 的小环,套在此金属丝上,并可沿着金属丝滑动. 试用正则方程求小环在 x 方向的运动微分方程. 已知抛物线的方程为 $x^2 = 4ay$,式中 a 为常量.

[**解**] 由第一章相对运动所给出的关系,知小环沿金属丝滑动的速度 $\boldsymbol{v}'$ 是相对速度,且 $v'^2 = \dot{x}^2 + \dot{y}^2$,而 $\boldsymbol{v}'$ 的方向则沿着抛物线上 P 点的切线方向,如图所示. 又因抛物线形金属丝绕 y 轴转,故小环还有牵连速度 ωx,垂直纸面,故 $v^2 = \dot{x}^2 + \dot{y}^2 + \omega^2 x^2$,而动能 E_k 为

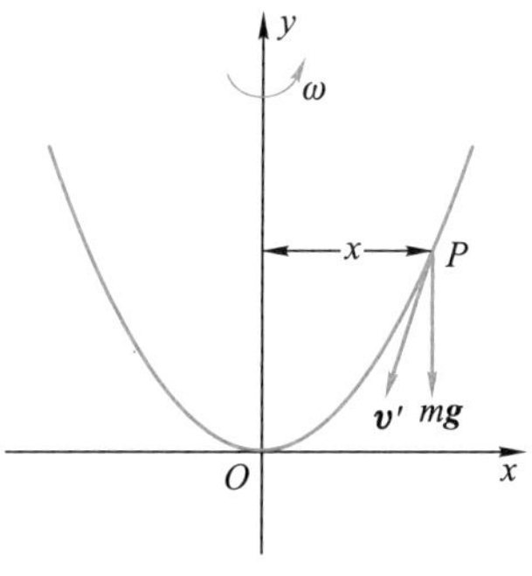

补充例题 5.3 题图

$$E_k=\frac{1}{2}m[(\dot{x}^2+\dot{y}^2)+\omega^2x^2] \tag{1}$$

又势能

$$E_p = mgy \tag{2}$$

由于约束关系(约束方程为 $x^2=4ay$),故本题中自由度为1,今选 x 为广义坐标. 由约束方程,知

$$y = \frac{x^2}{4a}, \quad \dot{y} = \frac{x}{2a}\dot{x} \tag{3}$$

把(3)式中的 y 及 $\dot{y}$ 代入(1)式与(2)式中,得

$$E_k = \frac{m}{2}\left[\dot{x}^2\left(1+\frac{x^2}{4a^2}\right)+\omega^2x^2\right]$$

$$E_p = mg\frac{x^2}{4a}$$

而拉氏函数 L 则为

$$L = E_k - E_p = \frac{1}{2}m\left[\dot{x}^2\left(1+\frac{x^2}{4a^2}\right)+\omega^2x^2\right]-mg\frac{x^2}{4a} \tag{4}$$

因小环只受重力 mg 的作用,故应为保守系,但动能 E_k 并不是广义速度的二次齐次式,故应由广义能量积分求哈密顿函数 H,根据式(5.3.20)求出 E_{k2} 与 E_{k0},即

$$H = E_{k2} - E_{k0} + E_p = \frac{1}{2}m\left[\dot{x}^2\left(1+\frac{x^2}{4a^2}\right)-\omega^2x^2\right]+mg\frac{x^2}{4a} \tag{5}$$

当然,由 $H=-L+p_x\dot{x}$ 的关系,也能求出 H,但计算比较烦琐.

现在用 p_x 来代换 $\dot{x}$. 由(4)式,

$$p_x = \frac{\partial L}{\partial \dot{x}} = m\dot{x}\left(1+\frac{x^2}{4a^2}\right) \tag{6}$$

即

$$\dot{x} = \frac{p_x}{m(1+x^2/4a^2)} \tag{7}$$

把(7)式中的 $\dot{x}$ 代入(5)式,得

$$H = \frac{1}{2m}\left(\frac{p_x^2}{1+x^2/4a^2}\right)-\frac{m}{2}\omega^2x^2+mg\frac{x^2}{4a} \tag{8}$$

现在,可以由正则方程来求小环的运动微分方程了. 由式(5.5.15)中的第二式,我们有

$$\dot{p}_x = -\frac{\partial H}{\partial x} \tag{9}$$

把(6)式中的 p_x 及(8)式中的 H 代入(9)式,得

$$m\left(1+\frac{x^2}{4a^2}\right)\ddot{x}+m\dot{x}^2\frac{x}{2a^2} = \frac{p_x^2}{2m}\cdot\frac{\frac{x}{2a^2}}{(1+x^2/4a^2)^2}+m\omega^2x-mg\frac{x}{2a}$$

由(7)式,即得

$$m\left(1+\frac{x^2}{4a^2}\right)\ddot{x}+m\frac{x}{4a^2}\dot{x}^2-m\omega^2x+mg\frac{x}{2a} = 0 \tag{10}$$

这就是所求的小环运动微分方程. 显然,用正则方程来解这类问题反而比较迂回,不如用第

四章中所讲的方法简便，只在比较复杂的问题，它才能显示出它的优越性.

5.4 试由哈密顿原理求质点在万有引力作用下的运动微分方程.

［**解**］ 由§1.9知，在极坐标系中，动能 E_k 及势能 E_p 分别为

$$\left.\begin{aligned} E_k &= \frac{m}{2}(\dot{r}^2 + r^2\dot{\theta}^2) \\ E_p &= -\frac{k^2 m}{r} \end{aligned}\right\} \tag{1}$$

故拉格朗日函数 L 为

$$L = E_k - E_p = \frac{1}{2}m(\dot{r}^2 + r^2\dot{\theta}^2) + \frac{k^2 m}{r} \tag{2}$$

代入哈密顿原理

$$\delta\int_{t_1}^{t_2} L\mathrm{d}t = 0$$

中，得

$$\int_{t_1}^{t_2}\left(m\dot{r}\delta\dot{r} + mr\dot{\theta}^2\delta r + mr^2\dot{\theta}\delta\dot{\theta} - \frac{k^2 m}{r^2}\delta r\right)\mathrm{d}t = 0 \tag{3}$$

但

$$\left.\begin{aligned} \dot{r}\delta\dot{r} &= \frac{\mathrm{d}}{\mathrm{d}t}(\dot{r}\delta r) - \ddot{r}\delta r \\ r^2\dot{\theta}\delta\dot{\theta} &= \frac{\mathrm{d}}{\mathrm{d}t}(r^2\dot{\theta}\delta\theta) - \frac{\mathrm{d}}{\mathrm{d}t}(r^2\dot{\theta})\delta\theta \end{aligned}\right\} \tag{4}$$

把(4)式中的两个关系代入(3)式，得

$$m\dot{r}\delta r + mr^2\dot{\theta}\delta\theta\Big|_{t_1}^{t_2} - \int_{t_1}^{t_2}\left(m\ddot{r} - mr\dot{\theta}^2 + \frac{k^2 m}{r^2}\right)\delta r\mathrm{d}t - \int_{t_1}^{t_2}\frac{\mathrm{d}}{\mathrm{d}t}(mr^2\dot{\theta})\delta\theta\mathrm{d}t = 0 \tag{5}$$

因

$$\delta r\big|_{t_1} = \delta r\big|_{t_2} = 0,\quad \delta\theta\big|_{t_1} = \delta\theta\big|_{t_2} = 0$$

而积分号内的 δr 及 $\delta\theta$ 则是任意的，即它们一般并不等于零，而且是相互独立的，故得

$$\left.\begin{aligned} m\ddot{r} - mr\dot{\theta}^2 + \frac{k^2 m}{r^2} &= 0 \\ \frac{\mathrm{d}}{\mathrm{d}t}(mr^2\dot{\theta}) &= 0 \end{aligned}\right\} \tag{6}$$

即

$$\left.\begin{aligned} m(\ddot{r} - r\dot{\theta}^2) &= -\frac{k^2 m}{r^2} \\ r^2\dot{\theta} = \eta &= \text{常量} \end{aligned}\right\} \tag{7}$$

这就是我们所要求的关系.

思考题

5.1 怎么解释虚功原理中的“虚功”二字？用虚功原理解平衡问题，有何优点及缺点？

5.2 为什么在拉格朗日方程中，Q_α 不包含约束反作用力？又广义坐标及广义力的含义为何？我们根据什么关系可以由一个量的量纲定出另一个量的量纲？

5.3 广义动量 p_α 和广义速度 $\dot{q}_\alpha$ 是不是只相差一个乘数 m？为什么 p_α 比 $\dot{q}_\alpha$ 更富有物

理意义？

5.4 既然$\frac{\partial T}{\partial \dot{q}_\alpha}$是广义动量，那么根据动量定理，$\frac{\mathrm{d}}{\mathrm{d}t}\left(\frac{\partial T}{\partial \dot{q}_\alpha}\right)$是否应等于广义力$Q_\alpha$？为什么拉格朗日方程(5.3.14)中多出了$\frac{\partial T}{\partial q_\alpha}$项？你能说出它的物理意义和所代表的物理量吗？

5.5 为什么拉格朗日方程只适用于完整系？如为不完整系，能否由式(5.3.13)得出式(5.3.14)？

5.6 平衡位置附近的小振动的性质，由什么来决定？为什么$2s^2$个常量只有$2s$个是独立的？

5.7 什么叫做简正坐标？怎样去找？它的数目和力学体系的自由度之间有何关系？又每一个简正坐标将作怎样的运动？

5.8 多自由度力学体系如果还有阻尼力，那么它们在平衡位置附近的运动和无阻尼时有何不同？能否列出它们的运动微分方程？

5.9 $\mathrm{d}L$与$\mathrm{d}\bar{L}$有何区别？$\frac{\partial L}{\partial q_\alpha}$与$\frac{\partial \bar{L}}{\partial q_\alpha}$有何区别？

5.10 哈密顿正则方程能适用于不完整系吗？为什么？能适用于非保守系吗？为什么？

5.11 哈密顿函数在什么情况下是常量？在什么情况下是总能量？试详加讨论，有无是总能量而不为常量的情况？

5.12 何谓泊松括号与泊松定理？泊松定理在实际上的功用如何？

5.13 哈密顿原理是用什么方法确定运动规律的？为什么变分符号δ可置于积分号内也可移到积分号外？又全变分符号Δ能否这样？

5.14 正则变换的目的及功用何在？又正则变换的关键在于何处？

5.15 哈密顿-雅可比理论的目的何在？试简述应用此理论解题时所应有的步骤.

5.16 正则方程式(5.5.15)与式(5.10.10)及式(5.10.11)之间的关系如何？我们能否用一正则变换由前者得出后者？

5.17 在研究机械运动的力学中，刘维尔定理能否发挥其作用？何故？

5.18 分析力学学完后，请把本章中的方程和原理与牛顿运动定律相比较，并加以评价.

习题

5.1 试用虚功原理解3.1题.

5.2 试用虚功原理解3.4题.

5.3 如图，长度同为l的轻棒四根，光滑地连成一菱形$ABCD$. AB、AD两边支于同一水平线上相距为$2a$的两根钉上，BD间则用一轻绳连接，C点上系一重物G. 设A点上的顶角为2α，试用虚功原理求绳中张力$\boldsymbol{F}_\mathrm{T}$.

答：$\boldsymbol{F}_\mathrm{T}=G\tan\alpha\left(\frac{a}{2l}\csc^3\alpha-1\right)$

5.4 一质点的重量为G，被约束在竖直圆周

$$x^2-y^2-r^2=0$$

上，并受一水平斥力k^2x的作用，式中r为圆的半径，k为常量. 试用未定乘数法求质点的平

衡位置及约束反作用力的量值.

答：(1) $x=0,y=\pm r,R=\mp G$;

(2) $y=\dfrac{G}{k^2}$,　$x=\pm\sqrt{r^2-G^2/k^4}$,　$R=-k^2r$.

5.5 如图所示，在离心节速器中，质量为 m_2 的质点 C 沿着一竖直轴运动，而整个系统则以匀角速 Ω 绕该轴转动. 试写出此力学体系的拉氏函数. 设连杆 AB、BC、CD、DA 等的质量均可不计.

答：$L=m_1a^2(\dot{\theta}^2+\Omega^2\sin^2\theta)+2m_2a^2\sin^2\theta\,\dot{\theta}^2+2ga(m+m_2)\cos\theta$

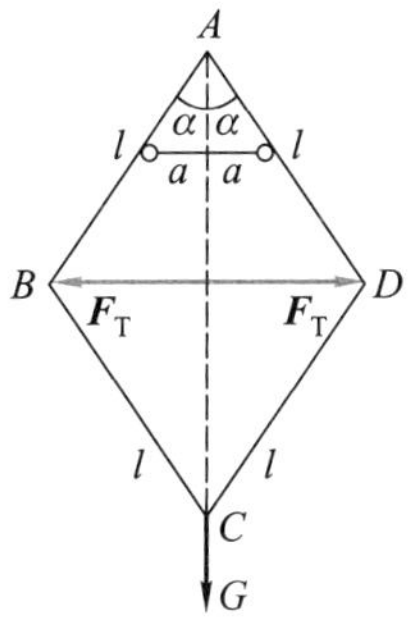

第 5.3 题图

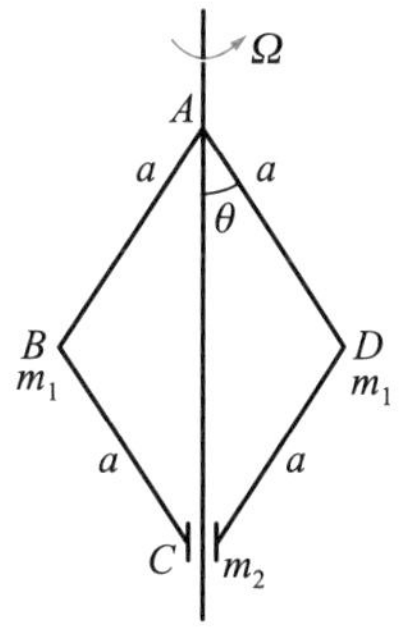

第 5.5 题图

5.6 试用拉格朗日方程解4.10题.

5.7 试用拉格朗日方程解本章补充例题5.3.

5.8 一光滑细管可在竖直平面内绕通过其一端的水平轴以匀角速度 ω 转动. 管中有一质量为 m 的质点. 开始时，细管取水平方向，质点距转动轴的距离为 a，质点相对于管的速度为 v_0，试由拉格朗日方程求质点相对于管的运动规律.

答：$x=\left[\dfrac{1}{2}\left(a+\dfrac{v_0}{\omega}\right)-\dfrac{g}{4\omega^2}\right]e^{\omega t}+\left[\dfrac{1}{2}\left(a-\dfrac{v_0}{\omega}\right)+\dfrac{g}{4\omega^2}\right]e^{-\omega t}+$

$\dfrac{g}{2\omega^2}\sin\omega t$(取管轴为 x 轴)

5.9 如图，设质量为 m 的质点，受重力作用，被约束在半顶角为 α 的圆锥面内运动. 试以 r、θ 为广义坐标，由拉格朗日方程求此质点的运动微分方程.

答：$r^2\dot{\theta}$ = 常量，$\ddot{r}-r\dot{\theta}^2\sin^2\alpha+g\sin\alpha\cos\alpha=0$

5.10 试用拉格朗日方程解 2.4 题中的(1)及(2).

5.11 试用拉格朗日方程求 3.20 题中的 a_1 及 a_2.

5.12 均质棒 AB，质量为 m，长为 $2a$，其 A 端可在光滑水平导槽上运动. 而棒本身又可在竖直面内绕 A 端摆动. 如除重力作用外，B 端还受有一水平的力 F 的作用. 试用拉格朗日方程求其运动微分方程. 如摆动的角度很小，则又如何？

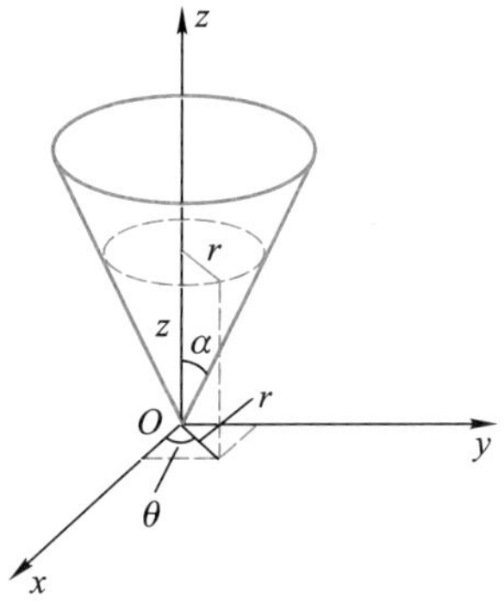

第 5.9 题图

答：$m(\ddot{x}+a\theta\cos\theta-a\dot{\theta}^2\sin\theta)=F$

$m[a\ddot{x}\cos\theta+(a^2+k^2)\theta]=2Fa\cos\theta-mga\sin\theta$

如 θ 很小，则

$$\ddot{x}+a\ddot{\theta}=\frac{F}{m}$$

$$\ddot{x}+\frac{4}{3}a\ddot{\theta}+g\theta=\frac{2F}{m}$$

式中 x 为任一瞬时 A 离定点 O 的距离，θ 为任一瞬时棒与竖直线间所成的角度，k 为棒绕质心的回转半径.

5.13 行星齿轮机构如图所示. 曲柄 OA 带动行星齿轮Ⅱ在固定齿轮Ⅰ上滚动. 已知曲柄的质量为 m_1，且可认为是匀质杆. 齿轮Ⅱ的质量为 m_2，半径为 r，且可认为是匀质圆盘. 至于齿轮Ⅰ的半径则为 R. 今在曲柄上作用一不变的力矩 M. 如重力的作用可以略去不计，试用拉格朗日方程研究此曲柄的运动.

答：$\ddot{\varphi}=\dfrac{2M}{3m_2(R+r)^2\left(1+\dfrac{2}{9}\dfrac{m_1}{m_2}\right)}$

5.14 质量为 m 的圆柱体 S 放在质量为 m' 的圆柱体 P 上作相对纯滚动，而 P 则放在粗糙平面上. 已知两圆柱的轴都是水平的，且重心在同一竖直面内. 开始时此系统是静止的. 若以圆柱体 P 的重心的初始位置为固定坐标系的原点，则圆柱体 S 的重心在任意时刻的坐标为

$$\left.\begin{aligned}x&=c\frac{m\theta+(3m'+m)\sin\theta}{3(m'+m)}\\y&=c\cos\theta\end{aligned}\right\}$$

试用拉格朗日方程证明之. 式中 c 为两圆柱轴线间的距离，θ 为两圆柱连心线与竖直向上的直线间的夹角.

5.15 如图所示，质量为 m'、半径为 a 的薄球壳，其外表面是完全粗糙的，内表面则完全光滑，放在粗糙水平桌上. 在球壳内放一根质量为 m、长为 $2a\sin\alpha$ 的匀质棒. 设此系统由静止开始运动，且在开始的瞬间，棒在通过球心的竖直平面内，两端都与球壳相接触，并与水平线成 β 角. 试用拉格朗日方程证明在以后的运动中，此棒与水平线所夹的角 θ 满足关系

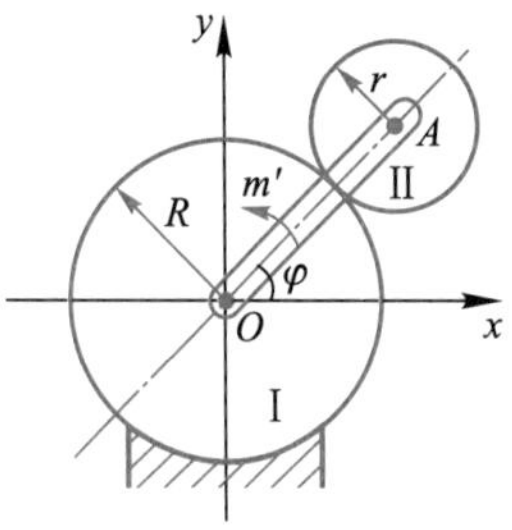

第 5.13 题图

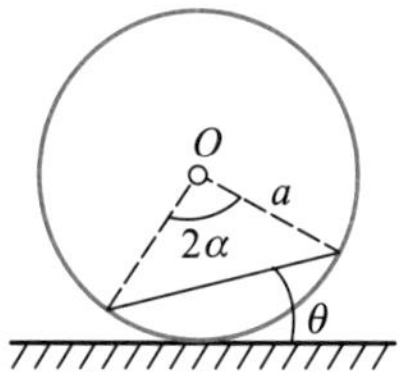

第 5.15 题图

$$\begin{aligned}&[(5m'+3m)(3\cos^2\alpha+\sin^2\alpha)-9m\cos^2\alpha\cos^2\theta]a\dot{\theta}^2\\&=6g(5m'+3m)(\cos\theta-\cos\beta)\cos\alpha\end{aligned}$$

5.16 半径为 r 的匀质圆球，可在一具有水平轴、半径为 R 的固定圆柱的内表面滚动. 试求圆球绕平衡位置作微振动的运动方程及其周期.

答：$\tau=2\pi\sqrt{\frac{7}{5}\frac{R-r}{g}}$

5.17 如图，质点 M_1，其质量为 m_1，用长为 l_1 的绳子系在固定点 O 上. 在质点 M_1 上，用长为 l_2 的绳系另一质点 M_2，其质量为 m_2. 以绳与竖直线所成的角度 θ_1 与 θ_2 为广义坐标，求此系统在竖直平面内作微振动的运动方程. 如 $m_1=m_2=m$，$l_1=l_2=l$，试再求出此系统的振动周期.

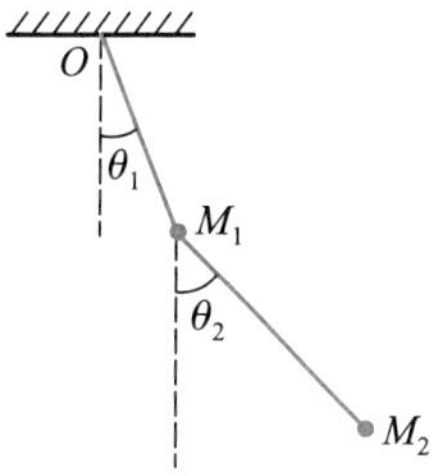

第 5.17 题图

答：$\tau_1=2\pi\sqrt{\frac{l}{g(2+\sqrt{2})}}$，$\tau_2=2\pi\sqrt{\frac{l}{g(2-\sqrt{2})}}$

5.18 在上题中，如双摆的上端不是系在固定点 O 上，而是系在一个套在光滑水平杆上、质量为$2m$的小环上，小环可沿水平杆滑动. 如 $m_1=m_2=m$，$l_1=l_2=l$，试求其运动方程及其周期.

答：$\tau_1=2\pi\sqrt{\frac{l}{g}}$，$\tau_2=2\pi\sqrt{\frac{l}{g}}$

5.19 质量分别为m_1、m_2 的两原子分子，平衡时原子间的距离为 a，它们的相互作用力是准弹性的，取两原子的连线为 x 轴，试求此分子的运动方程.

答：$x_1=A+Bt+C\sin(\nu t+\varepsilon)$，$x_2=A+Bt+a-C\frac{m_1}{m_2}\sin(\nu t+\varepsilon)$

式中 A、B、C 及 ε 为积分常量，$\nu=\sqrt{\frac{m_1+m_2}{m_1m_2}k}$，$k$ 为劲度系数.

5.20 已知一带电粒子在电磁场中的拉格朗日函数 L（非相对论的）为

$$L=T-q\varphi+q\boldsymbol{A}\cdot\boldsymbol{v}=\frac{1}{2}mv^2-q\varphi+q\boldsymbol{A}\cdot\boldsymbol{v}$$

式中 $\boldsymbol{v}$ 为粒子的速度，m 为粒子的质量，q 为粒子所带的电荷，φ 为标量势，$\boldsymbol{A}$ 为矢量势. 试由此写出它的哈密顿函数.

答：$H=\frac{1}{2}mv^2+q\varphi=\frac{1}{2m}(\boldsymbol{p}-q\boldsymbol{A})^2+q\varphi$

5.21 试写出自由质点在作匀速转动的坐标系中的哈密顿函数的表示式.

答：在以角速度 $\boldsymbol{\Omega}$ 转动的旋转坐标系中

$$H=\frac{1}{2m}p^2-\boldsymbol{\Omega}\cdot(\boldsymbol{r}\times\boldsymbol{p})+V$$

式中 $\boldsymbol{r}$ 为质点的位矢，$\boldsymbol{p}=m\boldsymbol{v}$，$\boldsymbol{v}$ 为质点相对于固定坐标系的速度.

5.22 试写出 §3.9中拉格朗日陀螺的哈密顿函数 H，并由此求出它的三个第一积分.

答：$H=\frac{p_\theta^2}{2I_1}+\frac{(p_\varphi-p_\psi\cos\theta)^2}{2I_1\sin^2\theta}+\frac{p_\varphi^2}{2I_3}+mgl\cos\theta$

5.23 试用哈密顿正则方程解4.10题.

5.24 半径为 c 的均质圆球，自半径为 b 的固定圆球的顶端无初速地滚下，试由哈密顿正则方程求动球球心下降的切向加速度.

答：$a=\frac{5}{7}g\sin\theta$

式中 θ 为两球连心线与竖直向上直线间的夹角.

5.25 试求由质点组的动量矩 $\boldsymbol{J}$ 的笛卡儿分量所组成的泊松括号.

答：$[J_x,J_y]=J_z,[J_y,J_z]=J_x,[J_z,J_x]=J_y$

$[J_x,J_x]=0,[J_y,J_y]=0,[J_z,J_z]=0$

5.26 试求由质点组的动量 $\boldsymbol{p}$ 和动量矩 $\boldsymbol{J}$ 的笛卡儿分量所组成的泊松括号.

答：$[J_x,p_y]=p_z,[J_y,p_z]=p_x,[J_z,p_x]=p_y$

$[J_x,p_z]=-p_y,[J_y,p_x]=-p_z,[J_z,p_y]=-p_x$

$[J_x,p_x]=0,[J_y,p_y]=0,[J_z,p_z]=0$

5.27 如果 φ 是坐标和动量的任意标量函数，即 $\varphi=a\boldsymbol{r}^2+b\boldsymbol{r}\cdot\boldsymbol{p}+c\boldsymbol{p}^2$，其中 a、b、c 为常量，试证

$$[\varphi,\boldsymbol{J}_z]=0$$

5.28 半径为 a 的光滑圆形金属丝圈，以匀角速度 ω 绕竖直直径转动，圈上套着一个质量为 m 的小环. 起始时，小环自圆圈的最高点无初速地沿着圆圈滑下. 当小环和圆圈中心的连线与竖直向上的直径成 θ 角时，用哈密顿原理求出小环的运动微分方程.

答：$ma\ddot{\theta}=ma\omega^2\sin\theta\cos\theta+mg\sin\theta$

5.29 试用哈密顿原理解 4.10 题.

5.30 试用哈密顿原理求复摆作微振动时的周期.

答：$\tau=2\pi\sqrt{\dfrac{I_0}{mg\,l}}$

式中 m 是复摆的质量，I_0 是复摆绕悬点 O 振动时的转动惯量，l 为复摆重心 G 与悬点 O 之间的距离，g 为重力加速度.

5.31 试用哈密顿原理解 5.9 题.

5.32 试证

$$Q=\ln\left(\frac{1}{q}\sin p\right),\quad P=q\cot p$$

为正则变换.

5.33 证：变换方程

$$q=(2Q)^{\frac{1}{2}}k^{-\frac{1}{2}}\cos P,\quad p=(2Q)^{\frac{1}{2}}k^{\frac{1}{2}}\sin P$$

代表正则变换，并将正则方程

$$\dot{q}=\frac{\partial H}{\partial p},\quad \dot{p}=-\frac{\partial H}{\partial q}$$

变为
$$\dot{Q}=\frac{\partial H^*}{\partial P},\quad \dot{P}=-\frac{\partial H^*}{\partial Q}$$

式中
$$H=\frac{1}{2}(p^2+k^2q^2),\quad H^*=kQ$$

5.34 如果利用下列关系把变量 p、q 换为 P、Q：

$$q=\varphi_1(P,Q),\quad p=\varphi_2(P,Q)$$

则当

$$\frac{\partial(q,p)}{\partial(Q,P)}=1$$

时，这种变换是一正则变换，试证明之.

5.35 试利用正则变换，由正则方程求竖直上抛的物体的运动规律. 已知本问题的母函数 $U=mg\left(\dfrac{1}{6}gQ^3+qQ\right)$，式中 q 为确定物体位置的广义坐标，Q 为变换后新的广义坐标，g 为重力加速度.

5.36 试求质点在势场

$$E_p = \frac{\alpha}{r^2} - \frac{Fz}{r^3}$$

中运动时的主函数 S，式中 α 及 F 为常量.

答：在球面坐标系中，

$$S = -Et + \int\sqrt{2mE - \frac{\alpha_2}{r^2}}\,\mathrm{d}r + \int\sqrt{\alpha_2 + 2mF\cos\theta - \frac{\alpha_3^2}{\sin^2\theta} - 2m\alpha}\,\mathrm{d}\theta + \alpha_3\varphi$$

式中 m 是质点的质量，E 为总能量，α_2、α_3 为积分常量.

5.37 试用哈密顿-雅可比偏微分方程求抛射体在真空中运动的轨道方程.

5.38 如力学体系的势能 E_p 及动能 E_k 可用下列两函数表示：

$$E_p = \frac{E_{p1}+E_{p2}+\cdots+E_{ps}}{A_1+A_2+\cdots+A_s}$$

$$E_k = \frac{1}{2}(A_1+A_2+\cdots+A_s)(B_1\dot{q}_1^2+B_2\dot{q}_2^2+\cdots+B_s\dot{q}_s^2)$$

式中 $E_{p\alpha}$、A_α、$B_\alpha(\alpha=1,2,\cdots,s)$ 都只是一个参数 q_α 的函数，则此力学体系的运动问题可用积分法求解，试证明之.

5.39 试用哈-雅方程求行星绕太阳运动时的轨道方程.

5.40 试由(5.9.29)及(5.9.30)两式推证(5.9.31)及(5.9.32)两式.

5.41 试求质点在库仑场和均匀场

$$E_p = \frac{\alpha}{R} - Fz$$

的合成场中运动时的主函数 S，以抛物线坐标 ξ、η、θ 表示，式中 α 及 F 是常量，而 $R=\sqrt{r^2+z^2}$（参看图 1.2.4）.

答：
$$S = -Et + p_0\theta + \int\sqrt{\frac{mE}{2} - \frac{m\alpha-\alpha_2}{2\xi} - \frac{p_\theta^2}{4\xi^2} + \frac{mF\xi}{4}}\,\mathrm{d}\xi + \int\sqrt{\frac{mE}{2} - \frac{m\alpha+\alpha_2}{2\eta} - \frac{p_\theta^2}{4\eta^2} - \frac{mF\eta}{4}}\,\mathrm{d}\eta$$

式中 p_θ、E 及 α_2 是积分常量.

5.42 刘维尔定理的另一表达式是相体积不变定理. 这里又有两种不同的说法：

(1) 考虑相宇中任何一个区域. 当这个区域的边界依照正则方程运动时，区域的体积在运动中不变.

(2) 相宇的体积元在正则变换下不变. 试分别证明之.

附录　主要参考书目

[1] 周培源. 理论力学. 北京:人民教育出版社,1953.

[2] 蒲赫哥尔茨. 理论力学基本教程. 钱尚武,钱敏,译. 北京:高等教育出版社,1954.

[3] 梁昆淼. 力学 上册. 北京:高等教育出版社,1965;力学 下册. 北京:人民教育出版社,1981.

[4] [美]H. 戈德斯坦. 经典力学. 北京:科学出版社,1981.

[5] J L Synge, B A Griffith. Principles of Mechanics. McGraw-Hill, 1949.

[6] Robert A Becker. Introduction to Theoretical Mechanics. McGraw-Hill, 1954.

[7] S W McCuskey. An Introduction to Advanced Dynamics. Addison-Wesley, 1959.

[8] Kcith R Symon Mechanics. Addison-Wesley, 1960.

[9] Jerry B Marion: Classical Dynamics of Particles and Systems. Academic Press, 1970. 中译本,北京:高等教育出版社,1978.

物理学基础理论课程经典教材

书号	书名	作者	项目获奖	电子教案	习题教辅	数字资源
978-7-04-056419-8	普通物理学教程 力学（第四版）	漆安慎	✓	✓	✓	✓
978-7-04-028354-9	力学（第四版）（上册）	梁昆淼	✓			
978-7-04-048890-6	普通物理学教程 热学（第四版）	秦允豪	✓	✓	✓	✓
978-7-04-044065-2	热学（第三版）	李 椿	✓	✓	✓	✓
978-7-04-050677-8	普通物理学教程 电磁学（第四版）	梁灿彬	✓	✓	✓	✓
978-7-04-049971-1	电磁学（第四版）	赵凯华	✓			✓
978-7-04-051001-0	光学教程（第六版）	姚启钧	✓	✓	✓	✓
978-7-04-048366-6	光学（第三版）	郭永康	✓	✓		✓
978-7-04-058931-3	光学（第三版）	母国光	✓			
978-7-04-052026-2	原子物理学（第五版）	杨福家	✓	✓	✓	✓
978-7-04-049221-7	原子物理学（第二版）	褚圣麟	✓	✓	✓	✓
978-7-04-059740-0	理论力学教程（第五版）	周衍柏	✓	✓	✓	✓
978-7-04-027283-3	力学（第四版）下册 理论力学	梁昆淼	✓			
978-7-04-052040-8	热力学·统计物理（第六版）	汪志诚	✓	✓	✓	✓
978-7-04-058171-3	电动力学（第四版）	郭硕鸿	✓	✓	✓	
978-7-04-058067-9	量子力学教程（第三版）	周世勋	✓	✓	✓	
978-7-04-055814-2	量子力学（第二版）	钱伯初	✓			✓
978-7-04-011575-8	量子力学（第二版）	苏汝铿	✓			
978-7-04-042423-2	数学物理方法（修订版）	吴崇试	✓			✓
978-7-04-051457-5	数学物理方法（第五版）	梁昆淼	✓	✓	✓	✓
978-7-04-010472-1	数学物理方法（第二版）	胡嗣柱	✓			
978-7-04-058601-5	固体物理学（第二版）	黄 昆	✓		✓	
978-7-04-053766-6	固体物理学（第三版）	胡 安	✓	✓	✓	✓
978-7-04-030724-5	固体物理学	陆 栋	✓			
978-7-04-028355-6	计算物理基础	彭芳麟	✓	✓		

项目获奖　国家级规划教材或获奖教材

电子教案　配有电子教案

习题教辅　配有习题解答等教辅

数字资源　配有 2d、abook 等数字资源

郑重声明

高等教育出版社依法对本书享有专有出版权。任何未经许可的复制、销售行为均违反《中华人民共和国著作权法》,其行为人将承担相应的民事责任和行政责任;构成犯罪的,将被依法追究刑事责任。为了维护市场秩序,保护读者的合法权益,避免读者误用盗版书造成不良后果,我社将配合行政执法部门和司法机关对违法犯罪的单位和个人进行严厉打击。社会各界人士如发现上述侵权行为,希望及时举报,我社将奖励举报有功人员。

反盗版举报电话　(010)58581999　58582371

反盗版举报邮箱　dd@ hep.com.cn

通信地址　北京市西城区德外大街 4 号　高等教育出版社法律事务部

邮政编码　100120

读者意见反馈

为收集对教材的意见建议,进一步完善教材编写并做好服务工作,读者可将对本教材的意见建议通过如下渠道反馈至我社。

咨询电话　400-810-0598

反馈邮箱　hepsci@ pub.hep.cn

通信地址　北京市朝阳区惠新东街 4 号富盛大厦 1 座

高等教育出版社理科事业部

邮政编码　100029

防伪查询说明

用户购书后刮开封底防伪涂层,使用手机微信等软件扫描二维码,会跳转至防伪查询网页,获得所购图书详细信息。

防伪客服电话　(010)58582300